Peter Rothe

Schätze der Erde

Peter Rothe

Schätze der Erde

Die faszinierende Welt der Rohstoffe

Die Deutsche Nationalbibliothek verzeichnet diese Publikation in der Deutschen Nationalbibliografie; detaillierte bibliografische Daten sind im Internet über http://dnb.d-nb.de abrufbar.

Die Herausgabe des Werkes wurde durch die Vereinsmitglieder der WBG ermöglicht.
Umschlaggestaltung: Jutta Schneider, Frankfurt
Umschlagmotiv: Malachit und Chrysokoll aus einer Kupfermine (Arizona, USA), Foto: picture-alliance/Photoshot
Alle Fotos im Inhalt von Peter Rothe, soweit nicht anders angegeben.
Layout, Illustrationen, Satz und Prepress: schreiberVIS, Seeheim
Gedruckt auf säurefreiem und alterungsbeständigem Papier
Printed in Germany

Besuchen Sie uns im Internet: **www.primusverlag.de**

ISBN 978-3-89678-704-0

Inhalt

Vorwort

Die Geschichte der Menschheit ist auch die der Nutzung von Rohstoffen; damit sind in diesem Buch nicht Nahrungsmittel und Holz gemeint, sondern solche, deren Bildung mit geologischen Prozessen zu tun hat – in erster Linie also nutzbare Gesteine und Erze. Steinzeit, Kupferzeit, Bronzezeit und Eisenzeit sind kulturhistorische Epochen, die mit der Verwendung des jeweils namengebenden Materials verknüpft sind. Die Reihenfolge zeigt auch den zivilisatorischen Fortschritt, mit dem wir uns die irdischen Ressourcen zunutze gemacht haben. Die für die Steinzeit kennzeichnenden Materialien konnten unmittelbar verwendet werden, indem man ihnen eine Form gab, also Beile und Pfeilspitzen aus Quarzit, Feuerstein oder Obsidian daraus verfertigte. Beim Kupfer war das jedoch nur im Ausnahmefall möglich, weil dieses Metall gelegentlich sogar in gediegener, d. h. reiner Form in der Natur vorkommt, sodass man es direkt schmieden konnte. Mit Silber, das ausnahmsweise auch einmal gediegen gefunden wird, wusste man in der Frühzeit nichts rechtes anzufangen. Eine Ausnahme in vielerlei Hinsicht bildet aber das Gold, dessen Glanz bis heute seine Faszination behalten hat; man sehe sich Schmuckstücke an, vergoldete Kuppeln von Kirchen und Moscheen oder die Dollarnotiz für die Feinunze im Wirtschaftsteil von Tageszeitungen. Spätestens seit dem Fund der „Himmelsscheibe“ von Nebra ist uns bewusst geworden, dass man schon in der Bronzezeit handwerklich mit Gold sehr gut umzugehen verstand. Praktisch alle anderen Erze aber geben ihren Metallgehalt erst nach einer Behandlung durch technologische Verfahren preis. Wir wissen, dass dabei vor allem das Feuer eine wichtige Rolle spielt: Erze müssen bei hohen Temperaturen geschmolzen werden, um die Metalle daraus zu gewinnen. Solcher Verfahren, die man vereinfacht auch als Stoffsonderungsprozesse beschreiben kann, bedient sich letztlich auch die Natur, indem sie durch geologische Prozesse für eine Umverteilung der meist nur in geringen Mengen vorkommenden Stoffe sorgt und diese schließlich an bestimmten Orten und meist auch in besonderen Gesteinen zu Lagerstätten konzentriert. Lagerstätten sind Anomalien der Erdkruste, sie sind räumlich begrenzte Körper und höchst unterschiedlich bezüglich ihrer geographischen Verbreitung. Um sie wurden und werden Kriege geführt, sodass es auch daher sinnvoll erscheint, ihren Vorkommen und den Grundlagen ihrer Stoffbildung nachzugehen. Beim Schreiben dieses Buches – das sich wie meine bisherigen auch auf Vorlesungen stützt, die ich an der Universität Mannheim und später in den Reiss-Engelhorn-Museen gehalten habe, um den komplizierten Stoff auch Nichtgeologen zu vermitteln – habe ich mich von dem Gedanken leiten lassen, die Materie vor allem verständlich darzustellen, ohne die dafür eigentlich notwendigen physikochemischen Zustandsdiagramme oder erzmikroskopischen Befunde zu diskutieren; dennoch wird es da und dort ohne ein paar chemische Formeln nicht gehen. Der etwas vorgebildete Leser soll hier in großen Zügen erfahren, wie es zur Entstehung dieser Anomalien kommt und wo er bedeutendere Vorkommen finden bzw. erwarten kann. Die behandelten Stoffe bilden im Großen und Ganzen den Inhalt der genannten Vorlesungen ab, zusätzlich wurde der Katalog aber noch erweitert um eine Auswahl, die meiner Einschätzung nach ebenfalls von allgemeinerem Interesse sein könnte. Außer von den Erzen soll auch vom Erdöl und seiner Entstehung, vom Erdgas und von Kohlen kurz die Rede sein, und schließlich von unserer wichtigsten Ressource überhaupt: vom Grundwasser.

Die Fachliteratur zum Thema ist inzwischen so uferlos, dass entsprechende Hinweise innerhalb des

Textes den Leser eher verwirren könnten. Von einigen ganz neuen Erkenntnissen – etwa zum Gold oder zu den wichtigen Eisenerzen des Präkambriums – abgesehen, habe ich deshalb auf entsprechende Zitate weitgehend verzichtet und neben einigen Fachaufsätzen nur wenige Monographien in das Literaturverzeichnis aufgenommen. Im Zeichen des Internets kann man sich außerdem zu jedem einzelnen Stoff genauere zusätzliche Details beschaffen. Hilfreich in Bezug auf grundlegende Fragen könnten einschlägige Werke zur Mineralogie, z. B. Ramdohr & Strunz (1978), Okrusch & Matthes (2009) oder mein Buch „Gesteine" sein (Rothe 2010), das in diesem Verlag erschienen ist.

Wer mehr erfahren möchte, sollte die Bücher des Kollegen Walter Pohl zur Hand nehmen: „W. & W. E. Petrascheck's Lagerstättenlehre. Eine Einführung in die Wissenschaft von den mineralischen Bodenschätzen" (4. Aufl. 1992), aus der ich durch das Entgegenkommen von Herrn Dr. Andreas Nägele der E. Schweizerbart'schen Verlagsbuchhandlung mehrere Abbildungen übernehmen durfte. In der 5. Auflage von 2005, die unter dem neuen Titel „Mineralische und Energie-Rohstoffe. Eine Einführung zur Entstehung und nachhaltigen Nutzung von Lagerstätten" nun auch die Umweltaspekte aufgreift, sind zugunsten eines erweiterten Textumfangs manche dieser Abbildungen gestrichen, aber auch durch neuere ersetzt worden, die eher den Fachmann ansprechen. Beide Werke vermitteln umfang- und detailreichere Fakten für den fachlich bereits vorgebildeten Leser, sodass sie sich für eine weitergehende Vertiefung der hier dargestellten Thematik sehr gut eignen.

Dank

Die Idee zu diesem Buch war zunächst mit meinem früheren Lektor, Herrn Wolfram Schwieder, diskutiert worden und sie wurde, zusammen mit dem neuen Lektor, Herrn Dr. Rainer Aschemeier, in äußerst fruchtbaren Gesprächen weiter verfolgt und gemeinsam mit Frau Katrin Viviane Kurten in die vorliegende Form gebracht. Letzterer gebührt an dieser Stelle mein besonderer Dank für ihr sorgfältiges Lektorat, mit dem sie nicht nur wichtige Sachverhalte geklärt, sondern auch meinen gelegentlich etwas hemdsärmeligen Vortragsstil in eine nun gut lesbare Form gebracht hat. Für ihre ständige Hilfsbereitschaft danke ich den Volontärinnen Hannah Thomas und Inga Deventer von der WBG, für Literaturbeschaffung auch dem Bibliotheks-Team vom Geologisch-Paläontologischen Institut der Universität Heidelberg, Herr Dipl.-Geol. Martin Bühler, Heike Lehner und Karin Seehaus. Die Herren Dr. Thomas Schubert und Dr. Michael Wiedicke-Hombach von der Bundesanstalt für Geowissenschaften und Rohstoffe haben dazu beigetragen, dass ich informatives Bildmaterial bekam und verwenden durfte; das gilt in gleicher Weise für das Leibniz-Institut für Länderkunde und seinen Leiter Herrn Prof. Dr. Sebastian Lentz. Herr Dr. Georg Vollmer, langjähriger Seniorstudent, war mir mit kenntnisreicher Literaturrecherche und bei der Suche nach geeigneten Abbildungen hilfreich. Frau Dr. Ellen Kühnelt und Herr Peter Will von den Reiss-Engelhorn-Museen haben von vielen der abgebildeten Objekte digitale Fotos gemacht und Herr Dr. Wilfried Rosendahl hat mir auch diesmal wieder Fotos zum Druck überlassen. „Foto: Dr. E. K." bedeutet, dass sie das Foto von meinen Objekten gemacht hat, „Foto von P. W." meint, dass er das Bild selbst beigesteuert hat. Nicht zuletzt möchte ich mich hier auch einmal bei dem Mann bedanken, der als Endkorrektor alle meine bei der WBG erschienenen Bücher weitgehend vor dem Druckfehlerteufel bewahrt hat, bei Herrn Peter Tschierschke nämlich, dessen sorgfältiger Durchsicht kaum noch ein Druckfehler entgeht. Sollten die Leser dennoch einen finden, so ist der selbstverständlich allein dem Autor anzulasten, der ja immer den letzten Blick auf die Druckvorlage hat, ehe er sein „Imprimatur" erteilt.

Dankbar bin ich auch hier für die erneute, ausgezeichnete Zusammenarbeit mit Herrn Joachim Schreiber und seinem Team, Elke Göpfert und Thurid Wadewitz, die letztlich allen meinen bei der WBG bzw. dem Primus-Verlag erschienenen Büchern diese attraktive grafische Form gegeben haben; dass das auch vom Budget her möglich gemacht wurde, ist Frau Myriam Nothacker zu verdanken, die den schwierigen Spagat zwischen wünschbarer Ausstattung und wirtschaftlicher Machbarkeit auch in diesem Fall wieder bewältigt hat.

Schließlich möchte ich auch an dieser Stelle Herrn Prof. Dr. Alfried Wieczorek, dem Generaldirektor der Reiss-Engelhorn-Museen noch einmal dafür danken, dass er mir an seinem Haus eine neue Wissenschaftliche Heimat eröffnet hat.

1 Grundwasser

Von allen Rohstoffen ist Wasser der wichtigste, ohne Wasser gäbe es kein Leben auf der Erde und unser Planet scheint auch in dieser Hinsicht eine Ausnahmeerscheinung zu sein. Die immer noch fraglichen Spuren von Wasser auf dem Mond und Hinweise, dass der Mars in einer früheren Phase wahrscheinlich einmal viel davon enthalten hat, bestätigen nur die gegenwärtige Einzigartigkeit der Erde. In diesem Kapitel geht es nicht um das Wasser der Ozeane, sondern um das Wasser auf dem Festland, das wir als Trink- und Brauchwasser nutzen. Dieses Wasser ist aber auf der Erde nicht gleichmäßig verteilt: In unserer Art zu denken haben die tropischen Regenwälder zu viel davon und die Wüsten zu wenig. Deshalb haben sich die Menschen zunächst vor allem in Gebieten angesiedelt, in denen es genug Wasser für alle gab. Mit der zunehmenden Weltbevölkerung musste man aber bald erkennen, dass die verfügbaren Mengen begrenzt sind. So entstand auch die Idee, Wasser aus weiter entfernten Gegenden, in denen es reichlich davon gab, zu den Nutzern zu bringen: Antike, vor allem römische Wasserleitungen wie der Pont du Gard und vergleichbare Bauwerke auf der Iberischen Halbinsel oder die auch schon lange bestehende Fernleitung aus den Alpen nach Wien sind gute Beispiele für den Transport über mittlere Distanzen; aber die Entfernungen zwischen regenreichen Gebieten und Trockengebieten sind meist entschieden zu weit, um solche Fernleitungen wirtschaftlich zu ermöglichen. In dieser Hinsicht klingt auch die Idee, Eisberge aus den Polargebieten in Zonen zu verbringen, in denen Wassermangel herrscht, noch ziemlich abenteuerlich.

Kamele können in gesundem Zustand 10–15 Tage ohne Wasseraufnahme existieren, weil sie in ihrem Körper entsprechend viel Wasser speichern, aber wir Menschen schaffen das kaum länger als ein paar Tage, d. h., wir können nur dort leben, wo auch Wasser ständig verfügbar ist. Um das sicherzustellen, bedienen wir uns des Prinzips der Kamele, das wir für uns umsetzen, indem wir z. B. Talsperren oder andere Speicher errichten, in denen wir das Wasser für niederschlagsarme Zeiten speichern oder den oberflächlichen Abfluss der Bäche und Flüsse verlangsamen. Große Flüsse, die in ihrem Oberlauf viel Wasser führen, können beim Eintritt in Trockengebiete allmählich versiegen. Da sie sich um politische Grenzen nicht kümmern, sind Streitigkeiten vorprogrammiert, sobald die Völker im ohnehin wasserreichen Teil die Situation durch Staudämme noch weiter verschärfen. Der in letzter Zeit häufiger geäußerte Begriff vom „Kampf ums Wasser" wird in Zukunft sicherlich noch für manche böse Überraschung sorgen. Letztlich verdanken wir die Tatsache, dass es überhaupt Süßwassser gibt, der Sonne, die das salzige Meerwasser verdunsten und in Form von Wolken über den Kontinenten abregnen oder -schneien lässt. Diesen Prozess ahmen wir in Meerwasserentsalzungsanlagen nach, was aber viel Energie kostet, die das Trinkwasser daher so teuer macht, dass es sich nur in Ausnahmefällen rechnet – etwa wenn es darum geht, Touristensiedlungen zu versorgen. Die erwähnten Tatsachen rechtfertigen es also, sich mit dem Grundwasser, das meist als Süßwasser in den Gesteinen gespeichert ist, etwas näher zu befassen.

Da es sich vor allem im Porenraum von Böden und Gesteinen bewegt, besteht ein grundsätzlicher Bezug zur Geologie. Geologen, die sich damit beschäftigen, heißen Hydrogeologen. Im Gegensatz zu den frühen Menschen, die Quellen empirisch gefunden und gelegentlich sogar als Heiligtümer verehrt und geschützt haben, versuchen diese, den wissenschaftlich begründbaren Gesetzen auf die Spur zu kommen, welche die Entstehung und die wechselnden Schüttungsmengen von Quellen steuern. Schon früh hatte man allerdings erkannt, dass selbst nach Regenfällen die Quellen nicht sofort reichlicher fließen, und die Begründung dafür gleich mitgeliefert: *„der durstige Untergrund nimmt alles auf"* (s. u.). Dieses Zitat wird verständlich, macht man sich bewusst, dass das Wasser im Boden langsamer fließen muss, weil es an den Gesteinsteilchen gebremst wird. Je mehr solcher Teilchen passiert werden müssen, umso langsamer fließt es: Also fließt es in grobkörnigen Lockergesteinen schneller als in feinkörnigen, und in den extrem feinkörnigen praktisch gar nicht mehr. Tone spielen dabei allerdings noch eine Sonderrolle, da sie das Wasser nicht nur wegen ihrer geringen Durchlässigkeit stauen, sondern auch, weil die Wassermoleküle an ihre elektrisch geladenen Oberflächen gebunden werden können. ■

Grundwasser ist in erster Linie Süßwasser, das man trinken kann. Meerwasser dagegen, das $^2/_3$ der Oberfläche unseres Planeten einnimmt, ist als Trinkwasser nicht geeignet, sodass man auf dem Ozean also verdursten kann – in der Wüste hingegen ist es nicht zwangsläufig so, denn dort gibt es hin und wieder Oasen mit Süßwasser, und ich will später auch deutlich machen, warum.

Dass aus dem salzigen Wasser des Ozeans Süßwasser werden kann, verdanken wir der Sonne, deren Energie zur oberflächennahen Verdunstung von Salzwasser führt. Dieses steigt dann in Form von Wolken auf, die dabei wieder abkühlen und so Niederschläge erzeugen. Ein großer Teil davon fällt schon über dem

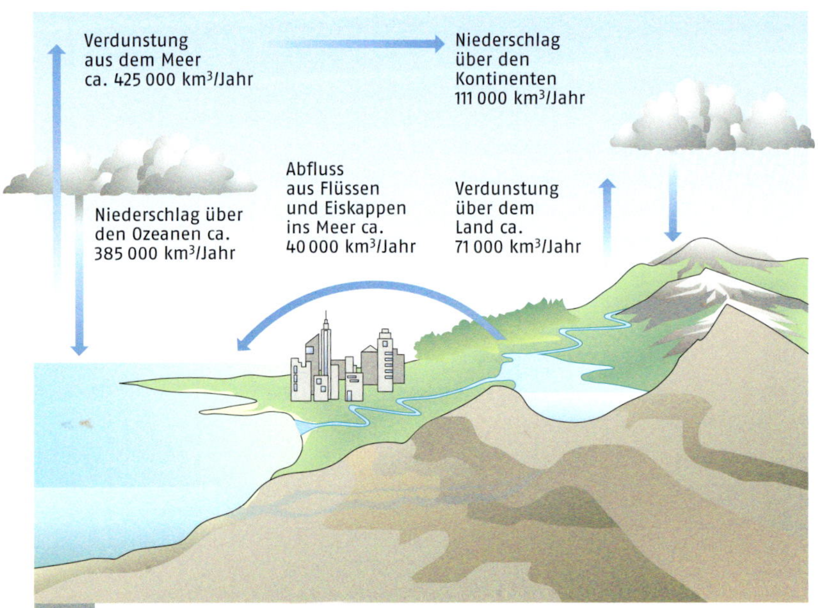

1 Der Kreislauf des Wassers (BGR, aus Rothe 2009c).

Meer selbst und ein anderer gelangt auf die Kontinente, wo er Bäche, Flüsse und Seen speist.

Wenn es stark regnet, hat das unmittelbar Einfluss auf diese Gewässer – sie führen Hochwasser, treten über die Ufer und transportieren ihr Wasser letztendlich wieder ins Meer zurück. Aber nicht alles gelangt so schnell wieder dorthin.

Seneca hatte formuliert:

„Die Flüsse steigen nicht mit dem ersten Regenfall an; der durstige Untergrund nimmt alles auf";

dieser Satz bezieht sich unmittelbar auf Beobachtungen, die im Prinzip jeder von uns machen kann.

Ein Teil des Niederschlagswassers versickert im Boden, und dann sprechen wir von Grundwasser. Grundwasser bewegt sich in geologischen Körpern, weshalb die Geologen gefordert sind, die steuernden Bedingungen dieser Bewegungen zu erforschen. Es gibt dafür ein eigenes Fachgebiet, die Hydrogeologie, deren Vertreter u. a. Gemeinden beraten, wo sie nach Wasser bohren sollen. Es ist eine komplizierte Materie, die einer meiner akademischen Lehrer einmal so formuliert hat:

„Gottes Wege sind wunderbar, die Wege des Grundwassers aber sind noch wunderbarer."

Solchen Wegen will ich hier nachgehen, wozu wir zunächst einen Blick auf den großen Wasserkreislauf der Erde werfen:

Dabei wird sofort deutlich, dass von den riesigen Niederschlagsmengen das meiste ohnehin gleich über dem Meer wieder abregnet und nur ein Bruchteil derer aus dem Grundwasser ins Meer zurückfließt. Hiervon wird ein großer Teil von den Flüssen wieder dorthin zurückgebracht – „wieder", weil es ja von dort kommt. Dass das Wasser sich in einem ständigen Kreislauf bewegt, ist für uns heute selbstverständlich – aber das war nicht immer so. Die Bewohner der Trockengebiete zwischen Euphrat und Tigris konnten sich nur vorstellen, dass das Wasser in ihren Brunnen Meerwasser sein müsse, welches beim Durchfließen der Gesteine im Untergrund von seinem Salz befreit werde. Nur die Vorsokratiker hatten es (wie so vieles andere auch) schon begriffen: Der Dichter Aristophanes, offensichtlich von diesen beeinflusst, ließ in seiner Komödie „Die Wolken" zwei Leute über Zinsen miteinander streiten, und das Ergebnis ihres Gesprächs zeigt, dass man schon damals um den großen Wasserkreislauf gewusst haben muss – die Flüsse fließen ins Meer, ohne dass dieses voller wird:

Aristophanes: Die Wolken (ca. 300 v. Chr.)

Strepsiades
Freund, sag' mir mal:
Was meinst du wohl, macht Zeus beim Regen jedesmal
Ganz neues Wasser, oder zieht die Sonne nur
Dasselbe Wasser immer von unten wieder herauf?
Amynias
Ich weiß da nicht zu entscheiden; wenig liegt mir dran.
Strepsiades
Wie willst du das Geld zurückzuerhalten befähigt sein,
Wenn du noch nicht einmal Naturphilosophie verstehst!
Amynias
Wenn du grade nicht bei Gelde bist, so zahl' mir doch
Den Zins zum wenigsten!
Strepsiades
Zins? was ist das für ein Geschöpf?
Amynias
Nun, Lieber, daß mit jedem Monat, jedem Tag
Die Summe Geldes groß und immer größer wird,
Je lang' und längere Zeit verfließt.
Strepsiades
Recht brav erklärt!
Wie aber, wenn du die See betrachtest, glaubst du wohl,
Daß sie größer jetzt als früher ist?
Amynias
Nein, ebenso groß;
's ist ihre Art nicht, größer zu werden.
Strepsiades
Wenn sie demnach,
Obschon die Flüsse sich in sie ergießen fort und fort,
Nicht größer wird, wie verlangst du, wunderlicher Gesell,
Daß dir 'ne Summe Geldes größer werden soll?
Und so citir' dich gleich von hinnen! fort mit dir!
Den Stachel mir her!

Vom gesamten Wasserbestand der Erde entfallen nur etwas mehr als 3 % auf die Vorkommen auf dem Festland, und von diesen 3 % sind etwa je wieder die Hälfte auf Eis und Schnee sowie auf das Grundwasser verteilt; in Flüssen und Seen sind dagegen nur 0,01 % gespeichert.

Vorkommen	Anteil (%)
Eis und Schnee	69,6
Grundwasser bis 100 m Tiefe	10,3
Grundwasser über 100 m Tiefe	19,7
Bodenfeuchte	0,05
Süßwasserseen	0,3
Moore, Sümpfe	0,03
Flüsse	0,006
Atmosphäre	0,04

T 1 Süßwasservorkommen der Erde (Gekürzt nach BGR).

Wenn man nur das Süßwasser betrachtet, so sind etwa 70 % davon in Eis und Schnee gebunden und fast 30 % bilden das Grundwasser, der Rest – etwa der Wassergehalt der Atmosphäre – ist demgegenüber zu vernachlässigen.

In Tabelle 1 ist dieses Grundwasser noch aufgeschlüsselt in seine Anteile bis 100 m Tiefe und solche darunter: Das meiste liegt also auch noch tiefer als 100 m. Daraus folgt sofort die Frage, wie tief es überhaupt in die Erde eindringen kann. Eine Antwort darauf gibt uns die Durchlässigkeit der Gesteine. Es gibt nämlich eigentlich keine völlig undurchlässigen Gesteine, sodass es auch keine absolute untere Grenze geben kann, aber eine recht vernünftige Angabe für weitgehend trockene Schichten liegt bei etwa 10 km.

Die Frage ist zunächst die, wie viel von den Niederschlägen überhaupt in den Boden eindringt. Eine einfache Formel dafür lautet:
N (Niederschlag) = A (Abfluss) + V (Verdunstung) + S (Versickerung)

Früher hat man gesagt, dass A, V und S je etwa ⅓ ausmachen. Das lässt sich aber sofort relativieren:

- A (der oberflächliche Abfluss, neudeutsch „run-off") wird auf steilen Felsen ohne Vegetation enorm hoch sein, etwa in den Hochgebirgen.
- V (die Verdunstung) wird im warmen Klima höher sein als im kalten und sie wird auch durch die Vegetation stark beeinflusst, woran die großen Oberflächen von Blättern einen bedeutenden Anteil haben.
- S (die Versickerung) wird sowohl vom Relief als auch vor allem durch die Böden und Gesteine an der Oberfläche bestimmt: In Ebenen und in besonders durchlässigen Gesteinen wird das meiste versickern. Dabei spielt auch die Art des Regens eine Rolle: Von langsamem Landregen

2 Karte der Ergiebigkeit von Deutschlands Grundwasservorkommen (BGR/IfL).

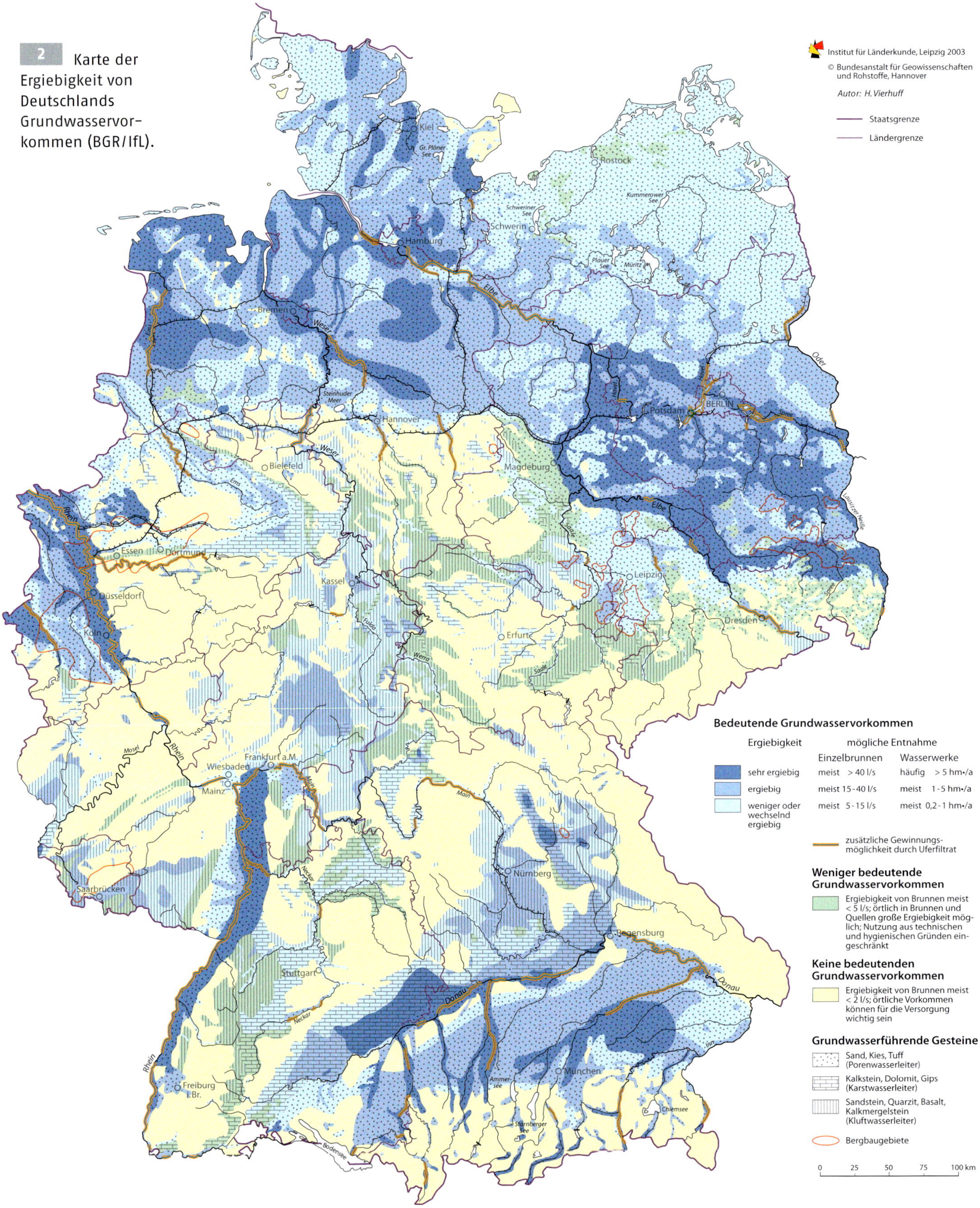

wird mehr versickern als von einem heftigen Gewitterguss.

Die Sache mit der Drittelparität funktioniert also nicht, sondern man muss immer die lokalen Gegebenheiten berücksichtigen. Es gibt moderne Messverfahren für die Versickerung, die sog. Lysimeter, mit denen man zu realitätsnahen Ergebnissen kommt – aber sie geben uns nur punktuelle Daten, ähnlich wie Regenmesser, und sind ziemlich teuer. Hierbei sticht man einen Würfel von ungefähr einem Meter Kantenlänge aus dem Boden, belässt aber die gewachsene Pflanzendecke und setzt das Ganze auf einem Gestell wieder an seinen ursprünglichen Platz, wo man das Sickerwasser in einem „Keller" auffangen und messen kann. Ein in unmittelbarer Nähe aufgestellter Regenmesser gestattet dann den Vergleich zwischen Niederschlag und versickertem Wasser.

Zur Definition von Grundwasser gehört, dass es beweglich ist, denn ein Teil des versickernden Wassers bleibt im Boden verhaftet. Dieses nennt man Haftwasser, und dabei spielen hauptsächlich die Tonminerale eine Rolle, an deren große Oberflächen die polar gebauten Wassermoleküle andocken.

Das Grundwasser füllt also Hohlräume in den Gesteinen, meistens sind das offene Poren zwischen den Körnern der Sedimente, und bewegt sich darin mit sehr unterschiedlichen Geschwindigkeiten. Hier gibt es Annäherungswerte: im Schotter 10–20 m/Tag, in grobem Sand 2–8 m/Tag, in feinkörnigem Dünensand aber nur 4–6 m/Jahr. In der Wissenschaft hat man dafür den Begriff des Durchlässigkeitsbeiwerts kf, der in m/sec angegeben wird.

Daraus wird deutlich, dass man Gesteine mit außerordentlich unterschiedlichen Fließgeschwindigkeiten unterscheiden muss. Dabei sind zweierlei Parameter zu unterscheiden, nämlich Porosität (das Volumen offener Hohlräume zwischen den Festpartikeln) und Permeabilität (die Kommunikation der Hohlräume miteinander, die den Durchfluss erst ermöglicht). Tone haben z. B. meist sehr große Porositäten, aber das Wasser kann dort nicht durchfließen: Auf Tonschlamm oder tonigen Gesteinen staut es sich, während es im Sand sofort versickert. So kommt man zu zwei sehr wesentlichen Begriffen: Grundwasserleiter (Aquifere) und Grundwasserstauer (Aquiclude, auch Grundwassergeringleiter). Beide unterscheiden sich letztlich nur in ihrer relativen Durchlässigkeit: Sand ist durchlässiger als Ton, weshalb Wasser im Sand wesentlich schneller fließt als im Ton, wo es sich praktisch nicht mehr bewegt. Das Ergebnis sind Quellen, für deren Zustandekommen bestimmte geologische Voraussetzungen gegeben sein müssen.

Eine ganz besondere Art von Quellen sind die sog. Artesischen Quellen, die nach dem Artois – einer Landschaft im südwestlichen Frankreich – benannt sind, wo man das Prinzip zuerst erkannt hat; in den meisten Fällen sind es sogar eher Brunnen (s. u.). Die geologische Situation ist die einer Muldenstruktur, in der sich das Wasser in einem Aquifer bewegt, der zwischen zwei undurchlässigen Gesteinspaketen quasi eingespannt ist (deshalb spricht man von „gespanntem Wasser"). Diese Situation erklärt auch das Wasser in den Oasen mitten in der Wüste, das von manchmal über 1000 km weit entfernten Versickerungsgebieten gespeist wird: Wenn man dafür eine Fließgeschwindigkeit von 50 m/Jahr voraussetzt, so ist das Wasser einer 1500 km vom Regengebiet entfernten Oase 30 000 Jahre alt – und solch altes Wasser hat man u. a. in der Sahara nachweisen können. Wir sprechen von fossilem Grundwasser, das in Nordafrika unter ganz anderen Klimabedingungen gebildet wurde: Noch vor weniger als 10 000 Jahren gab es nämlich Seen

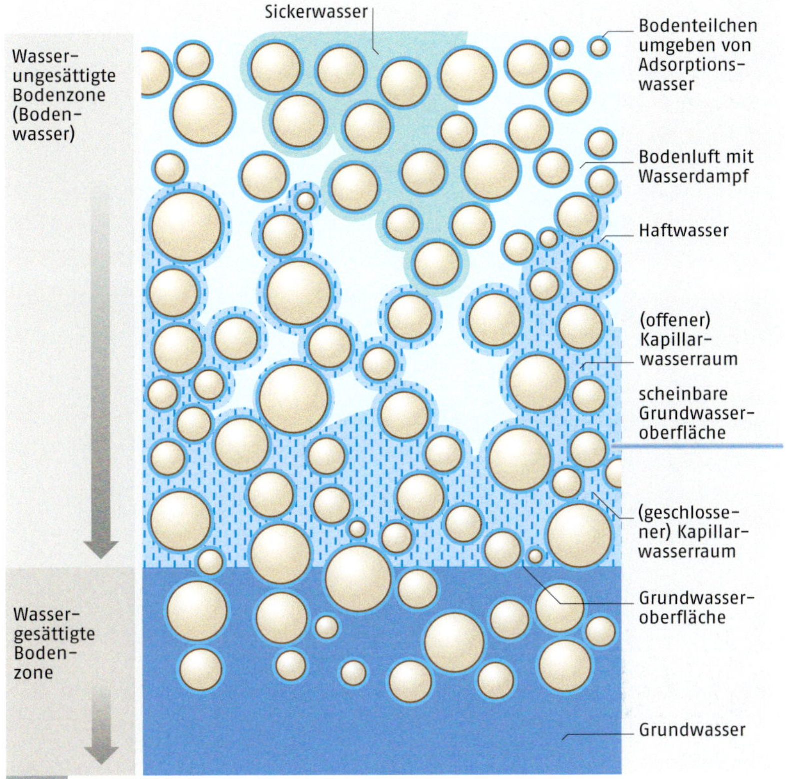

3 Die Verteilung des Wassers im Boden (nach Hölting 1995, aus Rothe 2009c).

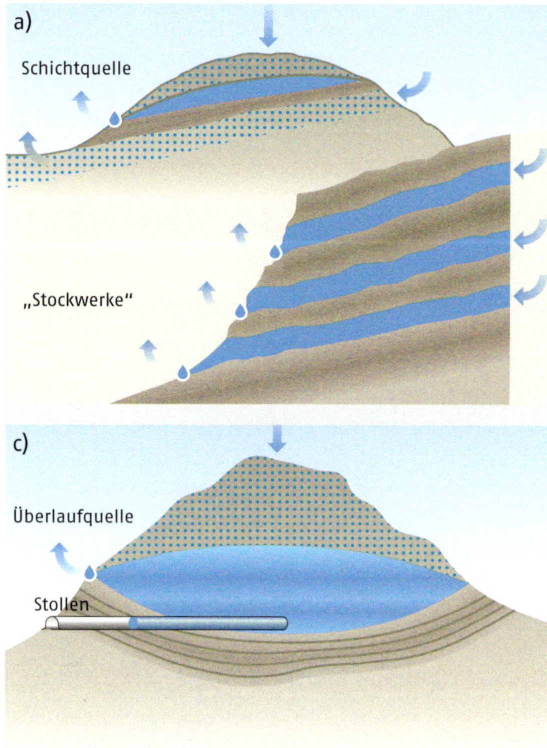

4 Schema Quelltypen;
a) Schichtquelle
b) die Karstquelle der Vaucluse. Infolge der starken Quellschüttung ergibt sich sofort ein Wasserlauf, der Mühlen antreiben kann.
c) Grundwasserspiegel vs. Geländeoberfläche
(Verändert nach Holmes 1965; Foto: Verfasser).

d) Die Skizze zeigt, wie das Wasser von Oasen in der Wüste zu erklären ist: Es wandert über große Entfernungen innerhalb eines Aquifers, der zwischen annähernd wasserdichten Schichten „eingespannt" ist (daher „gespanntes Wasser"). In den Oasen kann die obere Schicht erodiert sein, sodass das Wasser dort an die Oberfläche kommt.

in der Sahara, und nicht nur steinzeitliche Artefakte erzählen von einer durch das damals feuchtere Klima bedingten Kultur. Dementsprechend sollte man bei der Ausbeutung fossilen Wassers vorsichtig verfahren, denn heute kommt dort kein neues Wasser mehr hinzu.

Auch bei uns gibt es älteres Grundwasser: Datierungen aus der Hessischen Senke z. B. haben gezeigt, dass manche Vorkommen ein paar Tausend Jahre alt sein können.

Das führt uns nun zum Begriff des Grundwasserspiegels, d. h. der Oberfläche des allseitig mit beweglichem Wasser erfüllten Porenraums. Im Flachland ist er verständlicherweise horizontal, in bergigem Gelände aber folgt er wesentlich der Morphologie. Mit den Daten aus der Fließgeschwindigkeit ist das einfach nachvollziehbar, denn letztlich folgt das Wasser immer der Schwerkraft.

Die meisten Quellen bilden sich dort, wo ein Aquifer über einem Stauhorizont auf natürliche Weise angeschnitten ist. In Schichtfolgen, in denen wasserdurchlässige mit undurchlässigen Schichten abwechseln, ergeben sich gewissermaßen Grundwasser-Stockwerke.

Brunnen dagegen sind künstliche, vom Menschen der Natur abgerungene Wassergewinnungsanlagen. Auch hier gibt es Stockwerke, sozusagen Kellerstockwerke. Beispielhaft soll nun das Grundprinzip erläutert werden, womit sich zeigen lässt, wie man dem Nachbarn im Schrebergarten buchstäblich „das Wasser abgraben" kann.

Brunnen werden gebohrt, bis man den Grundwasserspiegel durchteuft (aus der Bergmannssprache für „durchstoßen") hat. Dann beginnt man zu pumpen, was diesen Spiegel im Bohrloch absenkt. Man kann nun damit aufhören und warten, bis er wieder auf seine vorige Höhe angestiegen ist: Dies geschieht, weil das Wasser von allen Seiten her auf das Bohrloch zuströmt (es folgt ja der Schwerkraft), wobei in Bezug auf die Geschwindigkeit natürlich auch hier wieder Porosität und Permeabilität der Schichten eine Rolle spielen. Dabei ergibt sich – dreidimensional betrachtet – ein Trichter, der als Absenkungstrichter bezeichnet wird.

Solche Trichter verändern ihre Dimensionen mit der Wasserentnahme. Wenn die Bohrungen zu dicht beieinander stehen, überschneiden sie sich und man kann aus den einzelnen Brunnen entsprechend weniger fördern. Wenn also im Schrebergarten jemand seinen Brunnen wesentlich tiefer bohrt als der Nachbar, dann hat auch der Absenkungstrichter oben eine größere Ausdehnung und schneidet in den des Nachbarn ein mit der Folge, dass beide Brunnen weniger ergiebig sind oder dass ein flacher Brunnen sogar versiegt.

Die Trichter sind relativ unabhängig vom Gesteinsaufbau, wie Bohrungen z. B. im Vogelsberg gezeigt haben, wo Talkiese auf klüftigem Basalt lagern, der Trichter aber noch in den festen, allerdings klüftigen Basalt hineinragt.

Ganz große Bedeutung haben Absenkungstrichter im Bereich von Braunkohlen-Tagebauen, wo man das zufließende Wasser ständig abpumpen muss und ohnehin meist mehr Wasser als Kohle fördert, oder in Städten, die in sandigem Untergrund U-Bahnen bauen: In Berlin hatte man vor etwa 100 Jahren dazu den Grundwasserspiegel um 15 m abgesenkt, was an der Oberfläche einen Trichter von 7 km Durchmesser zur Folge hatte. Heute ist das nicht mehr nötig, weil man mit neueren Verfahren unter Wasser bauen und den Grundwasserspiegel mit einem raffinierten Steuerungssystem innerhalb einer vorgegebenen Bandbreite konstant halten kann.

Bei der Gewinnung von Grundwasser muss man jedenfalls immer Bilanz machen: Man kann nur so viel entnehmen, wie durch die Niederschläge nachgeliefert wird. Aber auch die natürlichen Grundwasserstände sind ständigen Schwankungen unterworfen. In diesem Zusammenhang ist ein Hinweis auf ein früheres Waldsterben von Bedeutung, das in dem klassischen Geologie-Lehrbuch von Emanuel Kayser (1923) erwähnt ist:

„Die schädigenden Wirkungen des ganz außergewöhnlich trockenen Sommers 1911, in welchem in unseren mitteldeutschen Gebirgswäldern mehr als 50jährige Fichten massenhaft eingingen, waren in dieser Hinsicht so groß, daß sie selbst Ende 1912 noch lange nicht wieder ausgeglichen waren."

Quellschüttungen kann man mit einem Eimer von bekanntem Fassungsvermögen und einer Stoppuhr recht einfach messen; die Angaben erfolgen in Sekundenlitern, die man auf den Tagesbedarf von Siedlungen schnell umrechnen kann (1 Tag hat 86 400 Sekunden). Entsprechend verfährt man bei Brunnen, wo man durch die Pumpversuche erfährt, wie viel man entnehmen kann, bis sich der Grundwasserspiegel wieder regeneriert.

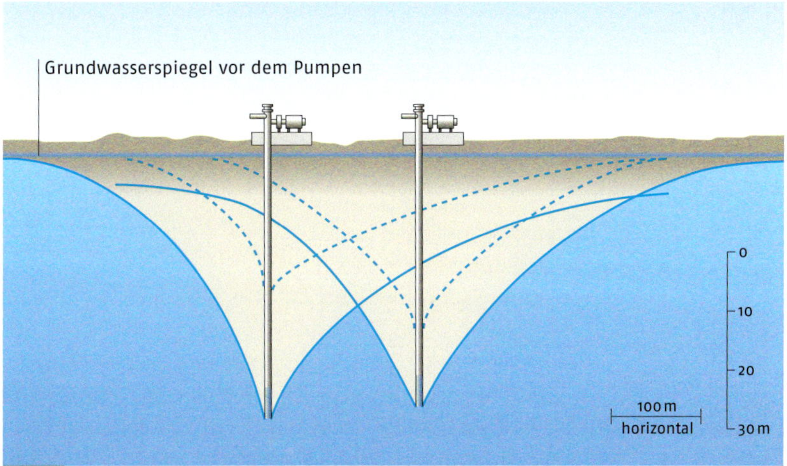

5 Absenkungstrichter (aus Rothe 2009c).

Ein paar Zahlen zur Veranschaulichung unseres Wasserbedarfs: In Deutschland wird für 2004 ein Tagesbedarf von 126 l/Tag/Person angegeben, Tendenz fallend; 1990 waren es noch 147 l (Krüger 1982, Förstner 2008). In den USA sind es wesentlich mehr und für die Emirate am Persischen Golf werden >400 l genannt. Sehr viel davon entfallen auf die Toilettenspülung (in Deutschland 20–50 l), aber die Haushalte sind im Vergleich zur Landwirtschaft oder Industrie doch nachrangige Verbraucher.

Man kann solche Zahlen mit denen von Quellschüttungen vergleichen – und dann weiß man, ob eine Quelle ausreicht, um eine Siedlung mit einer entsprechenden Zahl an Einwohnern zu versorgen. Die kürzlich als katastrophal bezeichneten Verbrauchsmengen von über 5000 l, die die Deutschen am Tag verbrauchen, resultieren überwiegend aus Berechnungen, die auch die importierten Güter – vor allem Agrarprodukte – betreffen: Es handelt sich dabei also um „virtuelles" Wasser, wobei die Schuldzuweisung an unsere Landsleute nicht berücksichtigt, dass es in vielen anderen Ländern wesentlich mehr regnet als bei uns.

Wasserqualität

Gutes Wasser erkennt man zunächst an einer gleichbleibenden Temperatur, die aufgrund einer längeren Verweildauer im Boden unabhängig von der Lufttemperatur ist (man braucht außer der Stoppuhr also auch ein Thermometer). Die Qualität ist aber auch an den Inhaltsstoffen erkennbar, denn Wasser ist ja bekanntermaßen ein gutes Lösungsmittel – und nicht jedes sog. Süßwasser ist als Trinkwasser geeignet. Hier kommt wieder die Geologie ins Spiel, denn das Wasser reagiert beim Durchfluss mit den Gesteinen, indem es Stoffe daraus aufnimmt: Jedem von uns ist z. B. Kalk vertraut, der das Wasser „hart“ macht. Deshalb haben Gegenden wie etwa die Schwäbische Alb oder Würzburg und seine Umgebung, deren Geologie durch Kalke geprägt ist, besonders hartes Wasser. Weiches Wasser dagegen kennzeichnet die Buntsandstein-Landschaften, deren Sandsteine überwiegend aus unlöslichen Quarzkörnern bestehen – hier entspricht die Wasserhärte meist der vom Regen. Kalke und Quarzsandsteine sind in dieser Beziehung zwei Extreme, die ich hier als Beispiele gewählt habe, um das Prinzip zu verdeutlichen. Noch extremer sind die Verhältnisse verständlicherweise dort, wo im Untergrund leicht lösliche Salzgesteine anstehen. Tonpartikel in Aquiferen behindern zwar den Fließvorgang, weil sie die Durchlässigkeit herabsetzen, sie haben aber die Eigenschaft, an ihren elektrisch negativ geladenen Oberflächen positiv geladene Metallkationen und andere Schadstoffe zu binden.

Einen interessanten Sonderfall bilden Süßwasserlinsen in Sanden, die an Küsten oder auf Inseln von Meerwasser unterlagert sind: Da Regenwasser leichter ist, „schwimmt“ es auf dem Salzwasser, sodass sich ein hydrostatisches Gleichgewicht einstellt (Ghyben-Herzberg-Prinzip). Innerhalb der Sedimente ist das Fließen aber so verlangsamt, dass sich die Wasser zunächst nicht miteinander vermischen. Die Grenzfläche ist eine empfindliche Zone, die sich entsprechend dem Niederschlag bzw. der Entnahme aus den Brunnen verschiebt: Wenn man zu viel herauspumpt, drückt das Salzwasser nach (was man mit sehr einfachen Methoden sofort nachweisen kann). Auf den Friesischen Inseln z. B. beobachtete man früher nach der Kursaison immer erhöhte NaCl-Konzentrationen in den Brunnen, die durch die Niederschläge bis zum Folgejahr wieder verschwanden.

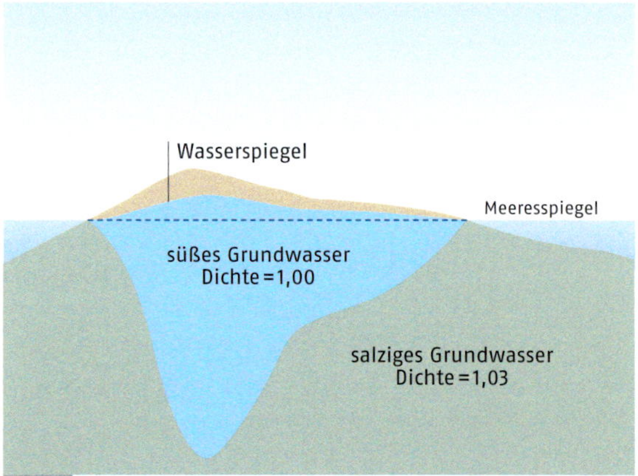

6 Süßwasserlinse in Sedimenten, eingeschichtet über dem schwereren Salzwasser (nach Holmes 1965, vereinfacht).

Anthropogene Einflüsse

Neben den angesprochenen natürlichen Ursachen verändern wir die Qualität des Grundwassers auch selbst: Den größten Anteil daran hat der Düngemittel-Eintrag und das bei Weitem Schädlichste darunter sind Nitratsalze, weil es bisher kein wirtschaftliches Verfahren gibt, mit dem sich das Nitrat aus dem Wasser entfernen lässt. Für Trinkwasser ist ein zulässiger Grenzwert von 50 ppm festgelegt – um darunter zu bleiben und damit den Vorschriften zu genügen, wird oftmals das Wasser mehrerer Brunnen miteinander verschnitten. In landwirtschaftlich intensiv genutzten Gebieten tickt somit eine Zeitbombe, weil das Nitrat mit der langsamen Versickerung erst allmählich in tiefere Schichten gelangt. Eine Vertiefung von Brunnen hilft auch nur eine gewisse Zeit lang. Die tieferen Stockwerke sind zwar meist noch nicht betroffen, vor allem wenn die Aquifere durch relativ undurchlässige Schichten voneinander getrennt sind. Aber auch hier sind die geologischen Verhältnisse zu beachten: Wenn Störungen bzw. Klüfte die Schichten durchschneiden, können sie das Wasser von einer Schicht zur anderen durchlassen. Weit besser wegsam sind natürlich offene Spalten, wie man sie vor allem in Kalkgesteinen antrifft – das Wasser kann diese durch Lösung erweitern bis hin zu ganzen Höhlensystemen. Hiermit sind wir beim Stichwort „Karst“ angelangt: Im Karst fließt das Wasser genau so schnell wie an der Oberfläche, nur eine Etage tiefer, und dieses Wasser ist immer hart. Im Gegensatz zu den lockeren Sedimenten, in deren Porenraum das Wasser langsam fließt, wobei auch Schadstoffe zurückgehalten werden, ist Karstwasser also mit Vorsicht zu genießen, weil hier diese natürliche Reinigung unterbleibt. Dolinen, also Einsturzlöcher in Karstgebieten, sind früher gerne als Schuttabladeplätze benutzt worden – die Folgen für die Wasserqualität kann man sich ohne große Fantasie ausmalen. Karstquellen haben oft enorme Schüttungsmengen, sie zeigen aber immer auch starke Schwankungen, weil sie praktisch unmittelbar auf die Niederschläge reagieren (Höhlenforscher tun gut daran, den aktuellen Wetterbericht zu studieren, um bei der Arbeit nicht in eine missliche Lage zu geraten).

Die Fließwege von Karstwasser kann man durch Färbeversuche verfolgen. Dazu sind eine Reihe von Substanzen geeignet, die auch in starker Verdünnung noch gut nachweisbar sind, z. B. fluoreszierende Farbstoffe wie Uranin, Fluorescein oder schwach radioaktive Substanzen. Es geht aber auch anders – das schon erwähnte Geologie-Lehrbuch (Kayser 1923) berichtet von einem unfreiwilligen Färbeversuch, der auf der Farbreaktion bei der Zubereitung eines Aperitifs aus Pernod und Wasser beruht:

„Den Verhältnissen der Aach vergleichbar ist die Erfahrung, die man vor einer Reihe von Jahren bei einem Brande der großen PERNODschen Absinthfabrik bei Pontarlier am Doubs (im Juragebirge) gemacht hat. Es nahm damals nicht nur der Doubs selbst durch den sich ihm beimischenden Absinth das bekannte grünlich-milchige Aussehen an, sondern nach einigen Tagen färbte sich in gleicher Weise auch die in der Luftlinie 15 km entfernte mächtige Quelle der Loue."

Klüfte und Spalten gibt es auch in anderen Festgesteinen – und nur in solchen Fällen könnte man von „Wasseradern" sprechen, diesem beliebten Begriff der Wünschelrutengänger. Deren „Erfolge" sind überwiegend an Gegenden gebunden, in denen man innerhalb der oberen 100 m praktisch immer auf Grundwasser stößt; entsprechende Vorhersagen sind also eigentlich ohne Risiko.

Uferfiltrat

Wir trinken heute schon oft nicht mehr Quellwasser, sondern Wasser, das aus dem sog. Uferfiltrat in der Nähe von Flüssen durch Brunnen gefördert wird. So wie die Flüsse neben den Niederschlägen einen Teil ihres Wassers aus zufließendem Grundwasser erhalten, so kann im Gegenzug auch Flusswasser ins Grundwasser gelangen; das geschieht vor allem bei Hochwasser, während bei Niedrigwasser eher Grundwasser in das Flussbett strömt. Die Pegelstände des Rheins und der Brunnen bei Köln beispielsweise zeigen deren wechselseitigen Einfluss noch in 3,5 km Abstand vom Fluss. Schon daran wird deutlich, dass die Reinhaltung unserer Flüsse auch in Bezug auf das Trinkwasser von großer Bedeutung ist: Bei uns werden mittlerweile etwa 6 % aus Uferfiltrat gewonnen, und in den Niederlanden bildet es schon den Hauptanteil der Trinkwasserversorgung.

Landsenkung durch Wasserentnahme

Die Entnahme von Grundwasser aus den Aquiferen lockerer Sedimente kann zu unbeabsichtigten Folgeerscheinungen führen. Die locker gepackten Körner eines Sandes können nach der Entnahme des Wassers aus den Hohlräumen quasi „zusammensacken" – das erscheint zunächst nicht sehr viel, summiert sich mit der Zeit aber. Die Folge ist dann eine kumulative Landsenkung, die sich an der Erdoberfläche bemerkbar macht. So etwas beobachtete man erstmals 1911 in Kalifornien, wo ein Brunnenrohr allmählich bis auf 90 cm aus dem Boden herausragte, weil sich die Umgebung entsprechend abgesenkt hatte. Im südlichen Bereich des großen kalifornischen Zentraltals hatte man zeitweise eine Landsenkung von bis zu 50 cm/a beobachtet, weitere Beispiele sind Venedig mit 1 cm/a und Mexiko City mit 44 cm in den Extremjahren 1948–50, dort sind es heute aber nur noch etwa 5 cm/a.

Auch die Schiefe des Turms von Pisa ist teilweise auf die Absenkung des Grundwassers zurückzuführen.

Die genannten Zahlen zeigen aber auch, dass dieser Prozess zum Glück reversibel ist, denn in Tokio hatte man 1975 eine alarmierende kumulative Landsenkung von fast 5 m beobachtet, die inzwischen auf 1–2 cm/a reduziert werden konnte.

Die Abhilfe ist einfach: Man darf eben nicht mehr vom Grundwasser entnehmen, als durch die Niederschläge ersetzt wird.

Lit.: Grundwasser/ Trinkwasser
Förstner 2008, Hölting 1996, Krüger 1923, Matthess & Ubell 1983

Mineral-, Thermal- und Heilwässer 2

Schon im Kapitel über Grundwasser ist deutlich geworden, dass Wasser als ausgezeichnetes Lösungsmittel dient und Stoffe aus den durchflossenen Gesteinen aufnimmt; damit wird es im Prinzip „mineralisiert", aber noch nicht notwendigerweise zum Mineralwasser. Denn Mineralwässer sind jeweils durch spezifische Inhaltsstoffe definiert, die in Mindestkonzentrationen vorhanden sein müssen, wobei in den meisten Fällen ein Wert von 1000 mg/kg gilt (Carlé 1975). Wenn die Werte darunterliegen, spricht man bei solchen Quellen von Akratopegen, bei entsprechenden Thermalquellen (s. u.) von Akratothermen. Die Analysewerte auf den Flaschen geben immer mehr als einen Inhaltsstoff an, aber die Bezeichnungen für die Mineralwässer sind auf die wesentlichen Elemente beschränkt: Man spricht z. B. von Hydrogenkarbonat-Säuerlingen, was zusätzlich zum gelösten Kalk noch die Gaskomponente CO_2 kennzeichnet (die 250 mg/kg freies CO_2 betragen soll). Es gibt chloridische, eisenhaltige und schwefelhaltige Mineralwässer und solche, die Radium oder sogar Arsen enthalten. Hier gelten allerdings andere Konzentrationen: 10 mg Eisen, 0,7 mg Arsen, 1 mg Jod, 1 mg Schwefel oder 10^{-7} mg Radium. Diese Thematik wird hier im Folgenden kurz näher dargestellt, wobei es mir vor allem darum geht, den Zusammenhang zwischen solchen Wässern und den geologischen Gegebenheiten herauszustellen.

Die wesentliche Frage ist zunächst die nach der Herkunft des Wassers selbst: Von wenigen Ausnahmen abgesehen, handelt es sich überwiegend um meteorisches, d. h. aus den Niederschlägen stammendes Wasser, das in den Untergrund versickert und mit den dort vorhandenen Gesteinen in Wechselwirkung tritt. Dieses meteorische Wasser wird gelegentlich auch als vadoses Wasser bezeichnet, weil es meist nicht besonders tief eingesickert ist (lat. vadosus = seicht). Dem steht das als juvenil bezeichnete Wasser gegenüber, das nicht nur aus größerer Tiefe aufsteigt, sondern als dessen Herkunft man sogar den Erdmantel annehmen muss; der deutlichste Hinweis darauf sind relativ hohe Gehalte des Edelgases Helium, sodass man hierbei von Helium-Anomalien spricht.

Die in den Mineralwässern gelösten Stoffe sind zunächst nach Kationen und Anionen aufgeteilt, und man muss diese Komponenten zueinander in Beziehung setzen, also das Ca^{2+} z. B. zum HCO_3^- (dann wäre Kalk als Quelle der Mineralisation das Wahrscheinlichste). Man kann, falls im Wasser vorhanden, das Ca^{2+} aber auch mit SO_4^- verbinden, was dann auf Anhydrit oder Gips zurückzuführen wäre, und Na^+ und Cl^- zusammen lassen sich mit hoher Wahrscheinlichkeit auf Steinsalz beziehen. Mg^{2+} bildet Verbindungen zusammen mit Chloriden, aber auch mit Hydrogenkarbonat (Salze der Kohlensäure) oder Sulfat (Salze der Schwefelsäure); Letztere bedingen einen bitteren Geschmack des Wassers, sodass man folgerichtig von Bitterquellen spricht. Die genannten Mineralwässer bilden, fast immer in Kombination mit CO_2, die hauptsächlichsten Typen. Daneben gibt es solche, die nach Stoffen benannt werden, obwohl diese nur in sehr geringen Konzentrationen darin vorkommen – etwa Eisen, Jod oder Arsen. Eisenhaltige Wässer verlangen reduzierende, d. h. sauerstoffarme, und/oder saure Bedingungen, da das Eisen nur in der zweiwertigen Form löslich ist. Sie werden gelegentlich auch Stahlquellen genannt. Im Gegensatz zum Eisen ist das Arsen innerhalb der Erdkruste äußerst selten (s. Kap. 5), weshalb arsenhaltige Wässer auch an Bereiche geknüpft sind, in denen das Element durch Lagerstätten bildende Prozesse konzentriert ist. Arsen ist z. B. oft an Pyrit gebunden, woraus es durch oxidierende Bedingungen gelöst werden und ins Grundwasser gelangen kann; dieser Umstand hatte in den 1970er-Jahren zu einer Katastrophe in Bangladesch und Bengalen geführt, von der Millionen von Menschen betroffen waren: Durch gut gemeinte Entwicklungshilfe wurden damals mit tieferen Brunnenbohrungen arsenhaltige Schichten erschlossen, was zu schweren Erkrankungen der Bevölkerung führte, die vorher auf Flusswasser und flache Brunnen angewiesen waren. Weil Arsen geruchs- und geschmacksneutral ist, hatte man es nicht bemerkt. Ein weiterer Mineralwassertyp sind jodhaltige Wässer, die dort zu erwarten sind, wo durch Eindampfung von Meerwasser neben dem Natriumchlorid auch die anderen Halogenide, also Fluor und Brom, vorkommen.

Schwefelquellen sind überwiegend an dunkle Tongesteine gebunden, weil diese oft Pyrit (FeS_2) enthalten, der durch oxidierende Wässer in SO_4^- überführt werden kann. Dies wird dann wiederum durch Sulfat reduzierende Bakterien in H_2S umgewandelt, wobei der bekannte Geruch nach faulen Eiern entsteht, weil das Gas aus dem Quellwasser entweicht.

Wesentlich seltener als Eisen- und Schwefelquellen sind radioaktive Wässer: Hier muss man unterscheiden, ob gelöste Radiumsalze vorliegen oder das Gas Radon, das beim Uranzerfall freigesetzt wird. Da Uran, wie im entsprechenden Kapitel erläutert wird, wegen seines ungewöhnlichen Ionenradius seine wesentliche Heimat zunächst in magmatischen Gesteinen der Restkristallisation hat, also eigentlich nur in sauren Gesteinen zu erwarten ist, wird auch verständlich, dass radioaktive Quellen nur in Gebieten anzutreffen sind, in denen Granite oder Rhyolithe anstehen. So wäre Heidelberg beinahe einmal zum Radiumbad geworden, als man in einer Thermalbohrung radioaktives Wasser antraf, das sich sogar auf Radiumsalze zurückführen ließ. Hier waren oberkarbonischer Granit und Rhyolith der Permzeit die Träger der seltenen Metalle, die dann das Wasser konditioniert hatten (Salomon 1927). Politische Hintergründe in der Zeit nach dem Zweiten Weltkrieg waren maßgebend dafür, dass trotz der bereits geplanten Badeanlagen dann schließlich doch nichts aus „Bad Heidelberg" geworden ist. In Bad Gastein hingegen nutzt man radonhaltiges Thermalwasser oder kann in Stollen das austretende Radon als Mittel gegen Atemwegserkrankungen einatmen. Bad Schlema im Erzgebirge, das in den 1920er- und 1930er-Jahren berühmt war, ist seit 1998 wieder Thermalbad mit Radonquelle. Auch hier sind Granite die Trägergesteine des Urans, das zu DDR-Zeiten dort in großem Maßstab abgebaut wurde (s. Uran).

Thermalquellen bezeichnen durch natürliche Prozesse aufgeheiztes Wasser, das seit Menschengedenken genutzt wird. Der Definition nach muss das Wasser > 20 °C warm sein. Geologisch erscheint zunächst ein Zusammenhang mit jungem Vulkanismus plausibel, es gibt aber auch Thermalwässer, die sich anders erklären lassen. Die vulkanisch bedingten heißen Quellen sind natürlich an Gegenden gebunden, in denen der Vulkanismus entweder noch aktiv oder erst vor Kurzem erloschen ist, wie in Island, Italien, Neuseeland, Japan, Yellowstone-Nationalpark/USA etc. Für Wiesbaden mit seinem > 60 °C heißen Kochbrunnen (eine jetzt nicht mehr genutzte Quelle hatte sogar 72 °C) muss man aber, wie in vielen ähnlich gelagerten Fällen, die geothermische Tiefenstufe als Erklärung heranziehen: Je tiefer man in die Erdkruste hineinbohrt, umso wärmer wird es – im Normalfall nimmt die Temperatur alle 30 m etwa um 1 °C zu, es gibt aber je nach Dicke der Erdkruste auch wesentlich von diesem Wert abweichende Verhältnisse. Wenn der Kochbrunnen über 60 °C heißes Wasser hat, dann müsste dieses aus 2000 m Tiefe aufgestiegen sein. Dennoch handelt es sich bei solchen Wässern in den meisten Fällen um primär meteorisches Wasser, das geothermal erst aufgeheizt wurde, als es in diese Tiefe gelangt war. Entscheidend ist die Wegsamkeit in den Gesteinen, die in diesem Fall durch ein System tektonisch bedingter Spalten gewährleistet wird, das den gesamten südlichen Taunusrand begleitet; die Quellen sind dort konzentriert, wo die Spalten von quer dazu verlaufenden Störungen gekreuzt werden. An solche Gegebenheiten sind Quellen und Badeorte von Bad Nauheim über Bad Homburg, Bad Soden bis nach Assmannshausen im Rheingau geknüpft und entsprechende „Bäderlinien" gibt es in vielen Gegenden der Erde. Geothermalenergie ist ja ohnehin eines der großen Themen in der gegenwärtigen Energiedebatte, wobei man in vielen Fällen aber zunächst „trockene" Verhältnisse vor sich hat, denen man zum Aufheizen und damit zur Energiegewinnung benötigtes Wasser erst zuführen müsste.

Auch Thermalquellen sind durch ihre gelösten Stoffe gekennzeichnet, unter denen Kalk quantitativ eine Vorrangstellung einnimmt, nicht zuletzt, weil er die Rohrleitungen und auch die natürlichen Zufuhrwege verstopfen kann. In Karlsbad sind im sog. Sprudelstein dabei sogar erbsengroße Ooide, kugelig-oval angewachsene Mineralkörper, gebildet worden. Das Phänomen zeigt sich längerfristig auch bei den Geysiren: „Old Faithful" im Yellowstone-Nationalpark speit sein Wasser heute nicht

Lit.: Mineral-, Thermal- und Heilwasser
Carlé 1975, Käß & Käß 2008

7 Der Kaltwasser-Geysir auf dem Namedyer Werth bei Andernach anlässlich einer Sonderführung für die Reiss-Engelhorn-Museen am 15. September 2008 (Foto: Verfasser).

mehr so regelmäßig aus, wie es der Name nahelegt. Und die 70 °C heißen Mammoth Hot Springs lagern bis zu 2 t Kalk/Tag ab. Die aus dem Taunus erwähnten Quellen enthalten vielfach auch Kochsalz, das man im Fall von Wiesbaden auf Salz aus dem Untergrund des Oberrheingrabens zurückführt – das Salz der Bad Nauheimer Quellen wurde sogar schon in vorkeltischer Zeit genutzt.

Säuerlinge heißen umgangssprachlich „Sprudel", „Bitzelwasser", „L'eau qui fait pscht" oder, nach einer der bekanntesten Quellen überhaupt, „Selterswasser". Was da sprudelt bzw. beim Öffnen der Flasche entweicht, ist die im Wasser gelöste gasförmige Kohlensäure, von der >250 mg/kg vorhanden sein sollten, wenn man einen Säuerling meint. Selbst in Deutschland sind aber nicht alle natürlichen Austritte von kohlensäurehaltigen Wässern industriell gefasst und manchmal tritt auch trockenes CO_2 aus, was dann für Mensch und Vieh gefährlich werden kann, weil das geruchlose Gas schwerer ist als Luft und sich in natürlichen Bodensenken oder Kellern sammeln kann. Das bekannteste Beispiel ist die Hundsgrotte auf Capri. Wenn man die Vorkommen regional betrachtet, dann sind die meisten Säuerlinge an Gebiete mit geologisch jungem Vulkanismus gebunden, der in Mitteleuropa vor allem tertiär- bis quartärzeitlich ist – also ein paar Zehnermillionen bis ein paar Hunderttausend Jahre alt: Eifel, Westerwald, Vogelsberg, Rhön, Kaiserstuhl, Hegau. Überall dort gibt es auch Vorkommen von kohlensäurehaltigen Wässern, die man mit Spätphasen dieses Vulkanismus in Zusammenhang bringt. Eine Besonderheit in dieser Hinsicht bildet der erst 2001 wieder aktivierte Kaltwasser-Geysir auf dem Namedyer Werth, der bis zu 60 m hoch springen kann. Zu den Gebieten mit bekannten CO_2-führenden Mineralquellen gehört auch das westböhmische Bäderdreieck mit Karlsbad, Marienbad und Franzensbad; nur wenige Kilometer davon entfernt gibt es bei Soos diese sog. Mofetten, die hier zusammen mit Mineralwässern an Störungen im Egergraben gebunden sind.

3 Mineralische Rohstoffe – eine Einführung

Jeden Versuch einer quantitativen Darstellung über mineralische Rohstoffe sollte man mit einer Rückschau auf Dennis Meadows' Buch „Die Grenzen des Wachstums" beginnen – denn danach stünden uns bestimmte Stoffe schon seit einigen Jahren gar nicht mehr zur Verfügung! Im Folgenden zähle ich nach der Ausgabe von 1972 einmal auf, dass bei der dort als exponentiell angenommenen Verbrauchssteigerung das Aluminium noch 31 Jahre, Blei und Kupfer noch 21, Zinn 15, Silber und Quecksilber je 13 und Gold sogar nur noch 9 Jahre zur Verfügung gestanden hätten. Das sind Zeiträume, die mittlerweile vergangen sind, und doch gibt es diese Metalle noch immer auf dem Weltmarkt zu kaufen. Ganz schlimm sah es auch für die Energierohstoffe Gas und Erdöl aus, für die 22 bzw. 20 Jahre veranschlagt worden waren. Die damaligen Annahmen und die ihnen zugrunde liegenden Modellrechnungen waren also entschieden zu pessimistisch.

Das sage ich hier nicht, um den an dieser Studie beteiligten Kollegen, die sich damals Gedanken um unsere ökologische Zukunft gemacht hatten, etwa hämisch die Realität vor Augen zu führen, sondern es geht mir hier um die Begründung für diese Realität, für die man mehrere Faktoren berücksichtigen muss.

Aktuell lässt sich z. B. am Erdöl verdeutlichen, was damit gemeint ist: Bei steigenden Weltmarktpreisen lohnt es sich, auch zuvor unrentable Lagerstätten auszubeuten bzw. wieder in die Suche nach neuen Lagerstätten zu investieren. Das war vor allem 1973 sehr deutlich geworden, als uns der erste Ölschock autofreie Sonntage beschert hatte: Damals begann die intensive Exploration von Ölfeldern im Meeresbereich, die allerdings mit wesentlich höheren Kosten verbunden ist als die Gewinnung auf dem Festland.

Angaben zu Rohstoffen bzw. deren Vorkommen müssen immer berücksichtigen, was nach dem gegenwärtigen Stand der Gewinnungstechnik und zu gegenwärtigen Weltmarktpreisen wirtschaftlich gewonnen werden kann.

Damit sind wir bei zwei Begriffen, die nicht immer konsequent benutzt werden, nämlich „Ressourcen" und „Reserven".

Ressourcen ist der weiter reichende Begriff. Damit sind nachgewiesene und bisher nicht nachgewiesene, geologisch aber erwartbare Rohstoff-Vorkommen gemeint. Reserven dagegen bezieht sich auf Vorkommen, die mit den derzeit verfügbaren technischen Möglichkeiten auch wirtschaftlich gewinnbar sind. Hierbei spielen also auch die ökonomischen Rahmenbedingungen eine Rolle, ob man den Begriff im engeren Sinne ausweitet und dann marginale Reserven sagt. In diesem Zusammenhang kommen weitere Faktoren hinzu, welche die wirtschaftlich sinnvolle Gewinnung bestimmen. Am gegenwärtigen Wettrennen einzelner Nationen zu den Meeresgebieten um den Nordpol zeigt sich: Es geht um Ressourcen, es geht um die Zukunft. Ehe daraus vielleicht einmal Reserven werden, könnten nach meinem Ermessen leicht noch einmal 100 Jahre vergehen. Um es ins Extrem zu steigern: Bei Erschöpfen der Nickelvorkommen in der Erdkruste könnten wir ja den Erdkern anbohren, der wahrscheinlich quantitativ aus Nickeleisen besteht – wir müssten nur die Technik entwickeln, etwa 5000 km tief zu bohren, und Materialien erfinden, die fast 5000 °C aushalten! Das ist allerdings Science Fiction.

Die Lagerstätten, von denen in diesem Buch die Rede sein wird, liegen sämtlich im oberflächennahen Bereich der Erdkruste. Nur in Ausnahmefällen hat man bisher mit Goldbergwerken in Südafrika extreme Tiefen von über 3 km erreicht. Die chemische Zusammensetzung der etwa 20–40 km dicken Erdkruste kennen wir vor allem aus Verfahren, welche die an bestimmten Gesteinen ermittelten Konzentrationen auf große Areale hochrechnen und zu geophysikalisch ermittelten Parametern in Beziehung setzen. Unsere Kenntnis über die chemische Zusammensetzung der Gesamterde ist damit also nur sehr oberflächlich angekratzt.

Jedoch ermöglichen die in den gängigen Gesteinen festgestellten Durchschnittsgehalte einzelner Elemente Hinweise darauf, in welchen Gesteinen man diese zunächst erwarten kann. Die Verfahren zur Ermittlung der chemischen Zusammensetzung der Erdkruste gehen zunächst auf die US-Amerikaner Frank W. Clarke und H. S. Washington zurück, die in den 1920er-Jahren Tausende unterschiedlicher Gesteinsproben analysiert und aus ihren Ergebnissen Mittelwerte gebildet haben. Der in Göttingen lehrende Viktor Moritz Goldschmidt ging dagegen einen anderen Weg: Er analysierte Geschiebelehm, den die Gletscher der letzten Eiszeit produziert hatten, als sie vor allem das skandinavische Grundgebirge abgehobelt und damit sozusagen schon natürliche Mittelwerte produziert hatten. Solche Wissenschaftler heißen Geochemiker, und nicht von ungefähr ist die von Goldschmidt begründete Tradition in Göttingen bis in die jüngste Zeit hinein fortgeschrieben worden: Karl Hans Wedepohl hat dort das „Handbook of Geochemistry" herausgegeben, das in Form von Loseblattordnern ständig aktualisiert wird; darin kann man sich über einzelne Elemente informieren, der Forschungsstand ist allerdings sehr unterschiedlich. Eine wesentlich einfachere Darstellung zum Thema bildet das von Brian Mason und Carleton B. Moore verfasste Buch, das es auch auf Deutsch unter dem Titel „Grundzüge der Geochemie" gibt.

Aus diesen Daten kann man in den meisten Fällen schon ableiten, welche Metalle man etwa in welchen Gesteinen erwarten kann: Es hat z. B. keinen Sinn, in Basalten nach Uran zu suchen oder in Graniten nach Chrom. Dennoch sind die Gesetzmäßigkeiten, die zu Lagerstätten geführt haben, wesentlich komplexer und in vielen Fällen sind sie auch bei Weitem noch nicht restlos verstanden.

Element	Gewichtsprozente	Element	Gewichtsprozente
Sauerstoff	46,60	Magnesium	2,09
Silizium	27,72	Kalzium	3,63
Aluminium	8,13	Natrium	2,83
Eisen	5,00	Kalium	2,59

T 2 Die acht häufigsten Elemente der Erdkruste (aus Mason & Moore 1985).

Tabelle 2 der acht häufigsten (!) Elemente zeigt, dass noch nicht einmal diese von vornherein Lagerstätten bilden – selbst das dritthäufigste, das Aluminium, muss dafür noch mindestens auf das Vierfache angereichert werden. Hinzu kommt, dass alle diese Elemente nicht isoliert vorkommen, sondern eingebunden sind in die gesteinsbildenden Minerale, die dann ihrerseits noch in einem größeren Gesteinsverband gesehen werden müssen.

Man muss also für jedes Element einen Anreicherungsfaktor herausfinden, mit dem die in solchen Tabellen aufgeführten Durchschnittskonzentrationen der Erdkruste multipliziert werden müssen, um sie als Lagerstätte bezeichnen zu können. Und dann muss man noch nach den geologischen Gesetzmäßigkeiten suchen, die solche Anreicherungen bewirken.

Metall	Clarke	Anreicherungsfaktor	Gehalte bauwürdiger Lagerstätten (%)
Aluminium	8,13	4	30
Eisen	5,00	6	30
Mangan	0,10	350	35
Chrom	0,01	3000	30
Kupfer	0,006	160	1
Nickel	0,008	125	1,5
Zink	0,007	600	4
Zinn	0,0002	5000	1
Blei	0,0013	3000	4
Uran	0,0002	500	0,1

T 3 Minimale Anreicherungsfaktoren für die Bildung von Metall-Lagerstätten (nach Mason & Moore 1985).

Im Fall des Eisens z. B. zeigen uns die Tabellen der Geochemiker einen Durchschnittsgehalt der Erdkruste von 5 %; um aber von einer Eisen-Lagerstätte zu sprechen, müssen schon Gehalte von Zehnerprozenten zusammenkommen. Eisen muss etwa um den Faktor 10 angereichert werden, und die dann resultierenden 50 % bilden schon ganz ordentliche Lagerstätten (diese Zahlen sind vom jeweiligen Erztyp abhängig). Extrem ist das z. B. beim Gold: Sein durchschnittlicher Gehalt in der Erdkruste wird mit etwa 0,004 ppm angegeben (parts per million, was Gramm pro Tonne entspricht), und um zu einer Lagerstätte zu werden, muss es um den Faktor 4000 angereichert werden. Beim gegenwärtigen Anstieg des Goldpreises würden dann auch schon geringere Konzentrationen einen Abbau lohnen. Es müssen also natürliche Prozesse beteiligt sein, die das Metall so weit aufkonzentrieren, dass man es unter wirtschaftlichen Gesichtspunkten gewinnen kann: Das bedeutet, dass auch die Menge ausreichend sein muss und die Lage entsprechend verkehrsgünstig, um die nötigen Investitionen zu rechtfertigen. Darüber hinaus spielt es eine Rolle, ob die Erze direkt oder nahe an der Oberfläche liegen, um sie im Tagebau gewinnen zu können, oder ob man Schächte und Stollen anlegen muss, um sie aus größeren Tiefen zu fördern. Letztlich bestimmt aber immer der Weltmarktpreis, ob sich die Investitionen lohnen. Bergwerksgesellschaften, die sich aus anfänglich kleinen Grubenbetrieben zu den heutigen Giganten der Branche entwickelt haben, wie z. B. Rio Tinto, planen über einen Zeitraum von zehn Jahren und mehr.

Von den geologischen Gegebenheiten ausgehend, kommen wir so zu der allgemeingültigen Definition, dass Lagerstätten Anomalien in der Erdkruste sind. Genauer ausgedrückt hat sich hierzu Arnold Cissarz:

„Lagerstätten sind räumlich begrenzte, geologische Körper von wechselnder mineralischer Zusammensetzung, in denen bestimmte chemische Elemente durch natürliche Vorgänge erheblich stärker angereichert sind, als es dem Gesamtdurchschnitt der obersten Erdrinde an diesen Elementen entspricht." (Cissarz 1965, 1968)

Wie es im Einzelfall dazu kommt, d. h. welche Prozesse die Anreicherungen jeweils steuern – davon soll nun im Folgenden die Rede sein.

Lit.: Lagerstätten

Baumann et al. 1979, Cissarz 1965, Kirsch o. J., Mason & Moore 1985, Pohl 1992, Pohl 2005, Sawkins 1990, Schneiderhöhn 1962, Schönenberg 1979, Skinner 1976, Wedepohl 1967

Energierohstoffe 4

Torf, Braunkohlen, Pechkohlen, Steinkohlen und Anthrazit – eine Folge der Anreicherung von Kohlenstoff

Mit den Kohlen ist man klassischen geologischen Sachverhalten näher als bei Grundwasser, Öl oder Gas, denn die Stoffe, mit denen wir es dabei zu tun haben, sind fest: Kohlen zählen zu den Gesteinen und sind wie diese aus einzelnen Partikeln zusammengesetzt, die man sichtbar machen, beschreiben und mit anderen vergleichen kann. Was in der normalen Gesteinskunde Petrographie heißt, nennt man hier spezifischer Kohlen-Petrographie.

Dass Kohlen die steingewordenen Überreste fossiler Wälder oder Moore sind, weiß heute beinahe jeder Schüler, der einen umfassenden Unterricht erhalten hat. Jemand bezeichnete sie einmal als „verschüttet Holz" – aber diese Deutung war nicht immer so selbstverständlich: Früher hatte man an zusammengeschwemmten Tang gedacht, wie er heute noch in Form größerer Inseln in der Sargassosee, südwestlich der Bermuda-Inseln, treibt. Diese Interpretation änderte sich erst, als man ganze Baumstämme in den Kohlelagern fand, und zwar aufrecht stehend und mit Wurzeln, die sich unten verzweigen: Damit war bewiesen, dass die Wälder autochthon gewachsen sein mussten, also dort, wo heute die Kohlen liegen.

8 Fossiler Baumstumpf aus dem Karbon des Piesbergs bei Osnabrück – ein sicherer Hinweis darauf, dass die entsprechenden Kohlen autochthon sind (aus Krumbiegel & Krumbiegel 1981).

Aber so ganz falsch war die Idee mit dem Tang dann auch wieder nicht. Es gibt nämlich bereits in Schichten des Unterdevons Kohlen, die älter sind als die Bäume der jüngeren Karbonzeit, an denen man die Autochthonie erst bewiesen hat. Denn im Unterdevon gab es noch keine Bäume, die Pflanzenwelt hatte mit kleinen, krautigen Primitivformen erst im vorausgegangenen Silur begonnen, vom Meer aus das Festland zu erobern. Die unterdevonischen Kohlen sind aber tatsächlich aus treibenden Tangbündeln entstanden, die im Einzelfall bis zu 4 m lang und 50 cm dick sein konnten. Deshalb dachte man, es handele sich um Baumstämme, und gab dem Tang den wissenschaftlichen Namen *Prototaxites*, was eine Vorläuferform der Eibe andeuten sollte. Dennoch muss man davon ausgehen, dass das Ausgangsmaterial für die überwiegende Masse der Kohlen seit dem Karbon Landpflanzen gewesen sind.

Der folgende Text beschreibt nun die Prozesse, in denen sich aus den Ausgangsstoffen Torf und/oder Holz unter bestimmten Bedingungen zunächst Braunkohlen und dann Steinkohlen entwickeln können. Die dabei gebildeten Mengen haben zunächst etwas mit den klimatischen Bedingungen zu tun, welche die Entstehung größerer Mengen an Biomasse steuern. Biomasse allein ist aber noch nicht hinreichend, denn die pflanzliche Substanz kann unter den sauerstoffreichen Verhältnissen an der Erdoberfläche sehr schnell wieder verrotten und dabei in ihre elementaren Bestandteile zerlegt werden, letztlich sogar in CO_2 und Wasser. Sie muss also nach ihrer Bildung möglichst schnell vor der Oxidation bewahrt werden, und dazu sind bestimmte geologische Verhältnisse ausschlaggebend: Zum einen ist ein Bereich nötig, der einer relativ schnellen Absenkung unterliegt, und zum anderen müssen die pflanzlichen Substanzen durch möglichst dichte tonige Ablagerungen zugedeckt werden, um sie vor dem Eintreten von Sauerstoff bzw. sauerstoffhaltigen Wässern zu schützen. Im heutigen tropischen Regenwald werden zwar immense Mengen an Biomasse erzeugt, aber vergleichsweise schnell auch wieder zerstört. Auf den geologisch altkonsolidierten Gebieten Afrikas oder Brasiliens z. B. stehen die Chancen für die heutige Bildung von Kohlen nicht gut.

So bleibt zunächst zu analysieren, welche besonderen geologischen Gegebenheiten die Gebiete auszeichnen, in denen man Kohlen findet. Dabei kommt man anhand von vielerlei Kriterien zu dem Schluss, dass es relativ schnell absinkende Bereiche der Erdkruste gewesen sein müssen, wie sie überwiegend im Zusammenhang mit Gebirgsbildungen entstehen: Die Ruhrkohlen des Karbonzeitalters z. B. sind Folgeerscheinungen der Variskischen Gebirgsbildung. Wenn man die dortigen Profile studiert, lässt sich bei der Gebirgsbildung ein Wechsel zwischen marinen und süßwassergeprägten Ablagerungen erkennen: Meeresfossilien wechseln sich mit solchen ab, die nur im Süßwasser gelebt haben können, und schließlich sind die Bäume zumindest dort in einem festländisch geprägten Bereich gewachsen. Wenn man sich nach entsprechenden heutigen Verhältnissen umsieht, dann kommen am ehesten Sumpfgebiete infrage, wie sie etwa in den Everglades Floridas existieren. In den Karbon-Profilen lässt sich verfolgen, dass die Kohle führenden Schichten fast immer von tonigen Meeresablagerungen zugedeckt wurden, die dann wieder den nachfolgenden Wäldern als Nährboden dienten – Voraussetzung war allerdings, dass sich das Meer zurückgezogen hatte. Ein ständiger Wechsel solcher Verhältnisse ist in den Profilen zu beobachten, den man nur mit einem zyklischen Kommen und Gehen des Meeres erklären kann: Es muss also über lange Zeit hinweg Meeresspiegelschwankungen gegeben haben mit einer gleichzeitigen Absenkung der davon betroffenen Küstenstreifen, wobei der Aufwuchs der Pflanzen – zusammen mit großen Mengen von Sand, den die Flüsse beisteuerten – diese Absenkung kompensierte. Dadurch konnte dieser Bereich eine immer annähernd ähnliche Position in Bezug auf den Meeresspiegel beibehalten.

Hauptzeiten der Kohlebildung und ihre Pflanzen

Die plattentektonisch rekonstruierte Situation für das Karbon – also die Zeit vor etwa 300 Millionen Jahren – zeigt, dass damals große Teile Europas und Nordamerikas in der Nähe des Äquators lagen; wir dürfen also mit dementsprechenden Klimaverhältnissen rechnen.

Eigentlich wird aber umgekehrt ein Schuh daraus, denn die üppige Waldvegetation, die sich in den Kohlen widerspiegelt, hatte schon früher eine entsprechende paläogeographische Position nahegelegt, sofern man nicht gleich höhere Temperaturen für die Gesamterde annehmen wollte. Im Detail ist das Bild noch etwas komplizierter, weil man nämlich schon für diese weit zurückliegende Epoche Gebiete mit eigenständigen Pflanzengesellschaften – also Florenprovinzen – unterscheiden kann: Auf der Nordhalbkugel wuchsen andere Pflanzen als im Süden. Im Karbon bestimmten vor allem große Bäume das Bild, die nach den geometrischen Mustern ihrer Rinde Schuppen- und Siegelbäume heißen, mit ihren lateinischen Namen *Lepidodendron* und *Sigillaria*. Beides waren sog. Niedere Gefäßpflanzen, bei denen die Hauptmasse des Stammgewebes in der Rinde gespeichert war. Ein *Lepidodendron* konnte 30 m hoch werden und 2 m Stammdurchmesser erreichen, eine *Sigillaria* 20 m. Dazu kommen noch Baumfarne, die bis 15 m hoch wuchsen, und >20 m hohe Schachtelhalme mit bis zu 1 m Stammdurchmesser – da kam also schon einiges an Masse zusammen!

Außer dem Karbon, dessen Name ja direkt von der Kohle (lat. carbo) abgeleitet ist, hat es noch mehrere andere Zeitabschnitte der Erdgeschichte gegeben, in denen relativ viele Kohlen gebildet wurden; die Bedingungen glichen sich weitgehend, nur die beteiligten Pflanzengesellschaften waren jeweils andere geworden. In Fortsetzung der Verhältnisse des Karbons gab es Steinkohlenwälder auch im Perm sowie unbedeutende Vorkommen noch später wie z. B. im Keuper (wo sogar ein Schichtglied als „Kohlenkeuper“ bezeichnet wird) oder in der Kreide Chinas – vor allem aber im Tertiär, das nach dem Karbon die bedeutendste Kohlenbildungszeit der Erdgeschichte war.

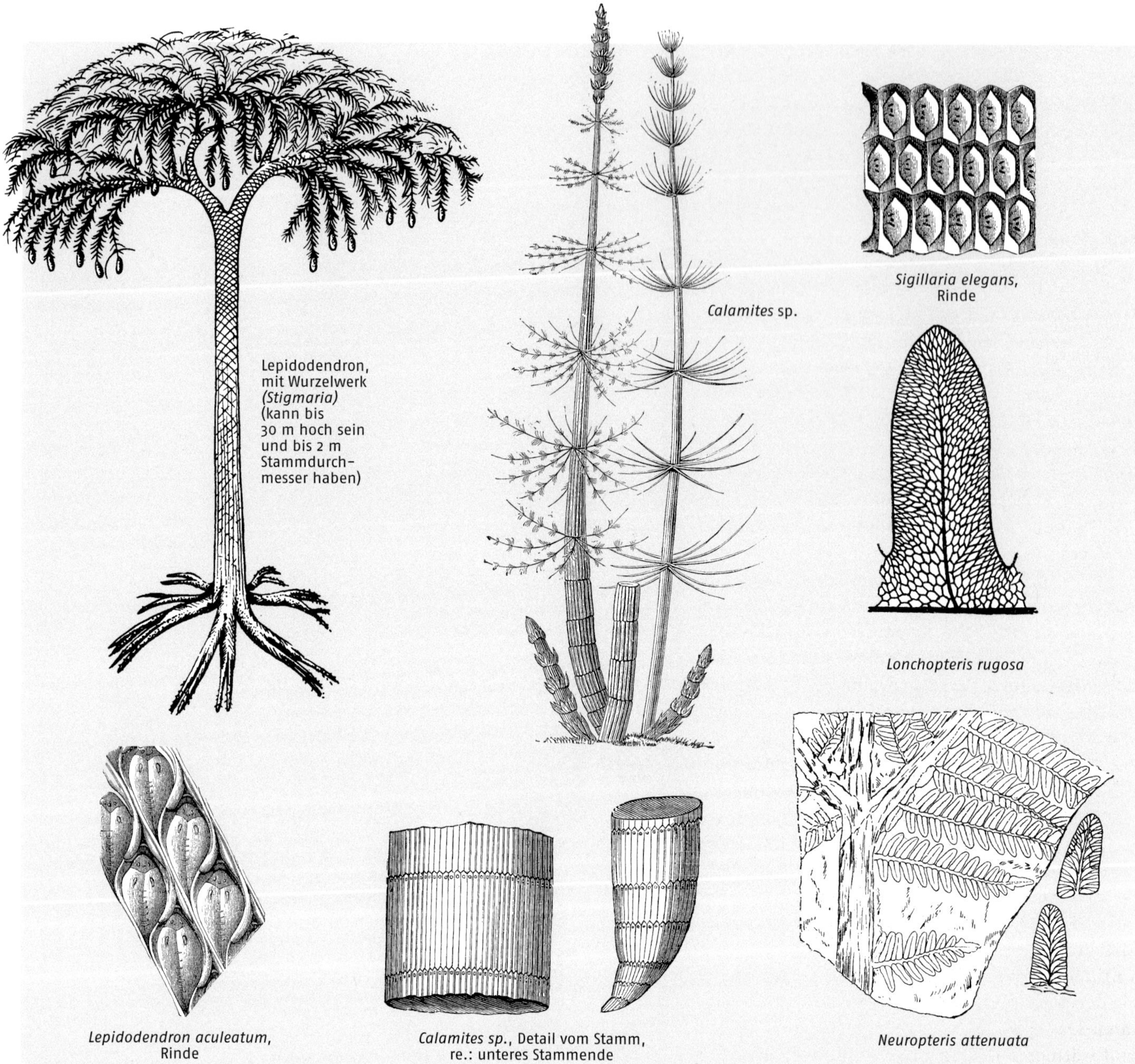

9 Zusammenstellung einiger wichtiger Karbonpflanzen, die an der Bildung von Steinkohlen beteiligt sind (aus Rothe 2009a).

Damals hatten die Kontinente schon weitgehend ihre heutige Position eingenommen. Im Alttertiär muss nach allen vorliegenden Indizien ein extremes Treibhausklima auf der ganzen Erde geherrscht haben, sodass hier selbst die plattentektonische Situation nachrangig ist. Die üppige Vegetation der Wälder, die zu wesentlichen Teilen die Ausgangsstoffe für die Bildung unserer Braunkohlen lieferte, ist jedenfalls nur mit entsprechenden Klimabedingungen erklärbar.

Infolge der explosionsartigen Evolution der Blütenpflanzen während der vorangegangenen Kreidezeit gab es im Tertiär Mitteleuropas Magnolien, Zimtbäume, Palmen, Maulbeerbäume und Sassafras, also eine im Ganzen subtropische Vegetation, die erst durch eine klimatische Abkühlung im jüngeren Tertiär allmählich nach Süden abwanderte. Die Gymnospermen (Nacktsamer) hatten damals den Höhepunkt ihrer Evolution schon überschritten, waren aber auch noch als Kohlebildner von

Bedeutung – dazu zählen vor allem die Sumpfzypressen (*Taxodium distichum* in der Braunkohle, deren Rezentform aber zur Gattung *Metasequoia* gehört) und Sequoien, außerdem Araukarien.

Aufschlussreicher als einzelne Vertreter der Flora sind aber die Pflanzengesellschaften, nach denen sich Ältere und Jüngere Braunkohlen in sog. Flözgruppen aufteilen lassen, die auch noch weiter nach „Florenbildern“ unterschieden werden können. Diese zeigen sehr deutlich, dass sich das weltweit extrem heiße Klima des Alttertiärs bis zum Jungtertiär allmählich abgekühlt hatte.

Nicht alle Bäume wachsen überall – wir kennen das unter dem Begriff „Standortfaktoren“ –, und das war vor 30 oder 300 Millionen Jahren nicht anders, denn man hat aus der räumlichen Verteilung der Pflanzengesellschaften in den Kohlen bestimmte Zonen rekonstruieren können, die eine Art Abfolge von der jeweiligen Küste bis zu trockeneren Bereichen erkennen lassen. Aus den Begleitsedimenten erhält man Hinweise darauf, ob diese Zonierung eine Meeresküste kennzeichnet oder eine Binnensenke mit Seen. Pflanzengesellschaften reagieren meistens sehr schnell auf veränderte Umweltbedingungen: Bei steigendem Meeresspiegel wandern sie in Richtung Festland und bei fallendem besiedeln sie dann bald wieder den zuvor verlassenen Küstenraum. In den Kohle-Profilen kann man diese Wechsel auch an den Begleitsedimenten gut erkennen. Sie waren offensichtlich häufig, was zu der Frage führt, wie diese Meerespiegelschwankungen erklärt werden können. Dazu muss man im Weltmaßstab argumentieren: Während des Karbons und des Perms herrschte nämlich auf den damals noch zu einer großen Landmasse vereinigten Südkontinenten eine Eiszeit, die im Zusammenhang mit der plattentektonischen Position des Südpols stand. Das episodische Abschmelzen von Eis während wärmerer Phasen hatte immer wieder zu einem Anstieg des Meeresspiegels geführt, der sich natürlich auch auf die weiter im Norden gelegenen Küsten auswirkte – und bei relativ flachen Küsten braucht es nicht sehr viel, um das Meer sogar relativ weit auf die Landgebiete übergreifen zu lassen; Geologen sprechen hierbei von Transgression und beim Rückzug von Regression. Mit diesen Überlegungen werden auch die erwähnten Profile verständlich, die man heute wegen ihres quasi-zyklischen Aufbaus, also einer immer wiederkehrenden Abfolge von Sedimenten, als Zyklotheme bezeichnet.

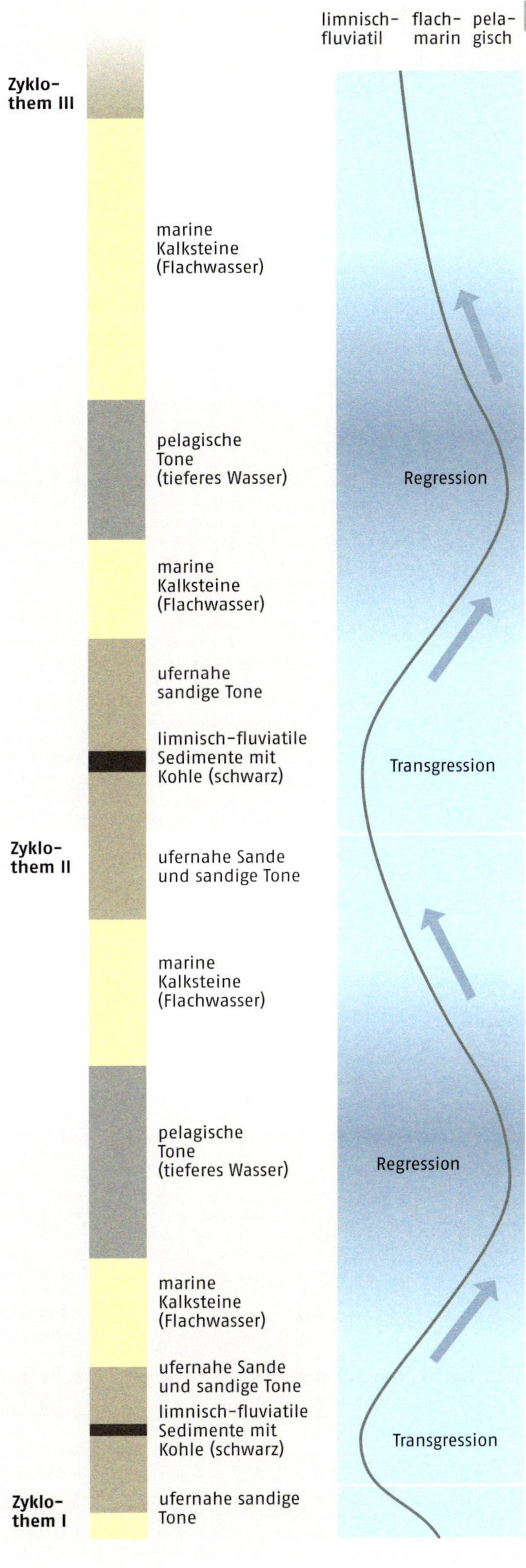

10 Zyklotheme, die die Bildung von Kohlen in einem ufernahen Bereich erklären. Das Übereinander der Flöze folgt einem vielfachen Wechsel zwischen Meeresvorstoß (Transgression) und -rückzug (Regression). Die aus Pflanzen der Küstensümpfe bei späterer Versenkung entstehenden Kohlen bilden nur einen kleinen Anteil an der gesamten Schichtenfolge (aus Rothe 2010).

Auch im Binnenland kann der Wasserspiegel erheblich schwanken – vor allem, wenn man längere Zeiträume betrachtet –, und auch hier werden es im Wesentlichen die klimatischen Gegebenheiten gewesen sein, die diese Änderungen steuerten. Anstelle des Wechsels zwischen Salz- und Süßwasserverhältnissen ist jedoch ein Wechsel zwischen Feucht- und Trockenzeiten für die Zyklothem-Entwicklung in den Binnensenken verantwortlich. Beispiele liefern die Schichten des Karbons im Saarland mit ihren Ausläufern bis nach Lothringen, wo diese keinerlei marinen Einfluss anzeigen, weshalb man im Gegensatz zum Ruhrrevier von einem limnischen Kohlenbecken spricht. Eine ganz ähnliche räumliche Verteilung von paralischen (d. h. küstennahen) und limnischen Becken zeigen auch die Kohlenreviere Ober- und Niederschlesiens, Oberschlesien kann man als direkte Parallele zum Ruhrrevier auffassen.

Chemische Zusammensetzung der Ausgangssubstanzen

Die chemische Zusammensetzung der pflanzlichen Ausgangssubstanzen für die Kohlebildung ist schnell abgehandelt, denn es handelt sich überwiegend um die Elemente, welche die wesentlichen Komponenten aller lebenden Materie bilden – nämlich C, H, O, N, S und P. Den Elementen C, H und O begegnet man auch beim Erdöl, nur ist ihr Mengenverhältnis zueinander in beiden Stoffen unterschiedlich: In den Kohlenwasserstoffen hat man es hauptsächlich mit C und H zu tun, während es bei den Kohlen eigentlich nur noch um das C geht, obwohl in der Formel für die Zellulose, $C_6H_{10}O_5$, einem der Ausgangsstoffe für Kohlen, auch alle drei zusammenkommen.

Für Schwefel lassen sich zwei unterschiedliche Quellen angeben, nämlich zum einen das Eiweiß der organischen Substanz und zum anderen die mineralischen Komponenten, die zusammen mit den Pflanzen abgelagert oder im Milieu der Kohlebildung selbst entstehen können, also etwa Pyrit (FeS_2) oder Gips ($CaSO_4 \times 2\,H_2O$). Stickstoff und Phosphor dagegen stammen überwiegend aus der organischen Substanz.

Stickstoff und Schwefel sind lästige Bestandteile von Kohlen, weil aus ihnen bei der Verbrennung SO_2, SO_3 und NO_x werden, die zum sauren Regen beitragen – wodurch sie den meisten wenigstens dem Wort nach aus den Umweltdebatten geläufig sind.

Spurenelemente in Kohlen sind nicht allein auf die pflanzlichen Ausgangssubstanzen zurückzuführen, sondern auch durch die mineralischen Komponenten der Begleitgesteine zu erklären; zu den Besonderheiten gehören hier Uran, Vanadium und Germanium (vgl. Kap. 5).

Umbildung der Ausgangssubstanzen – oder: Wie aus Torf und/oder Holz Kohlen entstehen

Die erwähnten Ausgangssubstanzen würden an der Erdoberfläche durch den Luftsauerstoff schnell abgebaut werden; um daraus Kohle entstehen zu lassen, müssen also Prozesse wirksam werden, die den in den Pflanzen vorhandenen Kohlenstoff relativ anreichern. Man kann das mit der Diagenese von Sedimenten vergleichen, die unter verhältnismäßig niedrigen Drücken und Temperaturen zu festen Sedimentgesteinen führt, besser aber noch mit einer schwachen Metamorphose, die meistens mit einer Umbildung der Ausgangsstoffe verbunden ist: Diesen Prozess bezeichnet man seit über 100 Jahren als „Inkohlung“, und er führt von Torf bzw. Holz über Braunkohlen zu Steinkohlen und schließlich zum Anthrazit.

Die Inkohlung erfolgt in zwei unterschiedlichen Prozessen: Der erste ist biochemisch und wird als Vertorfung bezeichnet, was eine Art von Vergärung ist, die im Wesentlichen auf die Tätigkeit von Bakterien zurückzuführen ist. Dabei wird vor allem die Zellulose schnell zerstört und das Lignin (neben der Zellulose der wichtigste Holzstoff) in humose Substanzen umgewandelt, weshalb Holz auch länger erhalten bleibt als die Substanz krautiger Pflanzen. Das Ergebnis ist eine Anreicherung von Kohlenstoff auf bis zu 60 % (Holz hat 50 %). Die biochemischen Prozesse laufen in den oberen 50 cm eines Profils noch unter Beteiligung von Sauerstoff ab, der im tieferen Bereich dann verschwindet. Das Wichtigste bei der Vertorfung ist die Umwandlung der Pflanzensubstanz in Huminstoffe, deren Vielfältigkeit, Komplexität und Menge auch die mit der Inkohlung zunehmenden dunklen Farben der Kohlen bestimmen: Deshalb ist Braunkohle, wie der Name sagt, braun und Steinkohle schwarz.

Die Hauptmasse der Kohlen sind sog. Humuskohlen, die sämtlich aus Torf im weiteren Sinne hervorgegangen sind; es gibt aber auch Kohlen, die aus Sapropel bzw. Faulschlamm entstehen. Sapropelkohlen unterscheidet man noch weiter nach den aus Algen entstandenen Boghead-Kohlen (Moorkohlen) und den aus Sporen gebildeten Kännelkohlen (auch Cannelkohlen), die wegen ihres Brennverhaltens so heißen (vom engl. candle = Kerze) – sie enthalten nämlich relativ viele flüchtige Bestandteile und sind deshalb leicht entzündlich. Sapropelkohlen sind wegen ihres einheitlichen Ausgangsmaterials sehr homogen und haben einen „muscheligen" Bruch, wie wir das vom Quarz kennen.

Bei der Überlagerung durch Sedimente beginnt dann die zweite Phase der Inkohlung, die als geochemischer Prozess abläuft; dabei werden die organischen Bestandteile so entscheidend umgebaut, dass sie vergleichbar ist mit der Metamorphose bei den Gesteinen. Der durch die Überlagerung erzeugte Druck führt zunächst zu einer Kompression, bei der vor allem Wasser ausgetrieben wird. Dabei kommt es auch zu einer Verringerung des Volumens, welches bei der Entwicklung vom Torf zur Weichbraunkohle etwa auf die Hälfte und zur Steinkohle auf 7:1 bis 11:1 abnimmt.

Der Begriff „Weichbraunkohle" deutet schon an, dass es unterschiedliche Typen von Braunkohlen gibt, die ihrerseits durch weiter fortschreitende Inkohlung in Steinkohlen von wiederum unterschiedlicher Zusammensetzung umgewandelt werden können: Der Reihenfolge nach werden so Flammkohle – Gasflammkohle – Gaskohle – Fettkohle – Esskohle – Magerkohle und schließlich Anthrazit gebildet.

Nehmen wir diese Typen zunächst einmal als Begriffe zur Kenntnis. Als Nächstes müssen wir fragen, welche allmählich fortschreitenden Prozesse zur Bildung der einzelnen Typen geführt haben: In einer Diagrammdarstellung wird deutlich, dass auf die Austreibung des Wassers die der flüchtigen Bestandteile erfolgt, bis schließlich nur noch der Kohlenstoff übrig bleibt.

Vor allem der Sauerstoff nimmt im Bereich des Übergangs von der Braunkohle zur Steinkohle relativ schnell ab. In einer entsprechenden Darstellung (vgl. Abb. 12) erkennt man deutlicher, dass der anfangs noch allmähliche Verlauf von den Gaskohlen an abwärts steiler wird, weil der Wasserstoff schneller abnimmt: Hier wird Methan freigesetzt, das in den Gruben als „Schlagende Wetter" gefürchtet ist. Dieser in der Kurve befindliche Knick wird als „Inkohlungssprung" bezeichnet und ist für die Grubensicherheit von großer Bedeutung, weil man bei Kenntnis der Kohlentypen entsprechende Maßnahmen planen kann.

	C	H	O
Holz	50	6	43
Torf	60	6	33
Braunkohle	70	6	23
Flammkohle	82	5,8	10
Gasflammkohle	84	5,7	8
Gaskohle	87	5,5	6
Fettkohle	89	5,0	4
Esskohle	90	4,3	3
Magerkohle	91	3,9	2,5
Anthrazit	92	3,7	2
Graphit	100	0	0

T 4 Veränderungen in den Gehalten an Kohlenstoff (C), Wasserstoff (H) und Sauerstoff (O) im Verlauf der Inkohlung (Gewichtsprozente). Graphit gehört bereits in den Bereich der Metamorphose. (Nach Hahne & Schmidt 1982).

a)
b)
c)
d)

11 Handstücke von Torf bis Anthrazit, die mit ihren in der Reihenfolge von oben nach unten zunehmend dunkleren Farben die Zunahme von Kohlenstoff durch die Inkohlung zeigen (aus Rothe 2009c).

12 Diese auch als Van-Krevelen-Diagramm bezeichnete Darstellung, die die Veränderung in den Verhältnissen von H/C zu O/C zeigt, bezieht sich meistens auf Pflanzenbestandteile und Macerale in Kohlen. Sie wird hier in Anlehnung an Kioussis (1961) bzw. Matthess (1966) verwendet, um die Veränderungen während der Inkohlung zu verdeutlichen.

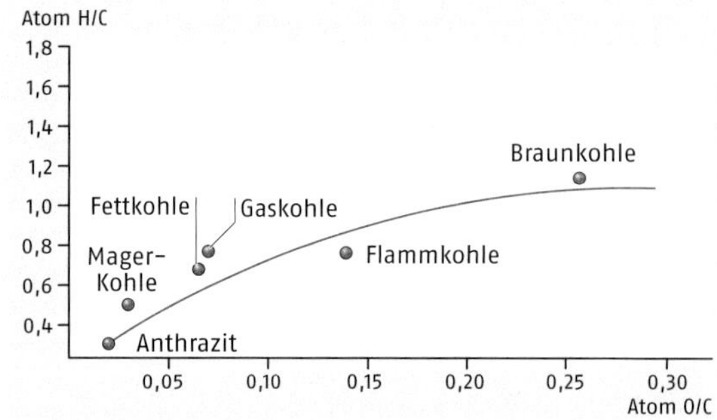

Am Ende des Inkohlungsprozesses steht dann der zu 100% aus Kohlenstoff bestehende Graphit, welcher nun tatsächlich in den Bereich der Metamorphose gehört, wo man noch wesentlich höhere Drücke braucht, um die Kohlenstoffatome zu einem geordneten Kristallgitter zusammenzufügen – wie es beim Graphit durch übereinandergestapelte Sechserringe von Kohlenstoffatomen der Fall ist (vgl. Abb. 158).

Als Faktoren für die Inkohlung kommen Wärme, Druck oder Zeit infrage. Um sie auf ihre jeweilige Wirksamkeit zu prüfen, muss man geologisch argumentieren, denn es ist bis jetzt noch nicht gelungen, Kohlen experimentell herzustellen.

Ein Extrembeispiel macht den Einfluss von Hitze schlagartig deutlich: Kohlen aus einem Steinkohlenrevier am Niederrhein wurden von einem Basaltgang durchschlagen, sodass diese an den Kontaktstellen in Koks umgewandelt worden sind. Man weiß aber zumindest, dass Wärme offenbar über längere Zeit einwirken muss. So bleibt das Beispiel mit dem Basalt eine Ausnahme, denn normalerweise findet man Kohlen fast nur in Begleitung von Sedimentgesteinen. Im Ruhrgebiet werden sie heute in bis zu 1000 m Tiefe abgebaut, in Ibbenbüren sogar bis 1500 m, wo man mit geothermischer Wärme, aber gleichzeitig auch mit einem hohen Gesteinsdruck rechnen muss. Die Steinkohlen der Ruhr streichen am Südrand des Reviers zu Tage aus und liegen von dort in Richtung Norden in immer größeren Tiefen; sie müssen also schon Steinkohlen gewesen sein, ehe sie ihre heutige Position erreichten und sind auch durch den Druck der Spätphasen der Variskischen Gebirgsbildung nicht verändert worden.

Spielt also die Zeit eine Rolle? Gegen Zeit allein sprechen wieder geologische Argumente, denn es gibt sehr alte, d. h. karbonzeitliche Kohlen in der Nähe von Moskau, die noch immer nicht über das Braunkohlenstadium hinausgekommen sind, und es gibt auf der anderen Seite ziemlich junge Tertiärkohlen in den Molassen des Alpenvorlands, die praktisch schon eine Art Steinkohlenreife erreicht haben. Auch hier wurde mit dem Gebirgsdruck, diesmal dem der Alpenfaltung, argumentiert, der ja noch weit ins Vorland hinein wirksam ist.

Einen Ausweg aus dem Dilemma Wärme oder Druck weist uns die Tatsache, dass die gefalteten Gebiete immer auch Bereiche mit großen Sedimentmächtigkeiten sind, wo also geothermische Wärme durch die Absenkung zur Verfügung stand. Im Fall der Moskauer Braunkohlen kann man argumentieren, dass sie in einem geologisch schon seit Langem konsolidierten Bereich mit geringem Wärmefluss liegen und außerdem auch nur geringmächtige Deckschichten haben; sie waren deshalb niemals Temperaturen von mehr als 50 °C ausgesetzt.

Wenn man weltweit Kohle führende Profile miteinander vergleicht und trotz ähnlicher Sedimentmächtigkeiten in den verschiedenen Becken unterschiedlichen Inkohlungsstadien begegnet, dann ergibt sich daraus, dass die Kohlenreife letztlich doch vorwiegend durch die Temperatur gesteuert sein muss.

Bestandteile von Kohlen

Kohlen lassen sich noch differenzierter beschreiben, wie die Bezeichnungen „Mattkohle“ oder „Glanzkohle“ zeigen. In diesen beiden Fällen ist offensichtlich das äußere Erscheinungsbild schon wegweisend: matt oder glänzend eben. Was aber bedingt das matte Aussehen oder den Glanz? Das herauszufinden ist Sache der Kohlenpetrographen. Bei der normalen Petrographie geht es um die Beschreibung von Gesteinen – und Kohlen sind ja eigentlich auch nichts anderes als Gesteine. In den meisten Fällen sind Gesteine aber Aggregate aus verschiedenen Mineralen, während Kohlen ziemlich eintönig sind, da sie weitgehend nur aus Kohlenstoff bestehen.

Kohlenpetrographen studieren die bei der Inkohlung entstandenen Partikel und deren räumliche Anordnung und bedienen sich dabei vor allem mikroskopischer Methoden, meistens bei 25- bis 50-facher Vergrößerung.

Eine erste Beurteilung ist aber meistens schon ohne Mikroskop möglich: An einem Brocken einer bestimmten Steinkohle kann man z. B. abwechselnd glänzende und matte Streifen unterscheiden, die die Schichtung abbilden. Die diese Schichtung bewirkenden Substanzen haben eigene Bezeichnungen bekommen: Die glänzenden heißen Vitrain, die matten Durain. Außerdem lassen sich so auch noch den Holzkohlen ähnlich faserige Typen (Fusain) und eine feinste Wechsellagerung zwischen Vitrain und Durain unterscheiden, die man Clarain nennt. Diese Begriffe fasst man als Lithotypen zusammen, also als kohlenspezifische Gesteinstypen.

Mit dem Mikroskop kann man aber noch weitergehende Unterscheidungen treffen, und zwar in direkter Analogie zur Vorgehensweise beim Granit, wenn man die das Gestein zusammensetzenden Minerale Feldspat, Quarz und Glimmer unterscheidet. Allerdings spricht man bei Kohlen nicht von Mineralen, sondern nennt die mikroskopisch unterscheidbaren Bestandteile „Macerale". Wie bei den Mineralen gibt es auch eine große Anzahl von Maceralen (zum Glück aber lange nicht so viele wie die Tausende zählenden Minerale), die mit eigenen Namen belegt sind und alle auf -init enden. Hier ein paar Beispiele: Vitrinit (nicht mit Vitrain = Glanzkohle verwechseln!), Exinit, Inertinit, Sporinit, Alginit, Cutinit, Resinit, Fusinit etc. Diese Aufzählung ist nicht einmal systematisch, denn es gibt noch ganze Gruppen von Vitriniten oder Inertiniten. Leute mit Sprachkenntnissen werden einige Wurzeln erkannt haben, etwa dass Sporinit etwas mit Sporen zu tun hat, Resinit mit Harz oder Cutinit mit Blatthäuten. Im Prinzip sind also diese ursprünglichen Pflanzenbestandteile in den Kohlen noch erkennbar und bedingen auch deren makroskopisches Erscheinungsbild, also die oben erwähnten glänzenden oder matten Partien. So bestehen die glänzenden überwiegend aus Vitriniten und die matten aus Sporinit, Cutinit, Resinit oder Alginit.

Vitrinit als „Glanzträger" nimmt unter den Maceralen eine Sonderstellung ein: Sein Glanz ist auf die Lichtreflexion zurückzuführen, die unter dem Begriff „Vitrinitreflexion" besondere Bedeutung hat – sie kommt nämlich erst zustande, wenn organisches Material in eine gewisse Tiefe versenkt wird. Diese Eigenschaft hat man in eine quantitativ messbare Skala gebracht, die auch für die Diskussion um die Entstehung von Erdöl-Muttergesteinen von Bedeutung ist (vgl. dort). Die Vitrinitreflexion wird hauptsächlich ermittelt, um die Erdölreife der organischen Substanz zu beurteilen; der Vorteil ist, dass dafür schon winzige kohlige Partikel innerhalb normaler Sedimente ausreichen.

So wie Gesteine meistens Mineralgemische sind, sind Kohlen oft auch Maceralgemische. Man wird in einem Wald ja auch Holz, Sporen, Pollen und Harz zusammen vorfinden. Dementsprechend hat man auch die daraus entstandenen Macerale zu Gruppen zusammengefasst – eine helle Freude für Systematiker und ein Graus für Leute, die eigentlich nur wissen wollen, was Braunkohlen von Steinkohlen unterscheidet.

Wozu nun das alles? Was zunächst wie eine wissenschaftliche Spielerei aussieht, hat durchaus praktische Bedeutung: Man kann damit nämlich Profile in den Flözen miteinander korrelieren, die zur Erkundung von Lagerstätten für den weiteren Streckenvortrieb nötig sind, und mit solchen Kenntnissen Kohlensortenmischungen mit bestimmten Eigenschaften zusammenstellen. Hierbei spielt auch der Brennwert eine Rolle – Vorratsberechnungen werden in Form von Steinkohleneinheiten (SKE) gemacht, wobei 1 SKE etwa 30 GJ Wärmemenge entspricht, was wiederum äquivalent zu 1 t guter Steinkohle bzw. 3 t Weichbraunkohle ist.

Man kann sich nun weitergehend auch noch mit den organisch-chemischen Baustoffen befassen, von denen die wesentlichen Huminstoffe schon erwähnt wurden. Dabei lässt sich vieles diskutieren, was schon aus der Bodenkunde bekannt ist: die heller gefärbten gelb- bis rotbraunen Fulvosäuren, die schwarzen Huminsäuren oder die durch Alterung entstehenden Humine. Auch sie zeigen die zunehmende Inkohlung an und sind unter anderem wich-

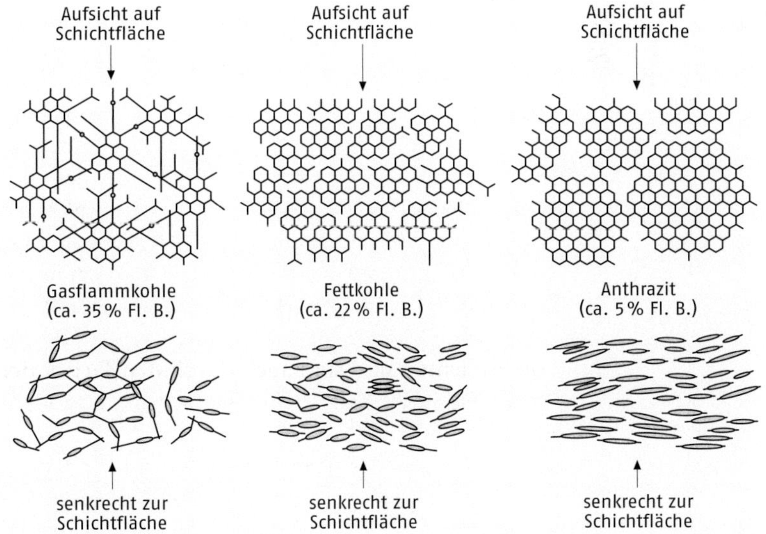

13 Molekularstrukturen, die die zunehmende Aromatisierung von Steinkohlen im Verlauf der Inkohlung zeigen (nach Teichmüller & Teichmüller 1968, aus Pohl 1992).

tig für die erwähnte Abgrenzung zwischen Braunkohle und Steinkohle: Huminsäuren lassen sich mit Kalilauge noch lösen, was bis zu den Glanzbraunkohlen zu einem braun gefärbten Auszug führt, der bei Flammkohlen nicht mehr zu beobachten ist, weil darin die Huminsäuren bereits in die unlöslichen Humine umgewandelt sind. Da das aber auch nicht schlagartig passiert, muss man sich den Übergang von Braunkohle in Steinkohle fließend vorstellen. Weitere Details will ich Ihnen ersparen, aber wenigstens darauf hinweisen, dass es im Laufe des Inkohlungsprozesses zu einer zunehmenden Aromatisierung von Huminstoffen kommt. Dabei bilden sich ständig größer werdende und besser geordnete Komplexe aus Kohlenstoffatomen, die man wie Kristallite ansehen kann und die infolge einer Metamorphose schließlich sogar in einem geordneten Graphitgitter enden können.

Solche aromatischen Cluster, wie sie auch genannt werden, ordnen sich parallel zur Schichtung an und bedingen dann eine entsprechende Spaltbarkeit der Kohlen.

Heizwert von Kohle

Alle diese Studien haben aber auch einen Bezug zur Praxis, den man recht gut an einem Profil durch die Kohle führenden Schichten des Ruhrkarbons aufzeigen kann: Namur und Westfal (heute hängen wir noch ein -ium an, also Namurium und Westfalium) sind Zeitstufen des Oberkarbons, die man noch lokal weiter in Sprockhövel- bis Dorsten-Schichten aufgliedern kann. Diese Namen sind hier unwichtig, es kommt vielmehr auf die Entwicklung der Kohlen an, die im Profil von oben nach unten die klassische Inkohlungsreihe zeigen und auch die Abnahme der flüchtigen Bestandteile mit zunehmender Versenkung (vgl. Tab. 5); man sieht auch, dass der Heizwert parallel dazu ansteigt.

Etwas ernüchternd sieht es aus, wenn man sich die Anzahl der bauwürdigen Flöze und die prozentualen Anteile bauwürdiger Kohlen in den Schichtfolgen ansieht: Dann wird nämlich deutlich, dass unser „Steinkohlenzeitalter" im geologischen Sinne eher ein „Sandsteinzeitalter" gewesen ist – aber das hatten wir ja schon aus dem Geschehen ableiten können, das zu den Zyklothemen geführt hat.

Trotzdem gibt es noch immer reichliche Vorräte an Steinkohlen auf der Erde, die nach den gegenwärtigen Schätzungen für mehr als 200 Jahre reichen dürften. Zu den Hauptförderländern gehören die USA, das Gebiet der ehemaligen Sowjetunion, China, Südafrika und Australien, wo die Kohlen im Gegensatz zu unseren heimischen Vorkommen aufgrund der jeweiligen geologischen Situation vielfach, aber nicht ausschließlich im Tagebau gewonnen werden können. Entsprechende Grubenunglücke in China und Nordamerika haben die Parallelen zu unseren heimischen Bergwerken gerade wieder einmal deutlich gemacht. Der

Schichtbezeichnung	Gebirgsmächtigkeit	Bauwürdige Flöze	Anteil bauwürdiger Kohle	Flüchtige Bestandteile	Heizwert (kcal/kg)	Verwendung
Dorsten-Schichten (Flammkohlen)	> 350 m	8	2,1 %	> 40 %	7550 – 7950	Vergasung, Verschwelung, Dampferzeugung
Horst-Schichten (Gasflammkohlen)	350 m	9	1,9 %	35 – 40 %	7550 – 7950	Vergasung, Verschwelung, Dampferzeugung
Essen-Schichten (Gaskohlen)	500 m	10	2,9 %	28 – 35 %	7950 – 8350	Gaserzeugung, Kesselfeuerung, Koks
Bochum-Schichten (Fettkohlen)	450 – 600 m	14 – 20	3,7 %	19 – 28 %	8350 – 8450	Kokserzeugung, Industriekohlen
Witten-Schichten (Esskohlen)	400 m	4	1,0 %	14 – 19 %	8450	Kesselfeuerung, Schmiedezwecke, Briketts
Sprockhövel-Schichten (Magerkohlen)	600 m	3	0,7 %	3 – 14 %	8430	Hausbrand, Industrie, Briketts

T 5 Die Tabelle vereint beispielhaft die Mächtigkeiten Kohle führender Schichten im Ruhrkarbon mit den (geringen) Anteilen bauwürdiger Flöze darin und zeigt zugleich, wie mit zunehmender Tiefe im Verlauf der Inkohlung die flüchtigen Bestandteile abnehmen, während der Heizwert dagegen zunimmt (aus Hahne & Schmidt 1982).

tiefe Steinkohlen-Bergbau in Deutschland ist auch wegen der komplexen geologischen Strukturen – trotz der von den Bergbauingenieuren ständig weiter entwickelten Technik – unter den Bedingungen des Weltmarkts allmählich zu teuer geworden und kann schon seit vielen Jahren nur durch Subventionen aufrechterhalten werden.

Die heimischen Braunkohlen bilden dagegen noch immer eine enorme Reserve an Energierohstoffen, die heute sämtlich im Tagebau gewinnbar und besonders für die Verstromung in modernen Kraftwerken geeignet sind.

14 Steinkohleflöz zwischen Sandsteinbänken. Witten-Heven im südlichen Ruhrgebiet, wo die Kohlen zu Tage ausstreichen (aus Rothe 2009c).

15 Braunkohlen-Tagebau. Die Tertiär-Kohlen selbst werden meist von Sanden unter- oder überlagert.

Lit.: Kohlen
Hahne & Schmidt 1982, Rothe 2009c, Rothe 2010, Wolf in Füchtbauer 1988

Kohlenwasserstoffe

Erdöl

Erdöl ist eine meist schwarzbraune und gelegentlich zähe Flüssigkeit, die nicht nur zu unserer Mobilität beiträgt, sondern auch als Grundstoff für viele chemische Produkte dient – mit Benzin, Diesel und Heizöl, aber auch mit Kunststoffen oder Arzneimitteln kommen wir ja täglich irgendwie in Berührung. Das war nicht immer so, denn zunächst diente Erdöl meist als Wagenschmiere oder Lampenöl. Noch heute hören wir, dass ein „Barrel" 159 l misst und soundsoviel Dollar kostet. Diese ursprünglichen Holzfässer kann man im Freigelände des Deutschen Erdölmuseums in Wietze bei Celle besichtigen.

Erdöl ist keine einheitliche Substanz, im Grunde gibt es eine fast unendliche Vielfalt. Einige Typen werden jedoch für den Weltmarkt zu Handelsbezeichnungen zusammengefasst, die als Referenz für den Preis dienen: WTI (West Texas Intermediate) und Brent (für das Nordseeöl) unterscheiden sich als sog. Leichtöle von schwereren Sorten und sind auch teurer, weil die Raffinerieprodukte daraus günstiger hergestellt werden können. Ebenfalls maßgeblich für den Preis sind die Schwefelgehalte: Schwefelreiches Rohöl wird als sauer bezeichnet, schwefelarmes als süß.

Dass Erdöl nicht überall zu finden ist, hängt mit den geologischen Gegebenheiten zusammen, und dass die größten Lagerstätten sich im Nahen Osten befinden, wo nach gegenwärtiger Kenntnis ⅔ der Weltvorkommen liegen, hat – wie wir beinahe täglich erfahren – enorme Konsequenzen für die Weltpolitik. Grund genug also, sich kurz mit seiner Entstehung zu befassen.

Erdöl und die damit verwandten Stoffe waren schon in der Altsteinzeit bekannt: Mit Asphalt (ei-

16 „Barrels" im Freigelände des Deutschen Erdölmuseums in Wietze bei Celle, das „Urmaß" von 159 l, nach dem Öl bis heute gehandelt wird (aus Rothe 2009b).

nem natürlich eingedickten Erdöl) wurden Steinwerkzeuge in Holzstiele gekittet. Im Gilgamesch-Epos z. B. wird für die Sintflut-Sage von Erdpech berichtet, mit dem die Arche abgedichtet wurde. Oder im Alten Testament: „Mache dir einen Kasten von Tannenholz und mache Kammern darin und verpiche ihn mit Pech inwendig und auswendig" (1. Mose 6, 14). Aus dem Babylonischen stammt auch der Name Naphta, was „leuchten" bedeutet. „Petroleum" kommt aus dem Lateinischen und meint Steinöl: Die Römer hatten Ölaustritte in Felsen am Golf von Suez beobachtet und Plinius erwähnt „griechisches Feuer" – möglicherweise handelte es sich dabei um Öl, das bei Seeschlachten durch Flammenwerfer gegen die feindlichen Schiffe geschleudert wurde. Auch jüdische, arabische und peruanische Quellen berichten von solchen Substanzen bzw. vom Erdöl und die Chinesen kannten es seit mindestens 2000 Jahren. Näher bei uns liegt eine Darstellung in Form einer Wandmalerei von 1537 an einem Haus in Reith in Tirol, die einen Kampf zwischen einem Ritter und einem Riesen zeigt. Sie geht auf eine Sage um 860 n. Chr. zurück, wobei der Riese Thyrsus dem Kampf erlag und mit seinem Blut die Erde tränkte. Seinem Namen nach wurde daraus dann das „Dirschenöl" und später – nach den Fischfossilien, die man in den dortigen Ölschiefern fand – „Ichthyol" (griech. Ichthys = Fisch), das noch heute dort hergestellt wird, allerdings nicht mehr aus den lokalen, früher bergmännisch in Stollen gewonnenen Rohstoffen.

Die weitere europäische Geschichte erwähnt im 15. Jahrhundert oberflächliche Ölaustritte aus dem Elsass, welche die Bauern als Lampenöl, Wagenschmiere und Wundsalbe verwendeten, und entsprechende ölgetränkte Sande wurden dort schon seit dem Anfang des 17. Jahrhunderts abgebaut. Im späten 19. Jahrhundert ging dann die Bohrtätigkeit los und verwandelte die Gegend von Pechelbronn um die Jahrhundertwende in ein „elsässisches Texas". Heute wird diese Geschichte dort noch in einem kleinen, wundervoll altmodischen Museum dargestellt. Das moderne, große Erdölmuseum in Wietze in der Lüneburger Heide hat einen ähnlichen Ursprung, denn auch dort waren zuerst oberflächliche Teerkuhlen ausgebeutet und später Teersande bergmännisch gewonnen worden, ehe man 1859 – etwa gleichzeitig wie in Pennsylvania – mit den Bohrungen begann. Die anfangs mit Holz verkleideten Bohrtürme (es ist von etwa 2000 die Rede!) standen dicht an dicht und wirkten bedrohlich auf die Menschen: Der Heidedichter Hermann Löns hat diese Stimmung in seinem Gedicht vom „Schwarzen Gespenst im Moor" festgehalten und war damit sozusagen ein früher Grüner. Dabei muss man sich klarmachen, dass das alles stattfand, bevor das Auto seinen weltweiten Siegeszug antrat.

Mit den Vorkommen von Erdöl verhält es sich ähnlich wie mit dem Grundwasser: Erdöl füllt vor allem die Porenhohlräume in den Gesteinen aus und ist darin auch beweglich – nur fließt es wesentlich langsamer als Wasser, weil es viel zäher ist (die Wissenschaftler sagen, es hat eine höhere Viskosität). Aber das Öl ist nicht dort entstanden, wo wir es finden, sondern ähnlich wie das Wasser erst in die Hohlräume eingewandert. Wie bei Menschen spricht man auch hier von „Migration".

Wo – und vor allem aber wie – entsteht Erdöl? Die Erklärungsversuche zu seiner Entstehung sind zahlreich, manchmal bizarr und fast schon so alt wie die Kenntnis vom Erdöl selbst. Es stamme aus dem Erdinneren, aus dem Weltraum, aus der Zusammenschwemmung von Leichen bei großen Fluten, aus der Einpökelung von Tieren und Pflanzen in Salzlaugen usw.

Man könnte, um die Entstehung zu entschlüsseln, sehr einfach vorgehen und seine elementaren Bestandteile analysieren, dann bekäme man im Wesentlichen die Elemente C, H, O, N, S, P und dazu ein paar Spuren von Metallen wie Fe, Mg, Mn oder V. Aber was sagt das schon? Zunächst einmal, dass es Elemente sind, die in biologisch gebildetem, organischem Material vorkommen, aber manches davon findet sich auch in Gesteinen wie Phosphor z. B. im Apatit, Schwefel in vielen Verbindungen und Eisen nahezu überall. Die Sache gewinnt erst ihre analytische Bedeutung, wenn man in den Bereich von Molekülen kommt, also die Kombinationen aus diesen Elementen untersucht. Mit Erfolg hat man das schon um 1930 getan, damals wurden Porphyrine im Erdöl nachgewiesen und man vermutete, dass sie wegen ihrer ähnlichen Molekülstrukturen aus dem pflanzlichen Chlorophyll entstanden sein könnten.

Anstelle dieser damals vielfach noch spekulativen Ansätze will ich hier nur den heutigen Kenntnisstand darlegen, mit dem alles Wesentliche erklärt werden kann. Zunächst gehören Erdöl und Erdgas zu den Kohlenwasserstoffen, d. h., es sind Verbindungen aus den Elementen Kohlenstoff und Wasserstoff, die aber in wechselnden Mengenverhältnissen zueinander stehen können: Am einfachsten sieht man das beim Methan CH_4; bei C_2H_6 oder C_3H_8 ist das Verhältnis aber schon ein klein wenig komplexer. Methan kann man als Kohlenwasserstoffmolekül nicht mehr „kleiner machen", aber die meisten anderen KW-Moleküle bilden lange Ketten- oder Ringstrukturen, die unter bestimmten Bedingungen in kürzere Abschnitte zerbrochen werden können, was für die Entstehung von Erdöl von entscheidender Bedeutung ist.

Letztlich hat uns die organische Chemie den Weg zu seinem Ursprung gezeigt, weil im Erdöl sehr kompliziert aufgebaute Verbindungen nachweisbar sind, die eine Herkunft aus tierischen, vor allem aber pflanzlichen Ausgangsstoffen wahrscheinlich machen – solche Substanzen entstehen nicht anorganisch. Dazu gehören u. a. Chlorophyll-Abkömmlinge, die durch Veränderungen des grünen Pflanzenfarbstoffs, der beim Aufbau organischer Substanz mithilfe der Sonnenenergie beteiligt ist, zustande gekommen sind, aber auch Abkömmlinge des roten Blutfarbstoffs Hämoglobin. Wir mussten „Desoxophyllerythroaetioporphyrin" lernen: Das ist nicht nur ein kompliziertes Wort, sondern auch ein ziemlich komplizierter Stoff.

Die Bestandteile, denen wir im Erdöl begegnen, stammen also aus der Umwandlung von Stoffen, die in Pflanzen und/oder Tieren vorkommen. Sie wurden zusammen mit meist feinkörnigen Sedimenten in den Meeren der Vorzeit, aber auch in Seen abgelagert. Die feinkörnigen Sedimente, vor allem Tone, verhinderten, dass das organische Material nach seiner Ablagerung mit Sauerstoff in Berührung kam, wodurch es zerstört (= oxidiert) worden wäre.

17 Haus in Reith in Tirol; das Bild zeigt den Kampf des Riesen mit dem Ritter (aus Rothe 2009c).

Eine solche Mischung aus Tonschlamm und viel organischer Substanz nennen wir Faulschlamm, der oftmals mehr als 10 % organischen Kohlenstoff enthalten kann (eines der Hauptelemente der organischen Materie). Faulschlamm bildet sich, wenn am Boden eines Gewässers stagnierende Verhältnisse vorherrschen, unter denen sämtlicher Sauerstoff verbraucht wird. Wenn solche Ablagerungen dann zu tonigen Gesteinen verfestigt werden, können sie Erdöl-Muttergesteine werden. Das sind meist sehr dunkel gefärbte, tonige Gesteine wie z. B. der wegen seiner Fossilien berühmte Posidonienschiefer der älteren Jurazeit. Heute herrschen entsprechende Bildungsbedingungen am Boden des Schwarzen Meeres, während der Erdgeschichte gab es aber immer wieder solche Bedingungen, unter denen ähnliche Sedimente entstehen konnten: Die daraus entstandenen Gesteine nennt man Schwarzschiefer oder Schwarzpelite (von griech. pelos = Schlamm). Aber auch Kalkschlamm kann viel organische Substanz enthalten, seine helle Farbe beweist nicht notwendigerweise oxidierende Bedingungen: Wenn nämlich kein Eisen vorliegt, das mit dem Schwefel aus den Organismen Pyrit – also Schwefelkies (FeS_2) – bildet, bleiben solche Sedimente hell, während bei den Schwarzpeliten die Ursprungsform von Pyrit– ein wasserhaltiges Eisenmonosulfid – neben der organischen Substanz mit zur schwarzen Farbe der Gesteine beiträgt.

Die organische Materie in Sedimentgesteinen lässt sich in unterschiedliche Materialien gliedern, wobei man außer dem sog. toten, nicht mehr reak-

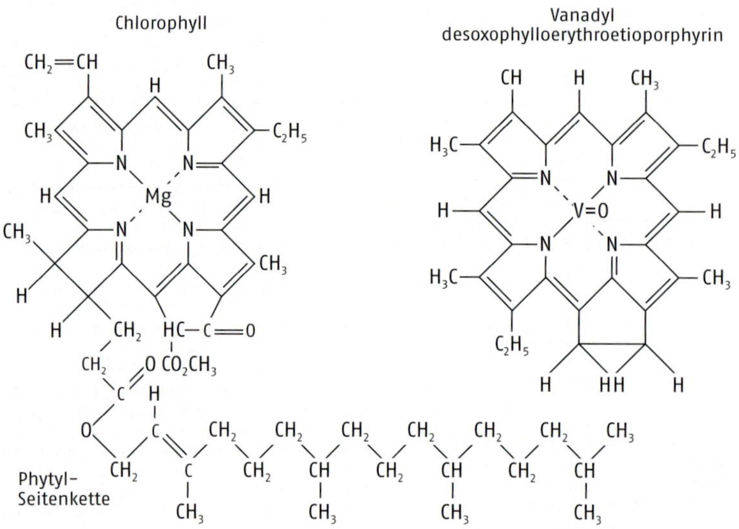

18 Die chemische Struktur des Desoxophylleryrthroaetioporphyrins, das im Erdöl vorkommt, weist auf die Verwandtschaft zum Chlorophyll hin und zeigt damit die Herkunft des Öls von Pflanzen an (aus Tissot & Welte 1984).

tionsfähigen Kohlenstoff solche unterscheidet, die sich in organischen Lösungsmitteln auflösen lassen – die sog. Bitumenfraktion – sowie darin unlösliche, die unter dem Begriff „Kerogen" (was etwa „Öl-Erzeuger" bedeutet) zusammengefasst werden. Dieses meist amorph vorliegende Kerogen („of indefinite composition" bei A. I. Levorsen, einem früheren Klassiker der wissenschaftlichen Literatur über Erdöl) ist die häufigste Form von organischem Kohlenstoff auf der Erde überhaupt – es ist 1000 Mal häufiger als Kohle und Erdöl zusammen und 50 Mal häufiger als Bitumen – und letztlich der Stoff, aus dem Erdöl entsteht.

Wie sehr sich die Forschung diesbezüglich entwickelt hat, zeigt ein Zitat aus dem erwähnten Buch von Levorsen, das aus dem Jahr 1967 stammt:

„The insoluble organic matter, kerogen, is not to be considered as a source material for petroleum."

(Die Schotten hatten den Begriff des Kerogens ursprünglich auf organisches Material in Tongesteinen beschränken wollen, das bei der Destillation Öl ergibt. Durchgesetzt hat sich das nicht – aber sie sind ja stattdessen Meister in der Herstellung anderer Destillate!)

Der Aussage von Levorsen steht die folgende des gegenwärtigen Klassikers von Bernard P. Tissot und Dietrich H. Welte (1978) entgegen: *„Kerogen is the most important form of organic carbon on earth [...]"*, und es ist der Stoff, aus dem letztlich Erdöl entstehen kann, womit nun der gut begründete aktuelle Forschungsstand formuliert wäre.

Damit aus Kerogen Erdöl wird, muss dieses Ausgangsmaterial umgewandelt werden, wofür höherer Druck und eine gewisse Erwärmung notwendig sind, was durch die Auflast weiterer Sedimente und/oder eine Versenkung in tiefere Erdschichten zustande kommen kann. Die Ablagerungen durchlaufen dabei mehrere Stadien, die man – obwohl es sich um einen kontinuierlichen Vorgang handelt – in einzelne Abschnitte gliedert, und zwar von oben nach unten in: Diagenese, Katagenese und Metagenese.

Dazu erst einmal eine Definition, was Erdöl ist:

„Petroleum can be regarded as an organic natural product of high complexity reflecting the biochemistry of the countless contributing organisms. It is metastable, in constant evolution with respect to geological time. This evolution tends toward greater thermodynamic stability of the components in the oil." (Seifert & Moldowan 1986)

Die Grenze zwischen Diagenese und Katagenese entspricht etwa den Bedingungen, unter denen Braunkohle in Steinkohle übergeht. Bei der Katagenese werden die ursprünglich komplizierter gebauten organischen Moleküle der Ausgangsstoffe in einfachere Substanzen umgewandelt, im Extremfall entsteht dabei sogar das gasförmige Methan, das thermodynamisch die stabilste Phase bildet.

Auch dazu eine englische Kurzbeschreibung aus einem Artikel mit dem treffenden Titel „Organic Metamorphism" (Hood & Castaño 1974):

„During continued burial [...] lighter and lighter hydrocarbons are generated at the expense of Kerogen and unexpelled heavy hydrocarbons, until dry gas (methane) remains as the only hydrocarbon in the deeply buried source rock. This process applies equally well to humic coal and petroleum source rocks."

Man kennt heute den Temperaturbereich, in dem diese Prozesse stattfinden: Er beginnt bei über 50 °C und reicht bis etwa 150 °C, in diesem Temperatur„fenster" entsteht aus Kerogen Erdöl. Die dabei ablaufenden Prozesse, die man als eine Art Metamorphose organischer Substanzen auffassen kann, werden heute unter dem Begriff „Katagenese" beschrieben. Der entscheidende Faktor hierbei ist die Temperatur, mit der die Ölbildung exponentiell zunimmt, während sie mit der Zeit nur linear ansteigt.

Man kann die benötigte Wärme dieses Vorgangs in die gängige Temperaturzunahme mit der Tiefe (die geothermische Tiefenstufe) umrechnen und erhält als Ergebnis, dass mindestens 1200–1300 m Überdeckung notwendig sind und ab 4000 m nur noch Methangas existiert. Die bei der Katagenese ablaufenden Prozesse lassen sich so verstehen, dass in den Ausgangssubstanzen vorhandene hochmolekulare Verbindungen durch Zerstörung von C-C-Bindungen zu niedermolekularen „gecrackt" werden. Dabei scheint nach neueren Untersuchungen dem Schwefel eine entscheidende Rolle zuzukommen, der ein solches Aufbrechen von Bindungen initiiert. Hochmolekulare Verbindungen, die sich jeweils in bestimmten Stadien der Ölbildung nachweisen lassen, werden als „geochemische Fossilien" bezeichnet, wie etwa das erwähnte Desoxophyllerythroaetioporphyrin.

Beim Kerogen unterscheidet man drei Typen, die sich auf das jeweilige biologische Ausgangsmaterial beziehen:

Typ I geht auf Lipide aus Algen oder durch mikrobielle Tätigkeit aus anderen organischen Substanzen angereicherte Lipide zurück.

Typ II stammt von marinen organischen Substanzen die in reduzierenden Milieús angelagert wurden.

Typ III entsteht aus organischen Substanzen, die überwiegend von höheren Landpflanzen stammen.

Die in den feinkörnigen Sedimenten auf diese Weise entstandenen Kohlenwasserstoffe müssen ihre Wanderung aber schon beginnen, ehe der Schlamm zum Gestein verfestigt wird, und dabei in geeignete Speichergesteine einwandern können, aus denen sie sich schließlich gewinnen lassen.

Dabei ist von Vorteil, dass es ja alles leichte Stoffe sind, die ohnehin nach oben drängen. Auch das geschieht durch Druck: Unter der Auflast der nachfolgenden Ablagerungen können sie aus dem Schlamm auswandern, in höhere Schichten aufsteigen und schließlich sogar an die Erdoberfläche kommen, wie die vorher erwähnten Teerkuhlen zeigen. Dort wird das aus einer Vielzahl unterschiedlicher organischer Komponenten bestehende Erdöl aber schnell dickflüssig und wandelt sich im Endstadium schließlich sogar in Asphalt um, weil die leicht flüchtigen Substanzen daraus entweichen. Die größte entsprechende Ansammlung sind die sog. Teersande von Athabasca (Kanada), die riesige

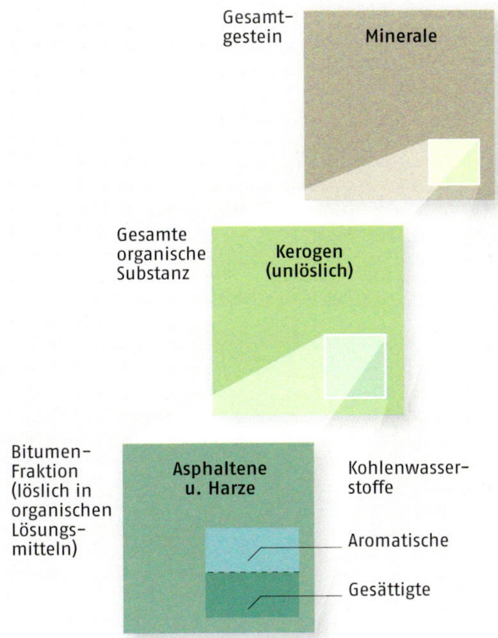

19 Organische Substanzen in alten Sedimentgesteinen. Selbst in den Erdöl-Muttergesteinen besteht nur ein kleiner Teil daraus, das meiste sind anorganische Minerale. Der organische Anteil gliedert sich in das unlösliche Kerogen und in die Bitumenfraktion, die aus Substanzen unterschiedlicher Molekulargewichte zusammengesetzt ist (nach Tissot & Welte 1982, aus Rothe 2010).

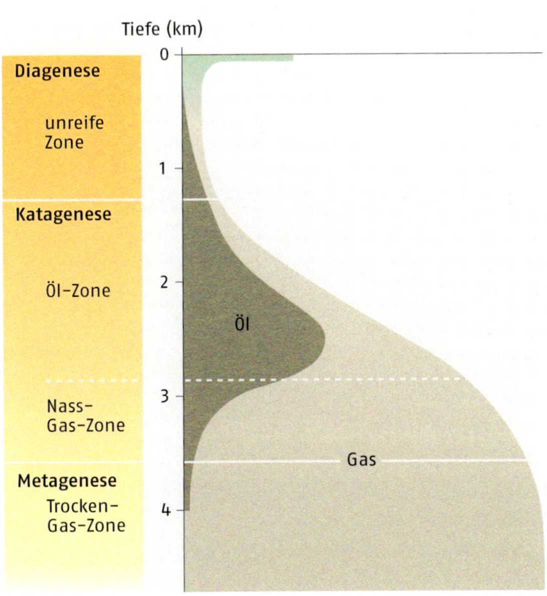

20 Die Entwicklung von Kohlenwasserstoffen in Abhängigkeit von der Versenkungstiefe der Sedimente. Das Diagramm ist als Schema zu sehen; weil die Temperatur, die mit der Tiefe zunimmt, einen entscheidenden Faktor bildet, sind die Tiefenangaben nur ungefähre Werte. Man unterscheidet drei Zonen: In der ersten, relativ oberflächennahen, herrschen die Bedingungen der Diagenese. In der zweiten werden unter höheren Temperaturen die organischen Ausgangssubstanzen im Wesentlichen zu Erdöl umgebildet (Katagenese). Bei noch tieferer Versenkung wird der Bereich der Metamorphose erreicht, in dem langkettige Moleküle weiter zu kurzkettigen abgebaut („gecrackt") werden, bis schließlich Methan entsteht. Die Gasphase im obersten Abschnitt ist biogenes Methan (nach Tissot & Welte 1982, aus Rothe 2010).

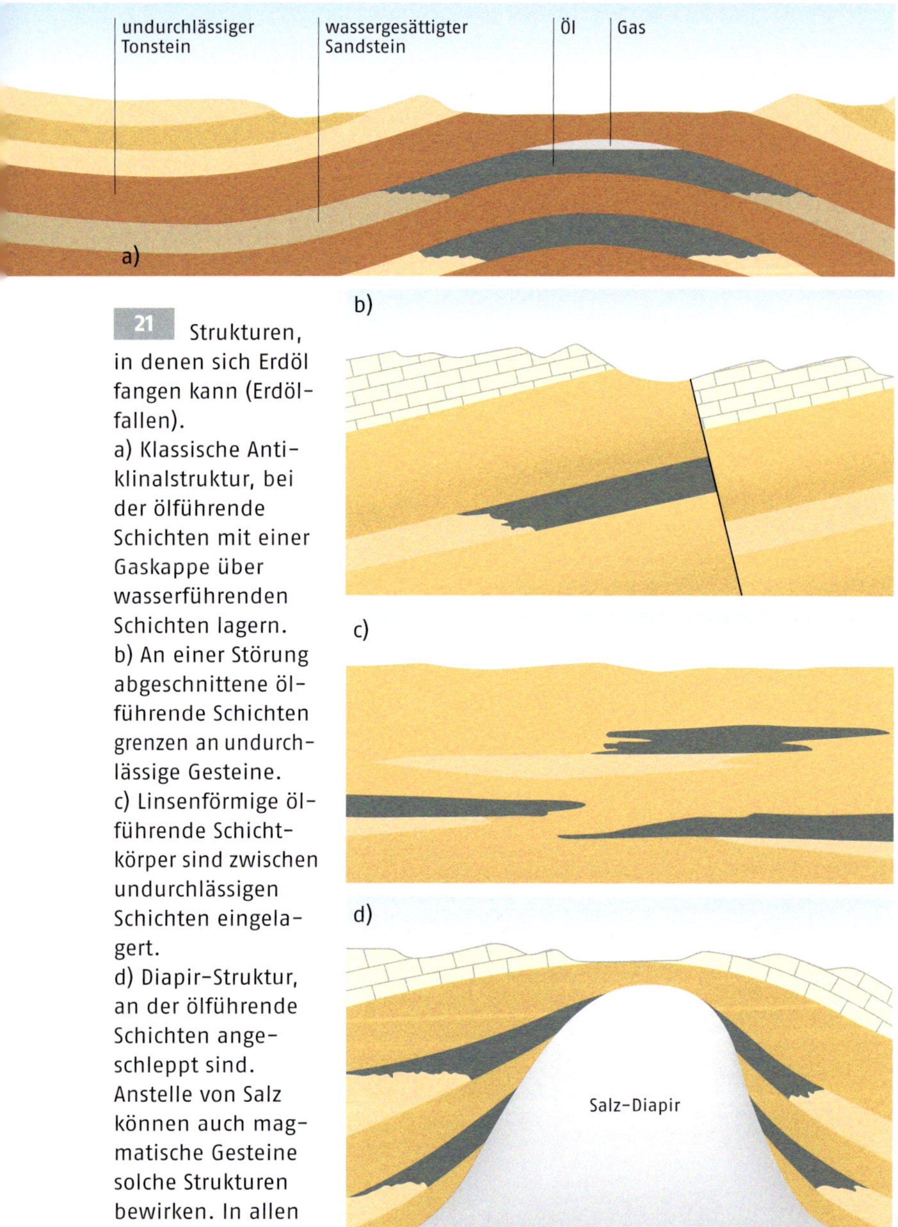

21 Strukturen, in denen sich Erdöl fangen kann (Erdölfallen).
a) Klassische Antiklinalstruktur, bei der ölführende Schichten mit einer Gaskappe über wasserführenden Schichten lagern.
b) An einer Störung abgeschnittene ölführende Schichten grenzen an undurchlässige Gesteine.
c) Linsenförmige ölführende Schichtkörper sind zwischen undurchlässigen Schichten eingelagert.
d) Diapir-Struktur, an der ölführende Schichten angeschleppt sind. Anstelle von Salz können auch magmatische Gesteine solche Strukturen bewirken. In allen Vorkommen kann sich auch eine Gaskappe entwickeln, die hier nicht eingezeichnet ist.

Vorkommen von mit Schweröl imprägnierten Sanden bilden (s. u.).

Besondere geologische Strukturen sorgen aber in vielen Fällen dafür, dass das Öl vorher in „Fallen" gefangen wird. Zu solchen Erdölfallen gehören hauptsächlich sog. Sattelstrukturen, wie sie in vielen Gebirgen vorkommen: Hier sind die Schichtpakete durch Faltung nach oben gebogen und bilden eine Art Gewölbe. Es gibt aber auch eine ganze Reihe anderer Strukturen, zu denen unter anderem an Salzstöcken hochgeschleppte Schichten oder Sandlinsen zwischen Tonen gehören. Die Strukturen, die das Öl abfangen, müssen auch wieder aus dafür geeigneten Gesteinen aufgebaut sein, die vor allem Poren enthalten, die untereinander verbunden sind. Es geht also auch hier, wie beim Grundwasser, um die Permeabilität. Als Speichergesteine geeignet sind vor allem Sandsteine und Karbonatgesteine, zu denen Kalk und Dolomit (eine Art magnesiumhaltiger Kalk) gehören.

In etwa 60 % aller Lagerstätten wird das Erdöl aus Sandsteinen gefördert und in 40 % aus Karbonaten. Auch Riffe mit ihren vielen Hohlräumen sind geeignete Speichergesteinskomplexe – sie müssen aber nach oben hin entsprechend abgedichtet sein: Im Jargon der Erdölgeologen heißt das entsprechende Material „cap rock", also etwa Deckelgestein.

Die Beweglichkeit von Flüssigkeiten im Porenraum der Sedimente hängt auch von deren Viskosität ab, wobei das dickere Öl natürlich viel langsamer fließt als Wasser: Es muss sich ja durch die engen Porenräume regelrecht hindurchquetschen, allerdings wird ihm dabei auch geholfen – nämlich durch Wasser!

Dieses Wasser der tonigen Muttergesteine stammt meist noch aus der Zeit ihrer Ablagerung. Das Erdöl wandert mit dem Wasser zusammen, vermischt sich jedoch nicht mit ihm, sondern schwimmt auch im Porenraum innerhalb der Lagerstättenstruktur im Großen und Ganzen immer oben wie die Fettaugen auf der Suppe. Im Porenraum sind die Öltröpfchen von einer Wasserhülle umgeben, die sie sogar vor Berührung mit dem bremsenden Gestein schützen kann. In den Speichergesteinen wandert das meiste Öl auf diese Weise durch die Poren, es kann aber auch – wiederum ähnlich wie das Wasser – Klüfte und Spalten als Wege benutzen. Wenn die Lagerstätte oben undicht ist, tritt es aus wie in den genannten Teerkuhlen und wird dann an der Luft schließlich zum ganz zähen Asphalt, weil seine leichten Bestandteile verdunsten; so etwas kann man gelegentlich auch an offenen Klüften beobachten.

Das größte natürliche Vorkommen dieser Art ist ein ganzer Asphaltsee auf Trinidad. Eine entsprechende Bildung stellt auch der Rancho La Brea inmitten von Los Angeles dar, der vor allem wegen der vielen darin umgekommenen Tiere berühmt ist – ein Dorado für Pleistozän-Paläontologen, die aus dem Asphaltprodukt des sehr jungen Erdöls noch immer Fossilien bergen.

Eine klassische Erdöl-Lagerstätte, wie sie in dem erwähnten Sattel entwickelt ist (Antiklinal-Lagerstätte), hat einen sehr typischen Aufbau: Wasser, Öl und Gas sind dort im Porenraum der Gesteine überwiegend voneinander getrennt – ganz unten das Wasser, darüber das Öl und oben Gas, das mit der Zeit aus dem Öl selbst entwichen ist. Als Voraussetzung für diese Schichtung muss die Struktur oben dicht sein, weil sonst das flüchtige Gas entweichen würde; als beste natürliche Dichtung wirken dabei meist Tongesteine. Weil solche Lagerstätten unter Druck stehen, sollte man möglichst nicht in die Gas führenden Schichten bohren – ansonsten kann das Gas leicht explodieren und dann den Bohrturm zerstören (wie das u. a. 1951 in der Nähe von Darmstadt passiert ist und weltweit immer wieder einmal vorkommt). Der „Feuerteufel" Red Adair hatte die Rettungsmaßnahmen bei solchen Katastrophen zu seinem Beruf gemacht: Dabei werden die Flammen durch gezielte Sprengungen ausgeblasen wie eine brennende Kerze.

Das Gas hat jedoch auch einen großen Vorteil: Wenn die Bohrung die Öl führende Schicht erreicht hat, wird das Öl davon nach oben gedrückt, läuft dann von selbst aus dem Bohrloch und braucht gar nicht mehr herausgepumpt zu werden. In diesem Fall spricht man von „Eruptivsonden", aus denen das Öl sprudelt wie Lava aus einem Vulkan. Auch das Wasser in der Lagerstätte kann man sich bei der Förderung zunutze machen: Wenn man einer Bohrung im Wasserbereich eines Ölfeldes noch zusätzliches Wasser einpresst, dann treibt es das Öl vor sich her zu den im Ölbereich stehenden Bohrungen. Ölgeologen verfolgen deshalb aufmerksam die sog. Randwasserlinie, die sich mit der Förderung verschiebt, weil das Wasser in den nun vom Öl frei werdenden Porenraum vordringt. Entsprechendes kann man durch Einpressen von Gas in die „Kappe" erreichen, welches dann das Öl vor sich hertreibt. Solche Maßnahmen nennt man Sekundärmaßnahmen und kann damit insgesamt einen „Entölungsgrad" einer Lagerstätte von etwas über 30 % erreichen. Das meiste Öl kann man nämlich gar nicht gewinnen, sodass ein Entölungsgrad von weniger als 20 % bei der Primärförderung eine gängige Größe darstellt. Mit weiteren Verfahren, die dann Tertiärmaßnahmen heißen, kann man noch etwas über 10 % hinzugewinnen: Dabei wird das Öl durch chemische Zusätze oder Einpressen von Heißdampf dünnflüssiger gemacht. Damit aber jetzt genug von der Technik, die ja mit Geologie nichts zu tun hat, obwohl diese Gewinnungsverfahren ohne geologische Kenntnisse gar nicht möglich wären.

Ölfelder erkennt man in der Landschaft gelegentlich an einer Ansammlung von Pumpen, die relativ dicht beieinanderstehen – wegen ihrer Form heißen sie „Pferdeköppe" (Abb. 25).

Da jede dieser Pumpen eine Bohrung kennzeichnet, muss man nicht nur einen beträchtlichen Aufwand betreiben, um ein Feld zu entdecken, sondern auch zu entwickeln: Für die Vorratsberechnung sind Kenntnisse von Geometrie und Ausmaß des „Ölträgers", d. h. der Öl führenden Schichten, unabdingbar. So hat man fast nebenbei herausgefunden, dass Erdöl über große Distanzen wandern kann, wobei es auch seine chemische Zusammensetzung verändert.

Das meiste Öl ist in geologisch jüngeren Speichergesteinen anzutreffen: Fast 60 % werden aus känozoischen (Zehner Millionen Jahre alten), etwa 25 % aus mesozoischen (d. h. bis zu 250 Millionen Jahre alten) und weniger als 20 % aus den älteren, paläozoischen Gesteinen gefördert.

Hier liegt der Schlüssel dafür, weshalb es im Nahen Osten so viel Öl gibt: Dort kommt das Öl nämlich vorwiegend in mächtigen känozoischen und mesozoischen Sedimenten vor, die am Südrand der großen asiatischen Gebirge liegen. Die begleitende Tektonik hat zu Strukturen geführt, die als Ölfallen geeignet sind – es gibt keine Meta-

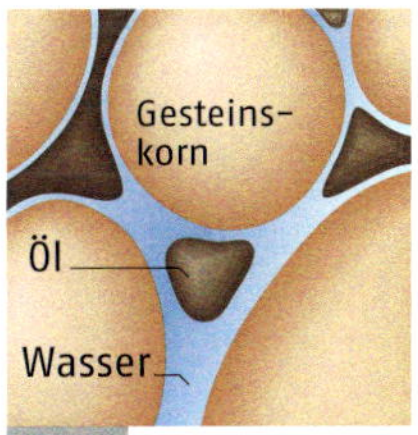

22 Öl und Wasser im Porenraum (aus Rothe 2009c).

23 Naturasphalt, der aus einer Kluft in Kalksteinen des Oberjura austritt. Stollen Gustav, Bergwerk der Firma DASAG, Eschershausen am Ith (aus Rothe 2010).

24 Erdgasausbruch, der den Bohrturm völlig zerstört hat. Wolfskehlen bei Stockstadt im Hessischen Ried 1951 (Foto von Prof. Dr. Ernst Plewe [†], aus Rothe 2009c).

morphose und die Gesteinspakete sind weitgehend noch nicht erodiert worden. Eine ganz ähnliche Situation gibt es in der karibischen Region, wo mit dem Golf von Mexiko, Texas, Louisiana, Kolumbien, Venezuela und dem bereits erwähnten Trinidad eine Großprovinz für Erdöl existiert. Man hat herausgefunden, dass sich Erdöl auch schon im Präkambrium gebildet hat, wobei diese Lagerstätten aber nicht mit denen in den erdgeschichtlich jüngeren Formationen zu vergleichen sind – wahrscheinlich weil der Porenraum älterer Gesteine durch mineralische Zemente oder Metamorphose geschlossen wurde, sodass keine geeigneten Speichergesteine mehr zur Verfügung standen. Hinzu kommt, dass es damals noch keine höheren Pflanzen gab, die das entsprechende Kerogen hätten beisteuern können.

Die Muttergesteine der deutschen Erdöl-Lagerstätten sind überwiegend Liastone (der erwähnte Posidonienschiefer), und selbst beim Öl im Oberrheingraben, für das man früher Tertiärtone vermutet hatte, gibt es inzwischen Hinweise auf jurazeitliche Muttergesteine. Die Speichergesteine sind meist Sandsteine des Doggers oder der Kreide, im Oberrheingraben handelt es sich um Sande und Kalke des jüngeren Tertiärs.

Doch wie lange dauert es überhaupt, bis aus potenziellen Muttergesteinen Öl entsteht? Dieser Frage ist man im südkalifornischen Meeresbecken bei Santa Barbara nachgegangen und hat dort herausgefunden, dass es ziemlich schnell gehen kann: Das Öl ist noch mit der ^{14}C-Methode datierbar und weniger als 4000 Jahre jung. In diesem Becken herrschen neben hoher Produktivität der Organismen stagnierende, sauerstoffarme Bedingungen am Boden. Hinzu kommt ein hoher Wärmefluss an einem geologisch jungen Spreizungsrücken, der für eine entsprechend intensive Katagenese sorgt. Besondere geothermische Verhältnisse herrschen auch im Ölfeld Landau in der Pfalz, wo anstelle der durchschnittlichen Temperaturzunahme von 1 °C pro 30 m diese schon bei 11 m erfolgt. Dies hängt wahrscheinlich mit einem Wärmedom in größerer Tiefe zusammen – es gibt ja auch im südlich anschließenden Elsass bei Soultz-sous-Forêts ein entsprechendes Pilotprojekt zur Gewinnung von Geothermalenergie.

25 Klassische Pumpen zur Förderung von Erdöl, die man in Norddeutschland als „Pferdeköppe“ bezeichnet; sie stehen oft in Gruppen zusammen und vermitteln damit einen Eindruck von der Dimension einer Lagerstätte.

Teersande und Asphalt

Überall dort, wo Erdöl sehr nahe an die Erdoberfläche kommt, unterliegt es einem Abbauprozess, der mit dem Entweichen der leicht flüchtigen Bestandteile einsetzt. Dabei entstehen nacheinander Schweröl, Teer und schließlich Asphalt.

Asphalt wurde schon von den alten Hochkulturen in Mesopotamien und am Toten Meer genutzt, und die bekanntesten Vorkommen gibt es in Seen auf der Insel Trinidad und auf dem benachbarten Festland. Asphalt tritt sonst meist im Porenraum von Kalken auf oder füllt Spalten und Klüfte im Gestein wie z. B. bei Holzen in der Nähe von Eschershausen am Ith (vgl. Abb. 23).

Im Vergleich zu den riesigen Teersandvorkommen Kanadas sind diese aber ohnehin meist schon ausgebeuteten Vorkommen bedeutungslos. In den Lagerstätten von Teersanden und Asphalt in der Provinz Alberta sind Sandsteine der Kreide imprägniert, deren ursprüngliches Öl aus den Rocky Mountains dorthin eingewandert ist. Die Schicht dieser Teersande von Athabasca erstreckt sich über 30 000 km^2, ist etwa 50 m dick und liegt unter Deckschichten von 50–80 m, sodass man sie im Tagebau gewinnen kann. Dieser Umstand hat inzwischen sogar Chinas größte Ölgesellschaft zu einer Beteiligung bewogen. Das einfachste Gewinnungsverfahren besteht darin, die Kohlenwasserstoffe mit heißem Wasser auszuwaschen, wobei dann reiner Quarzsand übrig bleibt.

Ölschiefer

Vielen wird der Begriff „Ölschiefer" durch die zum Weltnaturerbe geadelte Fossil-Lagerstätte „Grube Messel" bekannt sein – bereits 1791 gab es einen ersten schriftlichen Hinweis auf dieses Gestein. 1884 wurde dann mit der Gründung der „Gewerkschaft Messel" Bergbau und Schwelerei aufgenommen und eine Mineralöl- und Paraffinfabrik installiert. Nicht auszudenken, was dadurch an Fossilien mitverbrannt sein dürfte.

Dieser Ölschiefer ist geologisch aus einem Faulschlamm oder Halbfaulschlamm entstanden, dessen wesentliche organische Substanz auf die in dem See lebenden Algen zurückgeht – damit ist er ein potenzielles Erdöl-Muttergestein, das aber die Erdölreife noch nicht erreicht hat. Das gilt im Prinzip für alle entsprechenden Gesteine: Ihr Kerogengehalt ist hoch, und erhitzt man sie auf $> 500\,°C$, dann entstehen dabei Kohlenwasserstoffe. Durch diesen Prozess, der als Pyrolyse bezeichnet wird, hilft man der Natur auf die Sprünge, die sonst längere Zeiträume benötigen würde, um Erdöl und Gas zu bilden. Ölschiefer lässt sich mit dem Streichholz entzünden, wobei meist ein stechender Geruch entsteht. Allerdings handelt es sich nur dort um potenzielle Ressourcen für die Zukunft, wo sie durch geologische Prozesse noch nicht unter größere Bedeckung bzw. höhere Temperaturen geraten sind, der Prozess der Katagenese also noch nicht eingesetzt hat. Man muss nach Verhältnissen suchen, wo die Deckschichten geringmächtig sind und noch keine größere Wärmezufuhr den Prozess der Umbildung von Kerogen in Bitumen einleiten konnte. Bekannte Beispiele für solche Vorkommen sind der Posidonienschiefer des unteren Jura, der ordovizische Kuckersit aus Estland und die tertiären See-Sedimente der Green-River-Formation (in den USA) oder des Nördlinger Ries, um nur einige wenige zu nennen. Weltweit stellt es ein riesiges Potenzial dar, das man aufgrund der Gewinnungskosten allerdings erst dann erschließen wird, wenn die bisher bekannten Erdölvorräte erschöpft sein werden.

Erdgas

Bei den gasförmigen Kohlenwasserstoffen muss man Erdölgas von Erdgas unterscheiden – Letzteres steht im Allgemeinen nicht im Zusammenhang mit Erdöl-Lagerstätten, sondern mit Kohlen. Hinzu kommt noch das überwiegend bakteriell entstandene Methan, das gelegentlich als Sumpfgas bezeichnet wird und die Irrlichter im Moor verursacht. Das heute in großen Mengen geförderte Erdgas entsteht meist aus Material, das auf höhere Pflanzen zurückzuführen ist; das Ausgangs-Kerogen dafür wird als „Kerogen III" bezeichnet.

Erdgas im hier verstandenen Sinne entsteht aus Kohlen, die infolge geologischer Ereignisse unter extrem hohen Druck geraten sind. Dieser entsteht vor allem dort, wo die Schichten in entsprechend tiefe Erdschichten versenkt werden. Dabei bildet sich Methan, das im weiteren Verlauf aus den Gesteinen freigesetzt werden kann – in geringerer Menge kennt man das auch aus den Steinkohlengruben selbst, wo es die gefährlichen „Schlagenden Wetter" (Explosionen durch die Mischung austretenden Grubengases mit der als „Wetter" bezeichneten Luft im Bergwerk) verursacht.

26 Offshore-Bohr- und Förderplattform in Deutschlands größtem Erdölfeld Mittelplate, das im Wattenmeer vor Friedrichskoog liegt.

Wenn oberhalb von solchen tief versenkten Steinkohlen geeignete Speichergesteine lagern, haben wir es mit Erdgas-Lagerstätten zu tun, wie sie z. B. auch unter der Nordsee angetroffen werden. Dort stammt das Gas aus den über 7000 m tief liegenden Steinkohlen, die z. B. am Südrand des Ruhrreviers noch zu Tage ausstreichen und in nördlicher Richtung immer tiefer abtauchen. Dass das Erdgas tatsächlich etwas mit den Kohlen zu tun hat, fand man im holländischen Groningen erst 1964 heraus.

Die Zukunft der Kohlenwasserstoffe – Öl aus dem Meer

Die bisher besprochenen Öl-Lagerstätten betrafen Vorkommen auf dem Festland. Schon seit Längerem wird aber Erdöl auch aus dem Meer gefördert, wobei man die Prospektion vom festländischen Bereich schon früh auf die meerwärtig angrenzenden Gebiete vorangetrieben hatte – das bekannteste Beispiel dafür ist der Golf von Mexiko, wo man die Öl-Fördergebiete von Texas aus inzwischen erheblich erweitert hat.

Geologisch gesehen handelt es sich zunächst um die Flachmeerbereiche des Kontinentalschelfs, in denen man die Fortsetzung der Lagerstätten auf dem Festland auszubeuten begann, z. B. auch in der Nordsee. Die Ölförderung mittels am Meeresboden verankerter Bohrplattformen hat allerdings ihren Preis, muss sich also am Weltmarkt orientieren. Des Weiteren besitzt sie auch politische Dimensionen, wenn man sich an den Krieg um die Falklandinseln/Malvinas erinnert oder in neuerer Zeit das Wettrennen in den Meeresgebieten am Nordpol betrachtet, ebenso wie eine umweltpolitische wie z. B. der Interessenskonflikt am „North Slope“, im Golf von Mexiko oder im Wattenmeer. Vieles davon ist jedoch technisch lösbar, da man die Bohrmeißel sehr gut kontrolliert in jede gewünschte Richtung treiben kann; viele Ölfelder werden heute sogar durch horizontale Bohrungen ausgebeutet. Die Förderung von mineralischen Rohstoffen aus dem Meer ist mit der Konstruktion des „Law of the Sea“ verknüpft, wo es u. a. um die Definition der „Exclusive Economic Zone“ (EEZ) geht, die einzelnen Staaten die Ausbeutung ihrer mineralischen Ressourcen in einem Bereich gestattet, der von anfangs zwölf auf heute 200 Seemeilen vor der Küste des jeweiligen Landes ausgeweitet wurde.

Der Hunger nach Energierohstoffen hat die Prospektion vom Flachmeerbereich aber inzwischen in tieferes Wasser vorangetrieben. Die Fundberichte über gigantische Ölfelder häufen sich gerade in allerletzter Zeit (2007–2009): Vor Brasilien hat man nacheinander gleich zwei solcher Vorkommen entdeckt sowie weitere in tieferen Bereichen des Golfs von Mexiko, außerdem vor Sierra Leone. Hier ist von Milliarden Barrel die Rede – die Förderkosten dürften allerdings wesentlich über denen der Schelfgebiete liegen, auch weil man schwimmende Plattformen einsetzen muss, um mit Kilometer-tiefen Bohrungen in die Öl führenden Schichten zu gelangen. Die Prognosen, wie lange uns noch Erdöl zur Verfügung steht, sind also angesichts dieser Neufunde wieder weithin offen. Derzeit sind die zehn wichtigsten Förderländer, aus denen mehr als 60 % der Weltförderung kommen (FAZ 2. Okt. 2009):

Saudi-Arabien	13,1 %	Mexiko	4,0 %
Russland	12,4 %	Kanada	4,0 %
USA	7,8 %	Vereinigte Arabische Emirate	3,6 %
Iran	5,3 %	Kuwait	3,5 %
China	4,8 %	Venezuela	3,4 %

T 6 Anteil einzelner Länder an der Erdöl-Förderung.

Lit.: Kohlenwasserstoffe

Hood & Castaño 1974, Krejci-Graf 1955, Levorsen 1967, Patijn 1964, Seifert & Moldowan 1986, Tissot & Welte 1984

Weltweit wurden 2008 insgesamt fast 4 Mrd. t gefördert. Die erwähnten Neufunde der letzten Jahre im Meer summieren sich zu etwa 10 Mrd. t und sehen vor diesem Hintergrund schon weniger spektakulär aus. Dagegen beträgt die bisher geförderte Gesamtmenge 900 Milliarden Barrel (Science 2004) und die gesamten Reserven werden mit drei Billionen Barrel angegeben, wobei allerdings auch schon die Teersande eingerechnet sind – diese Mengen sollen noch für ca. 50 Jahre reichen. Es gibt die sog. Peak-Öl-These, die besagt, dass der Zenit der Ölförderung jedenfalls überschritten ist.

Öl und Benzin kann man letztlich mit technischen Verfahren auch aus Kohle synthetisch herstellen. Das von Friedrich Bergius schon 1913 erfundene Verfahren beruht darauf, dass man den Kohlenstoff der Kohle unter hohem Druck mit Wasserstoff in Verbindung bringt, also Kohlenwasserstoffe erzeugt („Leuna-Benzin“).

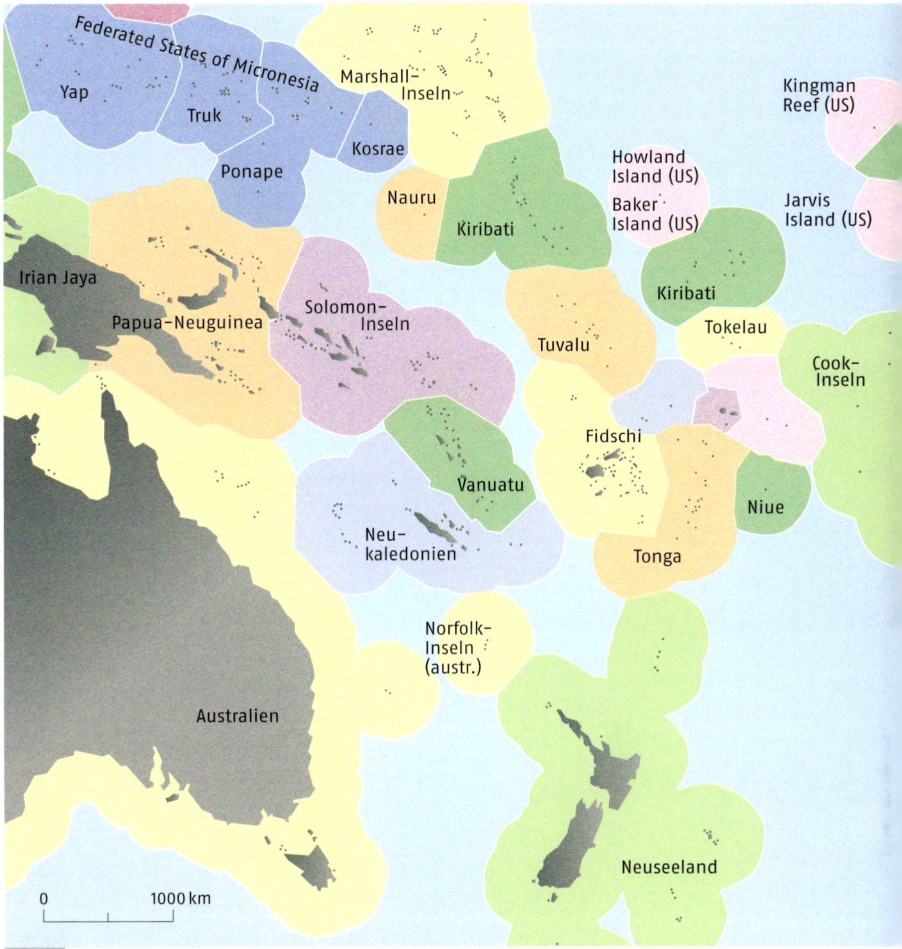

27 Die 200-sm-Zone im Pazifik, mit der auch die Inselstaaten ihre Interessengebiete definieren (Ausschnitt aus dem südwestlichen Pazifik, gekürzt nach Buchholz 1983).

Methaneis – Energierohstoff der Zukunft? Chancen und Risiken

Methan, das wir als Sumpfgas oder als Grubengas von den „Schlagenden Wettern“ in Kohlenbergwerken her kennen, ist die wesentlich durch die Tätigkeit von Bakterien entstandene, einfachste Form eines Kohlenwasserstoffs: CH_4. Methan stellt aber auch einen wesentlichen Bestandteil von Erdgas dar: In den Ölfeldern von Baku (Aserbaidschan) gibt es eine „schon immer“ brennende Methanflamme, die als „Ewiges Feuer“ bezeichnet wird.

28 Methaneis (Foto: GEOMAR, aus Rothe 2010).

In den 1990er-Jahren entdeckte man, dass Methan auch in bestimmten Meeressedimenten gespeichert sein kann, und zwar merkwürdigerweise in Eis, das lagenweise in diese Sedimente eingeschichtet ist. Das Gas ist dabei in der Eisstruktur wie in einem Käfig gefangen, weshalb man von Käfigverbindungen oder Clathraten spricht bzw. von Gashydraten.

Methaneis ist ein besonderer Fall der Clathrate, zu dessen Entstehung niedrige Temperaturen erforderlich sind, sodass der schon relativ frühe Fund in den Permafrostgebieten Alaskas und Sibiriens nicht verwundert. Darüber hinaus kommen sie aber auch in Meeresablagerungen vor, deren Entdeckung eine ziemliche Sensation darstellte, die seitdem die Forscher in Atem hält. Dort muss zu niedrigen Temperaturen (um 2 °C) noch der Druck einer Wassersäule

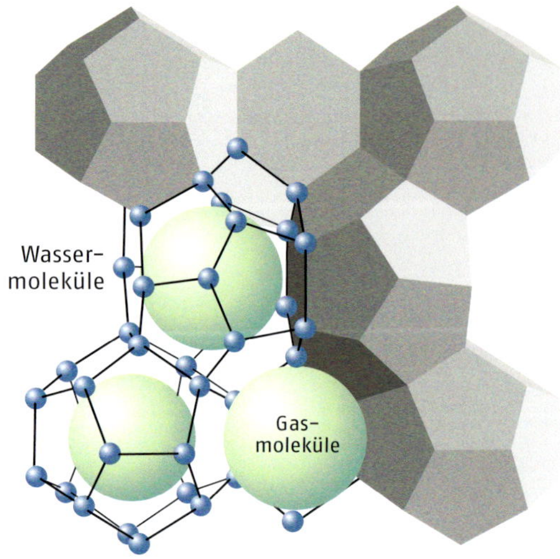

29 Methaneis-Struktur (GEOMAR, aus Rothe 2010).

Lit.: Methaneis
Suess & Bohrmann 2006, Suess et al. 1999, Suess et al. 2002

von 500 m hinzukommen, damit Methaneis entstehen kann; es bildet sich, wenn das Porenwasser mit dem Gas gesättigt ist, verdrängt daraufhin das Wasser und verfestigt gleichzeitig die Sedimente. Die Forschung hierzu steht erst am Anfang, sodass man noch wenig über die regionale Verbreitung weiß, aber vermutet, dass dieses Methan sämtliche bisher bekannten Vorräte um das Doppelte übertreffen könnte. Bezüglich einer möglichen Gewinnung ergeben sich ähnliche Probleme wie bei den Manganknollen (s. „Mangan", Kap. 5). Das Material ist aber nicht nur als potenzieller Rohstoff von Bedeutung, sondern möglicherweise auch ein Klimafaktor: Methan ist ein Treibhausgas, dessen kurzfristige Freisetzung durch Temperaturerhöhung oder Druckentlastung infolge von Meeresspiegelabsenkung vielleicht schon in der geologischen Vergangenheit Instabilitäten an den Kontinentalhängen verursacht und die Temperaturen beeinflusst hat.

Uran

Ein „strahlendes" Metall, von dem man bis zur Entdeckung der Radioaktivität durch Henri Becquerel 1896 und den seit 1898 durchgeführten Versuchen von Marie und Pierre Curie kaum etwas wusste. Es war allerdings schon 1787 von dem deutschen Chemiker und Mineralogen Martin H. Klaproth in der Pechblende von Johanngeorgenstadt im Erzgebirge entdeckt worden. Von ihm stammt auch der Name des Elements nach dem 1781 durch Wilhelm Herschel gerade entdeckten Planeten Uranus – er hatte sogar darüber spekuliert, dass dieser graue Brocken von dem Planeten auf die Erde gefallen sein könnte. Auch die Bezeichnung „Pechblende", die sich auf die dunkle Farbe bezieht, stammt von Klaproth. Die Folgerung von Einsteins Entdeckung, dass sich Masse in Energie umsetzen lässt (das berühmte $E = m \times c^2$), die schließlich zum Bau der ersten Atombombe geführt hatte, soll ihm selbst zunächst gar nicht bewusst gewesen sein. Auch heute ist das Uran ja wieder Gegenstand weltweiter politischer Kontroversen.

Im Periodensystem ist es das schwerste natürliche Element, weshalb es nicht stabil bleibt, sondern im Laufe der Zeit u. a. zu stabilem Blei zerfällt; diese Eigenschaft hat man sich für geologische Altersbestimmungen zunutze gemacht. Nach seiner Entdeckung geriet das Element erst einmal für etwa 50 Jahre in Vergessenheit: Martin H. Klaproth hatte Proben und eine Beschreibung seiner Analysen an die Sorbonne geschickt. All das war in die dortige Gesteinssammlung aufgenommen worden. Inzwischen gab es allerdings bessere Analysemethoden, womit dem Chemieprofessor Eugène-Melchior Péligot um die Mitte des 19. Jahrhunderts die Darstellung von reinem Uran gelang. Aber das war es dann auch schon wieder, bis Henri Becquerel 1896 schließlich die strahlende Eigenschaft erkannte und die Curies mit der Pechblende zu experimentieren begannen.

Sie hatten das Glück, dass dieses als wertlos angesehene Material in Joachimsthal auf den Halden des erschöpften erzgebirgischen Silberbergbaus herumlag: Man hatte Marie Curie 1000 kg davon gegen Erstattung der Transportkosten nach Paris geschickt. Im Weiteren ging es auch um die Isolierung von Radium aus diesem Material – davon sind immerhin 1000 kg nötig, um 1 g Ra zu gewinnen.

Uran sammelt sich zunächst in den Gesteinen der Restkristallisation an, bei der vor allem saure, d. h. SiO_2-reiche Granite und Pegmatite entstehen. Diese hellen magmatischen Gesteine mit ihren meist besonders großen Kristallen („pegma" kommt aus dem Griechischen und bedeutet etwa „grob gefügt") sind seine geochemische Urheimat und die ist letztlich ein Erbe aus der Frühzeit unseres Planeten, bei dessen Differenziation sich das Uran zusammen mit Thorium und Kalium in der Erdkruste anreicherte. Die beim Uranzerfall entstehende Wärme trägt mit zum Wärmehaushalt der Erde.

Für die Prospektion macht man sich dies durch den radioaktiven Zerfall verursachte Strahlung zunutze: Ein Geigerzähler wird vor allem dort höhere Strahlungswerte anzeigen, wo Pegmatit den geologischen Untergrund bildet, und im Gegensatz dazu über Basalten kaum reagieren – wie wir noch begründen werden.

Wenn Gesteine aus silikatischen Schmelzen kristallisieren, dann bleiben in der spätesten Phase der klassischen Abfolge, d. h. nach den Pegmatiten, noch heiße, wässerige Lösungen übrig, die wir einer sog. Hydrothermalphase zuordnen. Solche Lösungen können in Spalten zirkulieren und dort beim Abkühlen die gelösten Stoffe absetzen. Dabei werden Elemente konzentriert, die nicht in die Kristallgitter der normalen gesteinsbildenden Minerale passen, wozu auch das Uran gehört. Die geologischen Verhältnisse haben das bestätigt: Uranhaltige Minerale kommen meist zusammen mit einer ganzen Reihe anderer seltener Elemente vor, z. B. Wismut, Vanadium, Cer, Selen, Molybdän, Beryllium u. ä. Das schlägt sich auch in lagerstättenkundlichen Begriffen wie „Silber-Kobalt-Nickel-Wismut-Uran-Formation“ nieder, wie sie z. B. in den ursprünglich auf Silber gebauten Gängen vorkommt, die die alten Gneise des Erzgebirges durchschlagen haben. Hier hat auch der Tarnname „SDAG Wismut“ seinen Ursprung, der zu DDR-Zeiten die gewaltige Förderung von Uran für die Russen verschleiern sollte. Damals war die DDR nach den USA und Kanada weltweit das drittgrößte Förderland! Die Sanierung dieses Raubbaus ging dann in die Milliarden.

Die Prospektion auf Uran ist in erster Näherung vergleichsweise einfach, weil man mit einem Geiger- oder Szintillationszähler nur die aus den Gesteinen austretende Strahlung bzw. die Konzentration des beim Uranzerfall entstehenden austretenden Gases Radon zu messen braucht. Auf diese Weise lassen sich bei flächendeckender Erkundung auch Karten der natürlichen Strahlenbelastung einer Gegend erstellen, die im Schwarzwald wegen seiner Granite – ohne dass ich hier im Detail näher darauf eingehen kann – höher sind als z. B. im sandigen Norddeutschen Tiefland oder im basaltischen Vogelsberg.

Uran ist in eigenständige Minerale eingebunden. Die bekannteste Form ist die der Pechblende (UO_2), mit der die Curies zuerst experimentierten: eine graue, unscheinbare Masse, die einen Geigerzähler mit beträchtlichem Geknatter reagieren lässt.

Pechblende war, wie schon gesagt, in Joachimsthal im Erzgebirge zunächst nur ein Abfallprodukt bei der Förderung von Silbererzen. UO_2 ist aber nur eine theoretische Formel, die in der Natur selten erreicht wird, weil die Pechblende durch Oxidation sehr leicht und fortlaufend verändert wird, sodass die Zusammensetzung meist U_3O_8 entspricht – was man auch in Form von $UO_2 \times 2\,UO_3$ schreiben könnte, wobei man dann von Triuranoctoxid sprechen müsste, was aber niemand tut. Pechblende ist die Bezeichnung für die amorphe Varietät, während die kristallisierte als Uraninit bezeichnet wird. Es gibt aber eine Vielzahl weiterer Uran-Minerale, von denen schon allein die ältere Literatur über 70 auflistet, was jedoch noch vor der Erfindung der Elektronen-Mikrosonde war, mit der man inzwischen eine enorme Vielfalt neuer Verbindungen entdeckt und beschrieben hat.

30 Pechblende (UO_2). Das abgebildete Stück stammt vom klassischen Fundort Johanngeorgenstadt im Erzgebirge (Foto: Dr. E. K.).

Tabelle 7 zeigt neben wenigen Namen die oft komplizierten Formeln, aus denen auch hervorgeht, was ich über die seltenen Elemente gesagt hatte, die sich meist erst in der Hydrothermalphase zusammen mit dem Uran anreichern. Darüber hinaus gibt es noch die ungenau definierte Substanz mit der Bezeichnung ThUCHOlith (in der sich die Elementsymbole für Thorium und Uran verbergen sowie außerdem Kohlenstoff und Wasserstoff), eine kohlig-bituminöse Masse mit Uraninit, Pyrit und Bleiglanz, die man z. B. aus Pegmatiten und aus den präkambrischen Konglomeraten des Witwatersrands in Südafrika kennt. Das Gestein Thucholith weist auf reduzierende Verhältnisse in seinem Bildungsraum hin, die im Kontext mit einer noch weitgehend sauerstofffreien Uratmosphäre der frühpräkambrischen Erde diskutiert werden.

T 7 Uran-Minerale (aus Pohl 2005).

Uraninit/Pechblende	UO_2
Brannerit	$(U, Ca, Ce)(Ti, Fe)_2O_6$
Coffinit	$U(SiO_4)$
Autunit	$Ca(UO_2)_2(PO_4)_2 \times 8-12\,H_2O$
Carnotit	$K_2(UO_2)_2V_2O_8 \times 3\,H_2O$

Uran reichert sich also auch in Sedimentgesteinen an, die unter reduzierenden Bedingungen entstanden sind. Dazu muss man wissen, dass es entweder in vierwertiger oder in sechswertiger Oxidationsstufe vorkommt: In der sechswertigen Stufe ist es löslich und kann deshalb in wässerigen Lösungen transportiert werden, in der vierwertigen Stufe dagegen wird es ausgefällt, wobei dieses Verhalten gleichzeitig die Uranvorkommen in bestimmten Sedimentgesteinen erklärt.

Zu den unter reduzierenden Verhältnissen gebildeten Gesteinen gehören z. B. kambrische Schwarzschiefer Schwedens, in denen es besonders uranreiche Lagen gibt, die als „Kolm" bezeichnet werden. Mein Doktorvater sammelte solche Proben für geochemische Grundsatzarbeiten, u. a. auf einer Exkursion mit Studenten, auf der sich schließlich herumgesprochen hatte, dass das Material wertvoll sei. Zurück in Frankfurt war die Probe weg und keiner wollte es gewesen sein. Wir haben dann zum Barbarafest (4. Dez., Gedenktag der heiligen Barbara, Schutzpatronin u.a. der Bergleute, Mineure und Geologen) eine Zeitung gemacht mit dem Bild eines Grabsteins, auf dem zu lesen stand: „Hier ruht keiner – sein Vater stahl den Kolm." Auch deshalb sollte man sich Pechblende nicht unbedingt in die Hosentasche stecken…

Uran ist manchmal auch Bestandteil von Glimmern, deren Kristallstruktur es durch seine energiereiche Strahlung teilweise zerstören kann: Unter dem Mikroskop sieht man dann um einzelne Punkte herum, die z. B. Zirkon-Kristalle sein können, konzentrisch verlaufende farbliche Veränderungen. Aus den primären Vorkommen in magmatischen Gesteinen kann das Uran später durch die Verwitterung in deren Abtragungsprodukte und damit in den sedimentären Kreislauf gelangen; es wird dann überall dort aus der Lösung ausgefällt und gebunden, wo reduzierende Bedingungen gegeben sind. Das geschieht vor allem, wo kohlige Substanzen, Bitumina oder Organismenreste vorhanden sind – und dazu passt, dass Uran als Spurenelement in Kohlen angereichert sein kann. Ein Beispiel sind mit Uran vererzte Baumstämme, die im Schutt granitischer Gebirge begraben wurden.

Gestein	Schwankungsbereich	Durchschnitt
Erdkruste/Magmatite		1,8
Granite	2,8–8,5	3,4
Diorite	1,4–3,03	2,0
Gabbros/Basalte	0,6–2,1	0,58
Peridotite	0,03	0,03
Sedimentgesteine	1,2–4,0	
Tonschiefer	3–4	3,7
Sandsteine		0,45
Karbonate		2,2
Bituminöse Gesteine und Kohlen	1,4–1200	
Phosphatgesteine	10,0–1500	
Meerwasser		0,003

T 8 Urangehalte unterschiedlicher Gesteine (ppm) (zusammengestellt nach Maucher 1962 und Mason & Moore 1985).

Uran ist damit auch ein Beispiel für viele andere Metall-Lagerstätten: Das Element wird primär in den heißen Schmelzen, oft noch aus der Anfangszeit der Erdgeschichte, angereichert und aus den dabei entstandenen magmatischen Gesteinen durch Verwitterung mobilisiert, in Form wässeriger Lösungen transportiert und später in Sedimenten wieder ausgefällt. Dabei entstehen dann auch eigenständige Minerale, die nur unter den neuen Bedingungen stabil sind. Das erklärt u.a. die bedeutenden Uran-Lagerstätten, die in Südafrika und in Kanada in mächtigen Konglomeratserien des Präkambriums vorkommen, aber auch die wesentlich jüngeren Bildungen des mesozoischen Colorado-Plateaus und sogar solche, die man in Kreide-Sedimenten im Elbsandsteingebirge abgebaut hat.

Sehen wir uns aber nun, ehe wir uns den eigentlichen Lagerstätten zuwenden, zunächst die Urangehalte in einigen Gesteinen, Mineralen und sonstigen natürlichen Vorkommen einmal an, denn das vermittelt auch eine Vorstellung von den Gesetzmäßigkeiten, welche die Lagerstättenbildung erklärbar machen.

Ein Mittelwert des Urangehalts für die gesamte Erdkruste liegt bei 1,8 ppm, für Granit beträgt er 3,4 und für Basalt 0,6 ppm (Mason & Moore 1985).

Einige Werte in Tab. 8 sind schon etwas älter, aber die Größenordnungen stimmen noch immer, und nur auf die kommt es hier an.

Darin liegt nämlich schon ein erster wesentlicher Schlüssel: In Basalten dürfte die Erzsuche nicht lohnend sein. Granit ist zwar etwas günstiger, aber der Mittelwert ist auch noch ziemlich dürftig. Man muss also in den granitischen Restschmelzen suchen, in den schon genannten Pegmatiten: Dort kennt man Gehalte von 10–100 ppm und in Extremfällen auch 2000 ppm. Die Tabelle macht das über die Differenziation von Gesteinsschmelzen Gesagte noch deutlicher. Auf die Gesamterde übertragen, werden wir also Uran nicht im Mantel erwarten, sondern in der Erdkruste, wo saure Gesteine überwiegen. Die Durchschnittswerte in Sedimentgesteinen sind, mit Ausnahme bituminöser Gesteine und Kohlen, ziemlich niedrig. Gewässer könnte man ihrer niedrigen Gehalte wegen eigentlich vergessen, man hat aber ausgerechnet, dass in jedem Kubikkilometer Ozeanwasser 1300 kg Uran gelöst sind. Man müsste also nur ein Verfahren entwickeln, mit dem man das Element extrahieren könnte – die Japaner haben Mitte der 1980er-Jahre mit Absorbern aus Titanhydroxid ein Pilotprojekt gestartet, mit dem ihnen eine Anreicherung auf bis zu 3000 ppm geglückt ist.

Auch die Urangehalte einzelner Minerale zeigen Unterschiede:

Innerhalb der gesteinsbildenden Minerale gibt es nur im Muskovit (dem hellen Glimmer) und im Orthoklas (dem Kalifeldspat der Granite) höhere Urangehalte, woran sich die geochemische Verwandtschaft zum Kalium zeigt: wo viel K, da viel U. Interessant sind aber erst die wesentlich höheren Urangehalte in den sog. akzessorischen Mineralen; wenn man also z. B. Monazit konzentrieren könnte, dann hätte man eine ganz passable Lagerstätte (allerdings mehr für Thorium). Monazit ist ein schweres, auch schwer zerstörbares Mineral, das sich durch das strömende Wasser in Flüssen und Flachmeeren von den leichteren Partikeln auf natürliche Weise trennt, sodass es zur Bildung von Schwermineral-Seifen kommen kann. Monazitsand hat man früher zur Stabilisierung von Segelschiffen im Ballastraum mitgeführt und in den Häfen wieder ausgeschüttet – Häfen wären also auch potenzielle Lagerstätten.

Monazit ist wie Apatit ein Phosphat, eine Verbindung aus Phosphor und Cer, und er enthält auch größere Mengen an anderen Seltenerdmetallen.

Zirkon ist heute, wie auch in dieser Tabelle ersichtlich, das wesentliche Mineral für die Bestimmung von Gesteinsaltern, wobei man sich den Uranzerfall zunutze macht. Bei den eigentlichen Uran-Mineralen spricht man oft von „Uranglimmern“. Diese sind nach der Kristallstruktur aber keine Glimmer, sondern Uran-Phosphate, -Vanadate oder -Arsenate. Die sprachliche Nähe zum Glimmer hat mit ihrer dünntafeligen, blättrigen Erscheinung zu tun.

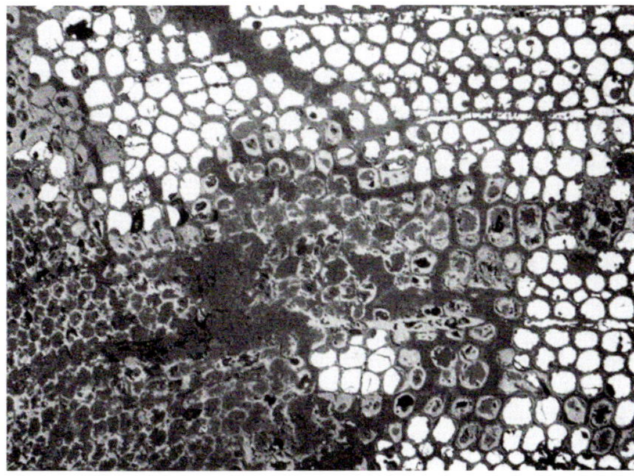

31 Uran-vererzte Pflanzenzellen, in denen das Uran in 4-wertiger Form durch die organische Substanz ausgefällt wurde (aus Maucher 1962).

Quarz	0,1 – 3,5	Plagioklas	0,2 – 6,0
Muskowit	0,1 – 9,0	Biotit	1,0 – 40,0
Orthoklas	0,2 – 8,2	Olivin	0,001

T 9a Urangehalte gesteinsbildender Minerale (ppm) (nach Maucher 1962).

Apatit	10 – 90	Zirkon	100 – 4600
Titanit	100 – 700	Xenotim	300 – 12 700
Monazit	200 – 850		

T 9b Urangehalte akzessorischer Minerale, die besonders hohe Konzentrationen aufweisen (ppm) (aus Maucher 1962).

Nachfolgend sollen nun einige der bedeutendsten Uran-Lagerstätten in ihrem geologischen Kontext vorgestellt werden. Dabei wird deutlich, welche der genannten Prozesse jeweils zur Anreicherung geführt hatten. Die Systematiker haben es fertiggebracht, inzwischen 19 Lagerstättentypen zu unterscheiden – keine Angst, ich werde hier nur ganz wenige davon besprechen.

Der genetischen Abfolge nach beginne ich zunächst mit jenen, die man im weitesten Sinne als magmatische Lagerstätten auffassen kann.

Zu den bedeutendsten dieser Art gehört heute das Vorkommen von Rössing in Namibia. Hier sind helle pegmatitische Gänge die Uranträger, deren Gesteine als Alaskite bezeichnet werden. Alaskit ist ein eher seltener Name für einen besonders hellen Kalifeldspatgranit, womit wir uns eindeutig in der Spät- bzw. Restkristallisationsphase befinden. Darin sind bis zu 0,1 mm große Uraninitkörner verteilt, zusammen mit Zirkon, Monazit, Apatit, Titanit und Biotit, außerdem Sulfide z. B. von Mo, As, Fe, Cu und Oxide von Fe, Mn, Ti – eine ziemlich verwirrende Gesellschaft. Auch die Ent-

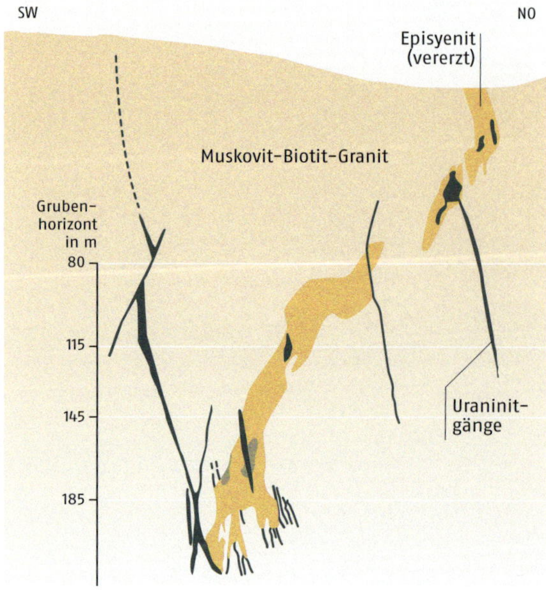

32 Die Uran-Lagerstätte Margnac im Französischen Zentralmassiv. Die Erze (dunkle Farbe) kommen fein verteilt in Episyenitbereichen und in Form von Gängen im Granit vor (nach IAEA 1986, aus Pohl 1992).

33 Flussspat/Fluorit (CaF_2), Gangvererzung aus dem Wölsendorfer Revier, Bayern. Der Flussspat ist durch radioaktive Strahlung des im Kristallgitter eingeschlossenen Urans tiefblau verfärbt (Störung des Kristallgitters) (aus Rothe 2009b).

stehungsgeschichte ist höchst kompliziert, weil schon die Wirtsgesteine, in welche die Alaskite eingedrungen sind, metamorphe Sedimente sind, die mit basaltischen Gesteinen zusammen vorkommen – es gab vor dem Eindringen der Gänge also schon einmal eine Kontaktmetamorphose.

Hydrothermale Ganglagerstätten sind neben den schon aus dem Erzgebirge erwähnten Vorkommen besonders die kanadischen vom Großen Bärensee und in Athabasca, wo man sogar eine neue Stadt mit dem Namen Uranium City gebaut hat. In Shinkolobwe in der DR Kongo enthalten die Erzgänge mit Uraninit auch Kupfer und Kobalt und es gibt dort verwitterungsbedingt viele bunt gefärbte Sekundärminerale, die bei Mineraliensammlern begehrte Fundstücke sind. In Europa zählen Lagerstätten im Französischen Zentralmassiv und in der Bretagne zu den Ganglagerstätten; im Limousin treten sie in sog. Episyeniten auf: Syenit ist eine Art Granit ohne Quarz, welcher in diesem Fall durch die hydrothermalen Wässer weggelöst worden ist.

In Deutschland gibt es mickrige Uranerz-Gängchen bei Wittichen im Schwarzwald, außerdem zählt im weiteren Sinne das Wölsendorfer Flussspatrevier in Ostbayern dazu, wo der Flussspat durch die radioaktive Strahlung dunkelviolett verfärbt ist (Abb. 33).

Den erzgebirgischen Lagerstätten vergleichbar ist auch Menzenschwand im Schwarzwald, das in den 1960er-Jahren in die Schlagzeilen gekommen war. Das dort in einem Pilotbergbau gewonnene Erz (Pechblende und Uraninit) stammt aus hydrothermalen Gängen, die den oberkarbonischen Bärhalde-Granit durchschlagen haben. Es wurde in der Aufbereitungsanlage von Ellweiler in der Pfalz verarbeitet, wo man schon 1961 – 70 Uran aus dem permischen Rhyolith von Nohfelden abgebaut hatte. Unternehmer war die in Norddeutschland beheimatete „Gewerkschaft Brunhilde“ – in der Pfälzer Presse konnte man deshalb dann von der „Angst vor der strahlenden Brunhilde“ lesen.

Alle weiteren Typen von Uran-Lagerstätten sind im weitesten Sinne an Sedimente geknüpft und stellen auch die wirtschaftlich wichtigsten dar. Es gibt sehr alte in präkambrischen Konglomeraten, deren Geröll durch Flüsse transportiert wurde – neben groben Gesteinspartikeln enthalten sie auch Gerölle von Pyrit und Uraninit, die eigentlich nur mit einer sauerstoffarmen Atmosphäre (vor 2800 – 2500 Ma) erklärbar sind.

Die bekanntesten dieser Lagerstätten sind Witwatersrand in Südafrika (das aber vor allem eine Gold-Lagerstätte ist) und Blind River im kanadischen Ontario. Geologisch etwas jünger sind mit 2000 – 1600 Ma (Ma = Jahrmillion bzw. Mega-Jahr) sog. Diskordanzlagerstätten, deren Entstehung allerdings selbst die neuere Literatur noch als unklar bezeichnet. Bei einer Diskordanz stoßen Schichten

34 Blaues Steinsalz, die Farbe wird auf radioaktive Strahlung zurückgeführt (Störung des Kristallgitters). Salzbergwerk Herfa-Neurode (gesammelt von Dipl.-Ing. Heinz Leib, Foto: Dr. E. K.).

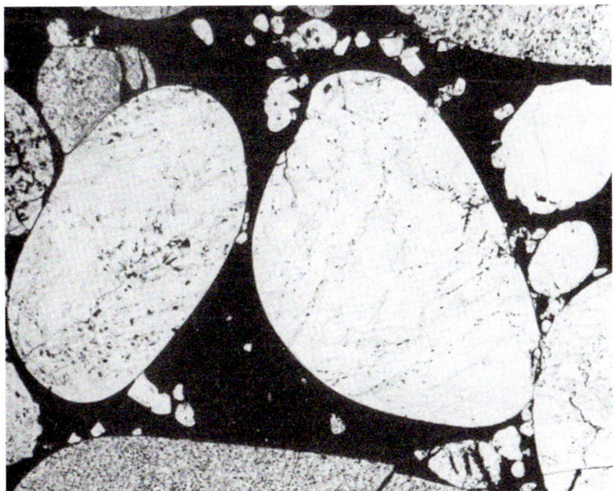

35 Pyrit„gerölle" im Zusammenhang mit Uranerzen, Witwatersrand (25-fach vergrößert). Anzeichen für eine zumindest sauerstoffarme Atmosphäre im Präkambrium (aus Maucher 1962).

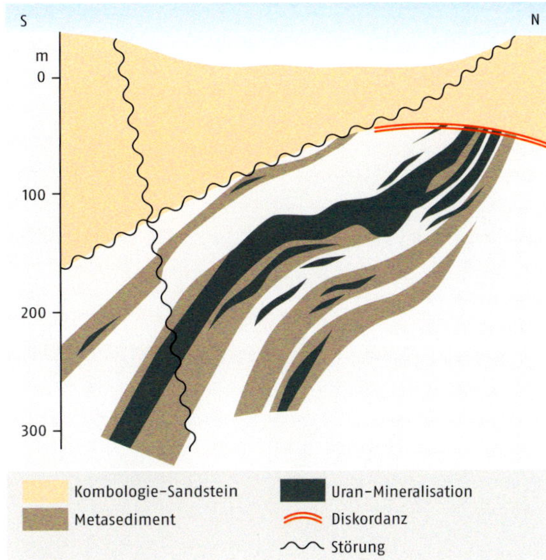

36 Die präkambrische Uran-Lagerstätte Jabiluka/Nordaustralien. Die Vererzung in steilgestellten Metamorphiten endet hier an einer Diskordanz zu den überlagernden Sandsteinen (nach Dahlkamp 1979, aus Schneider & Walther Füchtbauer 1988).

winklig aufeinander, weil zwischen ihnen eine Gebirgsbildung stattgefunden hat: Meistens werden gefaltete, steil stehende Schichtpakete von horizontal liegenden Deckschichten überlagert, wobei die Vorgänge durch beträchtliche Zeitspannen voneinander getrennt sind. Eine Deutung nimmt an, dass das durch hydrothermale Lösungen transportierte Uran in den gefalteten Schichten unterhalb der abdichtenden Deckschichten ausgefällt und konzentriert wurde, eine andere geht von einer Anreicherung in der Verwitterungsdecke noch vor Ablagerung der Deckschichten aus.

Diskordanzlagerstätten sind oft ungewöhnlich reich, was z. B. aus Saskatchewan (Kanada), Shinkolobwe (DR Kongo) und Nordaustralien bekannt ist, im Einzelfall mit > 10 % U. Ein gutes Beispiel hierfür stellt Jabiluka in der Pine-Creek-Region Nordaustraliens dar. Neben Australien und Kanada gehört jetzt auch Kasachstan zu den größten Uranproduzenten der Welt.

Alle anderen Uran-Lagerstätten sind jünger als 1600 Ma. Zu dieser Zeit hatte die Erde eine Sauerstoffatmosphäre, die folglich Uran in den sechswertigen Zustand versetzen und damit löslich machen konnte. Wir müssen von dieser Zeit ausgehend also nach eigenständigen reduzierenden Milieus suchen, in denen Uran konzentriert werden konnte.

Damit bin ich wieder beim Kolm, einem der Kännelkohle ähnlichen Material mit bis zu 22 % organischer Substanz und viel Pyrit, das in Schwarzschiefern des Kambriums bei Ranstadt in Schweden Lagen und Nester bildet: Die Urangehalte im

37 Profil durch die präkambrische Uran-Lagerstätte Key Lake, Athabasca (Kanada). Das Vorkommen ist 15–100 m breit und erstreckt sich über 3,6 km. Es besteht wesentlich aus Pechblende, wird aber auch von Nickel-Erzen begleitet (nach Dahlkamp 1978, aus Pohl 2005).

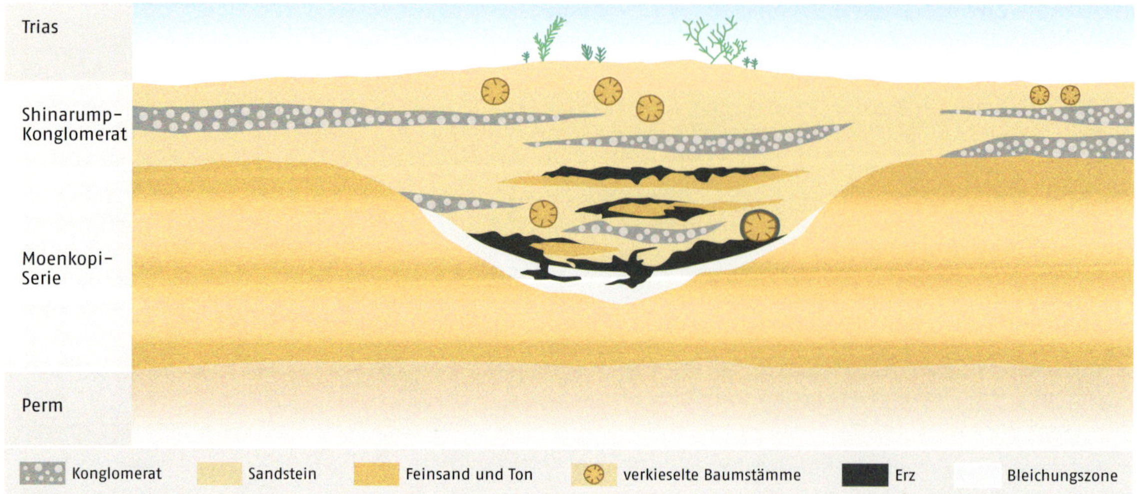

38 Schema einer Talfüllung mit Sedimenten, in denen die darin enthaltenen Pflanzenreste durch Uran vererzt sind (aus Maucher 1962).

Kolm erreichen 0,3 % – weshalb auch die Notiz auf dem Grabstein unserer Barbarazeitung nicht unbegründet war!

Die Vorkommen sind zwar gegenwärtig nicht wirtschaftlich abzubauen, bilden aber aufgrund ihrer Ausdehnung über Hunderte von Quadratkilometern (bei 15 m Mächtigkeit bzw. 3–4 m besonders reichen Lagen) eines der größten Uranvorkommen auf der Erde. Ähnliche Bildungen, nämlich Schwarzschiefer, sind auch sonst sehr großflächig verbreitet; eine Kartendarstellung für Nordamerika zeigt auch noch andere potenzielle Gesteine wie z. B. Phosphorite (in denen das Uran stellvertretend für Calcium in das Kristallgitter des Apatits eingebaut ist), die als langfristige Ressourcen gelten.

Heute sind Lagerstätten in Sandsteinen die wirtschaftlich wichtigsten, sie erbringen etwa 30 % der Weltproduktion. Die bedeutendsten liegen in den oft bunten Schichten von Perm bis Alttertiär des Colorado-Plateaus. Das Uran darin stammt letztlich natürlich auch wieder aus magmatischen Gesteinen, es sind Granite im Liegenden und entsprechende saure Vulkanite innerhalb der Schichtfolgen bekannt. Die permeablen Sandsteine wurden durch oberflächennahe wässerige Lösungen imprägniert, die offensichtlich über sehr weite Entfernungen wandern konnten. Das Erz wurde überall dort ausgefällt, wo reduzierende Verhältnisse herrschten: Dementsprechend findet man auch mit Uraninit vererzte Baumstämme und Pflanzenreste. Solche Vorkommen bereiten der Vorratsberechnung aber Probleme, weil sie nicht gleichmäßig in den Gesteinen verteilt sind – was bei Weitem nicht nur auf dem Colorado-Plateau der Fall ist. An fossile Pflanzenreste gebundenes Uran gibt es auch am Schwarzwaldrand bei Müllenbach nahe Baden-Baden, das in den 1960er-Jahren lediglich durch einen Versuchsstollen erkundet wurde, während in Ostthüringen bei Gera Uranerz in großem Umfang abgebaut wurde, das aus zwei unterschiedlichen Lagerstätten stammte: In der einen (Ronneburger Revier) sind ebenfalls inkohlte Planzenreste die Uranträger, in der anderen benachbarten (Seelingstädter Revier) sind es paläozoische Schwarzschiefer (Geletneky & Büchel 2002). Die spitzkegelförmigen Halden kann man von der Autobahn bei Gera aus gut sehen. Auch das sind Lagerstätten aus der Zeit der DDR, deren Folgekosten heute noch zum Tragen kommen. Die Halden sehen aus wie Vulkankegel und brennen manchmal auch, weil die Oxidation des Pyrits aus den Schwarzschiefern ein exothermer Vorgang ist, der in der Halde eine Temperatur von etwa 350 °C bewirken kann. Diese Hitze setzt dann den Kohlenstoff im Schiefer in Brand – ein Vorgang, der auch für bisher unerklärliche Waldbrände in Kalifornien verantwortlich ist, wie man erst vor Kurzem herausgefunden hat.

Einfacher sind solche Berechnungen an tafeligen Lagerstättentypen, deren Uranerze durch eine Mischung von reduzierendem Grundwasser und oxidierendem Oberflächenwasser ausgefällt wurden und die eine räumlich entsprechend weiter ausgedehnte Verbreitung haben. Ein besonderes Resultat solcher Fällungsereignisse sind dabei die sog. Rollfront-Erze, die eine Front zwischen unterschiedlichen Redox-Bedingungen abbilden. Dabei spielen auch bestimmte Elemente eine Rolle, die zur Fällung der Uranerze beitragen – z. B. Vanadium, das sich dann im Carnotit wiederfindet.

Den tafeligen Typ gibt es auch im Elbsandsteingebirge, wo Sandsteine der Oberkreide mit Uran aus den darunterliegenden Graniten imprägniert sind, die in der Grube „Königstein" durch Laugung mittels verdünnter Schwefelsäure gewonnen wurden. Das ist heute auch ein Sanierungsprojekt, weil diese Säure natürlich das Grundwasser beeinflusst.

Durch einen ähnlichen Fällungsmechanismus sind auch sog. Calcrete-Lagerstätten entstanden, von denen eine der bedeutendsten in Australien liegt (Calcretes sind Kalkrusten, die in semiariden Klimaten entstehen).

Das Uran wie auch das Kalium stammen hier natürlich wieder aus dem benachbarten Granit, das als Fällungs-Agens wirkende Vanadium dagegen leitet man aus basischen Gesteinen des Beckenuntergrunds her; dort wo sich beide Lösungen treffen, wird Carnotit ausgefällt. Ähnlich ist auch die erst seit Kurzem in Entwicklung befindliche Lagerstätte „Langer Heinrich" in Namibia zu erklären, die das Erz – ähnlich wie im Fall von Rössing – im Tagebau erschließen wird. Dort besteht allerdings das Problem der Wasserknappheit in der Wüste, das nur bei einem entsprechenden Weltmarktpreis für Uran lösbar sein wird.

Ich habe keine Angaben dazu gemacht, bei welchen Konzentrationen Uran wirtschaftlich gewinnbar ist, weil das Zahlen sind, die von vielerlei Faktoren abhängen wie in erster Linie natürlich vom Weltmarktpreis – und der dürfte sich in den nächsten Jahren eher erhöhen, wenn auch China und Indien zusätzliche Kernkraftwerke bauen. Eine grobe Richtzahl für die derzeit untere Bauwürdigkeitsgrenze liegt bei 0,1 % U_3O_8.

Über die Verwendung von Uran brauche ich nichts zu erzählen, vielleicht ist aber ein Kuriosum zumindest unterhaltsam: Zur Zeit der Curies war Pechblende in Paris eine regelrechte Modeerscheinung geworden, Pechblende war „chic" wie heute „Koks". Man diskutierte, ob die strahlende Materie nicht z. B. medizinisch genutzt werden könnte (was man heute ja tatsächlich tut). So wurde empfohlen, Pechblende in pulverisierter Form einzunehmen: Die Strahlen könnten den Körper verjüngen, das Leben verlängern, vielleicht sogar zur Unsterblichkeit verhelfen – ein weites Feld für geschäftstüchtige Apotheker (wobei hier allerdings eher der Begriff „Quacksalber" angebracht ist), deren Mixturen aus Pechblende auch die Wirkung von – wie wir heute sagen würden – Viagra hätten und Greisinnen wieder zu jungen Frauen machen könnten. In Wasser aufgelöst, könne so etwas auch die Schwindsucht heilen …

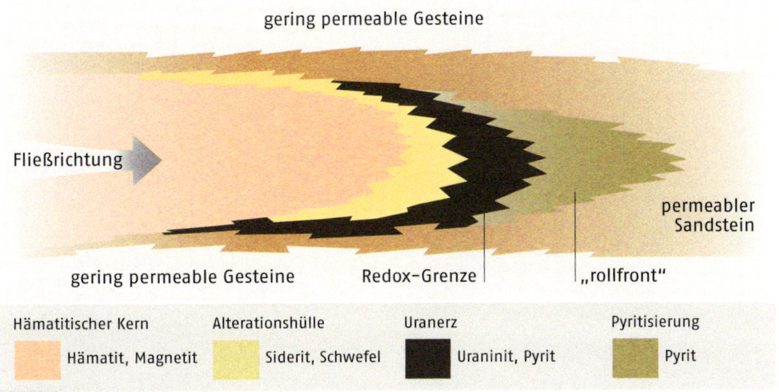

39 Uran-Lagerstätten in Sandsteinen sind gelegentlich in Form von „Rollen" ausgebildet, weshalb man von „roll front"-Erzen spricht, die u. a. in Sandsteinen des Colorado-Plateaus vorkommen (aus Pohl 2005).

Überall wo es Uran gibt bzw. die sauren Gesteine, an die es geknüpft ist, muss man auch mit Austritten von Radon rechnen. Bergleute erkrankten vor allem deshalb an Lungenkrebs. Inzwischen weiß man, dass sich Radon auch in Häusern anreichern kann, wenn es aus dem darunter liegenden Boden austritt; Studien dazu gibt es seit den 1950er-Jahren und die Abhilfe ist einfach: Man braucht in solchen Gegenden nur die Kellerböden entsprechend abzudichten, um das Gas fernzuhalten.

Schließlich noch ein Ausblick auf die sehr ferne Zukunft: Wenn die gegenwärtige Warmzeit der Erde wieder einmal von einer neuen Eiszeit abgelöst wird, werden Kohlen und Erdöl längst verfeuert sein und die Wälder abgestorben. Dann besinnt man sich möglicherweise wieder auf Kernkraftwerke. Wahrscheinlich sind bis dahin aber auch die Uran-Lagerstätten erschöpft. Aber dann erinnert man sich vielleicht an die hier vermittelten geologischen Gesetzmäßigkeiten: Man könnte sämtliche vorhandenen hellen Granite zermahlen und alle Schwarzschiefer und Phosphorite abbauen, um das darin gespeicherte Uran zu gewinnen. So könnte die Menschheit noch eine kleine Zeit lang weiter existieren und brauchte noch nicht einmal „alles, außer Shakespeare" zu verbrennen, wie uns Samuel Beckett empfohlen hatte.

Lit.: Uran

Maucher 1962, Pohl 1992, Schneider 2008, Schneider & Walther in Füchtbauer 1998

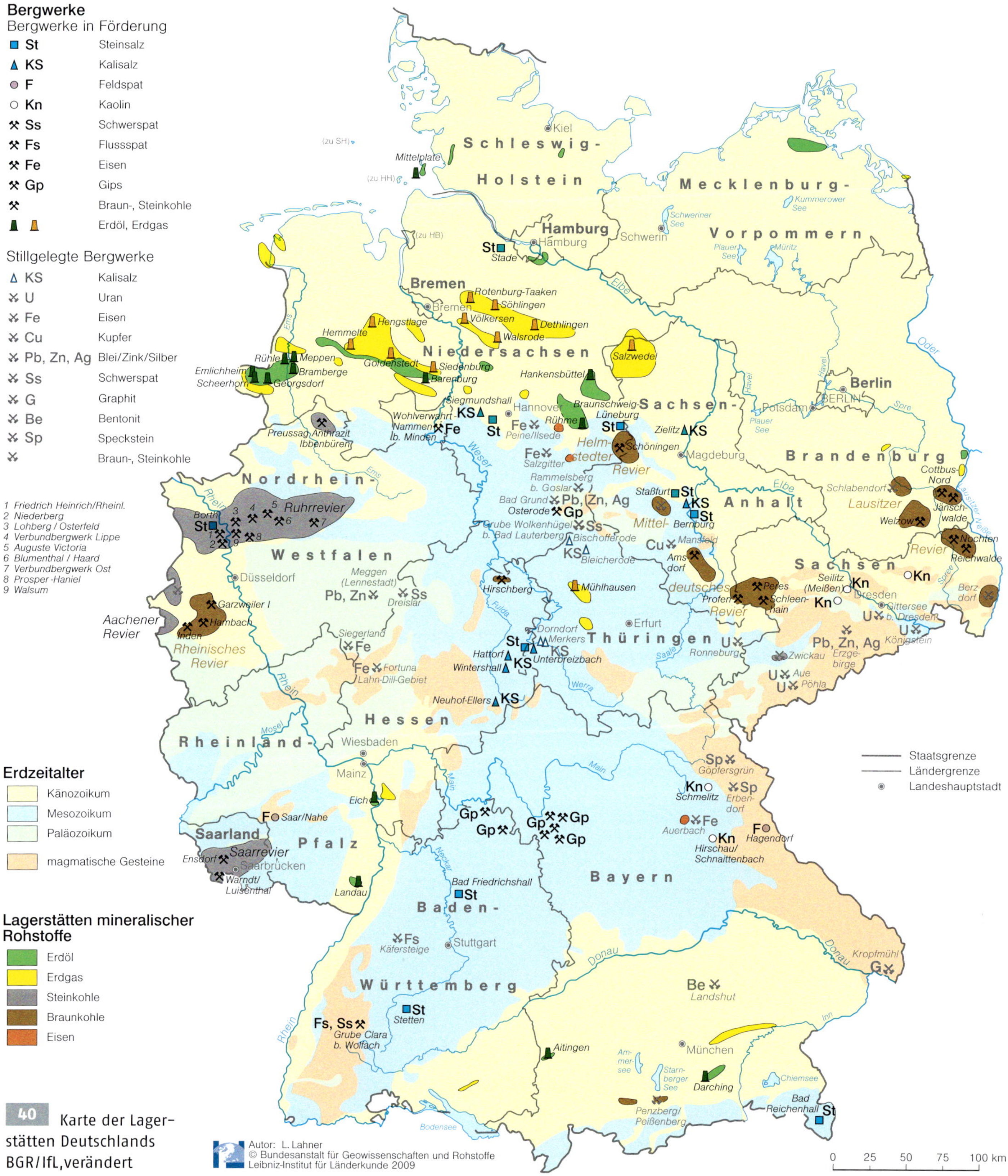

40 Karte der Lagerstätten Deutschlands BGR/IfL, verändert

5 Metalle

Bevor wir nun im Einzelnen mit der Besprechung der Metalle beginnen, möchte ich noch einführend auf einige ihrer grundlegenden Entstehungs- und Transformationsbedingungen eingehen. Beginnen wir zunächst mit der Bedeutung der Plattentektonik für die Prospektion von Metall-Lagerstätten:

„Costly neglect of plate tectonics", titelte einmal die renommierte Wissenschaftszeitschrift „Science" – gemeint war die Dogmatik, mit der man in der damaligen UdSSR an überholten geotektonischen Hypothesen festhielt, während man sich anderswo längst die Erkenntnisse der „Neuen Globalen Tektonik" auch bei der Suche nach Lagerstätten zunutze zu machen begann.

Wesentlichen Anteil an der Aufklärung der Entstehungsgeschichte von Erz-Lagerstätten hatte die Entdeckung heißer Quellen am Tiefseeboden, die an den untermeerischen Vulkanismus geknüpft sind (s. u.). Plattentektonisch sind diese an Zonen gekoppelt, in denen die Lithosphäre auseinander driftet, also an Spreizungszonen zwischen divergierenden Platten: Im großen Maßstab findet man sie etwa am Mittelatlantischen Rücken, im kleineren an der Nazca-/Cocos-Platte im Pazifik oder an Inselbögen, die sich im Rücken von Subduktionszonen entwickeln, wo ein nicht-basaltischer Vulkanismus vorherrscht.

Aus allen diesen Regionen kennt man inzwischen Beispiele, anhand derer man verfolgen kann, wie heute praktisch Erze nachwachsen. Diese Beobachtungen haben mitgeholfen, die Prozesse zu entschlüsseln, mit denen dann auch die fossilen SEDEX-Lagerstätten definiert wurden. SEDEX steht für sedimentär-exhalativ und bezieht sich auf den Vulkanismus, der die Produkte durch Wärme in Verbindung mit dem in den Gesteinen zirkulierenden Meerwasser mobilisiert, welche dann irgendwann mehr oder weniger weit entfernt von der Quelle sedimentiert werden.

Im Gegensatz zu diesen divergierenden steht die von konvergierenden Platten geprägte Tektonik der Subduktionszonen, an denen mit Sedimenten beladene Ozeankruste unter die Kontinente abtaucht wie z. B. an den Westrändern beider Amerikas. Die dabei im tieferen Bereich entstehenden Schmelzen haben eine durch höhere SiO_2-Gehalte geprägte chemische Zusammensetzung und sind infolgedessen wesentlich zäher als Basaltmagmen. Wenn sie in einigen Kilometern Tiefe erstarren, bilden sie meist großräumige Plutone (wie etwa den Nevada-Pluton), deren Gesteine eine grano-dioritische Zusammensetzung haben, während im oberflächennahen Bereich Andesite und Rhyolithe entstehen, deren Schmelzen explosive Vulkane zur Folge haben oder in einem subvulkanischen Milieu erstarren. Solche Magmen führen auch dazu, dass die nachschiebenden zähen Schmelzen die Gesteine brekzienartig zerbrechen und dadurch Wegsamkeiten für Metall führende Lösungen eröffnen: Darin liegt z. B. der Schlüssel für die großen Kupfer-Lagerstätten von den Anden über Mexiko bis in das westliche Nordamerika. Die Metalle könnten also bereits in den Ozeanbodensedimenten vorkonzentriert worden sein, welche später beim Subduktionsprozess mit verschluckt und aufgeschmolzen wurden.

Eine Besonderheit bilden die in Magmakammern unterhalb der ozeanischen Basaltkruste an Mittelozeanischen Rücken entstehenden Chromit-Lagerstätten: Chromit gehört wie Olivin zu den frühesten Ausscheidungen der beim Aufstieg abkühlenden Basaltschmelzen. Wenn sie in solchen Kammern hängen bleiben, können sie ähnlich einem Sieb nachströmende Minerale filtern und Olivin und Chromit dort konzentrieren.

Um den Transport von Metallen durch hydrothermale Prozesse zu erläutern, bleiben wir noch ein wenig in den Tiefen der Ozeane. Die Erforschung der Tiefsee hat uns Erkenntnisse gebracht, die den alten, empirisch vorgehenden Bergleuten noch verborgen gewesen sein mussten: Aus heißen Quellen am Meeresboden strömen dunkle Wolken, die sich bei näherer Untersuchung als Metallverbindungen mit Schwefel (Metallsulfide) herausgestellt haben. Sie verbacken nahe der Austrittsöffnungen zu dicken Krusten und bauen manchmal regelrecht turmartige Schlote auf, aus denen weiterer „Qualm" entweicht, der sich dann auch in dem Meerwasser der Umgebung verteilt. Weil das Geschehen durch heißes Wasser bestimmt wird, nennt man es „hydrothermal", und solche hydrothermalen Prozesse sind ganz wesentlich an der Entstehung von Metall-Lagerstätten beteiligt. Voraussetzungen sind zunächst eine Wärmequelle und dann vor allem durchlässige Gesteine, in denen das Wasser zirkulieren kann. Die Wärmequelle ist im Fall der erwähnten Schlote der untermeerische Vulkanismus, der u. a. neue Ozeankruste produziert, was sich auch anhand einzeln stehender Vulkanbauten am Meeresboden zeigen kann. Die Verteilung dieser Wärme scheint sich nach allem, was man bisher darüber weiß, in Form großer Konvektionszellen abzuspielen: In diesen wird kaltes Ozeanwasser in den Untergrund eingesaugt, erwärmt und letztlich zu den Schloten, an denen es austritt, weitertransportiert – auf dem Weg dorthin hat es die Metalle aus den durchströmten Gesteinen aufgenommen.

Als man diese Beobachtungen auf Metall-Lagerstätten zu übertragen begann, kamen Erwägungen hinzu, dass die Verhältnisse innerhalb der ozeanischen Basalte auch auf Sedimentgesteine übertragbar sein müssten.

Ein zusätzlicher Faktor neben der Wärme war der Umstand, dass das beteiligte Wasser ja immer auch salzig ist. Beobachtungen an rezenten Tiefseebereichen im Roten Meer haben in diesem Zusammenhang dann Erstaunliches zutage gefördert: und zwar metallreichen Schlamm, in dem Erze sozusagen heute zu Lagerstätten konzentriert werden, also nachwachsende Rohstoffe bilden. Im Roten Meer treffen nämlich hohe Temperaturen und in einigen isolierten Teilbecken in 2000 m Tiefe extrem salzige Wasser zusammen – von dort hat man bunten Schlamm an die Oberfläche geholt, der Metallverbindungen in einer Konzentration enthält, welche man schon fast als eine Lagerstätte bezeichnen kann. Damit war, zumindest anhand der Beobachtungen, deutlich geworden, dass heißes Wasser in Verbindung mit einem hohen Salzgehalt offenbar verstärkt Metalle lösen kann. In einem darauf folgenden Experiment fand man heraus, dass sich Metalle zusammen mit Chlorid-Ionen, also Bestandteilen des Steinsalzes, zu Komplexen verbinden können, innerhalb derer sie gut transportiert werden können. Damit hatte man ein Transportmedium gefunden, das sich nun auch auf schon bekannte Lagerstätten übertragen ließ.

Die Wärme, die sowohl in der Tiefsee im Bereich der Black Smokers als auch im Roten Meer durch plattentektonische Vorgänge im weiteren Sinne beigesteuert wird, kann in anderen Fällen auch rein tektonische Ursachen haben oder einfach durch eine entsprechend tiefe Versenkung des betreffenden Krustenbereichs bedingt sein.

Am Anfang war der Basalt – aber davor gab es in der Geschichte der Erde noch „primitivere" Gesteine, die zum Inventar der frühen Ur-Erde gehörten. Diese Komatiite kristallisierten aus extrem dünnflüssigen Schmelzen, aus denen sich Olivin, Magnetit, Chrom- und Nickelerze und auch Gold abgeschieden hatten, sodass die nachfolgend daraus gebildeten Gesteine, die sich durch die Differenziation der Anfangsschmelzen zu den normalen magmatischen Gesteinen (in der Reihenfolge vom Gabbro über den Diorit bis zum Granit) hin entwickelten, praktisch keine nennenswerten Metallmengen mehr enthalten. Das änderte sich erst ganz am Ende, in der Spätphase dieser Differenziation, als nämlich die als Pegmatite bekannten Gesteine aus den Restschmelzen kristallisierten.

Zu diesem Zeitpunkt waren Eisen und Magnesium, die zu den dunklen Gesteinsfarben beitragen, längst aufgebraucht und im Wesentlichen nur noch Kieselsäure (SiO_2) und ein paar Alkalien übrig. Außerdem spielten zunehmend Gase und wässerige Lösungen eine Rolle, und weil die zur Verfügung stehenden Stoffe weniger wurden, entwickelten sich die entstehenden Kristalle größer als normal.

Die dabei gebildeten Gesteine sind also ganz allgemein hell und grobkristallin: Nach dieser Eigentschaft nennt man sie Pegmatite (griech. pegma = grob gefügt), und Pegmatite enthalten meist seltene Elemente.

In den Restschmelzen und Lösungen hatten sich nämlich alle Elemente angesammelt, die nicht in die Kristallgitter der normalen gesteinsbildenden Minerale passen, also solche mit besonders großen oder besonders kleinen Ionenradien, zu denen z. B. Beryllium, Bor, Lithium oder Uran gehören. Daher kommt es, dass in Pegmatiten vor allem ungewöhnliche Metalle zu Lagerstätten angereichert sein können.

Aber gehen wir nun einen Schritt weiter von der Entstehung zur Transformation: Alle durch die endogenen Kräfte der Erde zu Lagerstätten konzentrierten Metalle unterliegen letztlich den an der Oberfläche wirkenden Verwitterungsprozessen. Hier entscheidet sich, ob und wie weit die Stoffe löslich sind, in welcher Form sie transportiert und chemisch ausgefällt oder mechanisch umgelagert werden. Unlösliche oder kaum lösliche Substanzen werden durch Flüsse oder Strömungen im Flachmeerbereich verfrachtet und infolge ihrer spezifischen Gewichte der Schwerkraft folgend dort abgesetzt, wo die Strömung nachlässt. Die so entstandenen Lagerstätten nennt man Seifen und unterteilt sie nach ihren Stoffen weiter in z. B. Schwermineralseifen (die vielfach Seltenerdmetalle führen), Goldseifen oder Zinnsteinseifen – sogar Diamanten können in dieser Form angereichert werden.

Zu den wesentlich durch Verwitterung entstandenen Lagerstätten gehören u. a. praktisch alle Aluminiumerze, aber auch viele Eisenerze. Weniger bekannt ist, dass sogar sedimentäre Nickel-Lagerstätten durch Lösung und Fällung aus ursprünglich magmatischen Vorkommen entstehen können. Bei deren Anreicherung spielen meist hohe Niederschläge und ein warmes Klima eine entscheidende Rolle, sodass derartige Lagerstätten fast immer in den Tropen gefunden werden.

Verwitterungsvorgänge können auch dazu beitragen, dass schon bestehende Lagerstätten im oberflächennahen Bereich höher aufkonzentriert werden wie z. B. präkambrische Eisenerze in Brasilien. Sie spielen auch eine Rolle bei der Auflockerung von Zinnstein führenden Graniten, aus denen man das Erz dann leichter gewinnen kann.

Jetzt haben wir schon eine ganze Weile wie selbstverständlich das Wort „Erz" verwendet, nun soll hierzu noch eine kurze Definition folgen:

Erze im berg- und hüttenmännischen Sinne sind Minerale oder Mineral-Aggregate, aus denen man – meist durch Schmelzen – Metalle gewinnen kann.

Die metallhaltigen Verbindungen darin sind oft mit anderen Mineralen verwachsen.

Nach dieser allgemeineren Einführung – in welcher der Zusammenhang zwischen Metallen und der Plattentektonik besprochen wurde, wir uns in die Tiefen der Ozeane begeben und den Einfluss heißer und salziger Wasser auf den Tranport von Metallen beäugt haben, Pegmatite als bereitwillige Trägergesteine für die unterschiedlichsten Metalle erkannt und schließlich die Rolle der Verwitterung für die Anreicherung von Metallen aufgedeckt wurden – haben wir nun den nahrhaften Boden gebildet für tiefer gehende Betrachtungen der einzelnen Metalle, über die Georgius Agricola schon 1556 schrieb:

„Der Mensch vermag ohne die Metalle nicht die Dinge zu schaffen, die zur Lebensführung dienen."

Eisen

Kein Metall ist in unserer gegenwärtigen Welt so präsent wie das Eisen. Die archäologisch definierte Eisenzeit liegt zwar schon weit zurück, aber trotzdem wurden schon damals (um 1200 v. Chr. bei den Hethitern und etwas später auch in der Ägäis) die technischen Eigenschaften des Eisens erkannt, was auch entscheidend zur Ablösung der Bronzenutzung beitrug. Kelten und Germanen führten schon Kriege um das Eisen. Da viele Eisen-Lagerstätten unmittelbar an der Erdoberfläche liegen, konnte man die Erze zunächst im Tagebau gewinnen; dabei blieben die Pingen zurück, Vertiefungen im Boden, die man noch heute sehen kann. Wo Eisenerz als Schicht zwischen anderen Gesteinen vorkommt, lässt es sich räumlich gut weiterverfolgen, was vor allem dann einfach ist, wenn die Schichten horizontal liegen. Auch bei geneigter Lagerung können solche Schichten in der Tiefe erschlossen werden: Dieser Umstand hat einerseits zu einem Abbau mittels Stollen geführt, durch welche man die in die Tiefe abtauchenden Schichten erreichen konnte, andererseits aber auch zum Abteufen (bergmännisch für Anlegen oder Herstellen von Schächten). Von den neuen Schächten aus konnte man dann Stollen in das Gebirge vorantreiben.

Alle Gewinnungsmethoden mussten aber zum einen den Eisengehalt berücksichtigen und zum anderen die Schmelzbarkeit der Erze, die vor allem vom Kalkgehalt auch der Nebengesteine abhängt: Kalkreiche Erze lassen sich gut schmelzen, während man bei kalkarmen noch Kalk zusetzen muss. Wenn solches Material in der Nähe von Eisenerzen verfügbar ist, erhöht das die Wirtschaftlichkeit der Gewinnung.

Eisen ist kein seltenes Element. Die Erdkruste enthält im Mittel 5 %, Lagerstätten verfügen aber im Allgemeinen über 30 % und gelegentlich sogar über 70 %. Es müssen also geologische Prozesse wirksam sein, die das Metall zu wirtschaftlich gewinnbaren Vorkommen anreichern. Der ursprünglichste ist die Trennung des Eisens in hoch temperierten magmatischen Schmelzen, die dem Hochofenprozess vergleichbar ist. Diese Trennung muss eines der wesentlichen Ereignisse bei der Bildung der frühen Erde gewesen sein, als unser vollkommen geschmolzener Planet kurz nach seiner Entstehung aus kaltem Staub in mehrere Schalen differenziert wurde, wobei sich das schwere Eisen zusammen mit Nickel im Erdkern anreicherte. Generell lässt sich sagen, dass die Erde mit zunehmender Tiefe immer eisenreicher wird.

Entsprechende Schmelzprozesse finden aber offensichtlich auch in höheren Bereichen und selbst noch innerhalb der Erdkruste statt. Dadurch kommt es zur Bildung sog. liquid-magmatischer Eisenerze, wie sie z. B. im nordschwedischen Kiruna abgebaut werden; sie sind allerdings erst durch die Abtragung viele Kilometer dicker Deckschichten zugänglich geworden.

Die meisten Eisen-Lagerstätten sind aber durch Umverteilung aus den normalen Gesteinen entstanden, wobei sowohl darin zirkulierende heiße Wasser als auch sog. exogene Prozesse wirksam waren, die meistens die Löslichkeit von Eisen in einem sauren oder reduzierenden Milieu als Ursache haben.

Eisen ist in den Gesteinen nämlich ein „Hansdampf in allen Gassen". Seine geochemische Heimat sind die dunklen Minerale, die vor allem im Gabbro bzw. Basalt anzutreffen sind: Olivin, Pyroxen, Hornblende und Biotit. Daraus wird es unter Einwirkung der genannten Prozesse freigesetzt, in Lösung transportiert und in geeigneten Milieus unter anderen Bedingungen wieder ausgefällt. Auf diese Weise entstehen die meisten Eisen-Lagerstätten, die uns an der Erdoberfläche begegnen, letztlich sind sie also aus der Verwitterung ohnehin schon eisenreicher Gesteine entstanden. Gabbros / Basalte sind dabei entschieden geeigneter als Granite, die meist nur wenig Eisen enthalten.

Fast alle geologischen Objekte enthalten Eisen, selbst wenn es sich dabei manchmal nur um Spuren handelt. Der Durchschnittsgehalt der gesamten Erdkruste beträgt etwa 5 % – ein Mittelwert, der sich aus Analysen aller gängigen Gesteine ergibt, wobei Basalt mehr Eisen enthält als Granit und Kalkstein praktisch frei davon ist.

Es wäre aber zu teuer, Gesteine mit 5 % Eisen zu schmelzen, um das Metall zu gewinnen. Man muss also Lagerstätten suchen, in denen die Natur eine Vorkonzentration bereits geleistet hat, und es gibt solche Vorkommen, in denen sogar Werte von etwa 70 % erreicht werden; Geologen müssen also möglichst die Gesetzmäßigkeiten herausfinden, die zu solchen natürlichen Anreicherungen führen.

Eisenerze können aus unterschiedlichen Eisen-Mineralen zusammengesetzt sein, von denen es fast 400 gibt: Wichtig davon sind aber nur wenige, vor allem Magnetit (Fe_3O_4, Magneteisenstein, weil er magnetisch ist), Hämatit (Fe_2O_3, wegen der roten Strichfarbe), Siderit ($FeCO_3$, Spateisenstein) und Pyrit bzw. Markasit (FeS_2, Schwefeleisen, das auch als „Katzengold" bekannt ist); dazu kommt der Goethit (FeOOH), dem man schon an der Formel seinen Wassergehalt ansieht. Dieser bildet sich vor allem oberflächennah im sedimentären Bereich überall dort, wo Wasser auf die Gesteine einwirken kann, wobei auch das Eisen normaler Minerale ausgelaugt wird.

Aus den Formeln der einzelnen Minerale ergeben sich sehr unterschiedliche Eisengehalte:

Danach sind also Lagerstätten aus reinem Magnetit besonders reich, sodass sich in diesem Fall auch tiefere Bergwerke wie im schwedischen Kiruna rechnen, wo man deswegen gerade wieder eine ganze Stadt mitsamt der Kirche umzusiedeln beginnt.

Außer den genannten Eisen-Mineralen gibt es tatsächlich auch natürliches Eisen in gediegener, d. h. reiner Form: auf der Diskoinsel vor Westgrönland (die Vorkommen werden in der Literatur oft unter dem Ortsnamen Ovifak erwähnt), in Sibirien und am Tertiärvulkan des Bühl bei Kassel (das alte Lehrbuch von Emanuel Kayser erwähnt sogar mehrere der hessischen Vulkane). Diese Vorkommen stehen in Zusammenhang mit Braunkohlen, die von den Vulkaniten durchschlagen wurden: Dabei kam es zu einer natürlichen Reduktion der Eisen-Minerale zu gediegenem Eisen, die den in

Mineral		Eisengehalt (%)
Magnetit	Fe_3O_4	> 72 %
Hämatit	Fe_2O_3	~ 70 %
Goethit	FeOOH	62 %
Siderit	$FeCO_3$	~ 48 %
Pyrit	FeS_2	~ 46 %
Eisensilikate (Chamosit, Thuringit)		max. 40 %

T 10 Eisen-Minerale (aus Pohl 2005).

41 Tafel Eisenminerale: Siderit ($FeCO_3$), Goethit ($FeOOH$), auch Nadeleisenerz (wegen der Kristallform), ist ein Verwitterungsprodukt der anderen hier gezeigten Eisenminerale und eines der wichtigsten Eisenerze, Hämatit (Fe_2O_3), der den Roteisenstein zusammensetzt oder in dichter Form Blutstein, Pyrit/Schwefelkies (FeS_2). Auch daraus lässt sich Eisen erschmelzen, in den meisten Fällen ist er aber Ausgangsstoff für die Herstellung von Schwefelsäure.
Pyrit bildet viele unterschiedliche Kristallformen, oft Würfel oder Oktaeder, die auch für Schmuckstücke verwendet werden.

Rennfeuern ablaufenden Prozessen entspricht, bei denen man die Erze mit glühender Holzkohle reduzierte; die an Hängen angelegten Öfen lieferten durch den dort herrschenden Wind die erforderlichen Temperaturen, die man durch Blasebälge noch verstärkte – die Natur hat den Hüttenleuten hier also etwas vorgemacht.

Grundsätzlich muss man zunächst Lagerstätten in Magmatiten von solchen in Sedimentgesteinen unterscheiden. Die magmatischen lassen sich nur ausbeuten, wenn sie durch geologische Prozesse bis nahe an die Erdoberfläche gehoben worden sind. Im Erdkern liegt mehr als genug Eisen, es käme aber kein Mensch auf die Idee, dieses aus ein paar Tausend Kilometern Tiefe heraufzuholen. Die Lagerstätten in Sedimentgesteinen dagegen liegen beinahe immer, aber nicht ausschließlich, nahe genug an der Oberfläche. Dementsprechend haben beide Typen auch unterschiedliche Bildungsgeschichten: Die der magmatischen ist meist eine „heiße" Sache, während die Erzbildung in Sedimentgesteinen im Allgemeinen unter den Temperaturbedingungen der Erdoberfläche stattfindet. Da letztere einfacher zu verstehen ist, fange ich damit an:

Eisenerze in Sedimentgesteinen

In Deutschland, England und Frankreich gibt es eine Vielzahl von sedimentären Eisenerz-Lagerstätten, die auch für die Entwicklung von Industriestandorten bestimmend waren: z. B. Lothringen (wo diese Erze Minette heißen), die östliche Schwäbische Alb, das Gebiet um Salzgitter und die Porta Westfalica. Diese Erze und ihre Begleitgesteine enthalten marine Fossilien, die Hinweise auf ihr geologisches Alter geben: Die Lothringer, die der Ost-

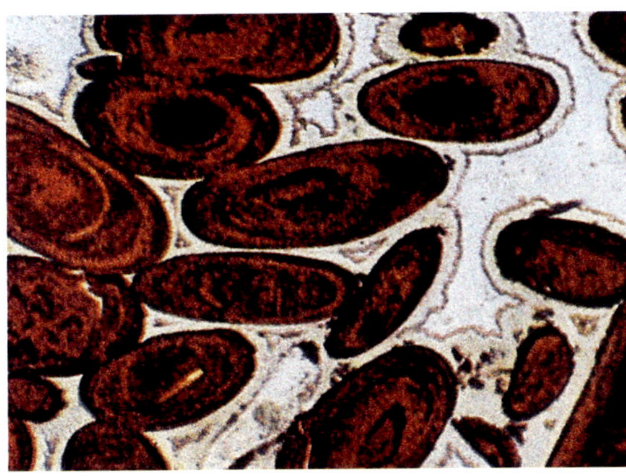

42 Oolithisches Brauneisen des Braunen Jura in Lothringen (Minette-Erz) (aus Bubenicek 1961).

T 11 Eisengehalte unterschiedlicher Gesteine und des Meerwassers (ppm). Granit und Basalt beziehen sich hier auf Standardproben (G-1 und W-1), die in vielen Laboratorien untersucht wurden (nach Mason & Moore 1985).

Erdkruste / Magmatite	50 000
Granit	13 700
Basalt	77 600
Tonschiefer	47 200
Sandsteine	9800
Karbonate	3800
Meerwasser	0,003

alb und die der Weser sind im mittleren Jura, die von Salzgitter und Umgebung (Peine, Ilsede, Lengede) während der Kreide gebildet worden; kreidezeitliche Erze waren auch in Ostbayern (Amberg, Sulzbach-Rosenberg, Auerberg; Stichwort „Maxhütte") lange Zeit Gegenstand von Bergbau. Abgesehen von den Fossilien gibt es weitere Hinweise auf ihre Entstehung in flachem Bewegtwasser: Die meist stecknadelkopfgroßen Erzkörner sind nämlich konzentrisch-schalig aufgebaut, d. h., es sind Ooide, wie wir sie aus kalkigem Material z. B. von den Bahamas kennen, nur dass sie in diesen Fällen aus Eisenverbindungen bestehen.

Das Eisenerz muss also durch eine Lösungsphase gegangen und anschließend im Bewegtwasser ausgefällt worden sein. Da Meerwasser aber eine ausgesprochen eisenarme Substanz ist, hat sich der Ausfällungsprozess eher in Küstennähe abgespielt.

Um die Bildung solcher Lagerstätten zu verstehen, muss man nun doch ein wenig Chemie ins Spiel bringen: Eisen kann in zwei Wertigkeitsstufen vorkommen, nämlich Fe^{++} und Fe^{+++}, und ist nur in der zweiwertigen Form löslich. In der Natur tritt die zweiwertige nur unter bestimmten Bedingungen auf, und zwar in reduzierendem Milieu (d. h., es darf kein Sauerstoff vorhanden sein) oder in saurem – und am besten ist es, wenn beide Bedingungen zusammenspielen wie in Moorgebieten, wo die viele Humussubstanz den Sauerstoff bei ihrem Abbau verbraucht und gleichzeitig Säuren produziert: In einem solchen Milieu geht Eisen bevorzugt in Lösung. Sobald es aber mit Sauerstoff in Verbindung kommt, geht es wieder in den dreiwertigen Zustand über und wird chemisch ausgefällt.

Wenn man sich daraufhin die erwähnten Vorkommen in ihrer paläogeographischen Situation vergegenwärtigt, so wird deutlich, dass sie alle in der Nähe vom damaligen Festland oder um Inseln herum entstanden sein müssen.

Die festländischen Verwitterungsprozesse haben das Eisen aus den Gesteinen gelöst, welches von Flüssen anschließend ins Meer verfrachtet und dort im sauerstoffreichen Bewegtwasser ausgefällt wurde. Beim Transport spielten noch Humuskolloide eine Rolle, die eine vorzeitige Ausfällung ver-

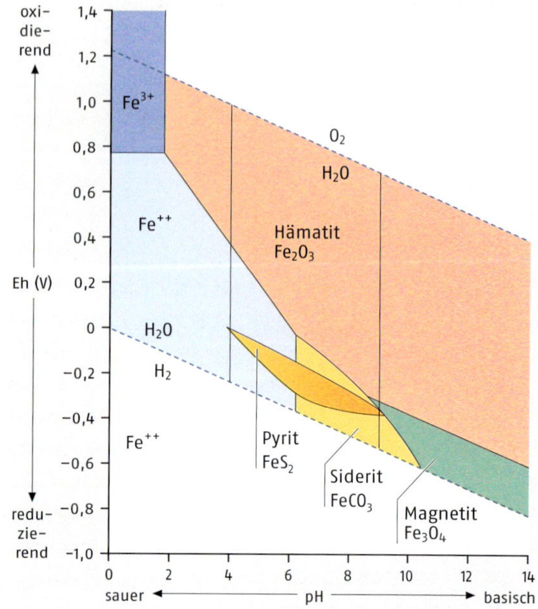

43 Die Darstellung zeigt, welche der gängigen Eisenminerale unter bestimmten Bedingungen in einem sedimentären Milieu stabil sind. Vereinfachtes, sogenanntes Eh / pH-Diagramm (nach Garrels & Christ 1965).

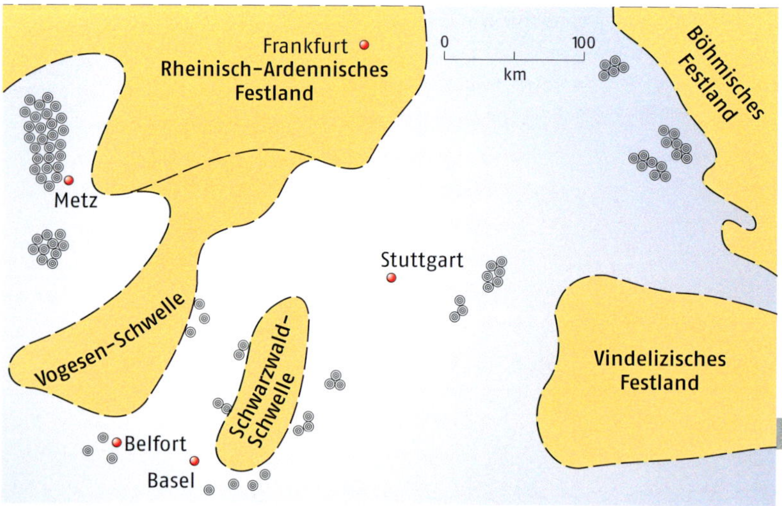

44 Eisenoolithe, die im Flachmeer und Küstenbereich des Braunjurameeres in bewegtem Wasser gebildet wurden (aus Rothe 2009a).

hindert haben; im Meer sind diese dann jedoch schnell zerstört worden. Diese Deutung der oolithischen Erzbildung ist eine stark vereinfachte Darstellung, die zwar plausibel klingt, aber nicht alle Erscheinungen im Zusammenhang mit diesen Lagerstätten erklärt, deren Erze neben Goethit auch Magnetit, Siderit, Chamosit, Thuringit und Pyrit enthalten können. Manche Autoren favorisieren eine festländische Ooidbildung durch lateritische Verwitterungsprozesse und wieder andere nehmen an, dass ursprüngliche Kalkooide durch Eisen verdrängt worden sind (mehr bei Füchtbauer 1988).

Die Eisengehalte dieser Erze sind mit Durchschnittswerten von <50 % nicht sonderlich hoch, haben aber den Vorteil guter Schmelzbarkeit im Hochofen, weil sie von Natur aus meist schon Kalk enthalten, der als Flussmittel wirkt. Der Bergbau ist somit einfach, weil es sich meist um ungestört lagernde Schichten handelt, die von gebirgsbildenden Prozessen kaum betroffen waren.

Die während der Kreide entstandenen Eisenerze im Raum Salzgitter bildeten einst die größte Eisenerz-Lagerstätte Deutschlands.

Auch sie sind in einem Küstenbereich entstanden, und zwar in den Buchten des südlich gelegenen Festlands. Das Eisen stammt von diesem Festland, wo es in Schichten des Jura schon als Siderit vorkonzentriert war. Eisenreiche Gesteinsbrocken wurden erodiert, mechanisch aufgearbeitet, zu Goethit oxidiert und gelangten schließlich als klastische Komponenten in das Kreidemeer, weshalb diese Typen auch als Trümmererze bezeichnet werden. Außer dem mechanischen Transport müssen aber auch Lösungsprozesse beteiligt gewesen sein, denn es gibt auch in diesen Vorkommen oolithische Anteile, vergleichbar den Juraerzen. Diese Kreideerze sind somit also eigentlich nichts anderes als aufgearbeitete Juraerze. Man unterscheidet aber selbst bei den Kreideerzen noch Bildungen der Unterkreide von solchen der Oberkreide: Die der Unterkreide sind die Salzgitter-Erze im engeren Sinne, während die der Oberkreide nach den Orten Peine und Ilsede benannt sind; letztere sind wiederum aufgearbeitete Unterkreideerze – es handelte sich also um ein ständig weitergeführtes, weitgehend mechanisches Recycling.

Oolithische Eisenerze sind aber auch schon während des Ordoviziums entstanden (wo sie z. B. im Thüringer Schiefergebirge noch bis 1972 abgebaut wurden und den Ortsnamen Schmiedefeld begründet haben) sowie im Devon oder Tertiär – es kam nur darauf an, dass die entsprechenden geologischen Bedingungen erfüllt waren: bewegtes Flachwasser auf einem relativ stabilen Schelf und ein Hinterland, in dem Eisen aus der Verwitterung der Gesteine freigesetzt und anschließend in benachbarte Meeresbereiche transportiert wird.

Während des Tertiärs vor allem sind auch die sog. Bohnerze entstanden, die man vielfach in Karstschloten findet, wo sie sich durch ihre roten und rotbraunen Farben gut von den hellen Karbonat-Gesteinen abheben. Die rundlichen, Millimeter bis Zentimeter großen

45 Stahlwerk bei Salzgitter. Der Standort war durch die in der Gegend anstehenden Eisenerze der Kreide bedingt, die auch im Tagebaubetrieb gewinnbar waren.

46 Kreide-zeitliches Trümmereisenerz vom Salzgitter-Typ. Neben den stecknadelkopfgroßen Ooiden sind darin auch kleine Stücke aufgearbeiteter älterer Erze zu sehen (Foto: P. W.).

47 Bohnerz in Rotlehm. Die wie Kaffeebohnen aussehenden Körner bestehen meist aus Goethit (Foto: Dr. E. K.).

48 Eisenkrusten, die aus der Verwitterung von Basalt des Tertiärs in Klüften abgesetzt wurden. Aus Tagebauen im Vogelsberg (Foto: Verfasser).

Einzelkörner sehen mit ihren glänzenden, wie poliert wirkenden Oberflächen aus wie Kaffeebohnen, daher der Name.

Bohnerze sind meist in eine Matrix aus rotbraunem Ton eingebettet, der bei Vorkommen auf Landoberflächen ausgewaschen sein kann, wobei dann die als Pisoide bezeichneten „Kaffeebohnen" zurückbleiben. Diese sind mehr oder weniger konzentrischschalig aufgebaut, was durch einen Prozess zustande kommt, wie er auch für Krustenkalke diskutiert wird, nur dass es sich hier um Eisen führende Verwitterungslösungen handelt. In den Karstspalten waren die Erze besonders geschützt und sind so erhalten geblieben.

Solche Bohnerze wurden u.a. bei Liptingen am Bodensee, d.h. auf Flächen der Schwäbischen Alb, abgebaut und sind auch aus dem Schweizer Jura bekannt. Ganz ähnliche, allerdings quartärzeitliche Bildungen kann man auf den östlichen Kanarischen Inseln – vor allem auf Fuerteventura – beobachten.

In diesen Prozessbereich gehören im Wesentlichen auch die sog. Basalteisensteine, mit denen ich als Student im Vogelsberg zu tun hatte. Die Hauptvorkommen lagen im Nordwesten, wo schon die Ackerböden oberflächlich rote Farben haben, und waren meist in Nord-Süd-verlaufenden Tälern angereichert. Damals wurde diskutiert, dass ihre Bildung mit vulkanischem CO_2 entlang dieser Täler zu tun haben könnte, weil die Täler offensichtlich tektonischen Schwächezonen folgen. Spätere Untersuchungen haben dann aber gezeigt, dass es sich um terrestrische Verwitterungsbildungen handelt. Das Eisen stammt aus den miozänen Basalten, die ohnehin schon relativ hohe Gehalte aufweisen, und ist überwiegend während des oberen Miozäns und Pliozäns bei der Verwitterung dieser Gesteine unter einem subtropischen Klima freigesetzt und in Form von Konkretionen (unregelmäßig von innen nach außen gewachsenen Körnern) und Krusten als Goethit ausgefällt worden. Wir haben früher von „Gartenerde mit Eisenerz" gesprochen; manche der Stücke zeigen eine gewisse Abhängigkeit von Kluftsystemen, die den Verwitterungslösungen als Wege dienten.

49 Tagebau „Eiserne Hose" bei Lich am Vogelsberg. Die roten Farben sind durch Hämatit bedingt, der bei der Verwitterung der Basalte im tropisch-subtropischen Klima des Tertiärs gebildet wurde. Bei stark fortgeschrittener Verwitterung hat sich auch Aluminium angereichert, sodass Bauxit entstand, der hier noch 1944 als Rohstoff abgebaut wurde (aus Rothe 2010).

Im Zusammenhang mit solchen Vorgängen ist im Vogelsberg auch Bauxit entstanden, sodass man gelegentlich von Lateriteisenerzen spricht.

Die Anreicherung durch Verwitterung spielt letztlich auch eine entscheidende Rolle bei der natürlichen Veredelung präkambrischer Itabirite, z.B. in Brasilien oder Venezuela, wo am Top der Erzausbisse eine sog. Canga-Kruste mit >60% Fe entstanden ist, die den Abbau besonders lohnend macht; darüber später mehr.

Die jüngsten Eisenerzbildungen überhaupt erfolgten in sandigen Podsol-Böden dicht unter der Oberfläche: Wenn man in der Norddeutschen Tiefebene pflügt, dann reißt der Pflug manchmal in wenigen Zehnerzentimetern Tiefe Eisenkrusten aus dem Boden, die als Ortstein bezeichnet werden und auch verhüttet worden sind – das Wort leitet sich vom altsächsischen „arut" = Erz ab. Die Bildung erfolgt durch Abwärtstransport von zweiwertigem Eisen (Fe^{2+}) im Bodenprofil, wobei die Lösung durch die saure, durch Heidekraut bedingte Humusdecke begünstigt wird.

Ähnlich muss man sich auch die Bildung von Eisenschwarten und -schnüren in vielen Sandsteinen vorstellen, wobei um ehemalige Wurzeln herum auch röhrenförmige Gebilde entstehen können. Größere Ausmaße können ähnlich entstandene Eisenerze in Mooren bzw. Seen erreichen, bei deren Entstehung immer der natürliche, niedrige pH-Wert der Wasser die Hauptrolle spielt, der durch die Humussubstanzen zustande kommt. Zu diesen Bildungen gehören auch die karbonzeitlichen „Kohleneisensteine", die im Ruhrgebiet örtlich an-

50 Basalteisenerz-Tagebau Rüddingshausen am Vogelsberg. Heute sind alle derartigen Gruben verfüllt und rekultiviert (Foto von 1961, aus Rothe 2009b).

51 Podsol-Profil. Durch den abwärts gerichteten Lösungsstrom ist das im Oberboden durch saure Wässer gelöste Eisen in Form fester Krusten (Ortstein) angereichert (aus Scheffer-Schachtschabel 1973).

stelle der Kohleflöze entwickelt sind und dort lange Zeit hindurch neben den Kohlen mitabgebaut wurden; ähnliche Vorkommen sind auch im Saarland und in Großbritannien entwickelt. Rezent scheint sich eine Bildung von Eisenerzen in skandinavischen Seen abzuspielen, welche als See-Erze bezeichnet werden und auch fossil vorkommen. Die für die Lösung erforderlichen sauren pH-Werte des in die Seen austretenden Grundwassers führt man auf Regen zurück, der durch Westwinde aus den Industriegebieten Großbritanniens herangetragen wird.

Eisenerze in magmatischen Gesteinen

Nun zu den Eisen-Lagerstätten in magmatischen Gesteinen, also zu einer „heißen" Sache, deren bekanntestes Vorkommen Kiruna in Nordschweden bzw. Lappland ist und dort schon relativ lange abgebaut wird. Das Erz wird vom nahen Hafen Narvik aus in Form von „Pellets" verschifft (die man auch entlang der Bahnlinie aufsammeln kann), weshalb man gelegentlich auch von Narvik-Erz spricht.

Die Lagerstätte wurde zunächst als sog. liquidmagmatische, also aus Magma entstandene, Bildung gedeutet, bei der die schweren Erzminerale durch eine Seigerung (d. h. Entmischung) aus der flüssigen Schmelze auf den Boden der Magmakammer absinken. Zu dieser Auffassung kam man, weil das wesentliche Eisen-Mineral hier Magnetit ist, der zusammen mit Apatit vorkommt – beide kristallisieren wegen ihrer hohen Schmelzpunkte noch vor den Hauptmineralen der Gesteine. Besonders der Magnetit kann sich so im Verlauf der Kristallisation anreichern. Dazu passt im Fall von Kiruna aber nicht, dass die Begleitgesteine dieser Eisenerze im magmatischen Sinne sauer sind und damit auf eher zähe Schmelzen hinweisen, in denen das Absinken selbst von Magnetit schwer vorstellbar ist. Deshalb wird eine spätere Intrusion der Erzkörper angenommen, die sich zuvor unter den skizzierten Bedingungen anderswo gebildet haben müssen. Die bis 200 m mächtigen, massigen oder gebänderten Erze sind nämlich plattenartig in eine vul-

52 Narvik-Pellets. Hochwertiges Eisenerzprodukt aus Kiruna, das man entlang der Bahnstrecke sammeln kann (gesammelt von Prof. Dr. Roland Schuhmann, Foto: Verfasser).

53 Der Erzberg in der Steiermark, eine der bedeutendsten Lagerstätten von besonders wertvollem Eisenerz (Spateisen/Siderit), das seit fast 2000 Jahren auch unter Tage abgebaut wurde; der Berg ist auf ein Drittel seiner ursprünglichen Höhe abgetragen.

kano-sedimentäre Schichtfolge eingeschaltet. Eine andere Deutung favorisiert eine vulkanogene Entstehung mit nachfolgender tektonischer Platznahme. Neben dem Hauptmineral Magnetit kommt in Kiruna auch Hämatit vor. Die Fördererze enthalten 55–65 % Fe, und die Vorräte bis zu einer Teufe (bergmännisch für Tiefe) von 800 m betragen etwa 3000 Mrd. t, was Schweden zum größten Eisenerzproduzenten Westeuropas macht.

Eisenerze in Gängen

Gänge sind Spalten im Gestein, die durch andere Gesteine, aber auch durch Erze und vergleichbare Stoffe gefüllt sind.

Ganglagerstätten von Eisenerzen sind auch nicht immer einfach zu erklären, zumal sie sich in ihrem Stoffbestand mineralogisch sehr stark unterscheiden können. Im Siegerland bilden Erzgänge Spaltenfüllungen in unterdevonischen Sedimentgesteinen, wobei das Erz vorwiegend in Form von Siderit (Spateisen) vorliegt, der wegen seiner hellen Farbe eigentlich gar nicht wie ein Erz aussieht, aber besonders gut schmelzbar ist und einen hochwertigen Stahl liefert.

Die Siegerländer Spateisengänge enthalten auch Mangan, was dem Stahl eine besondere Härte und Zähigkeit verleiht – sie wurden dadurch zur „Waffenschmiede Karls des Großen". Damit ist auch ein Mindestalter für ihren Abbau angegeben, der aber wahrscheinlich bis in die Keltenzeit zurückreicht.

Die Entstehung der Erzgänge hatte man früher mit magmatischen Gesteinskörpern in Verbindung gebracht, weil man bei allen Erzbringern dachte, dass sie im Untergrund vorhandene magmatische Gesteinskörper sein müssten – das war einfach das gängige Interpretationsmodell. Neuere Forschungen haben gezeigt, dass es völlig ausreichend ist, den Metallgehalt ganz normaler Gesteine aus der Umgebung in den Gängen zu konzentrieren – letztlich geht es also um eine Umverteilung und man muss nur die geeigneten Prozesse dafür herausfinden. Man vermutet eine Zirkulation hydrothermaler Wasser, ähnlich wie in Meerwasserkonvektionszellen, die man in der ozeanischen Kruste entdeckt hat.

Spateisen bestimmt auch das Eisenerz vom Erzberg beim Ort Eisenerz in der Steiermark; die Lagerstätte ist schon deshalb eine Besonderheit, weil dort ein ganzer Berg aus Eisenerz besteht, aus dem seit mehr als 2000 Jahren und bis heute noch hochwertiges Erz abgebaut wird, sodass er inzwischen etwa 80 m niedriger ist als ursprünglich (bis 2009 sind insgesamt etwa 250 Mio. t gefördert worden). Der Abbau erfolgte bis 1986 auch noch unter Tage, im Wesentlichen aber in Form von Über-Tage-Treppen, wie sie bei großen Steinbrüchen angelegt werden.

Erstaunlich bei diesen ausgezeichneten Aufschlussverhältnissen ist aber die Tatsache, dass auch die moderne lagerstättenkundliche Literatur noch keine letztgültige Erklärung für die Entstehung der Erze geben kann. Die wahrscheinlichste ist mit dem Begriff „hydrothermal-metasomatisch" gekennzeichnet („hydrothermal" ist Ihnen als „heiße Lösung" inzwischen ein Begriff und „metasomatisch" bedeutet, dass eine Umwandlung vorhandener Gesteine durch Stoffzufuhr unter Verdrängung ursprünglich vorhandener Gesteine stattfindet).

Der Erzberg liegt innerhalb der Alpen in der sog. Grauwackenzone, deren Gesteine mehrfachen Metamorphosen unterworfen waren, zuletzt während der Alpenfaltung selbst. Die hier ursprünglich vorhandenen Kalksteinkomplexe, die dabei teilweise in Spateisenstein umgewandelt wurden, haben Silur- bis Unterkarbon-Alter – sie haben also sowohl variskische als auch alpidische Überprägung erfahren.

Die Eisengehalte sind mit etwa 32 % nicht sonderlich hoch, aber Siderit ist, wie schon gesagt, aus-

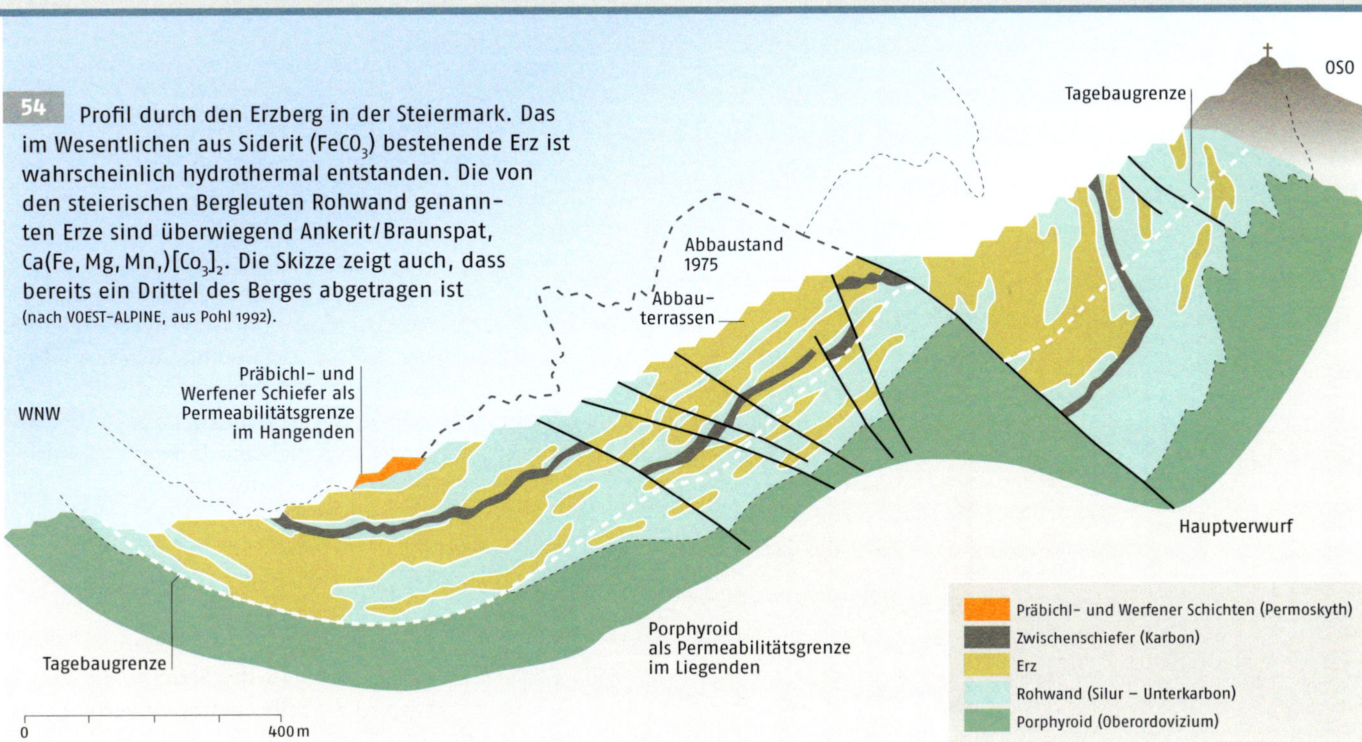

54 Profil durch den Erzberg in der Steiermark. Das im Wesentlichen aus Siderit ($FeCO_3$) bestehende Erz ist wahrscheinlich hydrothermal entstanden. Die von den steierischen Bergleuten Rohwand genannten Erze sind überwiegend Ankerit/Braunspat, $Ca(Fe, Mg, Mn,)[CO_3]_2$. Die Skizze zeigt auch, dass bereits ein Drittel des Berges abgetragen ist (nach VOEST-ALPINE, aus Pohl 1992).

gesprochen gut schmelzbar und enthält zudem als Roherz noch 2 % Mangan, sodass der daraus gewinnbare Stahl also ähnliche Qualitäten hat wie der aus dem Siegerland. Was man im Zusammenhang mit Karl dem Großen über die Siegerländer Erze sagt, gilt im politischen Sinne ziemlich ähnlich auch für den Erzberg: dass er nämlich der hauptsächliche Beweggrund für den „Anschluss" Österreichs im Dritten Reich gewesen sei.

Eisenerze im Zusammenhang mit untermeerischem Vulkanismus

Die Umverteilung von Metallen aus normalen Gesteinen, die zu lokalen Erzkonzentrationen führt, wird heute auch für die Entstehung von Eisenerzen diskutiert, die nach ihren Vorkommen im Lahn- und Dillgebiet als „Lahn-Dill-Typ"-Erze bezeichnet werden. Es gibt sie aber natürlich auch in vielen anderen Gebieten, u. a. im Sauerland und im Harz, wo entsprechende Bildungsbedingungen gegeben waren. Stofflich handelt es sich um Roteisenstein, der im Wesentlichen aus Hämatit besteht. Auch diese Erze sind bereits von den Kelten ausgebeutet worden, und die Archäologen können in der Nähe von Wetzlar heute eine über Jahrtausende anhaltende Kontinuität bis hin zu den Hochöfen der Firma „Buderus" nachweisen. In den Bergwerken wird heute kein Erz mehr gefördert (die letzte dieser Gruben hat erst 1983 den Betrieb eingestellt), einige sind aber unmittelbar im Anschluss an den Betrieb in Besucherbergwerke umgewandelt worden, sodass man einen realistischen Eindruck von den früheren Verhältnissen bekommt (z. B. Grube „Fortuna" bei Oberbiel in der Nähe von Wetzlar, „Büchenberg" bei Wernigerode im Harz).

Der Grund für die Einstellung der Förderung war in einigen Fällen nicht die Erschöpfung der Vorräte, sondern die Gewinnung der Erze im Tiefbau war infolge der oft komplizierten geologischen Strukturen (Falten und Brüche) im Vergleich mit den Tagebauen großer Lagerstätten einfach zu teuer geworden.

Weil die Erze immer in Verbindung mit untermeerisch entstandenen Basaltvulkanen und deren

55 Schichtiger Roteisenstein des Lahn-Dill-Typs. Grube Lindenberg zwischen Münster und Wolfenhausen (Foto von 1960, aus Rothe 2009c).

teilweise umgelagerten Förderprodukten stehen, hatte man vermutet, dass das Eisen durch vulkanische Aushauchungen ins Meer gelangt sein müsste, und dabei wieder mit dem Spiel der unterschiedlichen Wertigkeiten argumentiert: Das Fe^{2+} sollte als $FeCl_2$ (Eisenchlorid) in Form heißer Quellen am Meeresboden ausgetreten und dort mit dem sauerstoffreichen Wasser als Fe_2O_3 (Hämatit) ausgefällt worden sein.

Dass die Ausfällung im Meer erfolgt sein musste, konnte man mit gelegentlich sogar im Erz selbst gefundenen Fossilien belegen. So wusste man nicht nur aus den Begleitgesteinen, dass die Bildung vor allem an der Grenze zwischen Mittel- und Oberdevon (deshalb auch als „Roteisenstein-Grenzlager" bezeichnet) und noch weiter im tiefen Oberdevon erfolgt sein musste. Die Lahn-Dill-Erze sind meist schichtig ausgebildet und konkordant (d. h. parallel zu den Schichten) in ihre Begleitgesteine eingelagert.

Die neue Erklärung für ihre Entstehung verdanken wir letztlich der modernen Tiefseeforschung, die zuerst anhand der sog. Schwarzen Raucher darauf gestoßen ist, dass die aus basaltischem Material bestehende Ozeankruste dort, wo sie noch jung ist, eine beträchtliche Wärmemenge gespeichert hat. Dies führt zur Erhitzung des Meerwassers, wobei in der Folge dann ein großräumiges Konvektionssystem in Gang gesetzt wird: Das Wasser durchströmt die Poren, Klüfte und Spalten der Gesteine, löst die dort nur in Spuren vorhandenen Metalle und entlässt sie in konzentrierter Form als Sulfide in das Meer, wo sich diese meist dunkel gefärbten Metallwolken allmählich in Nähe der Ausströmöffnungen absetzen. Bei den Lahn-Dill-Erzen waren die Vulkangebäude aber zu klein für solche Konvektionssysteme, man geht deshalb hier von schlotförmigen Aufstiegswegen des metallbeladenen Porenwassers aus, die durch Kompaktion (d. h. Verdichtung durch Zusammendrücken) zustande kommen (Flick et al. 1990).

56 Itabirit/Gebändertes Kieseleisenerz
(Foto von H. L. James, übernommen aus Schidlowski & Wiggering 1988, aus Rothe 2009a).

Auch hier geht es also nicht um eine primäre Anlieferung von Metallen aus den Tiefen der Erde, sondern wieder nur um eine Umverteilung, die sich mit der Auslaugung ganz normaler Gesteine erklären lässt. Diese Auslaugung ist in gut durchlässigen Gesteinen natürlich besonders effektiv: Im Fall der Lahn-Dill-Erze war davon vor allem der Schalstein betroffen. „Schalstein" ist eine Art Sammelbegriff für basaltische Tuffe und Schuttströme, die im Zusammenhang mit dem untermeerischen Vulkanismus an den Flanken solcher Vulkane stehen. Das Gestein ist normalerweise grünlich gefärbt (und wurde früher immer als Diabastuff bezeichnet), möglicherweise infolge einer leichten Metamorphose. Die „Vergrünung" könnte aber auch mit Umwandlungsvorgängen im Zusammenhang stehen, bei denen direkt im Anschluss an die vulkanische Phase Chlorit gebildet wurde. In Nähe der Erzlager wird der Schalstein oft violett, sodass die Bergleute von „Edlem Schalstein" sprachen. Dessen Farbe ist aber nicht durch einen höheren Eisengehalt bedingt, sondern kennzeichnet lediglich einen Umschlag vom reduzierenden in das oxidierende Milieu der schlotförmigen Aufstiegswege des Porenwassers.

Bänder-Eisenerze des Präkambriums – ein Sonderfall

Bei diesen wirtschaftlich bedeutendsten Eisenerzen überhaupt versagt das in der Geologie sonst allgemein gültige „Aktualitäts-Prinzip", nach dem sich alle geologischen Sachverhalte mit den heute noch auf der Erde stattfindenden Prozessen erklären lassen. Die Bänder-Eisenerze, von denen hier die Rede sein soll, sind nämlich ausschließlich während des Präkambriums gebildet worden.

Diese Erze haben unterschiedliche Namen bekommen: Nach ihrem Erscheinungsbild nennt man sie Gebänderte Kiesel-Eisenerze, nach ihrer mineralogischen Zusammensetzung Jaspilite oder, nach einem der wesentlichen Vorkommen in der brasilianischen Provinz Itabira, Itabirite. Heute werden sie meist als BIF bezeichnet nach der Abkürzung von „Banded Iron Formations" oder aufgrund eines anderen großen Vorkommens auch als Lake-Superior-Typ. Die angelsächsische Literatur unterscheidet diese präkambrischen Erze als „Iron-Formations" von allen jüngeren, die als „Ironstones" bezeichnet werden.

Die zeitliche Begrenzung ihrer Entstehung auf das Präkambrium lässt Rückschlüsse auf besondere Verhältnisse zu, zu denen scheinbar auch eine andere chemische Zusammensetzung des Meerwassers gehörte. Für die Lösung von Eisen sind reduzierende Verhältnisse wichtig, also vielleicht eine Atmosphäre, die noch keine nennenswerten Mengen an Sauerstoff enthielt. Die oft zu beobachtende Rot-Weiß-Bänderung der Erzgesteine beruht auf einem Wechsel von Eisenerz und Kieselsäure – daher auch die Bezeichnung Jaspilit, was schon auf kieseliges Material verweist. SiO_2 geht nur bei hohen alkalischen pH-Werten in Lösung, sodass man das periodisch in den Schichten wiederkehrende Weiß am besten mit chemischer Ausfällung von Kieselsäure erklären könnte und die Erze ganz allgemein als chemische Sedimente, die zudem fast keine detritischen Partikel enthalten. Sowohl das Silizium als auch das Eisen stammen aus der Verwitterung von Basalten bzw. aus heißen Quellen am Meeresboden. Das Silizium dürfte zunächst als Opal oder Chalcedon ausgefällt worden sein, heute liegt es nach so langer Zeit aber als Quarz vor. Die Ausfällung des Eisens wird nach einer neuen Modellvorstellung auf Bakterien zurückgeführt, die nur innerhalb eines bestimmten Temperaturbereichs tätig sind, während bei sinkenden Temperaturen hingegen SiO_2 ausgefällt wird. Demnach hätte ein ständiger Temperaturwechsel die rot-weiße Bänderung gesteuert (Kappler 2008). Die Erzminerale sind Hämatit, Magnetit, Siderit und ein als Greenalith bezeichnetes, Serpentin-ähnliches Mineral, das Eisen in zwei- und dreiwertiger Stufe enthält. Infolge ihrer zeitlichen Zuordnung (die Hauptmasse ist vor 2,4 bis 1,7 Milliarden Jahren entstanden) sind diese Eisenerze auch regional auf Vorkommen präkambrischer Gesteinsmassen beschränkt, d. h., sie sind nur in den sog. Alten Schilden der Erde zu finden.

Zu den Förderländern gehören folgerichtig neben Brasilien u. a. Südafrika (Transvaal), Liberia, Angola, Australien (Pilbara), Kanada, Indien (Goa, Orissa) und die Ukraine – dort hatte man in der Nähe der Stadt Kursk schon lange eine magnetische Anomalie beobachtet, die sich erst bei Schürfversuchen um 1950 als oberflächennahe Eisenerz-Lagerstätte von gewaltigem Ausmaß erwies.

In den brasilianischen Vorkommen, die im sog. Eisernen Viereck der Provinz Minas Gerais liegen, und in Venezuela sind solche Erze durch spätere Verwitterung unter tropischen Bedingungen noch weiter aufkonzentriert worden.

Diese präkambrischen Erze bilden jedenfalls die bedeutendsten Eisen-Lagerstätten der Erde – und die Vorräte sind so groß, dass die Menschheit keinen Mangel an Eisen zu befürchten hat. Dazu trägt inzwischen auch bei, dass heute schon sehr viel Metall durch Recycling von Schrott zurückgewonnen wird.

Die Situation für Deutschland zeigt jedoch, dass wir trotz unserer langen Bergbautradition schon seit vielen Jahren Importland sind; es gibt keine einheimischen bauwürdigen Lagerstätten mehr. Als junger Geologe war ich einmal stolz darauf zu wissen, wo im Vogelsberg noch eine halbe Million Tonnen Erz liegen, aber eine solche Menge nimmt heute niemand mehr ernst und sie werden wohl auch nicht mehr gefördert werden. Der Werksgeologe, den ich als Student in den 1960er-Jahren dort vertreten durfte, war von der Firma zunächst nach Goa und dann nach Liberia geschickt worden, wo man präkambrische Reicherze im Tagebau gewinnen kann – das war der Anfang vom Ende des deutschen Eisenerz-Bergbaus. Wenn man sich nach einer ziemlich aktuellen Statistik der BGR die heutigen Förderländer ansieht, dann liefern Brasilien, Australien, China, Indien und Russland – in dieser Reihenfolge – zusammen mehr als 70 % der Weltproduktion. Bei den Exporten liegen Australien und Brasilien mit Abstand weit vorne, weil deren Eigenbedarf relativ gering ist. In einem Vergleich mit den besprochenen geologischen Verhältnissen wird sofort deutlich, dass die Hauptproduzenten im Bereich der sog. Alten Schilde liegen, in denen die präkambrischen Itabirite oder BIF vorkommen. So lassen sich Geologie und Wirtschaft auch in diesem Fall sinnvoll miteinander verknüpfen.

Lit.: Eisenerze

Bottke 1991, Bubenicek 1961, Flick et al. 1990, Kappler 2008, Kirnbauer 1998, Kolbe 1970, Schwarz 1997, Schneider & Walther in Füchtbauer 1988

Aluminium

Zur Zeit der Pariser Weltausstellung von 1854 war Aluminium teurer als Gold! Es wurde damals aus Kryolith (Na_3AlF_6) gewonnen, und dieses Mineral gab es nur in einer einzigen Lagerstätte: Ivigtut in Grönland, die man bald restlos ausgebeutet hatte. Heute ist sie nur noch von touristischer Bedeutung.

Alle Minerale, die Aluminium enthalten, könnte man in einer Liste erfassen – und darin würde man dann zugleich auch den wichtigsten gesteinsbildenden Komponenten begegnen. Das sind in erster Li-

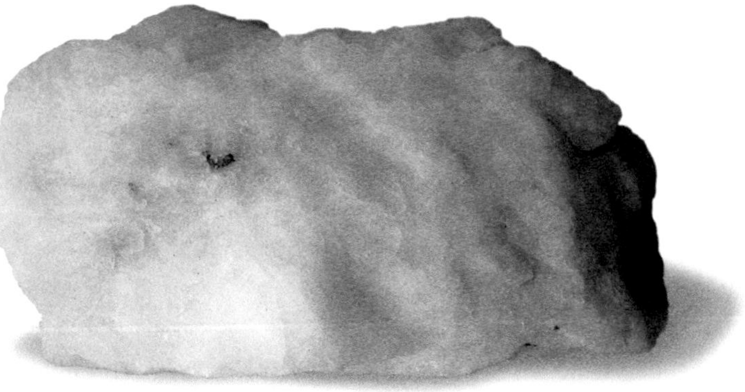

57 Kryolith (Na_3AlF_6), der ursprüngliche Rohstoff für die Gewinnung von Aluminium. Ivigtut am Arsukfjord, Südwestküste Grönlands (gesammelt von Egbert Völker, Foto: Dr. E. K.).

nie die Feldspäte, was auch erklärt, warum Aluminium mit etwa 8 % zu den häufigsten Elementen der Erdkruste überhaupt gehört und damit sogar häufiger ist als Eisen.

Aluminium und Titan zählen zu den Leichtmetallen, die durch ähnliche geologische Prozesse zu Lagerstätten angereichert wurden, sodass es sinnvoll erscheint, sie hier auch unmittelbar nacheinander zu behandeln. Wie Aluminium ist auch das Titan nicht gerade selten. Auf teuren Armbanduhren ist manchmal „Titan" in das Gehäuse eingeritzt, vielleicht um das Metall als besonders wertvoll hervorzuheben (was man oft mit „selten" gleichsetzt), was allerdings nur für die besonders hohen Herstellungskosten zutrifft – denn für Titan braucht man zweieinhalbmal so viel Energie wie für das Schmelzen von Aluminium, und auch dabei sind die Energiekosten schon ein wesentlicher Faktor. Der für den Schmelzprozess von Aluminiumerz notwendige Kryolith wird heute synthetisch hergestellt und hat die Eigenschaft, den Schmelzpunkt von >2000 °C auf 950 °C herabzusetzen.

Meinem Schema entsprechend, müsste nun auch hier wieder eine Tabelle erscheinen, welche die Konzentrationen in unterschiedlichen Gesteinen bzw. Mineralen aufzeigt. In diesem Fall kann ich mir das ersparen, denn es gibt bei diesem Element nur geringe Unterschiede zwischen Graniten und Basalten: Granit enthält 7,7 % Aluminiumerz und Basalt 8,8 %, während Tongesteine mit 8,0 % beziffert werden. Da Sandsteine im Wesentlichen aus SiO_2 bestehen, braucht man Aluminium darin erst gar nicht zu erwähnen. Bevor ich mein Studium begonnen hatte, wusste ich nicht einmal, was Feldspat ist – so etwas hatten wir in der Schule einfach nicht gelernt. Meinen Studenten habe ich später erzählt, dass es sich dabei um das häufigste Mineral innerhalb der gesamten Erdkruste handelt, und ihnen die zugehörigen Formeln mit ein paar Strichen an der Tafel abgeleitet. Wenn man das in Rechnung stellt und dann den Kalifeldspat ($KAlSi_3O_8$), den Natriumfeldspat ($NaAlSi_3O_8$) oder den Kalziumfeldspat ($CaAl_2Si_2O_8$) mit Tab. 2 vergleicht, dann hat man sofort eine erste Erklärung, warum Aluminium so häufig ist: Es steckt in Graniten, Gneisen und Basalten, die hauptsächlich aus solchen Feldspäten bestehen, aber eben auch in vielen Verwitterungsprodukten dieser Gesteine, vor allem in Tonen. Damit wären fast alle Gesteine der Erdkruste potenzielle Aluminium-Lagerstätten! Aber die oben angegebenen Prozentgehalte reichen dafür noch nicht aus, vielmehr müssen wir auch hier geologische Prozesse bemühen, um das Metall zu bauwürdigen Lagerstätten zu konzentrieren. Im Fall des Aluminiums liegen fast alle Lagerstätten in Sedimenten – und zwar als Verwitterungsbildungen hauptsächlich noch dort, wo sie entstanden sind.

Man wird sie also vor allem an Stellen suchen, wo die Verwitterung nur wenig mehr als das Aluminium selbst übrig gelassen hat. Wir werden sehen, dass die Ausgangsgesteine nicht einmal besonders aluminiumreich gewesen sein müssen – entscheidend ist vielmehr, wie viel Nichtaluminium weggeführt wird. Al-Lagerstätten sind das Ergebnis einer intensiven chemischen Verwitterung, die sich vor allem dort abspielt, wo es viel und möglichst auch noch warmes Wasser gibt, außerdem sind Säuren hilfreich – und damit kommen vor allem tropische Regionen infrage. Regional bilden sie deshalb meist äquatornah gelegene Gürtel. Man muss diese dann allerdings noch in die zur Zeit der Bildung gegebene plattentektonische Position einordnen – aber das ist hier ziemlich einfach, weil alle nennenswerten Aluminiumvorkommen während Kreide und Tertiär entstanden sind, und damals entsprach die plattentektonische Konfiguration schon annähernd den heutigen Verhältnissen. Im Alttertiär hatte sich aber aufgrund einer allgemein sehr warmen Periode der Erdgeschichte ein besonders breiter Bauxitgürtel herausgebildet.

Die Anreicherung durch Verwitterungsprozesse lässt sich beispielhaft an zwei Tabellen zeigen (s. Tab. 12a und 12b), die ich dem Buch von Robert M. Garrels und Fred T. Mackenzie (1971) entnommen habe (die Autoren haben sich ausführlich mit der Evolution von Sedimentgesteinen befasst und dazu regelrechte Bilanzen erarbeitet, die die entscheidenden Prozesse auch quantitativ erfassen):

Dabei müssen wir uns nicht nur mit dem Aluminium befassen, das hier wie in allen chemischen

Gesteinsanalysen als Al_2O_3 angegeben ist, sondern auch mit den Mineralen, die als Zwischenstufen bei der Verwitterung gebildet werden: Dazu gehört vor allem Kaolinit, aber auch der weniger geläufige Gibbsit. Wenn man die entsprechenden Formeln anschaut, dann enthält Gibbsit mehr Al als Kaolinit und bezeichnet in den Tabellen die mit steigendem Verwitterungsgrad zunehmende Anreicherung:

Kaolinit $Al_4(OH_8/Si_4O_{10}) \rightarrow$ Gibbsit $Al(OH)_3$

Gibbsit wird auch als Hydrargillit bezeichnet, er enthält 65 % Al. Im Zusammenhang mit der Bildung dieser Tonminerale im weiteren Sinne (denn Gibbsit ist eigentlich kein Tonmineral, man tut nur so) ist vielleicht interessant, dass man im Schlamm verschiedener Flüsse unterschiedliche Al_2O_3-Gehalte gefunden hat: im Nilschlamm 15,95 %, im Mississippi dagegen nur 10,52 %. Diese Daten gehen schon auf Frank W. Clarke (1924) zurück, der sich mit geochemischen Bilanzen der Gesteine in großem Maßstab beschäftigt hat und nach dem auch die Clarke-Einheit heißt, die den mittleren Gehalt eines Elements in der Erdkruste bezeichnet. Die hohen Gehalte im Nilschlamm sind ganz eindeutig auf die intensive chemische Verwitterung im tropischen Einzugsbereich des Flusses zurückzuführen.

Weitere Al führende Minerale mit ähnlichen Kristallstrukturen sind Diaspor, ein sog. α-AlOOH, und Böhmit, ein γ-AlOOH – beide enthalten 45 % Al. Diaspor und Böhmit findet man vor allem in älteren Verwitterungsbildungen, in denen die Anreicherungsprozesse noch weiter fortgeschritten sind, weil ihnen mehr Zeit zur Verfügung stand. Erwähnen sollte man auch noch das sog. Alumogel, das man etwa als Al_2O_3.aq, also als wasserhaltiges Aluminiumoxid, bezeichnen kann – das -„gel" im Namen zeigt auch, dass es nicht kristallin ist.

Außer diesen Phasen werden noch einige weitere genannt, die man als Al-Minerale bezeichnen kann, meines Ermessens könnte man dann allerdings auch z. B. sämtliche Feldspäte zusätzlich aufführen. US-amerikanische Kollegen sind der Ansicht, dass vor allem der in Basalten häufige Kalziumfeldspat Anorthit ($CaAl_2Si_2O_8$), der ja noch mehr Al enthält als die beiden anderen vorher erwähnten Feldspäte, als geeignetes Mineral für eine zukünftige Al-Gewinnung in Frage käme – eher noch als Tone, in denen ja auch schon eine gewisse Anreicherung stattgefunden hat. In Russland gewinnt man Aluminium auch aus Nephelin ($NaAlSiO_4$), dem Feldspatvertreter für den Natriumfeldspat, in dem schon weniger SiO_2 enthalten ist als im Feldspat selbst. Im Prinzip können aber alle Gesteine, die mehr als 15 % Al_2O_3 enthalten, zu Aluminium-Lagerstätten umgebildet werden.

unverwittert		zunehmende Stadien der Verwitterung		
		A	B	C
SiO_2	45	25,3	17,1	5,7
Al_2O_3	11,8	24,4	26,2	25,6
Fe_2O_3	4,3	29,1	32,7	40,2
MgO	12	0,87	0,83	0,65
Na_2O	1,8	0,06	0,06	0,04
H_2O	3,1	13,9	15,8	18,6

T 12a Chemische und mineralogische Veränderungen an einem Basalt aus Hawaii im Verlauf der Verwitterung. Man beachte die relative Zunahme von Aluminium und Eisen sowie Wasser in den Verwitterungsprodukten, zu denen kaolinitische Tonminerale sowie Eisenoxide und -hydroxide gehören (Gewichtsprozente) (gekürzt nach Garrels & Mackenzie 1971).

unverwittert		zunehmende Stadien der Verwitterung	
SiO_2	71,54	68,09	55,07
Al_2O_3	14,62	17,31	26,14
Fe_2O_3	0,69	3,86	3,72
MgO	0,77	0,46	0,33
Na_2O	3,84	0,12	0,05
H_2O	0,32	5,61	10,39

T 12b Chemische und mineralogische Veränderungen an einem Granit-Gneis im Verlauf der Verwitterung (Gewichtsprozente) (gekürzt nach Garrels & Mackenzie 1971).

Mineral		Aluminiumgehalt (%)
Gibbsit/Hydrargillit	$Al(OH)_3$	34,6
Böhmit	γ-AlOOH	45,0
Diaspor	α-AlOOH	45,0

T 13 Aluminium führende Minerale, die wesentliche Bestandteile von Bauxit sind.

Gibbsit, Böhmit, Diaspor und Alumogel kommen oft zusammen in einem Gestein vor, das immer dann genannt werden muss, wenn es um die Bildung von Aluminium-Lagerstätten überhaupt geht: Bauxit – ein Gestein, das nach Les Baux (auch Beaux) in Südfrankreich benannt ist.

Bauxite sind Mineralgemische, die neben den genannten Aluminium-Mineralen vor allem auch Eisenverbindungen enthalten. Chemisch zeigen das die entsprechenden Oxidgehalte: 45–75 % Al_2O_3, ≤ 35 % Fe_2O_3 und 0–5 % SiO_2 – bei < 10 % Fe_2O_3 spricht man von eisenarmen Bauxiten, bei hoch ei-

58 Bauxit von der Typuslokalität Les Baux (Foto: Verfasser).

senhaltigen von Lateriten. Die rötliche Färbung, die man auch an der Typuslokalität sehen kann, geht auf Hämatit-Beimengungen zurück. Solche Gesteine gibt es u. a. auch im nördlichen Ural, wo die größten Bauxitvorkommen der ehemaligen Sowjetunion lagen und ein Gebiet „Krasnaja Schapotschka“ heißt – was übersetzt „Rotkäppchen“ bedeutet: Die entsprechende Landschaft kann man sich also gut vorstellen.

Bauxit enthält neben den genannten Phasen auch 0–20 % Tonminerale, sodass es fließende Übergänge zwischen Bauxiten und Tonen gibt.

Im Grunde kann man hier die alten Schemata von siallitischer und allitischer Verwitterung zugrunde legen: Siallitische führt zu Tonen, die noch SiO_2 im Gitter haben, allitische und ferallitische durch ihre Anreicherung von Aluminium- und Eisenoxiden hingegen zu Bauxiten. In diese Prozesse gehören auch die Begriffe „lateritische Verwitterung“ und „Laterit“, den man als einen stark verunreinigten Bauxit auffassen kann.

Nun greifen aber die bauxitbildenden Prozesse auf unterschiedlichen Gesteinen an, sodass man noch weiter klassifizieren kann: nämlich nach Bauxiten auf magmatischen und metamorphen Gesteinen und solchen, die auf Sedimentgesteinen entstehen. Letztere lassen sich dann noch weiter dahingehend gliedern, ob sie auf klastischen oder karbonatischen Sedimenten entwickelt sind – so unterscheidet man Silikat-Bauxite von Kalk-Bauxiten. Die Entwicklung der Bauxite auf dem Dekkan-Plateau in Indien ist nach allem, was bisher erklärt wurde, ohne Weiteres verständlich: Die Al-reichen Ausgangsgesteine, nämlich der im Bereich der Kreide-Tertiär-Grenze massenhaft ausgeflossene Basalt des Dekkan-Trapps, waren während des weltweit besonders warmen Alttertiärs einer intensiven chemischen Verwitterung unter vorherrschend tropischem Klima ausgesetzt. Mittlerweile sind dort große Bereiche der Lateritdecke durch jüngere Erosion bereits wieder erodiert.

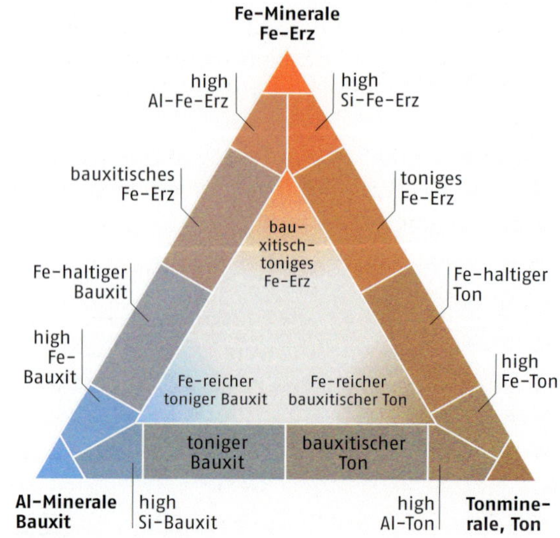

59 Klassifikation von Bauxiten und mit ihnen zusammen vorkommenden Gesteinen
(nach Bardossy 1963, verändert von Valeton 1973, aus Valeton in Füchtbauer 1988).

Schwerer fällt die Erklärung bei den Kalk-Bauxiten, weil man mit Kalk zunächst nur $CaCO_3$ assoziiert. Aber ganz reine Kalke sind eher selten, meist enthalten sie einen gewissen Anteil an Ton – und auf diesen Ton hatte man das in den Kalk-Bauxiten angereicherte Al früher zurückzuführen versucht. Die Verwitterungslösungen haben mit Kalk fast immer leichtes Spiel, weil er sich wesentlich besser auflösen lässt als die meisten anderen Gesteine. Spätere Untersuchungen haben aber gezeigt – und das ist heute Stand der Wissenschaft –, dass diese sog. Kalk-Bauxite eigentlich nur auf Kalkunterlagen umgelagerte Bauxite sind, die letztlich auch aus der Verwitterung von Silikatgesteinen stammen. So fin-

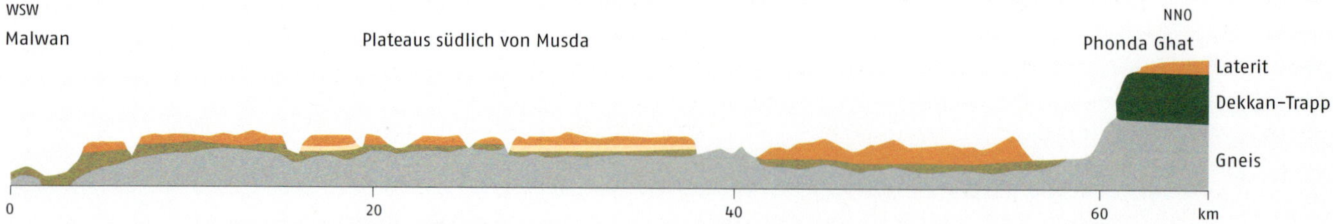

60 Lateritische Verwitterungsdecke über den weit verbreiteten und mächtigen Basalten des Dekkan-Plateaus (Indien). Die in den Lateriten enthaltenen Bauxite sind durch junge Erosion teilweise bereits wieder zerstört
(nach Foote 1867, aus Valeton 1972).

det man Bauxit oft im Zusammenhang mit Karstbildungen, also in Senken und Dolinen, in die dieses Material eingeschwemmt wurde. Eine neuere Terminologie spricht deshalb von „Auf-Karst-Bauxiten".

Solche Bauxite gibt es u.a. im Mittelmeerraum: neben Südfrankreich, Italien, Griechenland und Ungarn auch in mehreren Ländern des ehemaligen Jugoslawien. Weiter entfernt liegen Jamaika, Surinam, die Dominikanische Republik, Guyana, Australien oder die ehemalige Sowjetunion; südöstlich von St. Petersburg gibt es einen Ort mit dem bezeichnenden Namen Bauxitogorsk, wo das Material auf verwitterten Kalken des Karbons der Russischen Plattform abgebaut wird. Fast alle anderen aufgezählten Vorkommen sind geologisch jung, die meisten sind während der Kreidezeit und im Tertiär entstanden.

Ältere Bauxite sind selten und nur ausnahmsweise bis 800 Ma alt. Die Erklärung für das geologisch junge Alter der meisten Bauxite ist wahrscheinlich, dass ältere Bildungen, die es wohl auch gegeben hat, meist schon der Erosion zum Opfer gefallen sind. Es sind ja praktisch immer oberflächennahe Bildungen, und eine umfangreichere Monographie zum Thema war nicht von ungefähr in einer bodenkundlichen Buchreihe erschienen (Valeton 1972). Die Position an der Oberfläche bedingt natürlich auch, dass Bauxit überwiegend im Tagebau gewonnen werden kann, selbst einige der alten Stollen in den südfranzösischen Vorkommen liegen ausgesprochen oberflächennah.

Im Ural gibt es Bauxite auf mitteldevonischen Kalken. Weitere Vorkommen sind aus Ghana, Mosambik, Australien (Victoria, New South Wales und im tropischen Bereich am Carpentariagolf), Indien, Brasilien (Minas Gerais) und den USA bekannt, wo es in Arkansas, Alabama und Georgia Silikat-Bauxite gibt.

Wirtschaftlich entscheidend ist die Tatsache, dass die Förderländer in aller Regel nicht die Länder sind, in denen das Aluminium auch als Metall erschmolzen wird: Der Grund ist der hohe Energiebedarf. Man braucht dazu also möglichst preiswerte elektrische Energie, und so gehört u.a. Norwegen mit seinem billigen Strom aus Wasserkraft zu den Produktionsländern, von denen die meisten auch Industrieländer sind. Vor allem Russland importiert den Rohstoff zum größten Teil selbst, ist aber inzwischen der größte Aluminiumexporteur der Welt, was sich mit der elektrischen Energie

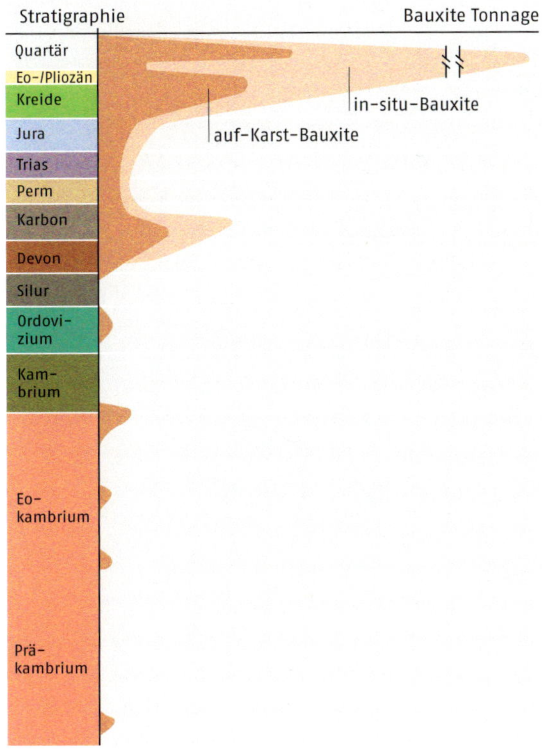

61 Hauptzeiten der Bauxitbildung während der Erdgeschichte (nach Bardossy 1982).

aus den Wasserkraftwerken der großen sibirischen Flüsse erklärt. Deutschland war in puncto Aluminiumerz natürlich ein Importland, aber während des Zweiten Weltkriegs und noch bis 1976 wurden aus entsprechenden Verwitterungsbildungen über Tertiärbasalten im Vogelsberg – neben den erwähnten Eisenerzen – auch kleine Mengen von Bauxit gefördert; das Bild der Lokalität, die in der Nähe von Lich liegt und bezeichnenderweise „Eiserne Hose" heißt, will ich Ihnen nicht vorenthalten (vgl. Abb. 49).

Aluminium wird u.a. im Fahrzeug- und Flugzeugbau verwendet, und ich erinnere hier auch an das moderne Lametta, d.h. an seine Eigenschaft, sich zu extrem dünnen Folien auswalzen zu lassen, die wir auch im Haushalt benutzen. Außerdem ist es ein guter Strom- und Wärmeleiter. Zu den besonderen Eigenschaften gehört seine Korrosionsbeständigkeit, die auf einer nur wenige Molekül-Lagen dünnen Schicht aus Oxid beruht; diese kann man durch „Eloxieren", d.h. elektrisches Oxidieren, auch künstlich herstellen. Al_2O_3 kennen wir aber auch noch unter ganz anderen Bezeichnungen: Korund, Saphir und Rubin (jeweils mit Spurenelementen, die den Edelsteinen die Farbe geben) oder Smirgel (nach Smyrna), der mit Hä-

Lit.: Aluminium

Schneider & Walther in Füchtbauer 1988, Bardossy 1990, Valeton 1972

matit, Magnetit, Ilmenit und Quarz verunreinigt ist (s. Kap. „Edelsteine“).

Aluminium wird heute innerhalb der EU bereits zu 30 % durch Recycling zurückgewonnen.

Titan

Titan gehört wie das Aluminium zu den Leichtmetallen mit ähnlicher Verwendung, es hat aber besondere Eigenschaften, zu denen seine höhere Korrosions- (auch besonders gegen Salzwasser) und Hitzebeständigkeit gehören. Das macht Titan u. a. zu einem sog. Weltraum-Metall, das man für den Flugzeugbau und als Hitzeschild verwendet.

Man könnte es auch noch in einer anderen Hinsicht als Weltraum-Metall bezeichnen, denn bestimmte Mondbasalte, welche die Apollo-Astronauten von den dortigen Maria (lat. für „Meere“, dunkle Tiefebenen auf dem Mond) mitgebracht haben, enthalten besonders viel Titan, während die Bergregionen ausgesprochen titanarm sind. Das sind aber natürlich nur punktuelle Resultate, die man nicht einfach verallgemeinern kann – das Stichwort ist aber zunächst einmal „Basalt“, denn auch irdische Basalte enthalten mehr Titan als Granite:

Die höheren Gehalte im Basalt sind durch Ilmenit ($FeTiO_3$) bedingt, der sich zusammen mit

T 14 Titangehalte unterschiedlicher Gesteine (ppm). (nach Mason & Moore 1985).

Erdkruste/Magmatite	4400
Granit	1500
Basalt/Diabas	6400
Tonschiefer	4600
Sandsteine	1500
Karbonate	400
Meerwasser	0,001

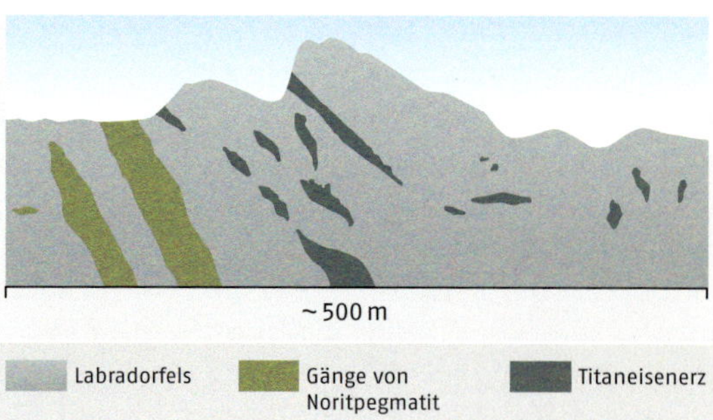

62 Titaneisenerz als Ausscheidung in basischen Gesteinskomplexen. Profil im Labradorfels von Blaafjeld (Südnorwegen) (aus Beck 1909).

Olivin und Pyroxen bei der Frühkristallisation aus magmatischen Schmelzen ausscheidet – infolgedessen haben magmatisch entstandene, schichtige Gesteinskomplexe, sog. Layered Intrusions, oder Kumulate ultrabasischer Gesteine besonders hohe Titangehalte. Die größten bekannten Vorkommen, die als Lagerstätten ausgebeutet werden, liegen am Allard Lake in Quebec in Kanada. Ähnliche Lagerstätten gibt es auch in den Adirondacks im Staat New York (USA), in Schweden (Taberg), in Norwegen (Blaafjeld bei Soggendal in sog. Labradorfels) oder im Ural in Russland (Kusin), wo eine Lagerstätte in den Ilmen-Bergen dem Ilmenit seinen Namen gegeben hat.

Ähnlich entstanden ist titanhaltiger Magnetit (Titanomagnetit): Darin sind Ilmenit-Lamellen nach Art einer Sanduhr angeordnet, die durch Entmischung des beim Wachstum unter hohen Temperaturen in den Magnetit eingebauten Titans entstanden sind.

Ilmenit ist außerordentlich resistent gegenüber Verwitterung, weshalb er in Form von Seifen auch sekundäre Lagerstätten bildet.

Sodann gibt es noch den Titanit ($CaTi[O/SiO_4]$) und über 40 andere Titan führende Minerale, die uns hier aber nicht interessieren sollen.

Die extrem niedrige Konzentration im Meerwasser zeigt, dass Titan kaum löslich ist, was wiederum dazu führt, dass es bei der Verwitterung angereichert wird. Dabei entstehen Lagerstätten, die neben Ilmenit auch eigenständige Titan-Minerale enthalten, nämlich Rutil, Anatas und Brookit, die aber alle die gleiche einfache Formel TiO_2 haben. Rutil ist mit >95 % TiO_2 die stabilste Phase.

Bei der weiteren Verwitterung von Rutil bildet sich eine teilweise amorphe Phase, die als Leukoxen bezeichnet wird und 76–90 % TiO_2 enthält; mineralogisch sind das feinkörnige Aggregate von Titanit oder Anatas. Die genannten Oxide werden zunächst einmal in Böden angereichert, die 0,1–0,6 % Ti enthalten können, in stark verwitterten Böden 1,2 % und in tropisch gebildeten aluminium- und eisenreichen Latosolen sogar bis 12 % (man beachte, dass hier immer Ti gemeint ist – in vielen Gesteinsanalysen wird TiO_2 angegeben: 1 % Ti entspricht 1,66 % TiO_2). Daher haben auch Bauxite gelegentlich hohe Titangehalte.

Die Verwitterungsresistenz, die zur Anreicherung von Titan in Böden führt, bedingt auch die Entstehung von Titan-Seifen. Diese sind heute die wesentlichen Lagerstätten für die Gewinnung des

Metalls, liegen meist im Bereich flacher Meeresküsten und führen wesentlich Ilmenit.

Allein vor der Ostküste der USA liegen geschätzte 10^9 t solcher Sande – an Titan wird es uns also so schnell nicht mangeln.

Wenn man die küstennahen Vorkommen betrachtet, dann wird auch hier deutlich, was es mit der „200-Seemeilen-Zone" auf sich hat, die selbst kleinen Inselstaaten im Pazifik zu marinen Lagerstätten verhilft.

Neben den erwähnten Verwendungszwecken in Form des Metalls wird das Oxid TiO_2 vor allem als Farbpigment verwendet: Titanweiß ist – anders als Bleiweiß – nicht giftig. Während man bei allen Metallen, mit Ausnahme des Urans, eine schon lange andauernde Nutzung durch den Menschen beobachten kann, hat die kommerzielle Gewinnung von Titan erst nach dem Zweiten Weltkrieg begonnen – die Raketen lassen grüßen! Zunehmend wird das Metall auch für „Ersatzteile" im menschlichen Körper verarbeitet, besonders für Hüftgelenke und inzwischen sogar für besonders leichten Schmuck. Etwas gröber hingegen ist seine Verwendung in einem speziellen Zement, der sich als Verschleißschicht auf Straßenpflaster aufbringen lässt und die photokatalytischen Eigenschaften von TiO_2 nutzt, um Stickoxide in Nitrat umzuwandeln; entsprechende Versuche dazu sind gerade im Gange. Wahrscheinlich sind die weiteren Nutzungsmöglichkeiten dieses Metalls aber noch lange nicht ausgeschöpft.

Lit.: Titan

Beck 1909, Cronan 1980, Cronan 2000, Kent 1980, Pohl 1992, 2005

Magnesium

Ohne Magnesium gäbe es kein Leben auf der Erde, denn dieses Element ist ein wesentlicher Bestandteil des Chlorophylls und damit an der Photosynthese beteiligt. Wenn Pflanzen zu wenig davon bekommen, welken die Blätter und das sonst satte Grün wird zunehmend heller; diese Mangelsymptome, die auch Nadelbäume betreffen können, lassen sich durch magnesiumhaltigen Dünger meist schnell wieder beseitigen. Ältere Fotografen werden noch die Verwendung von Magnesiumpulver für Blitzlicht kennen; das dabei entstehende weiße Oxid hat man auch beim Fotografieren von Mikrofossilien genutzt, mit dem die Objekte bedampft wurden, um kontrastreiche Schwarz-Weiß-Bilder zu erhalten. Magnesium ist ein Leichtmetall, das als Werkstoff zunehmend an Bedeutung gewinnt. Im Zusammenhang mit Aluminium oder Stahl werden entsprechende Legierungen hergestellt, die korrosionsbeständiger und fester sind als das reine Magnesium. Sie werden vor allem im Flugzeugbau, für Motoren, Autokarosserien und in der Weltraumtechnik verwendet.

Die geochemische Heimat des Magnesiums sind basische und ultrabasische Gesteine. Seine Gegenwart in Olivin, Pyroxen, Amphibol oder Biotit erklärt auch die relativ hohe Konzentration innerhalb der Erdkruste (1,9 %), die es an die 8. Stelle in der Häufigkeit setzt. Die Gewinnung des Metalls aus unterschiedlichen Ausgangsstoffen erfolgt aber bisher nicht aus magnesiumhaltigen Gesteinen, sondern vorwiegend aus dem Meerwasser bzw. aus bereits durch Eindampfung mit Mg angereicherten Wassern. Hier liegt es vor allem in Form von $MgCl_2$-Verbindungen vor, aus denen es durch Schmelzelektrolyse isoliert wird. Da dieses Verfahren viel Energie benötigt, wird verständlich, warum z. B. Norwegen mit seiner billigen Elektrizität aus Wasserkraft zu den wichtigsten Produzenten gehört. Inzwischen arbeitet man aber auch an einem Verfahren, mit dem man Mg aus natürlichem Magnesit mit geringerem Energieaufwand gewinnen kann. Während das Meerwasser 0,2 % MgO enthält, was etwa 15 % seines gesamten Salzgehalts entspricht, sind in eingedampften Teilbereichen wie etwa dem Toten Meer oder dem Great Salt Lake Gehalte bis 20 % MgO gemessen worden. Das sind Gewässer, die sich in Richtung auf Salz-Lagerstätten hin entwickeln. Daher verwundert es auch nicht, dass in bestimmten Salzgesteinen hohe Mg-Gehalte anzutreffen sind, die man nebenbei gewinnen kann – zu den Mineralen gehören Carnallit, Kieserit, Kainit und Bischofit. Und schließlich enthalten so häufige Karbonate wie Dolomit ($CaMg[CO_3]_2$) oder Magnesit ($MgCO_3$) das Element, das man durch Reduktion daraus gewinnen kann. Trotz der oben angedeuteten Häufigkeit in basischen magmatischen Gesteinen werden die Wasser und Sedimentgesteine auch weiterhin die wichtigsten Ausgangsstoffe für die Magnesiumgewinnung bleiben.

Magnesit

Neben der potenziellen Gewinnung des Metalls steht die Verwendung von Magnesiumverbindungen in Form des Karbonats, also als Magnesit, für eine Vielzahl von Anwendungsbereichen. Des-

63 Spatmagnesit vom Typus Veitsch (Steiermark). Das Vorkommen ist heute erschöpft (Foto: Verfasser).

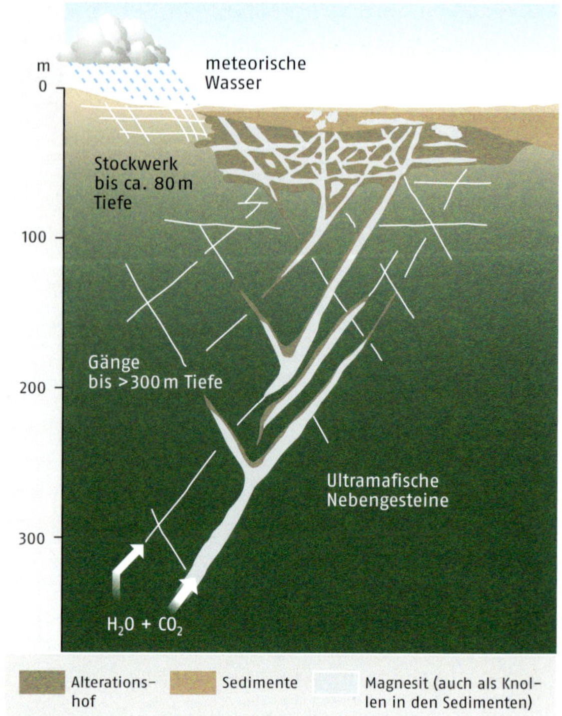

64 Die Magnesit-Lagerstätte von Kraubath in der Steiermark. Das Magnesium stammt aus den ultramafischen Gesteinen, die von hydrothermalen, CO_2-reichen Fluiden entlang von Rissen und Spalten durchströmt wurden (nach Pohl 1990, aus Pohl 1992).

sen Besprechung könnte ebenso gut im Kapitel 7 „Technische Minerale" erfolgen. Magnesit (Bitterspat, Talkspat) wird hauptsächlich für feuerfeste Wandauskleidungen von Zement- und Kalköfen sowie bei der Stahlkocherei benötigt, wozu man das Karbonat ($MgCO_3$) unter hohen Temperaturen zu Magnesiumoxid bzw. Magnesia (MgO) umwandeln muss. Außerdem wird es für Mineraldünger, Füllstoffe in der Papier- und Kunststoffindustrie sowie zur Neutralisierung versauerter Waldböden genutzt (s. o. Chlorophyll).

Magnesit-Lagerstätten geben noch viele Rätsel hinsichtlich ihrer Entstehung auf. Es gibt sie in regionalmetamorph umgewandelten Gesteinen, als Zersetzungsprodukt magnesiumreicher Gesteine und auch in evaporitischen Milieus.

Man kennt feinstkristalline/kryptokristalline und grobspätige Varietäten; letztere werden als Spatmagnesite bezeichnet und sind u. a. aus Veitsch in Österreich bekannt.

Dieses Vorkommen ist inzwischen erschöpft und der Abbau wurde aufgegeben. Der nicht nur aus Veitsch bekannte Typus des Spatmagnesits ist meist in Form von Stöcken oder Linsen in marine Plattformkarbonate eingeschaltet, die teilweise weit in die Erdgeschichte zurückreichen (Proterozoikum und Paläozoikum) – Sedimentgefüge wie Schrägschichtung, Rippelmarken, fragliche Trockenrisse und Resedimente deuten eine Entstehung in einem Flachwassermilieu mit Auftauchphasen an. Die feinstkristalline Varietät kommt in der Lagerstätte Kraubath (Steiermark) vor – aber mit den Ortsbezeichnungen sind nur die beiden Typen benannt, die so auch andernorts gefunden werden. Die kryp-

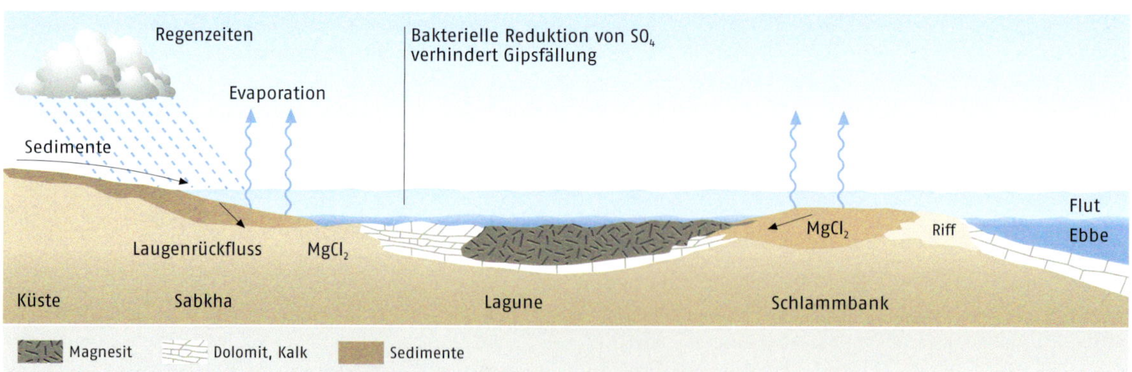

65 Modell zur Entstehung von Magnesit ($MgCO_3$) vom Typus Veitsch (Steiermark) durch evaporitische und diagenetische Prozesse in einer Lagune (nach Pohl 1990, aus Pohl 1992).

tokristallinen Magnesite sind meist schneeweiß bis gelblichweiß und lassen gelegentlich noch Gelstrukturen erkennen, die auf eine ursprünglich kolloidale Bildung hinweisen. Spatmagnesite können neben weiß auch grau, bräunlich, farblos oder durch organische Substanzen schwarz gefärbt sein.

Der Typus Kraubath scheint an ultramafische Gesteinskörper geknüpft, die durch CO_2-beladene Wasser umgewandelt wurden. Wie so oft ist auch hier die Herkunft des CO_2 umstritten, es könnte deszendent von der Oberfläche her oder aszendent durch Wasser aus der Tiefe kommend die Ausgangsgesteine umgewandelt haben. Bei den metamorph geprägten Vorkommen gibt es oft Hinweise darauf, dass sie ursprünglich aus bzw. im Umfeld von marinen Flachwasserkarbonaten entstanden.

In Europa gehört Österreich mit mehr als 800 000 t im Jahr 2007 zu den Hauptförderländern und liegt damit an 6. Stelle der Weltproduktion.

Mangan

Mangan ist zunächst einmal ein essenzielles Spurenelement in allen lebenden Zellen – möglicherweise ein Urerbe aus den Anfängen des Lebens vor Milliarden Jahren, als es von Black Smokers in die Umwelt befördert wurde.

Unser Körper enthält etwa 20 Milligramm und wir brauchen 3 – 4 mg/Tag. Das Mangan steckt überwiegend in unseren Knochen, was damit zusammenhängt, dass Mangan und Calcium etwa gleich große Ionenradien haben. Deshalb können sie in die mineralischen Komponenten der Knochen, den Apatit, auch zusammen eingebaut werden. Pflanzen verkümmern ohne Mangan, aber sie regenerieren sich bei entsprechender Düngung sofort wieder.

Für diese geringen Mengen braucht man aber keine Lagerstätten. In der Erdkruste beträgt der Durchschnittsgehalt 0,1 %, damit steht es in der Häufigkeit an 10. Stelle, ist also kein seltenes Element und nach dem Eisen sogar das zweithäufigste Schwermetall.

Wozu also Mangan-Lagerstätten?

„Hart wie Kruppstahl" wurde einmal in früherer Zeit als Männerideal formuliert – und harter Stahl war und ist wesentlich für die Produktion von Waffen. Von einer Waffenschmiede war beim Eisen schon einmal im Zusammenhang mit dem Siegerländer Spateisenstein die Rede, Stichwort „Waffenschmiede Karls des Großen". Diese Erze ergaben infolge ihres natürlichen Mangangehalts von 5 – 6 % einen besonders guten Stahl, bei Eisengehalten von 31 – 32 %. Allen anderen Eisenerzen muss man also Mangan beimischen, um diese Eigenschaft zu erreichen; das bewirkt u. a. die Entfernung von unerwünschtem Schwefel und kontrolliert auch den Sauerstoffgehalt. Vor allem deshalb also braucht man Mangan-Lagerstätten.

Viel früher noch hatte Mangan einen ganz anderen Verwendungszweck: In der Antike wurde damit die durch zweiwertiges Eisen grün gefärbte Glasschmelze entfärbt; Manganverbindungen, die man dieser Schmelze beimischte, wurden daher als „Glasmacherseife" bezeichnet.

Heute gehen etwa 90 % in die Stahlproduktion, wo besonders abriebfeste Spezialstähle, wie sie für Eisenbahnschienen, bei Bergbaugeräten und Brechern benötigt werden, bis zu 15 % Mn enthalten können. Weitere Verwendung findet das Element als Oxidationsmittel in Trockenbatterien und in Ferriten – oxidkeramischen Werkstoffen, die u. a. in der elektronischen Datenverarbeitungstechnik gebraucht werden.

Wo findet man nun Mangan in der Natur und wie kann man es auch ohne komplizierte Analysetechnik erkennen?

Sehr oft sind schwarze Farben in Gesteinen auf Manganverbindungen zurückzuführen, sofern es sich nicht um Humusstoffe handelt. Auffällig sind sie in Form von Dendriten, den wie Moos aussehenden kleinen Verästelungen, die mit Pflanzen nichts zu tun haben, sondern rein anorganische Verbindungen sind, nämlich aus Lösungen ausgefällte Kristalle.

Da es neben braunen manchmal auch schwarze Dendriten auf derselben Gesteinsplatte gibt, kann man daraus etwas über die Trennung von Eisen und Mangan in der Natur ableiten: Mangan ist nämlich etwas besser löslich als Eisen und kann daher weiterwandern, ehe es ausgefällt wird. Während Eisen, von Flüssen transportiert, im Flachmeer meist schnell ausgefällt wird, kann das Mangan wesentlich weiter ins Meer hinausgetragen werden. Löslich ist, wie beim Eisen, die zweiwertige Form. Während Eisen nur zwei- und dreiwertig vorkommt, gibt es vom Mangan noch zusätzlich ein-, vier- und siebenwertige Verbindungen. Wem das schon zu viel Chemie ist: Die zweiwertige Form wird dann gebildet, wenn sehr wenig oder gar kein Sauerstoff in den lösenden Wassern vorhanden ist, also z. B.

Lit.: Magnesit
Pohl 1990, 1992, 2005

Mangan-Minerale		Mangangehalt (%)
Pyrolusit	MnO_2	60–65
Manganit	MnOOH	62–63
Manganomelane, kolloidal entstanden:		
Psilomelan	$Mn_2O_3 \times 2\,H_2O$, ist als „Schwarzer Glaskopf" amorph, mit Spuren von Na, K, Ba etc. *hart*, als „Wad" dagegen *weich*	
Braunit	$3\,Mn_2O_3 \times MnSiO_3$	
Hausmannit	Mn_3O_4	72
Rhodochrosit (Manganspat)	$MnCO_3$	48
Todorokit, etwa $(Mn^{4+}, Mn^{2+})(O, OH)_{16} + 2\,H_2O$ (in Manganknollen)		
„Braunstein": Sammelbegriff für komplexes Manganerz mit oft mehreren dieser Komponenten		

T 15 Mangan-Minerale (zusammengestellt nach verschiedenen Quellen, u. a. Ramdohr & Strunz 1978, Pohl 1992).

im Moor, wo die Wasser wegen der Humussäuren noch zusätzlich sauer sind, was die Löslichkeit weiter begünstigt.

Wenn man Mangan-Lagerstätten weltweit betrachtet, dann zeigt sich, dass alle bauwürdigen Vorkommen in Verwitterungsrückständen oder in Sedimenten gefunden werden, also nicht dort, wo das Metall primär zu Hause ist.

Tabelle 15 zeigt gängige Mangan-Minerale. Man könnte hier der Vollständigkeit halber noch den nach dem Spessart benannten Spessartin hinzufügen, der auch als Mangan-Ton-Granat bezeichnet wird: $Mn_3Al_2(SiO_4)$. Wenn man die Konzentrationen in gängigen gesteinsbildenden Mineralen betrachtet, dann wird schnell deutlich, dass diese geringen Gehalte im Nachkomma-Bereich keine Lagerstätten ergeben können – es sei denn, man löst diese Minerale auf und konzentriert das während langer Zeiträume dabei freigesetzte Mangan an anderer Stelle. Genau das geschieht aber bei der Verwitterung, weshalb dieses Metall hauptsächlich in Verwitterungsprodukten bzw. in Sedimenten angereichert ist. Seine wesentliche geochemische Heimat sind die dunklen Minerale in den basischen Gesteinen, also Amphibol, Pyroxen und Biotit. Die Erdkruste enthält durchschnittlich 950 ppm, Basalte 1280 und Granite 195 ppm.

Wer entsprechende Eisenverbindungen mit den Mangan-Mineralen in der Tabelle vergleicht, dem werden die Ähnlichkeiten im Formelbau bei den Oxiden, Hydroxiden und beim Karbonat sofort auffallen. Hier sehen wir nun bei den Gehalten ganz andere Größenordnungen als in den vorher erwähnten Mineralen, und es sind vor allem die Oxide und Hydroxide, welche die Mangan-Lagerstätten zusammensetzen.

Schon hier möchte ich auf den Todorokit und seine komplexe Formel hinweisen, die nur eine ungefähre Zusammensetzung wiedergibt, und das darin enthaltene Wasser betonen: Todorokit ist nämlich das Hauptmineral der Manganknollen, der Erzvorkommen in der Tiefsee, von denen später noch die Rede sein wird. Das ist eine spannende Geschichte und diese Knollen sind möglicherweise eine der wichtigsten Metallressourcen für unsere Zukunft.

Zunächst aber zu den Lagerstätten im Festlandsbereich, die unterschiedliche Entstehungsgeschichten haben: Manche sind in ehemaligen Flachmeeren gebildet worden und andere verdanken ihre Entstehung direkt festländischen Prozessen; für beide gibt es Kriterien, mit denen Geologen entsprechende Bildungsräume begründen können.

Zu den wirtschaftlich wichtigsten Mangan-Lagerstätten der Erde gehören die Erze in der weiteren Umgebung des Schwarzen Meeres, die vor allem an die Ortsnamen Tschiatura und Nikopol geknüpft sind.

Tschiatura liegt in Georgien und Nikopol in der Ukraine; diese regionale Zuordnung macht im Zusammenhang mit der Tatsache, dass hier etwa 70 % der gegenwärtigen Weltvorräte liegen, vielleicht auch das politische Tagesgeschehen verständlich! Die Nikopol-Erze werden gelegentlich auch als Poti-Erze bezeichnet, weil sie vom gleichnamigen georgischen Schwarzmeerhafen aus verschifft werden, und Tschiatura ist das weltweit größte Vorkommen überhaupt, wenn man von den Manganknollen am Tiefseeboden absieht: Auf einem Areal von 70 km² lagern hier bis zu 5 m mächtige Erze mit Mangangehalten von 40 %, in Nikopol betragen sie 30 %.

Die Strukturen in den Erzen zeigen an, dass sie in bewegtem Flachwasser entstanden sein müssen: Millimetergroße Ooide, die Schicht für Schicht in dünnen Lagen übereinandergewachsen sind, wie wir das schon bei den sedimentären Eisenerzen von der Ostalb oder aus Lothringen kennengelernt haben. Das Mangan geht nur in der zweiwertigen Form in Lösung, und dazu braucht es reduzierende, d. h. sauerstofffreie oder zumindest sauerstoffarme Bedingungen. Auch hier könnten Humuskolloide eine Schutzfunktion während des Transports übernommen haben; im Klartext: Flüsse transportieren das gelöste Metall zusammen mit organischen Substanzen, die im „durchgequirlten", stark

66 Schematisches Profil der Manganerz-Lagerstätte Nikopol (Ukraine). Die Erze sind Flachwasserbildungen, die sich über einem Küstenstreifen mit Kohlensümpfen ausgebreitet haben (nach Varentsov 1964).

bewegten Flachwasser durch dessen Sauerstoffreichtum zerstört werden. Dabei wird das Mangan vom löslichen Mn^{2+} zum unlöslichen Mn^{4+} ausgefällt und bildet die Minischalen der Ooide.

Der Untergrund, auf dem sich diese Flachmeerprozesse abspielten, und das Hinterland, aus dem die Flüsse das Mangan herantransportiert hatten, ist im Unterschied zu der relativ jungen Erzbildung selbst das Milliarden Jahre alte präkambrische Grundgebirge des sog. Ukrainischen Schildes im Norden.

Die Erze dagegen sind erst vor etwa 30 Millionen Jahren gebildet worden, im Oligozän, also dem mittleren Tertiär. Man muss sich vorstellen, dass zu dieser Zeit das Schwarze Meer wesentlich größer war als heute, denn das Oligozän ist allgemein durch einen weltweiten Meeresspiegel-Hochstand gekennzeichnet (es war damals auch in den Oberrheingraben eingedrungen).

In einem Profil von Norden nach Süden lässt sich noch mehr erkennen (s. Abb. 66).

Die mineralogische Zusammensetzung der Erze ändert sich nämlich systematisch: Im ufernahen Bereich sind oxidische Erze entstanden, weiter draußen karbonatische und in einem Übergangsbereich Mischungen aus beiden Typen. Das zeigt, wie der Sauerstoffgehalt in dem am stärksten bewegten Flachwasser am größten ist, mit zunehmender Wassertiefe jedoch abnimmt, weshalb in diesem Bereich keine oxidischen Erze mehr entstehen, sondern karbonatische. Ganz ähnlich sieht das im Fall von Tschiatura aus (vgl. Abb. 67).

Auf gleiche Weise wie diese Vorkommen am Schwarzen Meer sind während der Kreidezeit Mangan-Lagerstätten in Nordaustralien (Groote Eylandt) entstanden.

Ein grundsätzlich anderer Prozess hat aber die Bildung von festländischen Verwitterungslagerstätten gesteuert, in denen das Mangan – in den Ausgangsgesteinen nur in geringen Mengen vorhanden – konzentriert wurde. Ein bekanntes Beispiel dafür ist die Lagerstätte Nsuta in Ghana.

Dort sind präkambrische Metamorphite, sog. Mangan-Phyllite und Gondite, durch tropische

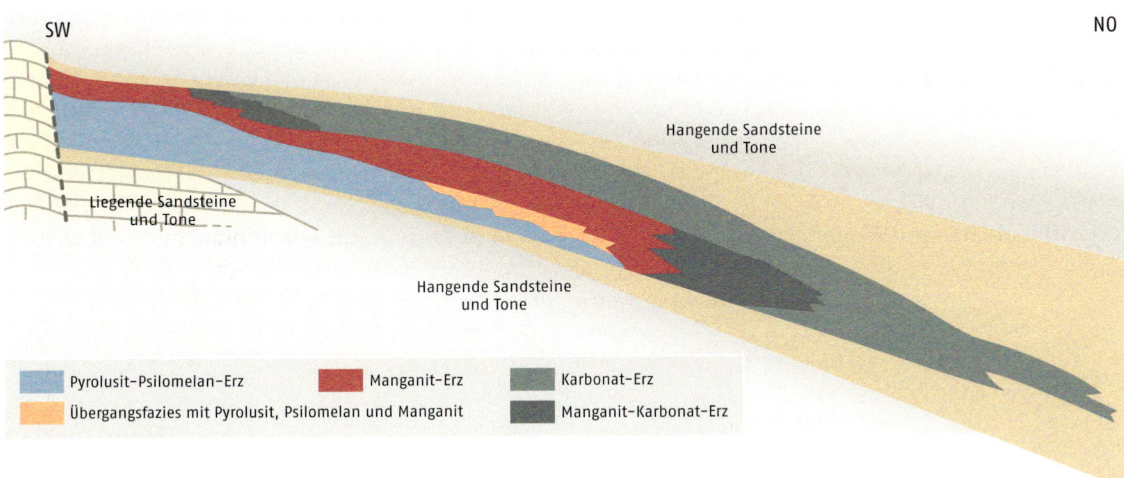

67 In der Manganerz-Lagerstätte von Tschiatura (Georgien) sind während des Oligozäns über einem Untergrund aus Kalken der Ober-Kreide (Mauer-Signatur) unterschiedliche Manganminerale entstanden (nach Avaliani in Varentsov & Grasselly 1980, aus Schneider & Walther in Füchtbauer 1988).

Verwitterung ausgelaugt worden, und das Mangan hat sich in den Verwitterungsrückständen bis zu >50% angereichert. Allerdings enthalten die Ausgangsgesteine schon hohe Mangangehalte (Gondite 8–25%), die auch auf Spessartin zurückzuführen sind. Wichtig ist, dass deren chemische Verwitterung unter tropischen Klimabedingungen stattgefunden hat, wobei die entsprechenden Prozesse durch viel warmen Regen immer besonders intensiv verlaufen. Entsprechende Mangan-Lagerstätten sind beinahe überall auf den Gneisen der präkam-brischen Alten Schilde der Südkontinente ausgebildet: Es gibt sie an der Elfenbeinküste, in Gabun, Brasilien, Indien und Australien. Nach den indischen Vorkommen im alten „Land der Gond" (hier liegt der Ursprung des Begriffs „Gondwanaland") werden sie auch anderswo als Gondite bezeichnet – es sind Gesteine einer „Mangan-Glimmerschiefer-Quarzit-Formation". Auch in Deutschland wurden früher entsprechend entstandene Verwitterungslagerstätten abgebaut, die als „Hunsrück-Erze" bekannt waren. Kennzeichnend ist, dass sie überwiegend auf Kalken liegen, meistens auf devonischen Kalken, die verkarstet sind. Ihre Bildung muss aber im Wesentlichen in der Kreide- bzw. Tertiärzeit stattgefunden haben, als auch bei uns entsprechende Klimabedingungen gegeben waren. In dieser Zeit sind auch die mächtigen Tonvorkommen im Rheinischen Schiefergebirge entstanden (vgl. Kap. 8). Daran wird deutlich, dass Lösungsprozesse beteiligt sind, die auf Kalken immer besonders wirksam sind. Die Vorkommen waren aber so kleinräumig, dass sie heute selbst in der Literatur kaum noch erwähnt werden, etwa Waldalgesheim im Hunsrück oder die Sötenicher Kalkmulde in der Eifel. Die Lindener Mark bei Gießen dagegen, auf die heute noch die Autobahnausfahrt „Bergwerkswald" verweist, war einst die bedeutendste Manganerz-Lagerstätte Deutschlands.

Nach diesen unter normalen Temperaturen an der Erdoberfläche entstandenen „kalten" Lagerstätten kommen wir nun noch zu einem relativ heißen Bildungsprozess: Mangan kann nämlich auch hydrothermal – d. h. aus wässerigen Lösungen von ein paar 100 °C – in Form von Erzgängen abgesetzt werden.

Man kennt diese Prozesse inzwischen von den Schwarzen Rauchern am Meeresboden, wo sie von Tauchbooten aus direkt zugänglich sind: Dort werden auch Manganverbindungen gefördert. Letztlich stammen alle in diesen Systemen aktivierten Metalle aber aus den ganz gewöhnlichen Nebengesteinen, die durch das vulkanisch erwärmte Meerwasser nur ausgelaugt werden. Der Meeresboden um die heißen Quellen herum besteht meistens aus Basalten, und Basalte enthalten schon von vornherein mehr Mangan als andere vulkanische Gesteine.

Manganknollen der Tiefsee – Metalle für die Zukunft?

Nachdem wir nun mit den Schwarzen Rauchern im Meer angekommen sind, soll auch noch von den Manganknollen die Rede sein, die in den 1960er-Jahren vor allem Geologen und Politiker bewegten. Inzwischen ist es ruhiger um dieses Thema geworden, man hat sich jedoch vor Kurzem entschieden, wenigstens die Forschung hierzu weiterzuführen – anders als bei der Kernkraft denkt man hier offenbar mal an die Zukunft.

Manganknollen haben eine äußerliche Ähnlichkeit mit Kartoffeln, wie z. B. deren Durchmesser von 1 bis >15 cm, und weil man sie überwiegend in der Tiefsee findet, wurden sie von den Seeleuten treffend „Tiefseekartoffeln" genannt. Ich habe aber auch schon den Ausdruck „-trüffel" dafür gefunden, was eine höhere Wertschätzung zeigt als der ebenfalls in der Literatur zu findende Begriff „Hamburger"-Form, der sich auf raue, poröse Unterseiten und poliert wirkende Oberflächen bezieht. Daran erkennt man jedenfalls, dass die Knollen nicht umgekippt sein können, und manche haben sogar eine Art von Bauchring, der die Grenze zwischen Sedimentoberfläche und Wasser markiert.

Ihre Entdeckung ist nicht neu, man hat solche Knollen schon vor etwa 130 Jahren bei der berühmten Expedition mit dem Segelschiff „Challenger" vom Meeresboden gedredgt. Die Forschungsergebnisse dieser dreijährigen Weltumseglung wurden in 30 Bänden veröffentlicht (Murray & Renard 1891). Die Knollen bestehen im Wesentlichen aus Eisen- und Manganoxiden (5–15% Fe, 10–30% Mn), enthalten aber auch kleinere Mengen (1–3%) von Kupfer, Kobalt, Nickel, Molybdän und Vanadium und diese Metalle vor allem machen die Knollen für die Zukunft so interessant. Die französischen Forscher sprechen deshalb auch von „nodules polymétalliques", also von polymetallischen Knollen.

Trotz dieser geringen Prozentgehalte an wertvollen Metallen sind die bisher aus den bekannten Vorkommen hochgerechneten Metallmengen so enorm, dass sie u. a. die Ressourcen der Kupfer-,

Nickel- und Kobaltmengen auf Jahrhunderte erweitern würden – vom Mangan gar nicht zu reden.

Die Bindung der selteneren Metalle in den Knollen hat eine chemisch-physikalische Begründung: Dabei spielen Mangan-Kolloide eine Rolle, die im Gegensatz zu denen des Eisens negativ geladen sind, sodass positiv geladene Metalle daran „andocken“ können.

Um die Belegungsdichte der überwiegend auf dem Meeresboden liegenden Knollen zu studieren, werden Schlitten mit Fernsehkameras eingesetzt. Die Proben selbst kann man dann in den meisten Fällen mit Dredgen (d. h. einem metallischen Schleppnetz) an Deck holen, aber auch mit Kastengreifern, wobei die auf der relativ kleinen Fläche des Kastens gefundene Menge direkt auf die Belegungsdichte schließen lässt (vgl. Abb. 68).

Wenn man die Knollen aufsägt, zeigen sie einen Aufbau aus konzentrischen dünnen Lagen, die sich manchmal um einen Kern herum angelagert haben, bestehend aus anderem Material – das kann Basalt, Gesteinsglas oder auch einmal ein Haifischzahn sein. Insgesamt sind die Knollen ziemlich porös.

Offensichtlich sind die Manganknollen dort gewachsen, wo man sie findet, was immer nur an der Meeresbodenoberfläche oder innerhalb der obersten Sedimentschichten der Fall ist.

Ihre Heimat sind die meist ebenen Flächen besonders tiefer Bereiche der Ozeane, die mit dem sog. Roten Tiefseeton bedeckt sind – also Gebiete mit Wassertiefen von meist mehr als 4000 m, von einzelnen Ausnahmen einmal abgesehen. Das Hauptverbreitungsgebiet liegt im zentralen Pazifik, es gibt Manganknollen aber auch im Atlantischen und Indischen Ozean und sogar im Mittelmeer (Abb. 70).

In Lehrbüchern und Fachaufsätzen, in denen ihre Entstehung diskutiert wird, wird darauf hingewiesen, dass diese trotz intensiver Forschungsarbeiten noch keineswegs geklärt ist. Es gibt aber durchaus plausible Ansätze: Die Knollen liegen meist mit einer flachen Unterseite auf dem Sediment und haben gewölbte Oberseiten, sehen also etwa aus wie die erwähnten Hamburger. Wir hatten schon angemerkt, dass Mangan unter reduzierenden Bedingungen gelöst wird und damit in entsprechend konditioniertem Wasser wandern kann – und zwar so lange, bis sich dessen Sauerstoffgehalt erhöht: Dann wird es wieder ausgefällt.

Dazu ein Bild von einer eigenen Arbeit, in der ich mich mit Tiefsee-Sedimenten beschäftigt habe

68 Manganknollen in einer frischen Kastengreiferprobe vom Tiefseeboden des Pazifiks (Foto: von Prof. Dr. Peter Stoffers).

(vgl. Abb. 69): Es zeigt den Anstieg des Mangans zur Oberfläche hin, und zwar etwa parallel mit dem des Karbonats. Normalerweise verhalten sich die Metallkonzentrationen eher umgekehrt, was man hier auch gut am Eisen sehen kann.

Innerhalb des Sediments entsteht durch die Zufuhr von weiterem Sediment, das von oben draufgepackt wird, ein Druck, der das Porenwasser zur Oberfläche treibt – und mit diesem Porenwasserstrom wird auch das im tieferen Bereich gelöste Mangan transportiert und ausgefällt, sobald es im oberflächennahen sauerstoffreichen Wasser angekommen ist. So steigen die Gehalte dort ständig an, das Metall kann sich, vor allem in der mineralogischen Form des erwähnten wasserreichen Todorokits, um Kerne oder schon vorhandene Knollen herum absetzen.

Wenn dann weitere Sedimente zusammen mit organischer Substanz, die erneut zu reduzierenden Bedingungen beiträgt, akkumuliert werden, lösen sich die Knollen teilweise auch wieder auf und das gelöste Mangan wandert mit dem Porenwasser erneut aufwärts und wird an der neuen Oberfläche wieder ausgefällt. Das erklärt, warum man die Knollen niemals in den tieferen Sedimentschichten findet.

Außer Manganknollen gibt es auch Mangankrusten, die offensichtlich auch eine Beziehung zu bestimmten Knollen aufweisen. Was wir besprochen hatten, waren die hier als „diagenetische“ Knollen bezeichneten Gebilde, die aber den Hauptanteil ausmachen.

Die Mangankrusten überziehen untermeerische Basaltrücken, wobei es Lokalitäten zu geben scheint,

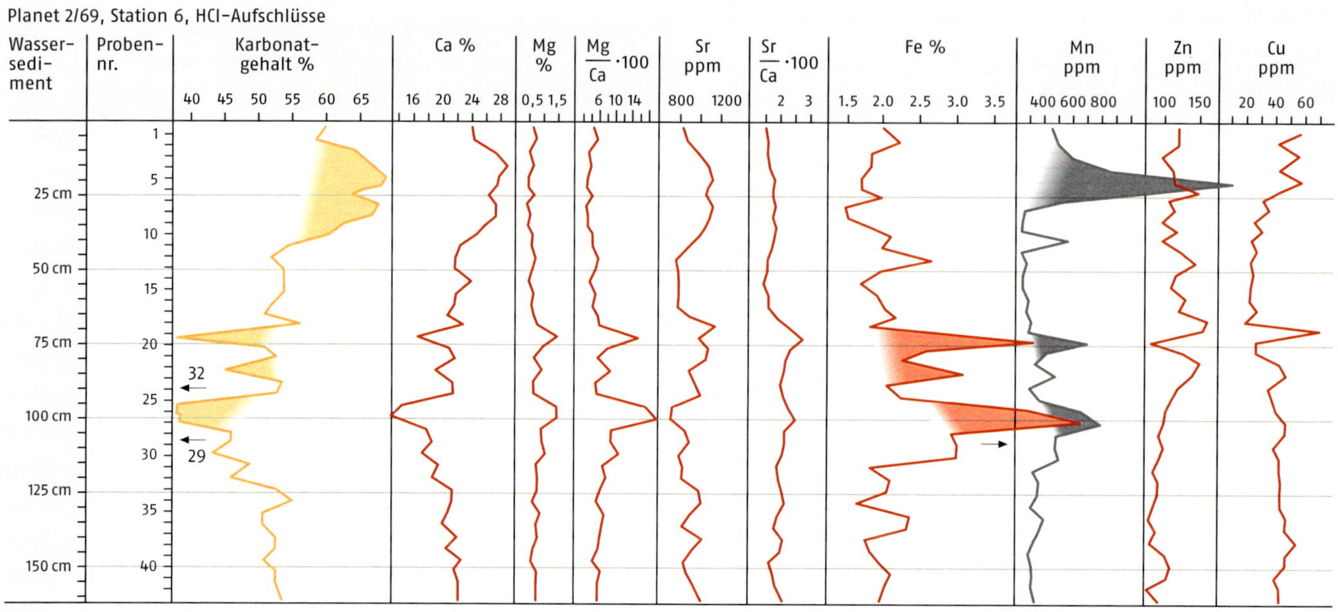

69 Profil eines Sedimentkerns aus 3700 m Wassertiefe im Bereich der Kapverdischen Inseln. Man erkennt deutlich die Anreicherung von Mangan in Nähe der Sedimentoberfläche, obwohl dort hohe Karbonatgehalte herrschen; im unteren Teil des Profils zeigt sich der sonst übliche Parallelverlauf des Mangans mit dem Eisen (Rothe 1971).

deren Krusten besonders reich an Kobalt sind; ich reiße das nur an, weil es angesichts der räumlichen Dimensionen auch Zufallsfunde sein könnten.

Der Mechanismus der Entstehung scheint also weitgehend klar: Lösung und Fällung, die durch einen Wechsel von reduzierenden und oxidierenden Verhältnissen gesteuert werden. Weniger klar sind die Zeiträume, die eine Knolle für ihr Wachstum braucht. Meeressedimente wachsen in diesen Tiefen in einer Größenordnung von Metern pro Millionen Jahre, bei Manganknollen hat man aber nur Wachstumsraten von Millimetern pro Millionen Jahre gefunden; sie wachsen also 1000 Mal langsamer. Wenn eine Knolle von 3 cm Durchmesser einen Haifischzahn als Kern hat, dessen Träger vor etwa 30 Millionen Jahren gelebt hat, dann erklärt das ihr Alter besser als physikalische Bestimmungen, die durch Diffusion von Thorium oder Uran, mit denen solche Altersbestimmungen durchgeführt werden, in den porösen Knollen verfälscht sein können.

Im Gegensatz dazu gibt es nun aber auch Hinweise auf besonders schnell wachsende Knollen bzw. Krusten. Dazu gehören zentimeterdicke Mangankrusten, die man auf einer Kanone eines gesunkenen Schiffs aus dem 17. Jahrhundert entdeckt hat. Das wäre, gemessen an den zuvor genannten Zeiträumen, ein geradezu rasantes Wachstum, wobei vielleicht das Kanonenmetall Bronze eine katalytische Wirkung ausgeübt haben könnte. Ähnliche Wachstumsraten wurden auch von Schiffsgranaten im Pazifik berichtet, die mit dicken Mangankrusten überzogen sind, und von Nägeln im Indischen Ozean. In allen Fällen scheint die metallische Natur des Kerns eine katalytische Rolle zu spielen, die den Fällungsprozess beschleunigt.

Es gibt aber offenbar auch Beziehungen zwischen Wachstumsraten und der Verfügbarkeit von Mangan: In der Nähe von Hydrothermalquellen wachsen die Knollen nämlich schneller als in den klassischen Bereichen der erwähnten Tiefsee-Ebenen; dort ist das Meerwasser so arm an Metallen, dass die extrem geringen Zuwachsraten der Normalfall sind.

Letztlich ist aber nicht einmal die Herkunft des Mangans gesichert. Meerwasser enthält normalerweise 0,002 ppm, also fast nichts. Es wird diskutiert, dass das Phytoplankton, also vor allem Algen, das Mangan und andere Metalle anreichert (lebende Zellen brauchen das, wie ich eingangs erwähnt hatte), nach dem Absterben auf den Meeresboden gelangt und dort Bestandteil der Sedimente wird. Auf Verteilungskarten kann man eine gewisse Deckungsgleichheit zwischen Manganknollen-Feldern und Plankton-Arealen im Oberflächenwasser beobachten.

Eine zweite Quelle könnten die Schwarzen Raucher bzw. allgemein hydrothermale Aktivität sein, durch die Metalle aus der basaltischen Ozeankruste gelöst werden, welche ohnehin höhere Mangangehalte hat als die meisten anderen Gesteine.

Hier bleibt das Eisen meist zurück, und das Mangan wird ins Meer geblasen, wo es von Pflanzen eingefangen werden und nach dem zuvor geschilderten Prozess in die Sedimente gelangen könnte. Vielleicht liegt ja des Rätsels Lösung in einer Kombination all dieser Vorgänge.

So wie die Entstehung von Manganknollen in vieler Hinsicht noch ungeklärt ist, ist auch ihre mögliche Gewinnung mit vielerlei Problemen behaftet. Diese sind nicht nur technischer Art, sondern betreffen u.a. auch die Frage, wem sie eigentlich gehören – Stichwort „Law of the Sea". Es gab Mitte der 1960er-Jahre eine regelrechte Euphorie im Hinblick auf die zu erwartenden Reichtümer am Meeresboden und es entwickelten sich politische Spannungen zwischen den Industrienationen und Entwicklungsländern um – wie es hieß – das „letzte Erbe der Menschheit". Dazu gehörten nicht nur die Manganknollen, sondern letztlich alle mineralischen Rohstoffe im Meeresbereich. 1982 hatte ich damit auch zu tun: Im Auftrag des Wirtschaftsministeriums war ich für ein halbes Jahr bei der „Intergovernmental Oceanographic Commission", einer Organisation der UNESCO, als Berater in Paris, um das Programm „Ocean Science in Relation to Non-Living Resources" mitzuentwickeln. Das Grundproblem war, dass die Industrienationen das Know-how entwickelten, an dem die Dritte-Welt-Länder sofort teilhaben wollten. Mittlerweile gibt es eine Internationale Meeresbodenbehörde, welche die Bodenschätze der Tiefsee im Auftrag der Vereinten Nationen verwaltet und bereits mehrere Lizenzen zum Abbau von Manganknollen vergeben hat. Die Gebiete liegen alle in der durch die früheren Forschungen interessantesten Clarion-Clipperton-Bruchzone, die durch große Transformstörungen begrenzt ist. Hier herrscht nicht nur eine besonders hohe Besetzungsdichte mit Manganknollen, sondern die Knollen haben auch hohe Gehalte an anderen Metallen, vor allem Nickel (Abb. 71).

Eines der diskutierten Abbauverfahren ist die Förderung durch Rohrleitungen mithilfe von Pumpen; dazu müssen die Knollen zuvor am Meeresboden noch zusammengekehrt werden, ehe der „Staubsauger" in Aktion treten kann. Ein anderes Verfahren sind sog. Eimerkettenbagger, die in einer Endlosschlaufe zwischen zwei Schiffen laufen können.

Deutschland beteiligt sich inzwischen wieder an der Manganknollen-Forschung: Im Juli 2006 wur-

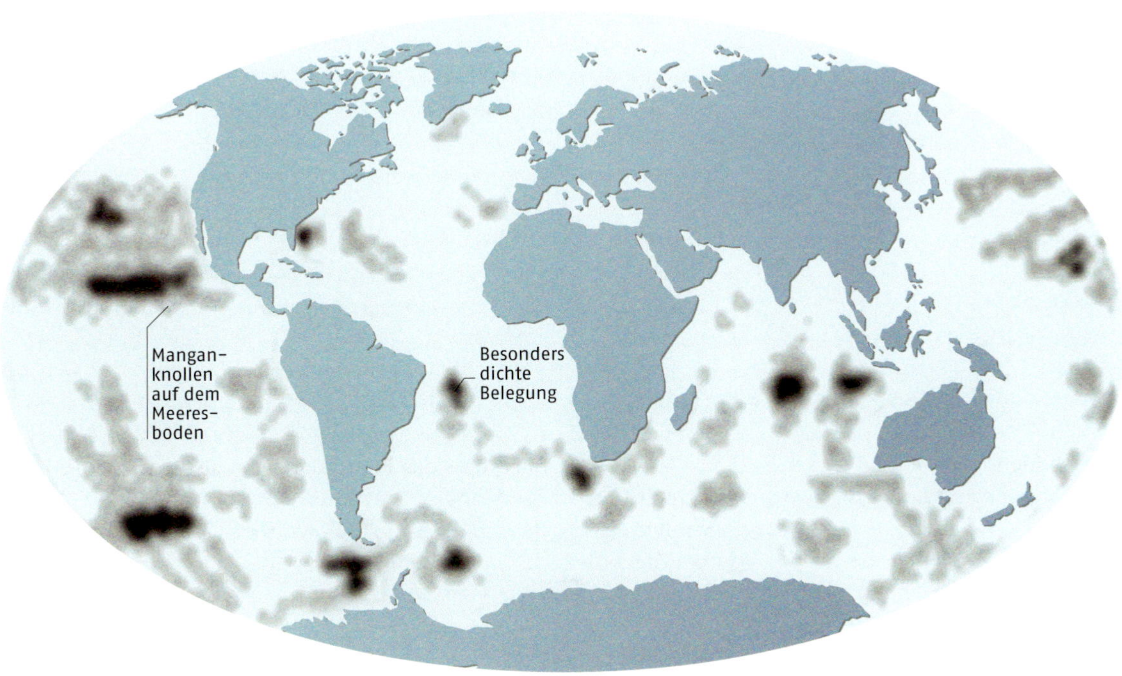

70 Verbreitung von Manganknollen in den Weltmeeren; besonders reiche Felder sind dunkel markiert (verändert nach Cronan 1980).

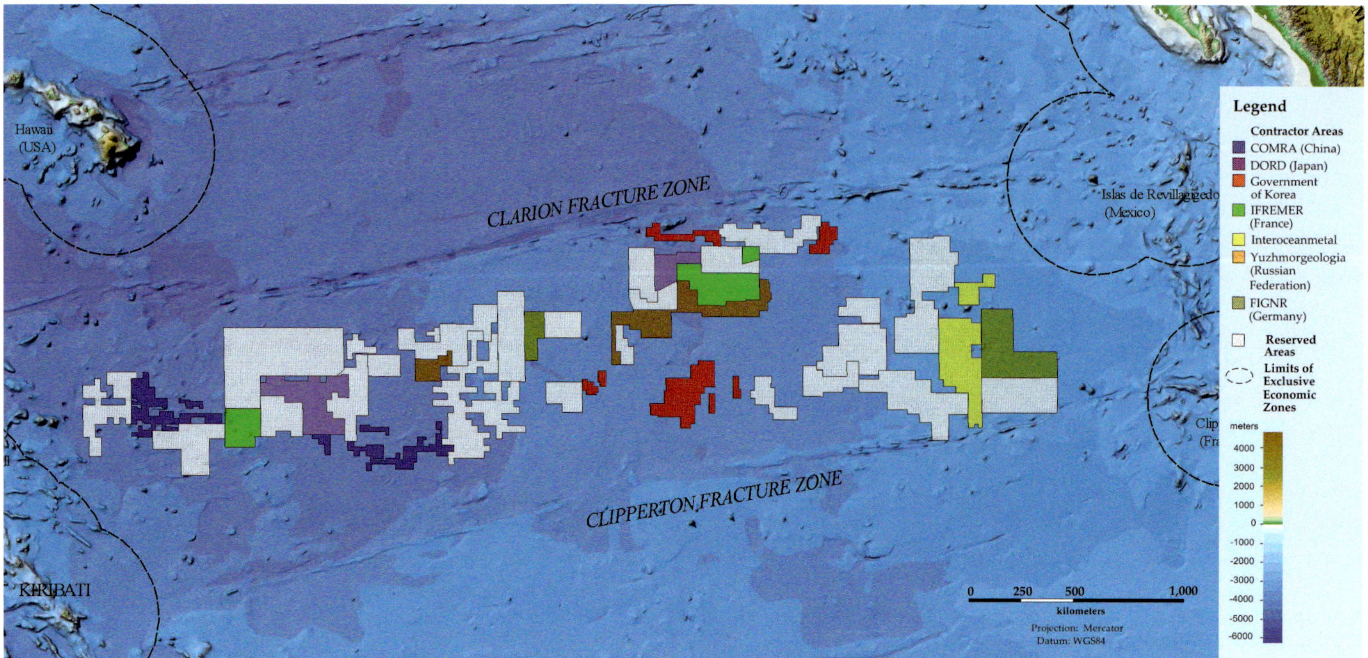

71 Die Meeresbodenkarte zeigt die Explorationsgebiete polymetallischer Knollen im Pazifik zwischen zwei Transform-Störungen, der Clarion- und der Clipperton-Bruchzone (im NW die Kette der Hawaii-Inseln. Die Claims (eckige Felder) kennzeichnen die Gebiete, die unter Vertrag mit der International Seabed Authority (ISA) stehen (die Abb. wurde dem Verfasser freundlicherweise von Nii Allotey Odunton, dem derzeitigen Generalsekretär der ISA, überlassen).

de ein entsprechender Vertrag mit der Internationalen Meeresbodenbehörde unterzeichnet und die Arbeit in zwei Claims innerhalb der erwähnten Bruchzonen im Pazifik aufgenommen, die nach den bisherigen Untersuchungen zu den besonders metallreichen Gebieten zu gehören scheinen.

Die Größenordnung wird aber nur deutlich, wenn man sich vorstellt, dass diese Gebiete annähernd mit dem Areal der alten Bundesrepublik Deutschland vergleichbarsind. Ein weiteres Problem, das mit der Förderung verbunden ist, birgt der extrem feinkörnige Rote Tiefseeton. Dieser haftet zäh selbst an völlig glatten Oberflächen: Wir hatten mal mit einem Kolbenlot, mit dem man Tiefsee-Sedimente ausstechen und ungestört an die Oberfläche holen kann, solche grauen Plastikrohre eingesetzt, wie sie als Abwasserrohre verwendet werden – und an denen klebten außen immer noch Tonfetzen, nachdem wir sie aus 4000 m Wassertiefe geholt hatten. Man muss sich vorstellen, dass der bei der Förderung anfallende Ton von den Manganknollen getrennt werden muss und dann als gigantische Dreckwolke für sehr lange Zeit im Wasser treibt: Ein Tonteilchen braucht theoretisch 22 Jahre, um 100 m Wassersäule zu durchsinken.

Lit.: Mangan

Broecker 1974, Mero 1965, Pohl 1992, Rothe 1971, Rothe in Richardson 1985, Schneider & Walther in Füchtbauer 1988, Varentsov 1964

Kupfer

Kupferbleche standen sehr wahrscheinlich am Anfang der Metallzeitalter der Menschheit – nicht solche, aus denen man Dachrinnen fertigt oder Kirchturmdächer, sondern natürlich vorkommende, die dicker sind, unregelmäßige, raue Oberflächen haben und eher aussehen wie Krusten. Aber sie bestehen aus dem gediegenen Metall und bilden damit ähnliche Ausnahmen wie Gold, Silber oder Quecksilber, was sie von den meisten anderen Metallen unterscheidet, die erst durch hüttentechnische Prozesse gewonnen werden können. Solche Kupferbleche lassen sich dagegen direkt schmieden und zu Werkstücken formen. So ging vielleicht deshalb der uns allen geläufigen Bronzezeit kulturell eine Kupferzeit voraus.

Man kann darüber spekulieren, dass Oxidationsprodukte von Kupfer, wie sie uns mit ihren leuchtend grünen oder blauen Farben als Malachit und Azurit in der Natur begegnen, auch den frühen Menschen den Weg zu den Lagerstätten gewiesen haben. Kupfer war in der Antike jedenfalls schon wohlbekannt und weit verbreitet und die Vorkommen sind so weit verstreut, dass ihre Beziehungen zu den daraus hergestellten Produkten meist nur an den mit modernsten Methoden ermittelbaren Spurenelementen in den Metallen rekonstruiert werden können; eines der prominentesten Beispiele dafür aus letzter Zeit ist die Himmelsscheibe von Nebra.

„Ist Kupfer das neue Gold? – Kupfer kann für die private Kapitalanlage durchaus attraktiv sein" (FAZ 30. Sept. 2003) oder „Der Kupferpreis befindet sich im freien Fall" (FAZ 27. Nov. 2007) – derlei Wechselbäder sind nicht nur beim Kupfer immer wieder zu verfolgen, und nach den Prophezeiungen des Club of Rome (Meadows 1972) wären die Kupfervorräte heute ohnehin schon erschöpft.

Die archäologisch begründete Kupferzeit liegt schon ein paar Tausend Jahre zurück und damit noch vor der uns eher geläufigen Bronzezeit. Dass es sie gegeben hat, dürfte mit den geologischen Gegebenheiten zusammenhängen: Kupfer ist nämlich eines der wenigen Metalle, die in der Natur auch in gediegenem Zustand vorkommen, d. h. als Metalle selbst und nicht nur in Form von Verbindungen mit anderen Elementen wie etwa Sauerstoff, Schwefel oder CO_2. Der Name Kupfer soll sich Plinius zufolge von „aes cyprium" herleiten, also von Zypern, allerdings hat mich schon früh einer meiner Hiwis auf eine Quelle hingewiesen, die es vom assyrischen „kipar" ableitet und damit einen semitischen Ursprung begründet, nach dem dann erst später die Insel benannt wurde, die zuvor Jatnan hieß. Das „aes cyprium" hat dann über das lateinische „cuprum" schließlich zum Kupfer geführt.

Historisch ist Kupfer seit über 9000 Jahren bekannt und wurde in den Anfängen in der Form von gediegenem Metall verarbeitet, das so gelegentlich auch in der Natur vorkommt. Vor etwa 6000 Jahren sammelten die Ägypter Kupfererze aus Geröllfeldern, der möglicherweise älteste Bergbau wurde im Negev (heutiges Israel) nachgewiesen und auf Zypern wurde das Erz schon vor vier Jahrtausenden gewonnen; nach der Römerzeit wurde dort allerdings die Gewinnung eingestellt und merkwürdigerweise erst 1921 wieder aufgenommen. Näher als alle diese Gebiete liegt uns Helgoland, wo man im Meeresgebiet um die Insel alte Kupferbarren gefunden hat, was dann auch der Spekulation Auftrieb gab, dass dort das sagenhafte Atlantis gelegen haben könnte. Mehr noch: Man hat dort auch Schlacken gefunden, die einerseits auf eine Verhüttung des Kupfers vor Ort hinweisen und andererseits Holzkohlenreste für eine ^{14}C-Datierung lieferten – daraus ergab sich zunächst eine zeitliche Zuordnung zum Mittelalter (11.–13. Jh.). Vergleichsanalysen mit bronzezeitlichen Geräten aus dem norddeutschen und skandinavischen Raum haben ergeben, dass diese ein dem Helgoländer Erz vergleichbares Spurenelementspektrum aufweisen, u. a. hohe Arsengehalte, sodass wahrscheinlich ist, dass Kupfer auf Helgoland schon in der frühen Bronzezeit gewonnen wurde. In diesem Zusammenhang ist auch von einem Schmelzofen die Rede, der zwischen 3000 bis 1350 v. Chr. gebaut worden sein kann. Geologisch ist dazu anzumerken, dass es auf Helgoland neben den im Buntsandstein fein verteilten Kupfer-Mineralen auch einen bis zu 1 m mächtigen Erzgang gab, der 10 % Cu enthielt – teilweise auch in gediegener Form. Die Vorkommen sind sicherlich wesentlich ausgedehnter gewesen, denn Helgolands Küste ist allein seit dem Jahr 1700 um etwa 200 m zurückgewichen. Dieser Umstand ist also auch Futter für die Archäologen, die für das nordische Kupfer überwiegend einen Fernhandel postuliert hatten. Merkwürdig bleibt, dass keinerlei schriftliche Aufzeichnungen bekannt geworden sind. So wird spekuliert, dass der Hüttenplatz bei einer der seit dem Mittelalter verstärkt auftretenden Sturmfluten untergegangen ist – und mit ihm die Hüttenleute.

Für höhere Pflanzen und Tiere einschließlich des Menschen ist Kupfer weitgehend unschädlich, und kupferne Dachrinnen allein schon deshalb, weil sich das Metall an der Oberfläche sofort mit einer Patina aus sog. basischem Kupferkarbonat überzieht – die schöne grüne Farbe kennt man u. a. von Kirchendächern.

Alte Weinbergsböden enthalten viel gelöstes Kupfer, weil die Winzer Kupfervitriol als Fungizid gegen den Pilz *Peronospora* spritzten. Die Wirkung auf Bakterien, also äußerst niedere Organismen, kannte schon meine Oma, die immer eine Kupfermünze mit in die Vase tat, was Schnittblumen länger frisch bleiben ließ. Auf niedere Organismen, auch Algen, wirken die in saurer Lösung freigesetzten Cu-Ionen nämlich hochtoxisch.

Man kennt im Gegensatz zu den „Blumenwasserbakterien" aber auch Organismen, die Kupfer geradezu lieben, u. a. einen Thiobazillus, mit dem man das Metall aus alten Bergbauhalden durch das sog. Bioleaching anreichern kann. Kupfer ist auch wichtig für die Chlorophyll-Synthese: Die gespritzten Weinblätter sind immer schön grün, und ein

T 16 Kupfergehalte unterschiedlicher Gesteine (ppm) (nach Mason & Moore 1985, Krauskopf 1967).

Erdkruste / Magmatite	55
Granit	13
Diorit	53
Gabbro/Basalt	75 – 110
Tonschiefer	45
Sandsteine	1 – 10
Karbonate	4
Meerwasser	0,002

T 17 Konzentrationen von Kupfer und verschiedenen Kupfer-Mineralen (zusammengestellt nach verschiedenen Quellen, v. a. Ramdohr & Strunz 1979).

Kupfer-Mineral		Kupfergehalt (%)
Gediegen Kupfer		100
Kupferkies (Chalcopyrit)	$CuFeS_2$	35
Kupferglanz (Chalcosin)	Cu_2S	80
Kupferglanz (Digenit)	Cu_9S_5	78
Buntkupfererz (Bornit)	Cu_5FeS_4	63
Kupferindig (Covellin)	CuS	66
Rotkupfererz (Cuprit)	Cu_2O	89
Malachit	$Cu_2([OH]_2/CO_3)$	57
Kupferlasur (Azurit)	$Cu(OH/CO_3)$	55
Fahlerz(e), Cu mit As, Sb		
Enargit	Cu_3AsS_4	48

Kupfermangel führt zur sog. Weißseuche oder Urbarmachungskrankheit. Auch hier gilt also Paracelsus: Die Menge macht's. So viel zu den physiologischen Wirkungen.

Mit dem Helgoländer Erzgang wäre schon ein erster Lagerstättentyp angesprochen – so etwas kennt man auch von einer Vielzahl anderer Metalle, aber die Kupfer-Lagerstätten sind geologisch oft wesentlich vielfältiger. Zuvor erst wieder ein paar Zahlen, und zwar Durchschnittswerte in der Erdkruste und in verschiedenen Gesteinen (vgl. Tab. 16).

Zu den Spurenkonzentrationen in einzelnen Gesteinen nur so viel, dass Kupfer eher in den dunklen vorkommt: Basalt bzw. Gabbro haben im Vergleich zum Granit immer höhere Werte.

„Kupferkies" gehört wie „Kupferglanz" oder „Kupferlasur" zu den alten Bezeichnungen, die wissenschaftliche Bezeichnung für Ersteren ist jedoch Chalcopyrit (griech. chalkos = Erz, also „Erzpyrit", obwohl Pyrit ja selbst schon ein Erz ist).

An den Verbindungen wird deutlich, dass Kupfer eine hohe Affinität zum Schwefel hat. Es gehört zu den sog. chalkophilen, d. h. erzliebenden Elementen innerhalb der Erde. Des Weiteren gibt es Kupferoxid und Kupferkarbonate, die vor allem durch ihre Farben im Gestein auffallen: Malachitgrün und Azurblau. Diese Farben dienen den Prospektoren oftmals als Hinweise darauf, dass im Untergrund sulfidische Phasen zu erwarten sind, die höhere Metallkonzentrationen aufweisen. Enargit ist ein Kupfer-Mineral, aus dessen Arsengehalt auch das Arsen selbst gewonnen wird.

Kupfer-Lagerstätten gibt es in direktem oder indirektem Zusammenhang mit Magmatismus sowie in den unterschiedlichsten Sedimentgesteinen, in Schiefern, Shales und sogar in Sandsteinen, wie schon im Fall von Helgoland angedeutet wurde. Alle diese Typen, die ich nun etwas eingehender beschreiben will, können im Verlauf der langen Erdgeschichte auch metamorph überprägt worden sein. Die Zahl der Vorkommen ist kaum überschaubar, es gibt hier – im Gegensatz z. B. zu Blei und Zink – sowohl ausgesprochene Reicherze als auch abbauwürdige Armerze in großem Ausmaß, und ich muss mich hier auf wenige charakteristische Vorkommen beschränken.

Die zunächst interessantesten sind jene, in denen das Kupfer als gediegenes Metall vorkommt. Solche nur lokal bedeutsamen Lagerstätten gibt es im Gebiet der Oberen Seen in den USA – in präkambrischen Melaphyrdecken der Keweenawan- (oder Calumet-)Halbinsel in Form von Kupferstaub, schrotkorngroßen Stückchen, Blöcken von einigen Zentnern Gewicht und Klumpen, aber auch dendritenartig gewachsen – und auch in Chile. Nach Beobachtungen an rezenten Vorkommen von wahrscheinlich ähnlicher Entstehungsweise in Sümpfen vollzieht sich die Bildung aus Cu^{2+}-Lösungen, die mittels der organischen Substanz bzw. durch eine Änderung des pH-Wertes zu metallischem Kupfer reduziert werden. Gediegenes Kupfer findet man in kleinen Mengen aber auch als sekundäres Verwitterungsprodukt in anderen Lagerstätten.

Einen weiteren wichtigen Typ gibt es im Zusammenhang mit Blei-Zink-Erzen, der unter dem Begriff „Kuroko-Erze" bekannt ist – das sind Erz-

72 Die Tafel zeigt wichtige Kupfererze: Die dendritisch gewachsenen Kristalle und das flache „Blech" sind gediegen Kupfer a), b), das Stück mit den bunten Anlauffarben ist Kupferkies c), das blaue Azurit d) und das grüne Malachit e). Malachit ist eines der bekanntesten Kupferminerale, das oft nur dünne Überzüge auf allen möglichen Gesteinen bildet; durch seine auffällige Farbe ist es immer ein Hinweis auf kupferhaltiges Gestein im Untergrund. Azurit und Malachit sind sekundäre, oberflächennah entstandene Minerale, die oft traubignierige Strukturen bilden, seltener eigengestaltige Kristalle (Fotos: Verfasser).

gemeinschaften, die in einem unmittelbaren Zusammenhang mit untermeerischem Vulkanismus entstehen. Kuroko ist ein japanisches Wort und bedeutet „schwarzes Erz", was sich auf Blei- und Zink-Minerale bezieht. In den Lagerstätten trifft man aber auch gelbes Erz an, das aus Kupferkies und Pyrit besteht. Die Bildung hat sich im Tiefseegebiet der japanischen Inseln vollzogen. Die Erze enthalten meist mehr Kupfer und Zink als Blei, plattentektonisch gehören sie zu einem Milieu an der Rückseite von Inselbögen (der fachliche Begriff heißt „back-arc basin"), in dem sowohl basaltische als auch granitische Schmelzen entstehen können; letztere sind ausgesprochen zäh und haben bei ihrer Platznahme die schon bestehenden Erzlager oft beträchtlich deformiert.

Da entsprechende geologische Situationen seit dem Präkambrium bis heute existieren, sind Kuroko-Lagerstätten weltweit verbreitet; es gibt sie sogar rezent, wie Studien im Okinawa-Trog gezeigt haben, wo es neben dem namengebenden schwarzen auch gelbes Erz gibt, das sowohl Pyrit als auch Kupferkies sein kann.

Auch die Kupfervorkommen von Zypern lassen sich heute in ein ähnliches, plattentektonisch gesteuertes Milieu einordnen: Auf der Insel gibt es mächtige Stapel von Pillow-Basalten, die von Gängen durchschlagen werden. Hierbei handelt es sich um ozeanische Kruste, die aus drei Schichten besteht: oben Tiefsee-Sedimente, in der Mitte Pillow-Basalte und darunter ein steilstehendes Gangsystem.

Zusammen bilden solche Folgen sog. Ophiolith-Komplexe, und entsprechende Gesteinsstapel findet man gelegentlich sogar auf dem Festland, weil sie durch tektonische Prozesse dorthin verfrachtet wurden. Eine entsprechende Entstehung wird auch für die den zyprischen ähnliche Lagerstätte von Ergani Maden in der südöstlichen Türkei angenommen.

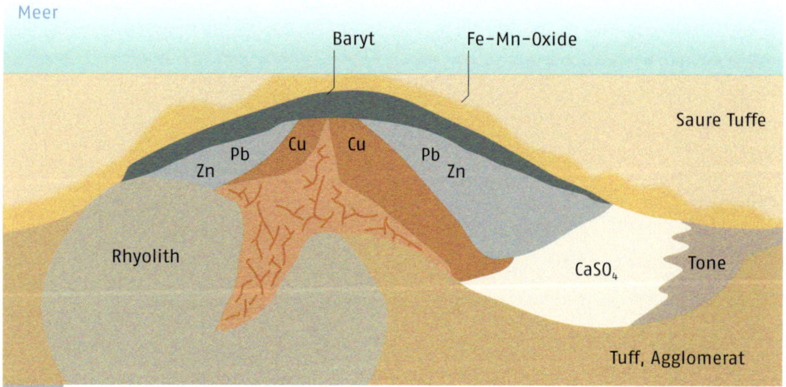

73 Schematische Darstellung einer Kuroko-Lagerstätte, in der vor allem Blei-, Zink- und Kupfererze innerhalb von Meeressedimenten im Zusammenhang mit einem SiO_2-reichen Inselbogen-Vulkanismus an Subduktionszonen gebildet werden (nach Finlow-Bates 1980, aus Pohl 2005).

Einen zweiten Typ von untermeerisch entstandenen Vorkommen bilden die SEDEX-Lagerstätten, die im nachfolgenden Kapitel über die Blei-Zink-Lagerstätten näher vorgestellt werden; zu den bekanntesten gehört die vom Rammelsberg im Harz, wo man neben silberhaltigem Bleiglanz und Zinkblende u. a. auch Kupfer und Gold gewonnen hat.

SEDEX-Lagerstätten setzen reduzierende Verhältnisse in einem Meeresbecken voraus, die im Fall des Rammelsberges durch dunkle Tonschiefer des Mitteldevons angezeigt werden, welche hier die Erzlager umschließen. Ein solches Milieu ist im Wesentlichen frei von Sauerstoff, enthält aber viel Schwefel, der für die Fällung von Metallen in Form von Sulfiden zur Verfügung steht – in diesem Fall also u. a. von Kupferkies. In dieser Kombination sind im Rammelsberg allerdings vor allem Sulfide von Blei und Zink sowie andere Metalle gebildet worden. Da manche der Erze relativ feinkörnig und eng miteinander verwachsen sind (sog. Meliert-Erz), hatte man zunächst Probleme, sie bei der Aufbereitung voneinander zu trennen, was dann aber später mithilfe von Flotationsverfahren gelang.

Die bedeutendsten Kupfer-Lagerstätten sind durch plattentektonische Prozesse entstanden. Sie haben sich entlang von Subduktionszonen entwickelt, die den gesamten Randbereich des Pazifischen Ozeans begleiten und kennzeichnen. Die Erze sind mit unterschiedlichen Namen versehen worden: „disseminated copper ores“ (was bedeutet, dass das Erz etwa gleichmäßig und fein verteilt in den Gesteinen vorkommt), auch „copper porphyries“ oder einfach „porphyries“. Im Namen klingt schon an, dass die Gesteine keine Basalte sind, sondern Porphyre, was eine alte, heute allerdings nicht mehr verwendete Gesteinsbezeichnung ist. Petrographisch sind das Andesite bis Rhyolithe, Gesteine also, die aus intermediären bis sauren Schmelzen hervorgegangen sind, welche im Unterschied zu basaltischen Schmelzen zäh sind und zur Ausbildung von Brekzien neigen: Das vorhandene Gestein wird durch nachdrängende Schmelzen zertrümmert, wobei viele feine Risse und Hohlräume zwischen den Gesteinsbröckchen entstehen, die nachfolgend durch Kupfer-Minerale ausgefüllt werden können.

Die durch den Subduktionsprozess entstehenden Magmen verdanken ihren höheren SiO_2-Gehalt auch den mitaufgeschmolzenen Ozeanboden-Sedimenten. Man kann also darüber spekulieren, dass das Kupfer aus den Tiefsee-Sedimenten stammt und/oder von Manganknollen, die praktisch immer auch Cu enthalten. Es füllt mit unterschiedlichen Phasen, vor allem aber als Kupferkies, Zwickel und Risse in den Gesteinskörpern, die durch die vulkanischen bzw. subvulkanischen und plattentektonischen Kollisionsprozesse nahe an die Oberfläche gelangt waren.

Die so entstandenen Vorkommen erstrecken sich von Chile über Mexiko bis nach Nordamerika, sind aber u. a. auch in Japan und Papua-Neuguinea entwickelt; sie haben weltweite Bedeutung und ma-

74 Rammelsberg bei Goslar. Zechenhäuser des 1000-jährigen Bergbaus auf Buntmetalle im Oberharz. Die Anlage gehört heute zum Weltkulturerbe der UNESCO.

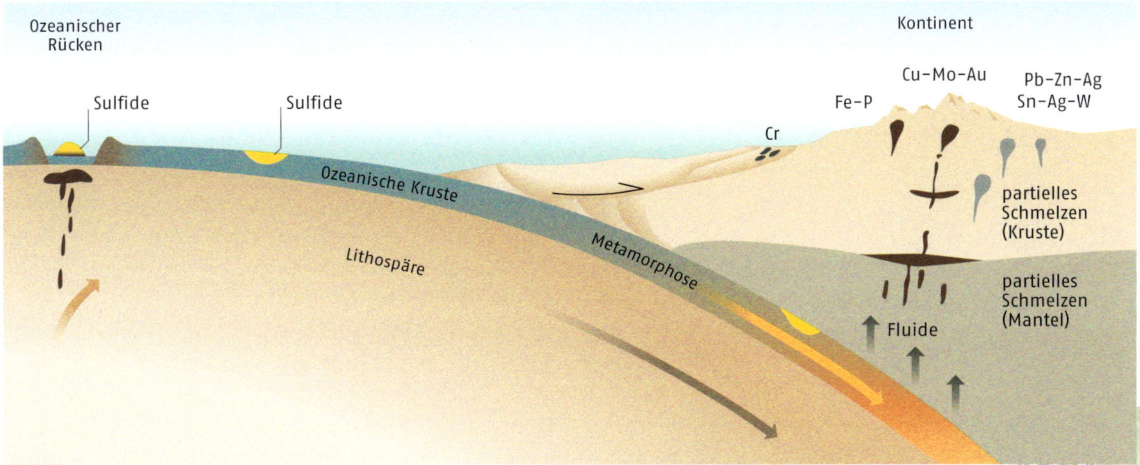

75 Verschiedene Bereiche der Erzbildung, von Mittelozeanischen Rücken bis hin zu aktiven Kontinentalrändern, an denen ozeanische Kruste subduziert wird. Die Erze zeigen eine gewisse Zonierung: Kupfer, Molybdän und Gold kommen aus Schmelzen, die ihren Ursprung in größerer Tiefe haben als z. B. Zinn, Silber und Wolfram, die eher aus der Kruste stammen. Chrom kann in das junge Faltengebirge eingeschuppt werden (aus Pohl 2005).

chen somit auch manche politischen Vorgänge verständlich.

Mit einem bis wenigen Prozent Kupfer sind das überwiegend Armerze, aber ihr Abbau ist aufgrund der oberflächennahen Position im Tagebaubetrieb möglich. Außerdem ist das Erz ziemlich gleichmäßig im Gestein verteilt, was die Berechnung der Vorratsmengen erleichtert.

Als Beispiel mit ein paar Details einer der größten dieser Lagerstätten überhaupt soll hier Chuqui-

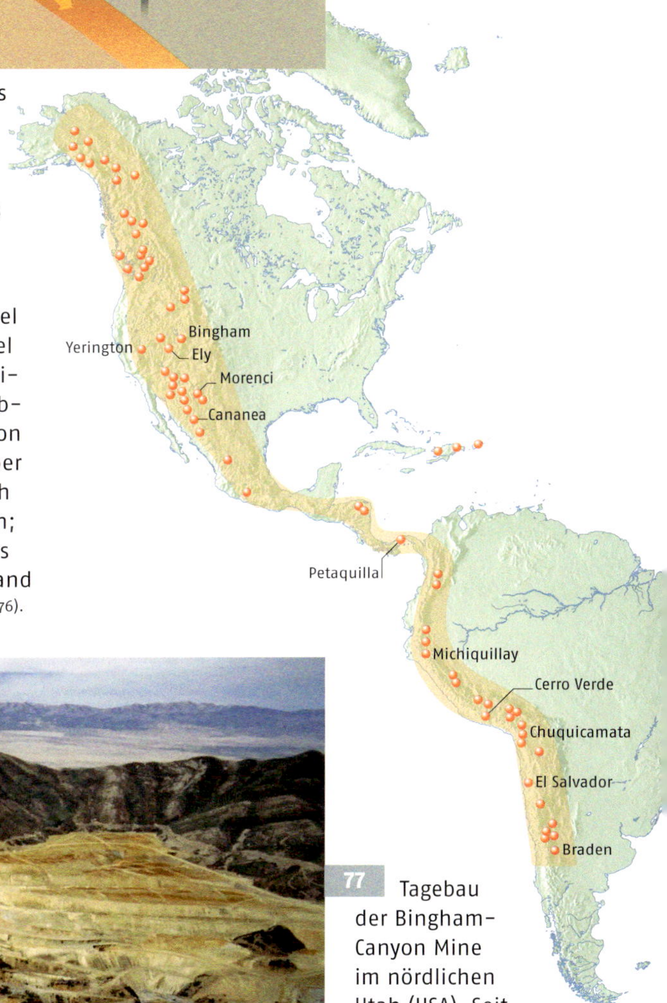

76 Der Kupfergürtel („copper belt") parallel zu den Westküsten beider Amerikas ist ein Abbild der Entstehung von Erzen des Typus „copper porphyries" im Bereich von Subduktionszonen; Entsprechendes gibt es am gesamten Pazifikrand (umgezeichnet nach Skinner 1976).

77 Tagebau der Bingham-Canyon Mine im nördlichen Utah (USA). Seit den 1860er Jahren werden hier „copper porphyry"-Erze auf Buntmetalle abgebaut. Bingham ist die größte Kupfermine der Welt.

78 Bunte Wässer am Rio Tinto, die dem Fluss und dem Bergbaukonzern den Namen gegeben haben. Im extrem sauren Milieu dieser Grubenabwässer leben hier besondere Bakterien, die diese Farben bedingen.

camata in Chile dienen; ein Riesenloch mit Treppenstufen.

Die Bildung der Erze im gesamten zirkumpazifischen Raum umfasst einen Zeitraum von etwa 170 Ma, das der Lagerstätte von Chuquicamata benachbarte El Teniente liegt aber im ganz jungen Bereich: Altersbestimmungen haben 14 bis weniger als 2 Millionen Jahre für die Erzbildung ergeben, sie reicht also sogar noch in das Quartär hinein, was geologisch „vorgestern" bedeutet.

Letztlich sind das sog. epigenetische Erze, d. h., das Gestein war zuerst da und wurde später von den Kupfer-Lösungen imprägniert, die durch hydrothermale Wässer aus der Tiefe angeliefert worden waren – deren analytisch ermittelte Temperaturen liegen in der Größenordnung von 200–300 °C.

Dieser Lagerstättentyp hat Entsprechungen u. a. in Nordamerika, wo die Bingham-Mine in Utah, Ely in Nevada oder Bisbee und Morenci in Arizona bekannt sind; von diesem Vorkommen z. B. werden Handstücke von gediegenem Kupfer im Internet angeboten. Im Prinzip gehören dazu auch viele Vorkommen in Südosteuropa (Ungarn, Bulgarien, Serbien, Rumänien) und im Iran, wobei dort aber keine so ausgedehnten Subduktionszonen entwickelt sind.

Nun zu einem Lagerstättentyp, dessen Bezeichnung immer wieder einmal ein Reizwort in der Metallbranche ist, das in der Wirtschaftspresse auftaucht: Rio Tinto. Das ist auch ein Rohstoff-Konzern, aber die Begründung für den Namen lieferte die Lagerstätte selbst, die an einen südlichen Strang des Variskischen Gebirges in Südspanien (Provinz Huelva) und Portugal gebunden ist. Die Erze, vor allem das Kupfer, sind schon während der Bronzezeit abgebaut worden, in größerem Stil aber erstmals durch die Römer, die es vor allem auf das Silber abgesehen hatten.

Die Gesteine bilden zusammen einen mächtigen „vulkano-sedimentären Komplex" aus oberdevonischen bis unterkarbonischen Tonschiefern, Quarziten,Vulkaniten, Grauwacken und Schwarzschiefern mit riesigen Sulfiderzkörpern in sauren, intermediären und basischen Vulkaniklastika und Laven, die auch als einem Pyritgürtel zugehörig bezeichnet werden: Weil der Pyrit in den extrem sauren Abwässern der Gruben (nach neueren Erkenntnissen im Zusammenhang mit Mikroorganismen, die sich davon ernähren) zu einem in allen Farben schillernden Wasser beiträgt, ist daraus der Name „Rio Tinto" entstanden (was auch farblich nicht mit Vino Tinto zu verwechseln ist!).

Die Erzminerale sind Pyrit, Chalcopyrit, Sphalerit und Galenit, also ganz allgemein die der sog. Buntmetalle. Sie liegen mehr oder weniger in der Nähe von sauren Vulkaniten und lassen sich nach dem Erscheinungsbild am ehesten mit den Kuroko-Erzen vergleichen, was dazu geführt hat, sie als „vulkanogen-exhalativ" zu bezeichnen. Die nahe den Eruptionszentren gelegenen Vorkommen sind Massiverze, die weiter davon entfernten gehen allmählich in gebänderte Typen über, weil sich feinkörnige normale Meeressedimente als Zwischenlagen einschichten. Die vor noch nicht allzu langer Zeit erst entdeckte Lagerstätte von Neves-Corvo liegt in Portugal, die früheren heißen Rio Tinto, Tharsis und Aznalcóllar. Die Bedeutung von Neves-Corvo ergibt sich auch aus der Tatsache, dass man dort zusätzlich Zinn gefunden hat.

Nach dem bisher Genannten könnte man die Nomenklatur vom Kuroko- über den SEDEX- bis zum Rio-Tinto-Typ eigentlich zusammenfassen und sagen, dass es alles Erze sind, die irgendwie mit untermeerischem Vulkanismus zu tun haben, und dann nach dem Inhalt der Lagerstätten differenzieren, im Fall der SEDEX-Lagerstätte vom Rammelsberg also eine Vormacht von Blei und Zink gegenüber Kupfer herausstellen (s. Kap. „Blei, Zink und Cadmium").

79 Halden des Kupferschieferbergbaus im Mansfelder Land. Die flachen Buckel sind die der älteren Abbauzeit, als man das Erz noch aus geringer Tiefe gefördert hatte, die spitzen Kegel dagegen stammen aus der jüngsten Periode, in der die Schächte bis in 1000 m vorgedrungen waren (aus Rothe 2009b).

80 Schacht und historisches Zechengebäude des Kupferschiefer-Bergbaus bei Helbra im Mansfelder Land (aus Rothe 2009b).

Solchen magmatisch gesteuerten Lagerstätten kann man nun sedimentär entstandene gegenüberstellen, von denen ich zwei wesentliche Typen näher erläutern möchte: nämlich den Kupferschiefer als marine Bildung und Kupfervorkommen in Sandsteinen, die sich auf dem Festland unter aridem Klima anreicherten.

Zunächst zum Kupferschiefer: Man sollte dazu am besten ins Mansfelder Land fahren und das Kupferschiefer-Museum in Hettstedt besuchen, oder in das benachbarte Sangerhausen, wo man beim Dörfchen Wettelrode die Welt dieser Kupfervorkommen in einem sehr informativen Besucherbergwerk nacherleben kann. Auch im Hessischen wurde im Richelsdorfer Gebirge Kupferschiefer abgebaut. Der Kupferschiefer-Bergbau hat geologische Begriffe wie „Rotliegend" und „Zechstein" hervorgebracht: das rot(h)e to(d)te Liegende unter der Erz führenden Schicht und der zä(e)h(ch)e Stein (oder die Zechenhäuser) darüber. 800 Jahre lang hat man ihn abgebaut, bis zum Ende der DDR. Anfangs im Tagebau, was sich tektonisch begründen lässt, denn die Erz führenden Schichten lagern zusammen mit ihren Begleitgesteinen im Hangenden und Liegenden in Form einer Mulde, deren Ränder an der Oberfläche ausstreichen. Um dem schräg einfallenden Erz zu folgen, musste man also immer tiefer graben, d. h. Schächte abteufen und Stollen anlegen. Die Gegebenheiten lassen sich heute noch im Gelände an der Oberfläche nachverfolgen: Die ältesten Halden sind die kleinsten und die jüngsten bilden wahre Landmarken, weil dort das Abraummaterial der Schächte gestapelt liegt, die gegen Ende des Abbaus Teufen von fast 1000 m erreicht hatten.

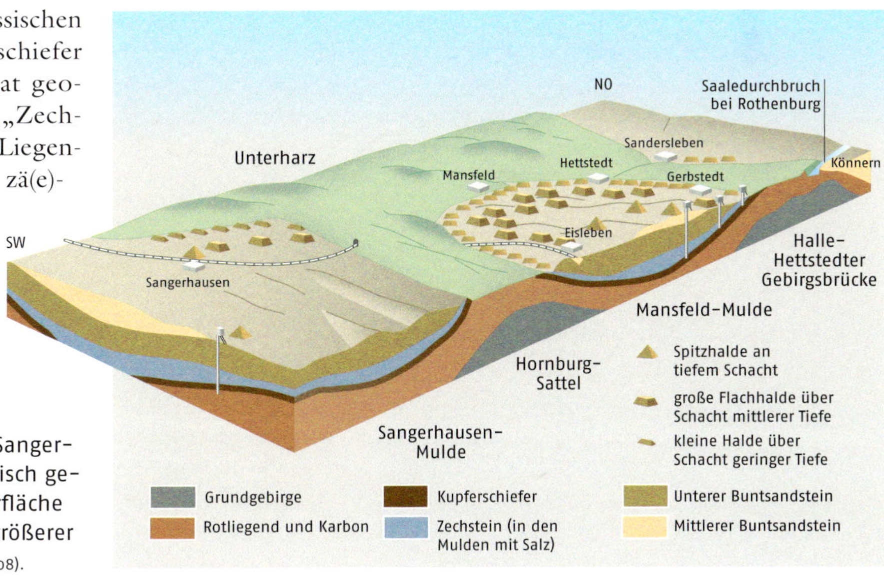

81 Die Muldenstruktur um Mansfeld und Sangerhausen hat den Kupferschieferbergbau geologisch gesteuert: Am Rand streicht das Flöz an der Oberfläche aus und liegt zum Muldenkern hin in immer größerer Tiefe (nach Wagenbreth & Steiner 1982, aus Bachmann et al. 2008).

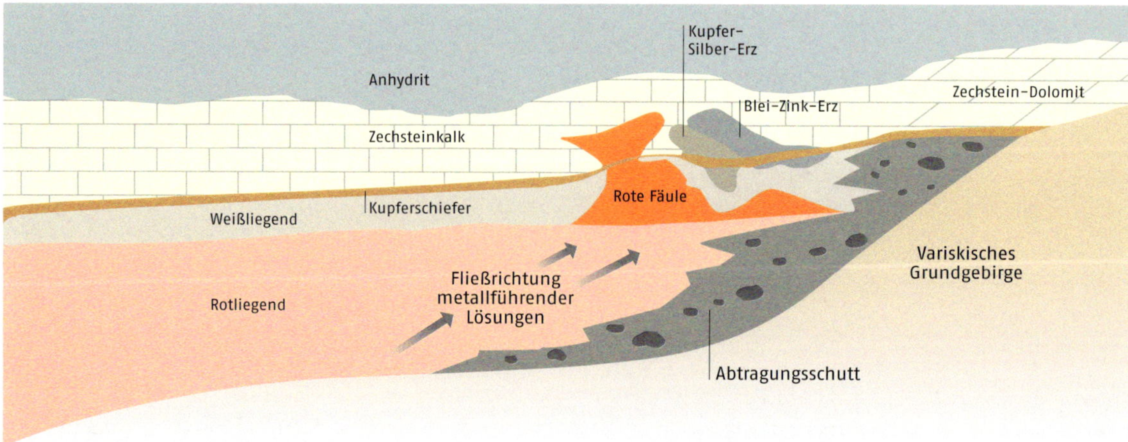

82 Modell zur Entstehung des Kupferschiefers: Die Fällung der flözartigen Erze in einem sauerstoffarmen bzw. -freien Milieu wurde nachträglich durch eine Anreicherung ergänzt, die auch Bereiche unter- und oberhalb des eigentlichen Flözes erfasst hatte (nach Schmidt et al. 1986, aus Pohl 1992).

Beim Kupferschiefer spricht man wie bei der Kohle von einem Flöz, aber es gibt im Gegensatz zur Kohle nur ein einziges Flöz, welches zusätzlich auch noch außerordentlich geringmächtig ist, nämlich nicht einmal einen halben Meter! Das erklärt auch die Schinderei beim Abbau, weil man die Keilhaue nur liegend einsetzen konnte. Regional hat dieses Flöz mit 600 000 km^2 eine enorme Verbreitung, es reicht bis nach Polen hinein, wo es allerdings tiefer liegt und noch heute abgebaut wird. In naher Zukunft wird Kupferschiefer infolge ganz neuer, gerade abgeschlossener Erkundungsarbeiten auch in Deutschland wieder Gegenstand eines Bergbaus sein: Bohrungen in der Lausitz haben in 800 bis 1300 m Teufe Erzvorkommen erkundet, die einen auf 40 Jahre angelegten Abbau ermöglichen. Neben geschätzten 200 Mio. t Kupfererz sind dabei auch Blei, Zink, Silber, Gold und eine Reihe von Hightech-Metallen gewinnbar.

Kupferschiefer ist eigentlich kein Schiefer, sondern ein Shale: ein plattig spaltender Tonstein, manchmal auch Mergel, von dunkler Farbe, der unter weitgehend reduzierenden Bedingungen in einem sehr flachen Meer abgelagert wurde – er kann örtlich bis zu 30 % organische Substanz enthalten. Das herannahende Zechsteinmeer hatte die variskisch gefalteten Strukturen teilweise eingeebnet. Dieses Grundgebirge war – zusammen mit dem Rotliegend-Schutt, der aus seiner Zerstörung stammt – aber letztlich das Liefergebiet für die kupferhaltigen Lösungen, die dann wenigstens teilweise im Meer unter reduzierenden Bedingungen als Sulfide ausgefällt wurden. Die darin auch vorkommenden Fossilien, etwa der berühmte Fisch *Palaeoniscum*, der „Kupferschieferhering", weisen darauf hin, dass nicht alles sauerstofffrei gewesen sein kann. Es gibt eine Faziesdifferenzierung in sauerstoffarme Becken- und sauerstoffreiche Schwellenbereiche: Auf den Schwellen wurde unter oxidierenden Bedingungen anstelle von Buntmetallsulfiden das Eisenoxid Hämatit gebildet, sodass die Bergleute dort von „Roter Fäule" sprachen.

Die stratigraphische Reichweite der Kupfervererzung reicht allerdings über das erwähnte Flöz selbst manchmal beträchtlich hinaus, sowohl das Liegende in Form von gebleichtem Rotliegend (das dann Weißliegend heißt) als auch die Zechsteinkarbonate im Hangenden können nämlich vererzt sein.

Diese Verteilung lässt allerdings Zweifel aufkommen an der relativ einfachen Erklärung einer Ausfällung der Erze im reduzierenden Meeresbereich bei einer geringmächtigen Wassersäule. Das Flöz ist nämlich keineswegs immer schichtbeständig, sondern liegt, im Kilometermaßstab betrachtet, etwas schräg zur Schichtung, was man nur an einem stark überhöhten Modell-Profil deutlich machen kann. Die neue Deutung zur Entstehung des Kupferschiefers geht deshalb von einer zumindest zusätzlichen diagenetischen Bildung aus, die durch heiße, chloridische Formationswasser gesteuert war – solche Wasser hätten das Kupfer und andere Metalle aus tiefer versenkten permischen Gesteinen gelöst. In der Folge wären Lösungen in Oberflächennähe auf die wenig permeablen Schichten des Zechsteins getroffen, die als Barriere gegen den Durchfluss fungierten; dort hätten dann verschiedene Faktoren die Ausfällung bewirkt, von denen vor allem alkalisches Grundwasser und organische Substanz zu nennen sind. Wann das passiert sein soll, ist allerdings noch nicht ganz geklärt, die Angaben schwanken von Perm/Trias bis Obertrias. Wir begegnen hier der Tatsache, dass beim Transport von Metallen offensichtlich auch salziges Wasser beteiligt war, mit dem die Metallionen Chloridkomplexe bilden konnten.

Der Kupferschiefer ist überwiegend im Perm entstanden, also vor mehr als 250 Millionen Jahren. Es gibt aber ähnliche Lagerstätten auch im Präkambrium, wozu die wichtigsten Vorkommen in Afrika gehören, die man auch unter dem Begriff des Zentralafrikanischen Kupfergürtels („copper belt“) zusammenfasst, der sich auf einer Breite von etwa 100 km über 800 km weit erstreckt und politisch Sambia und die DR Kongo (hier vor allem die Provinz Katanga) umfasst.

Die Erze sind hier zwar vielfach schichtgebunden, hauptsächlich an dunkle Schiefer, aber die meisten Erzkörper lagern diskordant, d. h. winkelig in Bezug auf die Schichtung – und das Ganze liegt in einem jungpräkambrischen Faltengebirge. Man nimmt heute an, dass das Kupfer aus dem Untergrund stammt, in dem vor allem basische Gesteine vermutet werden. Auch Platin, Kobalt und Nickel z. B. stammen aus solchen Quellen, was manchen dieser Lagerstätten eine zusätzliche wirtschaftliche Bedeutung gibt.

Damit sind nun diese Typen, die ich der Einfachheit halber „alten und neueren Kupferschiefer“ nennen will, nicht mehr grundsätzlich als syngenetische – also gleichzeitig mit dem umgebenden Gestein entstandene –, sondern wenigstens teilweise als epigenetische – d. h. kurz nach den Strukturen entstandene – Bildungen aufzufassen.

Auf den ersten Blick völlig anders entstanden scheinen sedimentäre Kupfer-Lagerstätten in sog. Red Beds, also etwa die aus dem Buntsandstein von Helgoland erwähnten – denn diese Gesteine zeigen insgesamt ein eher oxidierendes Milieu an. Großmaßstäblich sind solche z. B. in den USA in Utah, Colorado, Arizona und New Mexico entwickelt, allesamt also in Gebieten, die durch ihr farbiges, wüstenhaftes Landschaftsbild geprägt sind, das aridem Klima geschuldet ist.

Die bisherigen Ausführungen haben jedenfalls gezeigt, dass Kupfer löslich ist und bei einer Änderung der chemischen Bedingungen ausgefällt werden kann. Dieses Verhalten spielt auch eine wichtige Rolle bei der „Veredlung“ von Lagerstätten, bei denen das Metall im oberflächennahen Bereich, in dem niedrige Konzentrationen vorherrschen, gelöst und in tiefere Teile transportiert und dort ausgefällt wird, wodurch es zu einer weiteren Anreicherung kommt.

In gut durchlässigen Gesteinen, zu denen die meisten Sandsteine zählen, können Lösungen oft über weite Strecken wandern, bis sie ein zur Ausfällung geeignetes Milieu erreichen. In den erwähnten Red Beds ist Kupfer immer nur dann zu finden, wenn die Rotfärbung ausgebleicht ist (weil der färbende Hämatit lokal unter reduzierenden Verhältnissen weggelöst wurde) und außerdem pflanzliche Substanzen nachweisbar sind, von denen man oftmals sogar noch Zellstrukturen in den Erzanschliffen erkennen kann. Die Erze selbst sind erbsen- bis nussgroß oder plattig. Das Kupfer stammt aus den benachbarten Hochgebieten, aus denen die Sande als Schutt abtransportiert wurden, es müssen dort also ältere Vorkommen vermutet werden. Hier gibt es Parallelen zum Uran.

Wenn man etwas über solche Kupfer-Lagerstätten nachlesen will, sind die modernen Lehrbücher ungeeignet, in manchen werden sie nicht einmal mehr erwähnt. Der Grund dafür dürfte sein, dass sie unter den heutigen Bedingungen nicht mehr bauwürdig sind. Allerdings gibt es mit Udokan im Gebiet Tschita in Südsibirien eine entsprechende Lagerstätte, die schon seit 1952 erkundet wird, aber 2008 noch immer nicht erschlossen war: Nach den Angaben könnte es mit 1,4 Mrd. t Erz die größte Kupfer-Lagerstätte der Welt sein, aus der sich 20 Millionen Tonnen Kupfer und 11 900 t Silber gewinnen ließen. Zu den bedeutenden Kupfer-Lagerstätten gehören auch viele, die geologisch wesentlich schwieriger zu entschlüsseln sind als die besprochenen, weil sie sehr alt und durch Metamorphoseprozesse überprägt sind.

Jedem Skandinavien-Reisenden sind die braunrot gestrichenen Holzhäuser bekannt: Diese als Falunrot bekannte Farbe stammt vom Kupfer, das man in Falun seit 1220 abbaut. Diese Stadt in Dalarna ist auch Sitz der „Stora Kopparbergs Bergslags Aktiebolag“, der ersten Aktiengesellschaft der Welt, und deren Erzförderung hatte die Großmachtstellung Schwedens im 17. Jahrhundert mitbegründet.

Die geologischen Verhältnisse der Vorkommen, aus denen Pyrit und sulfidische Blei-Zink- und Kupfererze gefördert wurden, deuten wieder auf eine letztlich hydrothermale Zufuhr der Metalle hin, die in Karbonat-Gesteinen und Quarziten konzentriert sind (sog. Skarne), welche ihrerseits in Form von Schollen in alten Graniten „schwimmen“. In Falun, woher früher ⅔ der Weltproduk-

83 Die berühmte Kupferlagerstätte von Falun, Schweden (Foto von Dipl.-Geogr. Martin Schmitteckert).

84 Mit Falunrot gestrichenes Schwedenhaus.

tion kamen, hat man bis 1992 über 1 Mrd. t Cu, mehr als 15 t Ag und 1,5 t Au gefördert. Seit 2001 gehört das Bergwerk wie der Rammelsberg im Harz zum Weltkulturerbe und ist heute als Besucherbergwerk zugänglich.

„Skarn" ist sprachlich schwedischen Ursprungs, das Wort bedeutet etwa „Lichtschnuppe" – vielleicht weil die Erze im helleren Gestein so glänzen.

In dieser lakonischen Zusammenfassung über Falun sollte man auch die Lagerstätten von Boliden, Åmmeberg sowie Outokumpu in Finnland wenigstens erwähnen, die wahrscheinlich alle ähnlich entstanden sind.

In die Literatur aber – die richtige, nicht die geologische Fachliteratur! – ist nur Falun eingegangen: Johann Peter Hebel bzw. E. T. A. Hoffmann erzählen eine Geschichte, die auf die Quelle eines Gotthilf Heinrich von Schubert zurückgeht. Bei diesem heißt es schlicht „Der Bergmann von Falun", bei Hebel „Unverhofftes Wiedersehen" und bei Hoffmann (in den „Serapionsbrüdern") „Die Bergwerke zu Falun". Die Geschichte ist historisch begründet und handelt von einem in jungen Jahren verunglückten Bergmann, dessen Leiche man 1719 nach 50 Jahren fast unversehrt fand, weil sie durch Eisenvitriol ($FeSO_4$) imprägniert war. Wahrlich ein unverhofftes Wiedersehen mit der inzwischen entsprechend gealterten Witwe, die bei seiner Bergung zugegen gewesen sein soll! Auch Hugo von Hofmannsthal hatte sich dieses Stoffs angenommen und ein „märchenhaftes Trauerspiel", „Das Bergwerk zu Falun", geschrieben.

Eine geologisch ebenfalls alte Lagerstätte ist Mt. Isa in Queensland in Australien, wo man ganz allgemein Buntmetalle – nämlich neben Kupfer auch Pb, Zn und Ag – antrifft. Sie liegt in einem präkambrischen Gebirgszug, hat also mit Sicherheit einiges an Metamorphose erfahren; trotzdem kann man ihren hydrothermalen Ursprung noch deutlich rekonstruieren.

Die Erze zeigen eine deutliche Zonierung der einzelnen Metalle, welche sich an der Entfernung von der Hydrothermalquelle orientiert.

Mineraliensammlern begegnen Kupfererze zunächst meist als Kupferkies oder in Form von dessen Oxidationsprodukten Azurit und Malachit, die in den Gesteinen selbst in geringen Konzentrationen wegen ihrer auffälligen Farben erkennbar sind. Meist sind dabei die ursprünglichen Kupfersulfide aus tieferen Bereichen gelöst und an der Oberfläche zum auffällig gefärbten Malachit bzw. Azurit oxidiert worden.

Lit.: Kupfer
Friedrich et al. 1986, Skinner 1976, Kraume et al. 1955, Pohl 1992, Pohl 2005, Sillitoe 1977, Sommerlatte 1960

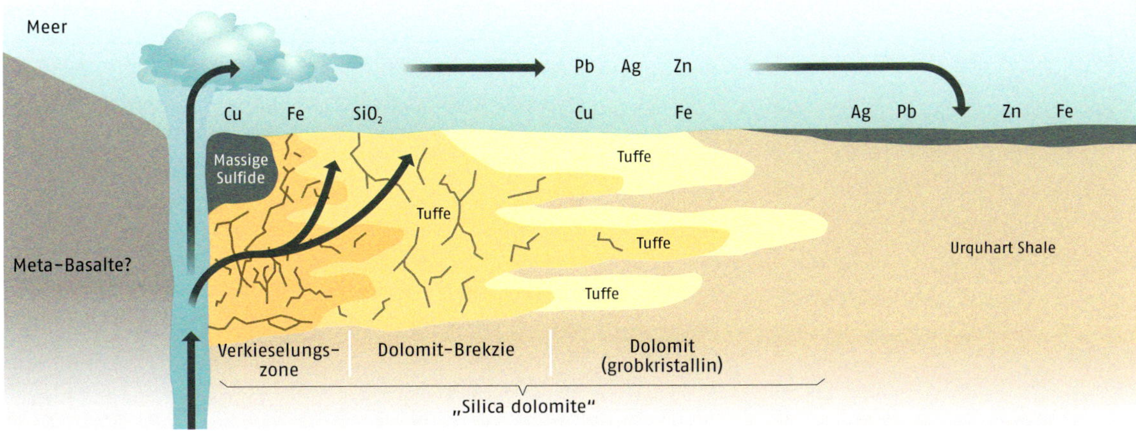

85 Modell der Buntmetall-Vererzung der Lagerstätte Mt. Isa in Queensland (Australien). Die in präkambrischen Metamorphiten (Urquhart Shale) vorkommenden Erze werden mit einem außergewöhnlich umfangreichen Hydrothermalsystem erklärt (nach Finlow-Bates & Stumpfl 1979, aus Pohl 1992).

Blei, Zink und Cadmium

Vor etwa 2000 Jahren prägten die Chinesen Münzen aus Blei, aber die Ägypter waren ihnen schon insofern voraus, als sie das Metall bereits vor 5000 Jahren durch die Aufbereitung von Silber kannten – allerdings nur als Abfallprodukt. Die Römer stellten Wasserrohre aus Blei her sowie Küchengeräte, was angesichts der Giftigkeit des Metalls nicht unproblematisch war und später zur wilden Spekulation führte, das gesamte Römische Reich sei infolge einer schleichenden Bleivergiftung untergegangen. Die toxische Wirkung beruht vor allem darauf, dass Blei einen dem Calcium ähnlichen Ionenradius hat und an dessen Stelle in die Knochen eingebaut werden kann. Die Giftigkeit war auch den mittelalterlichen Zinngießern bekannt, die bis zu 10 % Blei für ihre Speisegeschirre verwenden durften (s. auch unter „Zinn"). Dächer besonderer Gebäude waren mit Bleiplatten gedeckt, auch der Kölner Dom z. B. hat ein solches Dach, Casanova ist aus den Bleikammern geflohen und hohe Persönlichkeiten wurden in Bleisärgen bestattet. Kirchenfenstern ließ man vorwiegend eine Bleiverglasung angedeihen, bei der die bunten Glasstücke durch metallische Formschnüre miteinander verknüpft wurden.

Die moderne Verwendung betrifft Akkumulatoren, den – jetzt nicht mehr zugelassenen – Zusatz von Blei in Form der bleiorganischen Verbindung Bleitetraethyl zum Benzin (Stichwort „Klopffestigkeit von Motoren"), den Strahlenschutz beim Umgang mit Röntgen- und Gammastrahlen, aber auch die Verwendung dank seines hohen spezifischen Gewichts bei Tauchergürteln u. Ä. Weiterhin wird es für die Ummantelung von Kabeln, für Behälter und Rohre, die mit aggressiven Flüssigkeiten in Kontakt stehen, und als Farbpigment verwendet (Bleiweiß, Bleimennige). Blei ist auch ein nützliches Element für physikalische Altersbestimmungen an Mineralen und Gesteinen, wobei es allerdings nur um Spurengehalte geht. In unterschiedlichen Mengen setzt man es Glasschmelzen zu, was zum schweren Bleiglas und zu Gläsern mit besonderen optischen Eigenschaften führt (Flintglas, Kronglas und Straß als Edelstein-Imitat). Bleiglas wurde auch für die Glasharmonika verwendet, bei der sich die Spieler durch Berührung mit den befeuchteten Fingern vergiften konnten; Donizetti könnte die Wahnsinnsarie in seiner „Lucia di Lammermoor" bewusst damit orchestriert haben, weil dieses Instrument im 18. Jahrhundert eine Reihe von Interpreten in den Wahnsinn getrieben haben soll. Und schließlich wird Blei zur Herstellung „blauer Bohnen" (Geschossspitzen) und von Flintenschrot verarbeitet. Blei ist nach Eisen und Zink ein besonders preisgünstiges Gebrauchsmetall.

Blei (lat. plumbum, daher das Kürzel Pb) ist schwer, „bleischwer" eine entsprechende Metapher und „Die bleierne Zeit" ein Filmtitel. So etwas fiel mir spontan ein, als ich mich mit diesem Thema zu befassen begann. In einer stärker systematischen Darstellung hätte ich mit Daten zur Konzentration dieses Metalls in der Erdkruste begonnen – aber das kommt noch.

Blei ist nützlich, Bleischürzen schützen vor Röntgenstrahlen, und Blei ist giftig, was man nicht beachtet hatte, als man es für Wasserrohre verwendete und bleihaltige Glasuren auf Keramik aufbrachte. Auch Geologen machen sich die Eigenschaften des Bleis zunutze: Man kann es im Rahmen von physikalischen Altersbestimmungen an Gesteinen verwenden, denn Uran zerfällt im Verlauf geologischer Zeiträume zu stabilem Blei, sodass man am Verhältnis dieser beiden Elemente zueinander etwas über das Alter herausfinden kann. Blei-Isotope sind auch für die Archäologen von Bedeutung, wenn es z. B. darum geht, die Herkunft von Metallen in bestimmten Gegenständen zu ermitteln, etwa das Silber in antiken Münzen. Auch im Kontext mit der Himmelsscheibe von Nebra ging es marginal um Blei, genauer um das natürliche ^{210}Pb, das aus dem Uranzerfall stammt und unmittelbar nach der Verhüttung noch etwa 100 Jahre lang nachweisbar ist. Ernst Pernicka hat damit in einer ersten groben Annäherung zeigen können, dass die Scheibe mindestens 100 Jahre alt sein musste, aber das war nur ein allererster Schritt in Richtung auf ihre Einordnung in die Bronzezeit.

Die sog. Bleiverglasung von Kirchenfenstern bezieht sich auf die Profilrahmen, mit denen das farbige Glas gefasst und zu Figuren gestaltet werden kann, die orangefarbene Mennige kennt man als Rostschutz und Bleiweiß als Malerfarbe. Blei ist also, obwohl gelegentlich gefährlich, insgesamt ein nützliches Metall.

Zum Zink fallen mir immer erst einmal Dachrinnen ein oder alte Badewannen oder Jauchewagen in der Landwirtschaft: Wenn sie neu sind, haben sie noch diesen schönen silbernen Glanz, der aber bald verschwindet, weil sich an feuchter Luft ein oxidischer Überzug bildet. Nicht sichtbar dagegen sind feuerverzinkte Autokarosserien, weil sie von der jeweils herrschenden Modefarbe verdeckt werden. Und Zinkleimverband, in dem das antiseptisch wirkende Zinkoxid enthalten ist. Zink ist auch ein lebenswichtiges Spurenelement, das man heute u. a. in Kombination mit Vitamin C in Tablettenform kaufen kann. Es spielt eine Rolle bei der Enzym-Aktivierung, beim Insulinstoffwechsel und beim Dämmerungssehen. Aber ein Zuviel ist schädlich, wie man früher bemerkte, als man saure Speisen in Zinkgefäßen aufbewahrt hat.

Warum nun werden Blei und Zink hier in *einem* Kapitel behandelt, zumal die Eigenschaften der beiden Metalle doch sehr unterschiedlich sind? Der Grund ist schlicht der, dass die beiden Elemente in den Lagerstätten fast immer zusammen vorkommen, man spricht deshalb ausschließlich von „Blei-Zink-Lagerstätten" – und ich spreche ja als Geologe, der den natürlichen Bildungsbedingungen nachspürt.

Zu den in der Einführung von Kapitel 5 „Mineralische Rohstoffe" erwähnten Kriterien für die wirtschaftliche Gewinnung gehört auch, dass man aus bestimmten Lagerstätten quasi nebenbei noch andere Stoffe mitgewinnen kann. Im Fall vieler Blei-Zink-Lagerstätten kann das z. B. Kupfer sein oder Silber oder Gold, besonders aber Cadmium, das praktisch immer an Zink-Minerale gebunden ist: Es gibt deshalb keine eigenständigen Cadmium-Lagerstätten. In diesem Zusammenhang werden auch seltene Elemente wie Germanium oder Indium gewonnen, die man in der Halbleiterindustrie benötigt.

Sehen wir uns zunächst einmal die Verteilung von Blei und Zink in der Erdkruste, in spezifischen Gesteinen und im Meerwasser an (vgl. Tab. 18 und 19): Dabei wird deutlich, dass die Elemente auf das Tausendfache angereichert werden müssen, um den Bedingungen für eine Lagerstätte zu entsprechen, denn 3–4 % sollten die Erze schon enthalten.

Grundsätzlich lassen sich Pb-Zn-Lagerstätten unter geologischen Gesichtspunkten z. B. danach einteilen, ob sie mehr oder weniger direkt, entfernt

Erdkruste / Magmatite	13
Granit	48
Diorit	5,8
Gabbro/Basalt	7,8
Tonschiefer	20
Sandsteine	7
Karbonate	9
Meerwasser	0,00003 (!)

T 18 Bleigehalte unterschiedlicher Gesteine (ppm) (nach Mason & Moore 1985, Krauskopf 1967).

Erdkruste / Magmatite	70
Granit	45
Diorit	70
Gabbro/Basalt	86
Tonschiefer	95
Sandsteine	16
Karbonate	20
Meerwasser	0,01

T 19 Zinkgehalte unterschiedlicher Gesteine (ppm) (nach Mason & Moore 1985, Krauskopf 1967).

oder (offenbar) überhaupt nichts mit Vulkanismus zu tun haben. Diese Einteilung deutet auf eine gewisse Unsicherheit hin, der man auch in der moderneren Fachliteratur begegnet, wenn es um die Entstehung solcher Lagerstätten geht.

Zunächst wird deutlich, dass die meisten Lagerstätten durch hohe Konzentrationen auf engem Raum gekennzeichnet sind – und das sind zunächst einmal Ganglagerstätten, Erzgänge also, die in taubem Nebengestein „aufsitzen", wie der Bergmann sagt. Es gibt bei Blei und Zink kaum Armerze, wenn man von bestimmten Ausnahmen absieht, von denen später noch die Rede sein wird. Der Begriff „Reicherze" wird dagegen deutlich, wenn man das Vorkommen von Broken Hill im australischen New South Wales als Beispiel bringt, das etwa 20 % Blei und Zink enthält – 20 %!!

Ganglagerstätten entstehen in Gebirgsspalten, die durch Metall führende, heiße Lösungen allmählich zugefüllt werden; dabei sprechen wir von hydrothermalen Prozessen, bei denen heißes Wasser als Transportmittel beteiligt ist – ein Begriff, der uns ja schon mehrfach begegnet ist. Die Frage war und ist, woher die Wärme kommt und wo die Metalle ihren Ursprung haben. Die gängige Auffassung – vertreten in sämtlichen alten Lehrbüchern – war, dass in den Spätphasen einer Gebirgsbildung die Restwärme aus den allmählich erkaltenden Plutonen im tiefen Untergrund stammt und die Metalle sozusagen Spätphasen der magmatischen Gesteinsbildung seien. Als Beispiele in Deutschland galten die Blei-Zink-Erzgänge im Oberharz, im Erzgebirge oder an der unteren Lahn, die man als Folgeerscheinungen der Variskischen Gebirgsbildung ansah. Die Interpretationsschwierigkeiten begannen aber, als man in den Alpen und im Mississippi-Tal Blei-Zink-Erze in Karbonat-Gesteinen (also Kalken und Dolomiten) fand, die keinerlei räumliche Beziehungen zu irgendwelchen magmatischen Gesteinen erkennen ließen; darauf werde ich später noch näher eingehen. Bleibt anzumerken, dass auch die modernen Lehrbücher einräumen, dass man in einigen Fällen noch immer nicht genau weiß, wie bestimmte Lagerstätten entstanden sind.

Aber die Wärmequellen lassen sich heute besser verstehen und anders herleiten. Bei der Be-

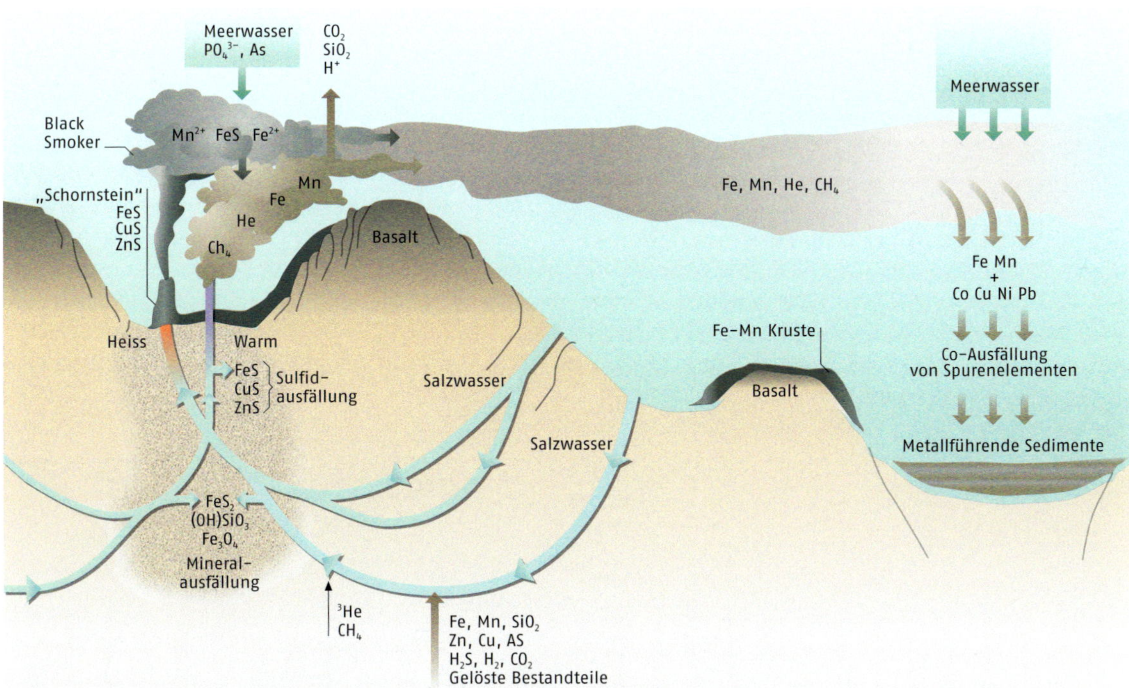

86 Modell der Meerwasserzirkulation durch relativ junge ozeanische Kruste, deren Wärme Konvektionszellen in Gang setzt. Das heiße Wasser, das durch die Gesteine strömt, löst daraus Metalle, die nachfolgend im kühleren und oxidierenden Milieu des Meerwassers ausgefällt werden. Ähnliche Prozesse spielen sich überall da ab, wo vergleichbare Konvektionssysteme temperatur- und/oder salinitätsgesteuerter Wasser eine Lösung aus den umgebenden Gesteinen und eine nachfolgende Fällung bewirken.

T 20 Blei-Minerale (Nach Pohl 2005).

Blei-Mineral		Bleigehalt (%)
Bleiglanz (Galenit)	PbS	86
Weißbleierz (Cerussit)	$PbCO_3$	77
Anglesit	$PbSO_4$	68

T 21 Zink-Minerale (Nach Ramdohr & Strunz 1967, Pohl 2005).

Zink-Mineral		Zinkgehalt (%)
Zinkblende (Sphalerit)	ZnS	60 – 67 (darin Cd, Ga, In, Ge, Tl)
Kieselzinkerz (Hemimorphit)	$Zn_4(OH)_2Si_2O_7 \times H_2O$	54
Zinkspat (Smithsonit)	$ZnCO_3$	52
Galmei = technische Sammelbezeichnung für karbonatische und silikatische Zinkerze		

sprechung von Mangan war schon von den Black Smokers die Rede, deren Wärme aus der jungen ozeanischen Kruste stammt: Diese wiederum wird von einem Meerwasser-Konvektionssystem über Spalten und Risse durchströmt.

Das heiße Wasser löst dort die Metalle aus den ganz normalen Gesteinen und reichert diese dann in den „Schornsteinen" durch chemische Fällungsprozesse an, wobei es zu einer Zonierung der unterschiedlichen Stoffe nach fallender Temperatur kommt. Eine solche Zonierung hatten frühere Geologen-Generationen natürlich längst beobachtet: Das bedeutet aber auch, dass man in bestimmten Ganglagerstätten zusätzlich zu Blei und Zink Kupfer erwarten kann, wenn man den Gang nur tief genug anschneidet.

Zunächst müssen wir aber auch hier wieder die Frage nach der „geochemischen Heimat" der einzelnen Elemente stellen, wie sich diese im System der Erde verteilen, und dann auch ein paar wichtige Erzminerale erwähnen.

Es reicht aber meistens, sich nur Bleiglanz und Zinkblende zu merken – diese Mineralphasen kommen mehr oder weniger in allen Lagerstätten vor. Um nun deren Bildung zu diskutieren, will ich nacheinander einzelne charakteristische Lagerstättentypen vorstellen, bei denen man neben vulkanisch geprägten sowie den erwähnten hydrothermalen Ganglagerstätten und denen in Karbonat-Gesteinen vor allem noch solche unterscheidet, die schichtförmig innerhalb normaler Gesteinsfolgen vorkommen. Dabei wurden sie entweder mit diesen zusammen, also zur gleichen Zeit, gebildet, oder aber die Metalllösungen sind erst nachträglich in die Gesteine eingewandert. Die Lagerstättenkundler unterscheiden danach die schon vorher erwähnten „syngenetischen" von „epigenetischen" Bildungen. Viele dieser Lagerstätten sind geologisch sehr alt und entsprechend schwer zu entschlüsseln, weil sie nach ihrer eigentlichen Entstehung noch durch metamorphe Prozesse überprägt wurden.

Zu den unmittelbar im Zusammenhang mit Vulkanismus entstandenen Typen gehören die sog. Kuroko-Lagerstätten, deren Entstehung schon beim Kupfer angesprochen wurde.

Zu allen anderen Typen will ich im Folgenden jeweils ein paar Einzelheiten schildern, vor allem, weil wir solche Lagerstätten vor der eigenen Haustür haben.

87 Bleiglanz (PbS) ist das häufigste und wichtigste Bleierz, das aber früher hauptsächlich wegen seines Silbergehalts abgebaut wurde. Hier die typischen Würfelkristalle.

88 Zinkblende (ZnS) a) kommt fast immer zusammen mit Bleiglanz vor. Die hier ebenfalls abgebildete Varietät der Honigblende b) (Foto: Dr. E. K.) enthält etwas Eisen; aus Zinkblende wird auch Cadmium gewonnen, außerdem enthält sie eine Reihe seltener Elemente.

Ein mächtiger Gang A. Ein ſchmaler Gang B.

Der Gang A, B, C. Die Nebengeſteinsſchichten D, E, F.

Ein mächtiges Flöz A. Ein ſchwaches Flöz B.

Der Gang A, B, C. Die Nebengeſteinsſchichten D, E, F.

89 Darstellung der Gänge bei Agricola (1556); er unterscheidet mächtige und schmale Gänge, auch unterschiedliche Richtungen. Das „Flöz" könnte im heutigen Sinne auch ein sog. Lagergang (Sill) sein, der parallel zu den Begleitschichten verläuft.

Blei-Zink-Ganglagerstätten

Zu denen gehören in erster Linie die Ganglagerstätten: Das bedeutendste Gangrevier in Deutschland war die Gegend um Freiberg im Erzgebirge, wo seit dem 12. Jahrhundert etwa 1000 (!) Einzelgänge abgebaut wurden.

Der bei Bergleuten und Geologen berühmte Georgius Agricola veröffentlichte im 16. Jahrhundert sein Werk „De re metallica – 12 Bücher vom Berg- und Hüttenwesen". In seinem dritten Buch geht er ausführlich auf die Gänge ein, deren Darstellung mit zahlreichen Holzschnitten versehen sind. Zweifellos hat das auch mit den Freiberger Erzgängen zu tun, die er praktisch vor der Haustür vermessen konnte.

Heute reist man dort auf einer gut ausgeschilderten „Silberstraße", was auch andeutet, dass diesem Metall zunächst die meiste Aufmerksamkeit zuteil wurde: Insgesamt sind neben Millionen Tonnen an Blei und Zink dort auch mehr als 5000 t Silber gewonnen worden; in dem entsprechenden Kapitel wird das später noch näher behandelt. Die Freiberger Erzgänge haben variskische Gneise durchschlagen, sehr harte Gesteine, in denen die Stollen früher mit Schlägel und Eisen händisch vorangetrieben wurden – eine furchtbare Plackerei. Fahren Sie einmal dorthin in das sehr informative Besucherbergwerk „Reiche Zeche"; meine jungen Studenten haben es in den früh gehauenen, besonders engen Stollen mit der Angst bekommen und einige besonders gut genährte kamen dort gar nicht erst durch.

Ein zweites bedeutendes Gangrevier liegt im Oberharz (vgl. Abb. 90):

Dort sitzen die Blei-Zink-Gänge in Schiefern des Unterkarbons auf und haben einen relativ regelmäßigen Verlauf mit einem Streichen parallel zum morphologischen Rand des Gebirges. Dazu gehören beispielsweise Lautenthal (mit einem Besucherbergwerk, in dem man sogar mit dem Kahn

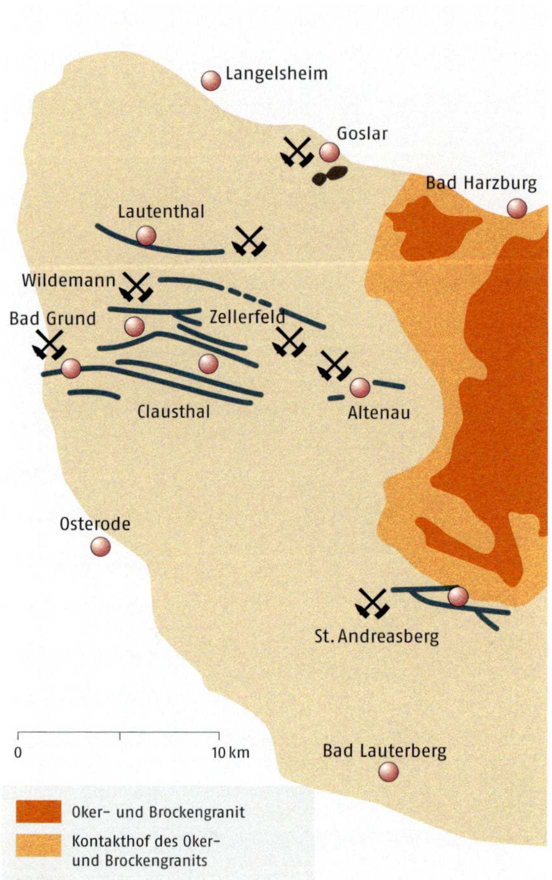

90 Verlauf der Blei-Zink-Gänge im Oberharz, die vor allem silberhaltigen Bleiglanz führen. Ihre Richtung parallel zum Harznord-rand steht im Zusammenhang mit der strukturellen Hebung des Gebirges, die Mineralisation erfolgte erst im Mesozoikum (vereinfacht nach Mohr 1978).

fahren kann) und Bad Grund, wo der Abbau erst 1992 eingestellt wurde.

Im Falle von Ramsbeck im Sauerland, wo Blei-Zink-Gänge an sandige und tonige Gesteine des Unterdevons und an eine ziemlich komplizierte Tektonik mit Aufschiebungen geknüpft sind, ist eine Erzabscheidung in mehreren Phasen beobachtet worden (Ramsbeck ist übrigens ein ziemlich gut angenommenes Besucherbergwerk – man sollte nur die Gesellschaft von Kegelvereinsausflügen meiden, die zuvor eine Schnapsfabrik besichtigt hatten).

Über das Alter der Gangvererzung im Erzgebirge scheint noch kein Konsens gefunden, sie wird jedenfalls meist noch in einen variskischen Kontext gestellt. Im Harz ist das anders: Hier hat man die früher variskisch gedeuteten Vererzungsprozesse inzwischen beträchtlich verjüngt und aus Altersbestimmungen abgeleitet, dass die Gänge mesozoisch sind. Lösung und Transport der Metalle scheinen mit heißen, salzigen Wassern in Verbindung zu stehen, die erst während des Mesozoikums mobilisiert wurden – möglicherweise haben da die Zechsteinsalze im Untergrund eine Rolle gespielt. Diesbezüglich wird sogar spekuliert, dass es etwas mit der beginnenden plattentektonischen Öffnung des Atlantiks zu tun haben könnte: Die Richtung des Harzgebirges mit seinem NW-Streichen passt ja zu entsprechenden Transformstörungen, die vom Mittelatlantischen Rücken ausgehen. Weitere Blei-Zink-Gänge gibt es u. a. auch im Ruhrgebiet, bei Aachen oder im Schwarzwald, z. B. am Schauinsland – man könnte den Rest des Buches mit einer Aufzählung der weltweit verbreiteten Vorkommen anfüllen.

Lagerstätten in Schichtform

Im Gegensatz zu den meist steilstehenden Erzgängen, die im Erzgebirge Gneise und im Harz paläozoische Schichtgesteine quer durchschlagen, gibt es auch Lagerstätten, bei denen die Erzkörper überwiegend der Schichtung ihrer Nebengesteine folgen. Zu den besonders gut studierten und gleichzeitig interessanten Vorkommen dieses schichtigen Typs gehört der Rammelsberg bei Goslar, wo 1000 Jahre lang Bergbau betrieben wurde. Heute gehört das Revier, zusammen mit den Über-Tage-Bauwerken, zum Weltkulturerbe der UNESCO (Abb. 74).

Ein Profil durch die Lagerstätte zeigt, dass die Erze in dunklen Tonschiefern des Mitteldevons liegen und zusammen mit diesen während der Variskischen Gebirgsbildung in teilweise enge Falten gelegt wurden (vgl. Abb. 91):

Diese Tektonik ist so kompliziert, dass man das tiefer liegende sog. Neue Lager erst 1859 entdeckte. Wenn man die Falten ausglättet, ergibt sich daraus, dass die Erze als Schichten auf dem devonischen Meeresboden abgelagert worden sein müssen, und es gibt Tufflagen in den Schiefern, die auf einen gleichzeitigen Vulkanismus hindeuten.

Heute spricht man in diesem Zusammenhang von SEDEX-Erzen: Der Begriff meint sedimentär-exhalativ, d. h., dass Produkte vulkanischer Aushauchungen – die sich allerdings weit entfernt von der Lagerstätte ereignet haben können – in einem tiefen, sauerstoffarmen Meeresbecken abgelagert werden. Deshalb liegen die Erze überwiegend als Sulfide vor, was schon beim Kupfer dargestellt wurde.

91 Profil durch das Buntmetall-Erzlager vom Rammelsberg im Oberharz. Die Erze sind – zusammen mit Baryt – in eine variskisch verfaltete, überkippte und von einer Aufschiebung betroffene Serie von devonischen Tonschiefern und Sandsteinen eingelagert (die ältesten Schichten lagern darüber) (nach Gunzert 1978, aus Pohl 1992).

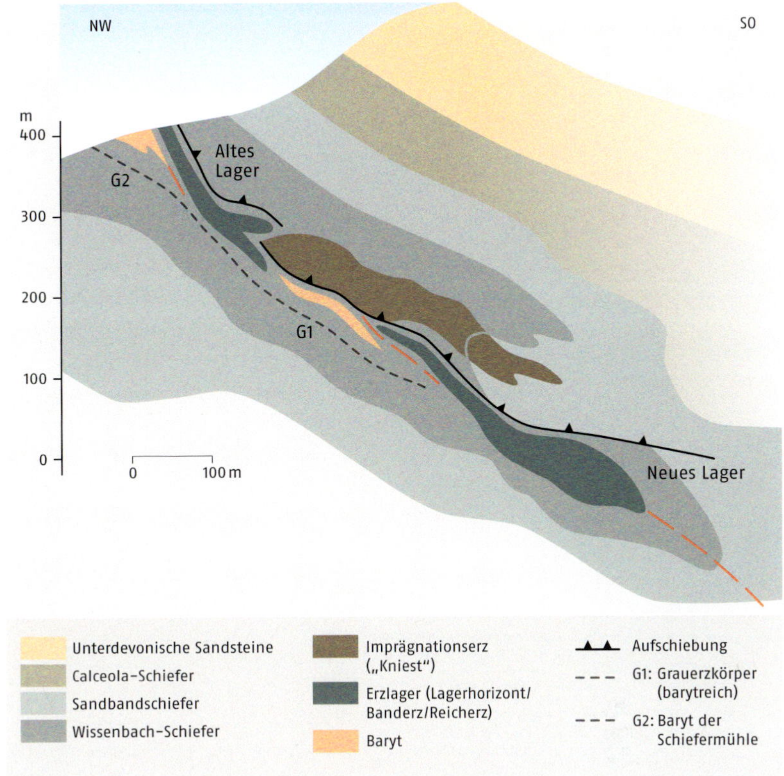

Eine Annäherung an die Entstehung solcher Erze in einem etwas größeren Maßstab haben Forschungen im Roten Meer ermöglicht, wo entsprechende Erzschlämme noch heute abgelagert werden, wie z. B. im sog. Atlantis-II-Tief.

Diese enthalten neben Eisen auch Kupfer, Blei, Zink, Silber und Gold (was im Übrigen auch für die Rammelsberg-Erze zutrifft). Getreu dem alten Bergmannsspruch „Es grüne die Tanne, es wachse das Erz …" wächst es hier also tatsächlich, und zwar noch heute. Die näheren Untersuchungen haben gezeigt, dass das Wasser dort mit >60 °C ungewöhnlich warm und mit >30 ‰ auch außergewöhnlich salzig ist.

Salziges Wasser ist schwerer als normales Meerwasser, es schichtet sich also am Meeresboden ab, hier in einem abgegrenzten Teilbecken. Solche hochkonzentrierten Salzlösungen werden als Laugen bezeichnet, die auch die Löslichkeit von Metallen steuern. Diese Gesetzmäßigkeit liefert gleichzeitig eine wahrscheinliche Erklärung für den Transport von Metallen in vielen anderen Lagerstätten.

Das Rote Meer können wir heute plattentektonisch als einen geologisch jungen Ozean ansehen, in dessen zentraler Achse eine neue basaltische Kruste gebildet wird; dort gehören dann entsprechende Hydrothermalsysteme sozusagen zum gängigen Inventar. Auch hier stammen die Metalle also wohl aus den Basalten der jungen ozeanischen Kruste, die vom aufgeheizten Meerwasser durchströmt werden. Die Erzschlämme enthalten z. T. mehr als 10 % an Buntmetallen – dazu muss man wissen, dass sich deren Abbau auf dem Festland heute schon bei etwa 3 % lohnt. Anhand von Analysen hat man den Metallgehalt der gesamten La-

92 Das schematische Blockbild zeigt die Verhältnisse, die für die Bildung von SEDEX-Erzen von Bedeutung sind: ein fernes Vulkangebiet als möglichen Erzlieferanten und ein Meeresbecken, in dem sauerstoffarme Bedingungen herrschen, sodass die Metalle als Sulfide ausgefällt werden; deren Begleitgesteine sind Schwarzschiefer. Zu diesem Typ gehören u. a. die Erze vom Rammelsberg. Die Herkunft der Erze lässt sich auch durch hydrothermale Auslaugung des Grundgebirges oder der Beckensedimente selbst erklären, wobei dann Konvektionssysteme wirksam wären, wie sie unter Abb. 86 beschrieben sind. In Nähe des Vulkangebietes würden sich Massiverze vom Kuroko-Typ bilden (vgl. Abb. 73) (etwas vereinfacht nach Pohl 2005).

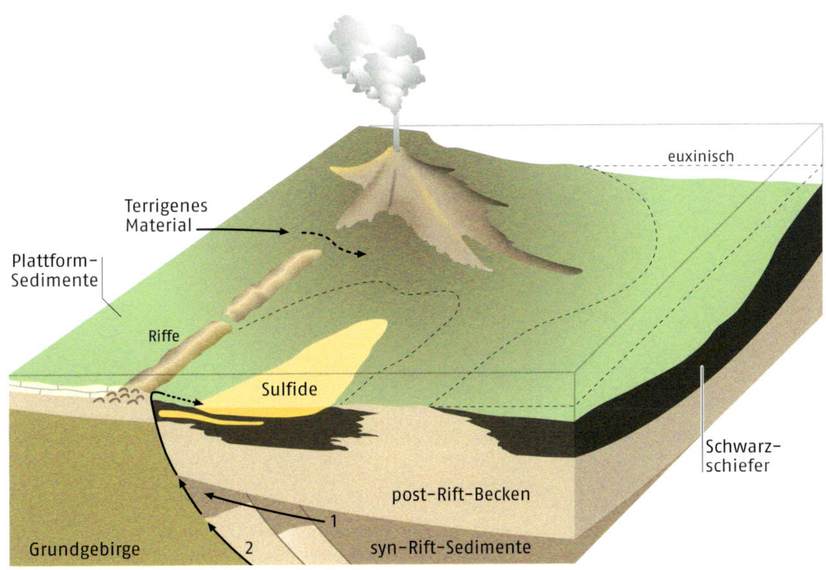

93 Tiefe Becken im Zentralbereich des Roten Meeres sind meist nach Forschungsschiffen benannt. In diesem Bereich bilden sich im Zusammenhang mit Salzlaugen und höheren Wassertemperaturen heute buntmetallhaltige Erzschlämme. Blaue Punkte: Becken mit metallführenden Sedimenten, blau-rote Punkte: Becken mit darüberstehenden Laugen (nach Seibold 1974).

gerstätte quantitativ abgeschätzt: 3,2 Mio. t Zink, 80 000 t Blei, 800 000 t Kupfer, 4500 t Silber und 45 t Gold. Es gab auch schon einen Versuchsbergbau, der die Machbarkeit der Ausbeutung erwiesen hat, allerdings ist sie bei den heutigen Weltmarktpreisen noch nicht wirtschaftlich. Für die Gegenwart ist es aber wichtig, die geologischen Gesetzmäßigkeiten weiter zu studieren, weil das auch hilft, die Entstehung entsprechender fossiler Lagerstätten zu erklären. Im Rammelsberg sind die Erze ähnlich feinstkörnig ausgebildet, was sie von denen in den Oberharzer Gängen grundlegend unterscheidet.

Zu den besonders reichen Blei-Zink-Lagerstätten, die im Prinzip diesem Typ der schichtigen Lagerstätten angehören, zählt neben vielen anderen bedeutenden Vorkommen in präkambrischen Gesteinen auch Broken Hill in New South Wales in Australien.

Bei der Deutung dieser Vorkommen kann man sich am Rammelsberg orientieren: Auch hier sind die Erze nämlich in eine sedimentäre Schichtenfolge eingefaltet, allerdings wird die Deutung dadurch erschwert, dass der gesamte Komplex präkambrisches Alter hat und durch entsprechende Metamorphoseprozesse überprägt wurde.

Geologisch einfacher sind die Verhältnisse im permischen Kupferschiefer, weil sie nicht durch Metamorphose überprägt wurden; dort hat man neben dem Kupfer auch Blei und Zinkerze gewonnen.

Abgesehen vom Rammelsberg und den erwähnten Ganglagerstätten hatte Deutschland aber noch eine weitere bedeutende Blei-Zink-Lagerstätte, nämlich Meggen im Sauerland.

Meggen wird ebenfalls als SEDEX-Typ interpretiert, im Gegensatz zum Rammelsberg mit seinen dunklen Schiefern ist es aber eine Lagerstätte in Karbonat-Gesteinen; das Milieu ist ein mitteldevonischer Riffkomplex. Im Zusammenhang mit untermeerischem Basaltvulkanismus sind dort entlang von Bruchspalten metallhaltige Lösungen aufgestiegen, deren Inhalt im reduzierenden Milieu des Lagunenbereichs ausgefällt wurde. Dabei wurden nacheinander Zinkblende, Bleiglanz und Pyrit, aber auch Schwerspat abgesetzt.

So etwas macht man im Prinzip auch im chemischen Praktikum, wenn man die Elemente der sog. Schwefelwasserstoff-Gruppe abtrennen will: Man bringt Metalle in Lösung und leitet dann H_2S ein, sodass die Reaktionsprodukte Metallsulfide sind, eben z. B. Bleiglanz, Zinkblende oder Pyrit. In solchen Lagerstätten ist meist noch ein randlicher Bereich aus Schwerspat ausgebildet, den es übrigens auch im Rammelsberg gibt. Rezent sind solche

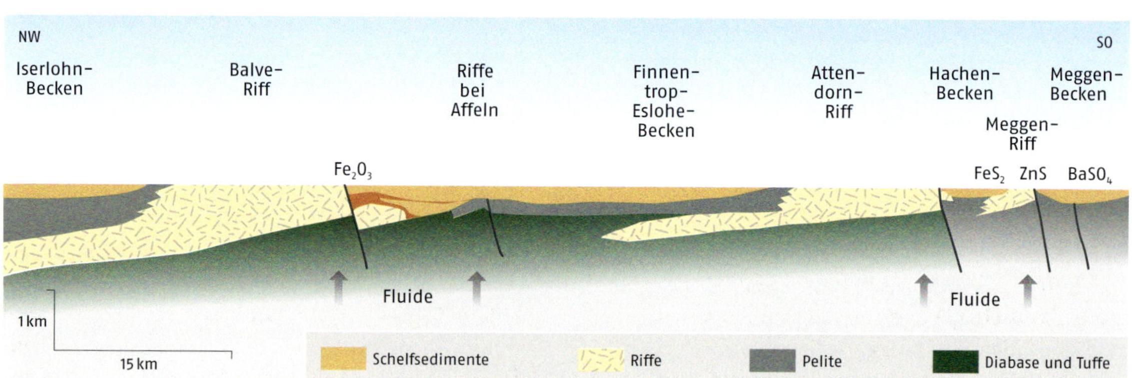

94 Die Lagerstätte von Meggen im Sauerland ist ebenfall eine SEDEX-Lagerstätte (nach Krebs 1981, aus Pohl 1992).

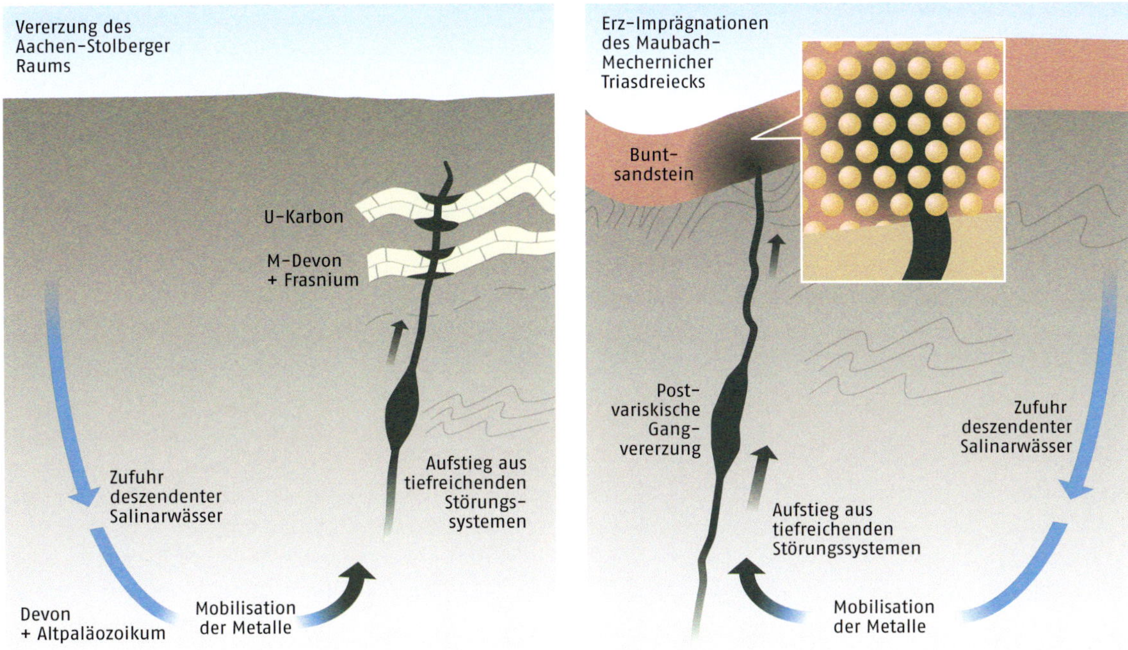

95 Buntmetalle im Linksrheinischen Schiefergebirge kamen hauptsächlich aus Blei-Zink-Lagerstätten; die Vererzung wird heute durch Vorgänge erklärt, die erst nach der Variskischen Gebirgsbildung stattgefunden haben. Dabei sind Ganglagerstätten und Erze in Sedimenten des Deckgebirges entstanden, im Aachen-Stolberger Raum in paläozoischen Karbonaten, im Maubach-Mechernicher Triasdreieck im Buntsandstein (nach Krahn & Friedrich 1991, aus Pohl 1992).

Verhältnisse auch an den untermeerischen „Rauchern" zu beobachten: Nicht alle sind „black", es gibt auch White Smokers.

Blei-Zink-Erze in Sandsteinen

Ein ganz anderer schichtiger Lagerstättentyp ist u. a. im schwedischen Lappland zu beobachten, der nach der Ortschaft Laisvall benannt ist.

Dort sind die Erze nämlich an Sandsteine und Konglomerate gebunden, in denen sie häufig große Porenräume ausfüllen, diese Gesteine also praktisch imprägniert haben. Das nennt man dann, wie vorher erwähnt, „epigenetisch", d. h., das Erz wird erst in einer späteren Phase angeliefert. Die geologische Situation ist ziemlich kompliziert und die Erklärung hängt mit der Kaledonischen Gebirgsbildung zusammen, die ja noch älter ist als die Variskische. Dabei wurden in Skandinavien riesige Gesteinsmassen in Form von Decken von Westen nach Osten über das noch ältere präkambrische Grundgebirge verfrachtet. Die vererzten Sandsteine und Konglomerate haben kambrisches Alter. Auch im Fall von Laisvall müssen die Metalle durch warmes Wasser mobilisiert worden sein, das hier aber, im Gegensatz zur vulkanisch bedingten Wärme, durch die tektonischen Vorgänge aufgeheizt wurde.

Mit Bleierzen imprägnierte Sandsteine gibt es auch bei uns: Die bekanntesten Lagerstätten sind die von Maubach und Mechernich in der Nordeifel, wo Sandsteine des Buntsandsteins imprägniert sind, die einmal die größte Ansammlung von Blei in ganz Mitteleuropa darstellten. Diese Erze stehen teilweise an der Oberfläche an und wurden bereits von den Römern ausgebeutet. Erz führend ist dort immer nur der gebleichte Buntsandstein, nicht aber der rote.

Auch die Entstehung dieser Lagerstätten ist nicht ganz geklärt. Der Buntsandstein überlagert dort diskordant das sehr viel ältere devonische Grundgebirge aus Sandsteinen und Tonschiefern, dazwischen besteht also eine riesige zeitliche Lücke. Weil auch in diesem devonischen Untergrund Bleiglanzgänge bekannt sind, hat man an eine Umlagerung in die viel jüngeren Schichten gedacht, wofür auch die gleichen Isotopenverhältnisse im Blei sprechen. Das ist aber letztlich noch kein stichhaltiges Argument gegen eine insgesamt junge Vererzung, denn auch die Spalten im Devon könnten erst zur Buntsandsteinzeit mineralisiert worden sein. Als Mechanismus wird eine Mobilisation durch Laugen innerhalb der Trias diskutiert, die infolge von Dehnungstektonik (wir befinden uns im Bruchfeld der Kölner Bucht) zunächst an Spalten abwärts flossen, sich aufheizten und dann metallbeladen wieder zur Oberfläche aufstiegen; das Blei stammt dann also aus dem älteren Untergrund. Die Bleierze wurden in Form von Knotten – kleinen, rundlichen Gebilden von ein paar Millimetern Durchmesser – innerhalb der Sandsteine abgesetzt und haben diese imprägniert, sind also epigenetisch, d. h. erst nach den Sandsteinen entstanden.

Blei-Zink-Erze in Karbonaten

Nun gibt es aber auch Blei-Zink-Erze in Karbonaten, die in den meisten Fällen offenbar nichts mit Vulkanismus zu tun haben – oder man hat solche Hinweise noch nicht gefunden. Dieser Lagerstättentyp ist bedeutend und weit verbreitet, die ergiebigsten liegen im Mississippi-Tal und werden deshalb als „Mississippi-Valley-Erze" bezeichnet. Sie sind alle an paläozoische Karbonat-Gesteine gebunden, die zeitlich vom Kambrium bis in das Unterkarbon reichen.

Meilenweit gibt es dort aber keine Anzeichen für eine magmatische Tätigkeit, weder Vulkane noch Plutone! Und die Kristalle von Bleiglanz und Zinkblende sind meistens groß und gut ausgebildet, kein Vergleich etwa zu den Rammelsberg-Erzen, die wegen ihrer Feinkörnigkeit und der engen Verwachsung mit den Nebengesteinen manchmal Probleme für die Aufbereitung mit sich brachten. Es gibt Beziehungen zu benachbarten Erdölfeldern und es gibt Hinweise auf salzige Formationswasser, die mit diesen Ölfeldern zusammenhängen. Die Bildungsbedingungen der Mississippi-Valley-Erze hat man mit raffinierten Methoden näher eingegrenzt: Man kann heute winzige Flüssigkeitseinschlüsse in einzelnen Kristallen untersuchen und hat damit herausgefunden, dass die Wasser 100–150 °C warm und salzig gewesen sein müssen. Das bringt mich dazu, hier zu wiederholen, dass das Geheimnis für den Metalltransport offenbar warmes Salzwasser ist, so wie wir das schon bei den Bildungen im Roten Meer gesehen haben. Für die Fällung in Form von Sulfiden bedarf es aber noch der Gegenwart von Schwefel und reduzierender Bedingungen.

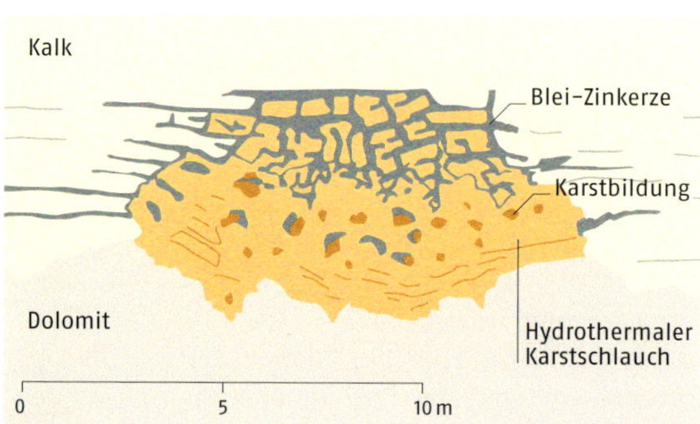

96 Blei-Zink-Erze entstanden vielfach auch in verkarsteten Karbonatgesteinen. Das Bild mit den abgestürzten Blöcken belegt, dass hier (eine hydrothermal gesteuerte) Karstbildung und Vererzung gleichzeitig erfolgten. Muschelkalk, Oberschlesien (nach Dzulynski & Sass-Gustiewicz 1985, aus Pohl 2005).

Diese Lagerstätten haben in den USA und Kanada eine gigantische räumliche Verbreitung. Sie sind tektonisch praktisch nicht gestört und in einem weit reichenden Riffsaum um präkambrische Grundgebirgs-Inseln herum angelegt.

Neben Riffstrukturen existieren dort Plattform-Karbonate, und viele der besonders ergiebigen Erzvorkommen sind an Brekzien gebunden, sodass man in diesen Fällen jedenfalls von einer Bildung der Erze durch Prozesse auszugehen hat, die erst nach Bildung der Wirtsgesteine stattgefunden haben können. Vieles deutet aber darauf hin, dass das meiste Erz gleichzeitig mit den Gesteinen entstanden ist, in denen es heute gefunden wird.

Den Mississippi-Valley-Erzen vergleichbare Vorkommen gibt es auch in Oberschlesien (nordwestlich Krakaus, Polen): Die Blei-Zink-Vererzung betrifft dort devonische und Trias-Dolomite, die während des Muschelkalks annähernd gleichzeitig mit der Entstehung eines tiefen Karstsystems durch hydrothermale Lösungen mineralisiert wurden (Sass-Gustiewicz 1996). Die Erze sind seit etwa 800 Jahren Gegenstand eines Bergbaus (anfangs vor allem von Silber), der bei beträchtlichen Reserven noch heute betrieben wird.

Blei-Zink-Lagerstätten in Karbonaten gibt es u. a. auch in den Alpen und sogar an der Zugspitze; stellvertretend nenne ich hier Bleiberg in Kärnten (schon des Namens wegen), wo Karbonate der alpinen Trias vererzt sind, also erheblich jüngere Gesteinskomplexe als jene in den USA und Kanada. Es kommt eben nicht auf die Zeit, sondern allein darauf an, dass geeignete Entstehungsbedingungen gegeben sind!

Die Erze vom Typus Bleiberg sind, ähnlich wie die im Mississippi-Tal, an Karbonat-Gesteine geknüpft, und es gibt dort sowohl Plattform-Milieus als auch Riffstrukturen. Die meisten Erzlager sind schichtgebunden. Des Weiteren sind in die Begleitschichten gelegentlich vulkanische Komponenten eingelagert und in metallnahen Schichten Evaporite (Salzgesteine im weiteren Sinne) bekannt. Wie sich das für die Alpen gehört, ist das alles dann noch in komplizierte Falten gelegt und zerbrochen worden.

Klarer sind die Verhältnisse innerhalb der Riffstrukturen des Wettersteinkalks, wo man deutlich erkennen kann, dass die Erze an die schichtigen Ablagerungen einer Lagune gebunden sind: Hier spielen offensichtlich wieder stark eingedampftes,

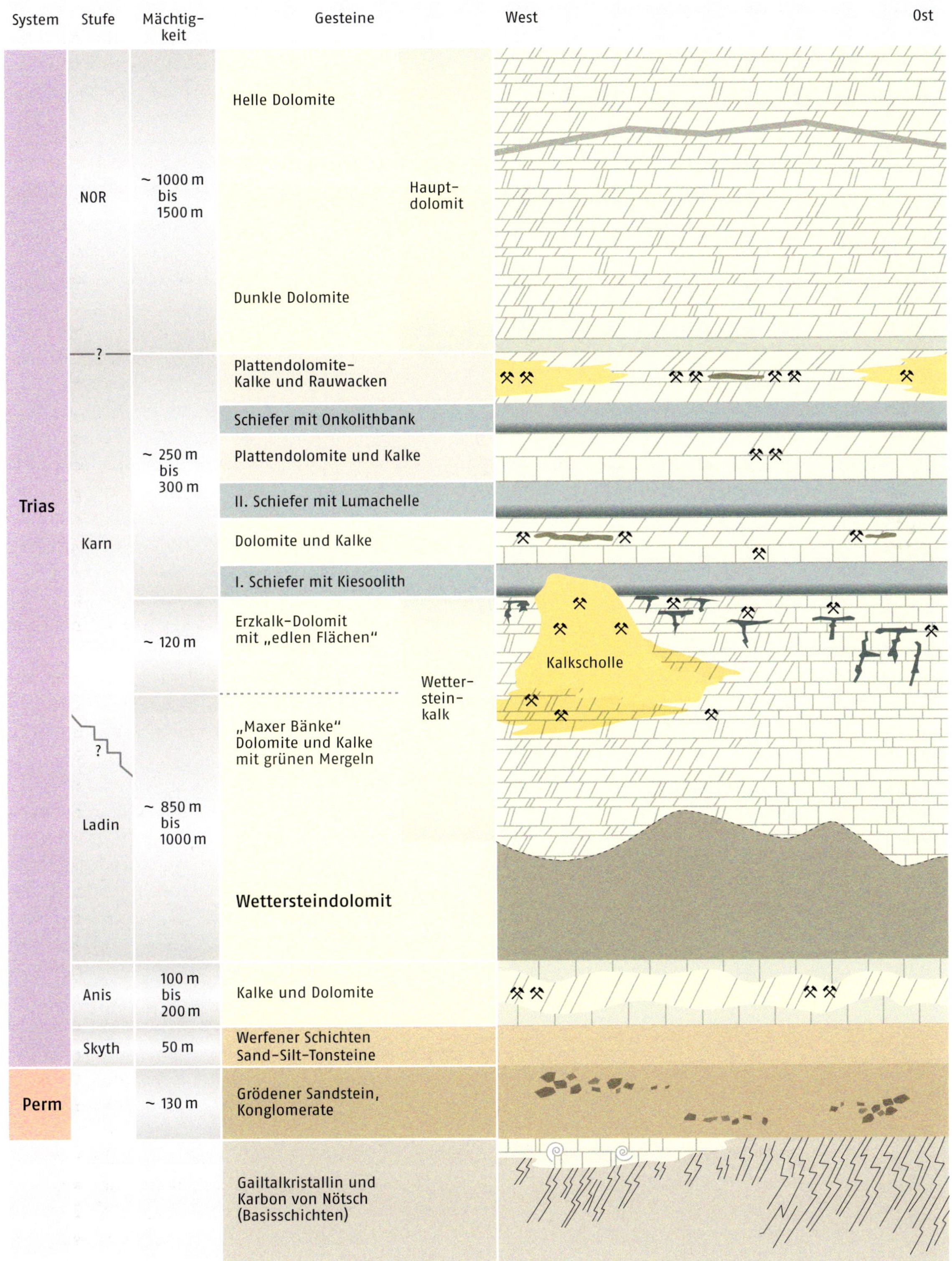

97 Profil der Schichtenfolge im Bereich der Blei-Zink-Lagerstätte Bleiberg (Kärnten). Die Erze (Bergbauzeichen) sind in Flachwasser-Karbonaten der Trias gebildet worden (nach Cerny 1984, aus Pohl 1992).

Lit.: Zink

Bäcker & Richter 1973, Borg 2006, Dzulynski & Sass-Gustiewicz 1985, Krahn & Friedrich 1991, Kraume et al. 1955, Pohl 1992, 2005, Walter 2010

Lit.: Cadmium

Förstner 2008, Kobayashi 1971, Pohl 1992, 2005

also salziges Wasser und sauerstoffarme Verhältnisse eine Rolle beim Transport und bei der Ausfällung der Metallsulfide. Man nimmt an, dass das Blei aus dem paläozoischen Untergrund stammt und noch während der Trias selbst durch hydrothermale Konvektionssysteme gepumpt wurde, wobei infolge von Dehnungstektonik tief greifende Spalten auch das Aufdringen von Mantelwärme ermöglichten.

Was den Alpen recht ist, ist den Dinariden billig, denn auch vom Balkan ist eine Vielzahl von Metall-Lagerstätten aus Triasgesteinen bekannt, von denen viele Blei-Zink-Lagerstätten sind.

Was wir immer wieder sehen können: Die Metalle sinds irgendwie in allen Gesteinen vorhanden und werden innerhalb der Kruste im Verlauf von Millionen Jahren Erdgeschichte ständig umverteilt – und dabei manchmal sogar zu Lagerstätten angereichert.

Die Verwendung von Blei wurde vorher schon einmal angesprochen, allerdings macht man daraus heute kaum noch Dächer und keine Wasserleitungen mehr; aber Akkus, Kabel-Ummantelungen sowie Farbpigmente wie Bleiweiß und Mennige – und es wird im Strahlenschutz verwendet oder für die Herstellung von hoch lichtbrechendem Bleiglas. Bleitetraethyl, das man früher dem Benzin zugesetzt hat, ist heute nur noch den älteren unter den Autofahrern ein Begriff.

Zink wird überwiegend für Legierungen, hauptsächlich Messing (Kupfer und Zink), und im Korrosionsschutz verwendet. Messing war wahrscheinlich die erste Metall-Legierung überhaupt, die wegen der dem Gold ähnlichen Farbe schon sehr früh hergestellt wurde; es war den Babyloniern und Assyrern im dritten Jahrtausend bekannt, das Rezept scheint dann aber verloren gegangen zu sein, denn Messing wurde erst zu römischer Zeit wieder gegossen.

Ein abschließender Blick geht in die Umgebung von Heidelberg: Aus dem Muschelkalk bei Wiesloch hatten schon die Römer Galmei (ein Sammelname für alle möglichen Zinkerze) gewonnen. Diese Erze sind heute nur noch für Mineraliensammler von Bedeutung, aber der Kalk wird von der Firma „HeidelbergCement“ noch immer abgebaut und für die Zementherstellung gebrannt. Dabei gab es in den 1970er-Jahren eine große Aufregung in der Bevölkerung, als man mit der Spurenelement-Analytik herausfand, dass die Zementstäube das giftige Element Thallium enthielten; als Quelle hatte man damals sehr bald die im Kalk vorkommenden Zink-Minerale erkannt. Weil sich der Staub aus den Öfen auch über die benachbarten Felder legte, wurde damals empfohlen, das Gemüse besonders gut zu waschen.

Cadmium

Es gibt zwar eigenständige Cadmium-Minerale, nämlich das Sulfid Greenockit (CdS) und das Karbonat Otavit ($CdCO_3$), aber beide spielen für die Gewinnung des Cadmiums selbst keine Rolle, denn dieses wird im Wesentlichen aus Zinkblende oder Galmei gewonnen. Infolgedessen findet man Cadmium vor allem in den Emissionen von Zinkhütten, die sich manchmal weit über das an solche Anlagen angrenzende Gebiet verbreiten können.

Die schöne dunkelgelbe Malerfarbe Cadmiumgelb wird vielen ein Begriff sein, Cadmium findet aber hauptsächlich Verwendung im Korrosionsschutz für Eisen, wo schon 0,008 mm dicke Überzüge genügen, und u. a. auch für Ni/Cd-Batterien sowie in der Kerntechnik. Physiologisch hat das Element eine gewisse traurige Berühmtheit erlangt, als in Japan schwere Skelettveränderungen und Todesfälle als Folge von Cadmium-Vergiftungen auftraten, die unter dem Namen Itai-Itai-Krankheit bekannt sind. Das Cd tritt dabei an die Stelle von Calcium in den Knochen, soll sich aber auch in den Nieren anreichern und so zunehmend deren Funktion reduzieren. Da die mittlere Verweilzeit im menschlichen Körper etwa 18 Jahre beträgt, ist das wahre Ausmaß der Belastung bislang wahrscheinlich noch gar nicht zu erkennen (Förstner 2008).

Chrom und Nickel

Wenn man gute Werkzeuge in die Hand nimmt, steht auf manchen „Chromnickelstahl“, was einen Hinweis auf die Zusammengehörigkeit der beiden Elemente gibt – zumindest in ihrer Anwendung als Stahlveredler: Rostfreier Stahl enthält z. B. 18 % Cr. Das Metall ist mit einer Mohs-Härte von 9 härter als alle anderen Metalle. Chrom kennt man auch aus der Gerberei, in Bezug auf Farben und aus der Herstellung feuerfester Steine. Die Beziehung zu den Farben ergibt sich schon aus dem Namen an sich (griech. chroma = Farbe), und tatsächlich haben die meisten Chromverbindungen besonders auffällige Farben. Galvanisch verchromte und vernickelte Metallteile sind uns ja allgegenwärtig. Chrom und Nickel sind aber auch geologisch irgendwie miteinander verwandt, und das will ich nachfolgend verdeutlichen.

Chrom

Chrom hat mit 1890 °C einen extrem hohen Schmelzpunkt, woraus auch die wesentlichsten Lagerstätten resultieren, wie man sie z. B. im Merensky Reef des Bushvelds in Südafrika antrifft. Elemente mit hohen Schmelzpunkten haben sich in sog. ultrabasischen Gesteinen angesammelt, wie sie in der Frühzeit der Erde besonders häufig entstanden; damals wurden unter extrem hohen Temperaturen auch ganz spezielle Gesteine gebildet, die Komatiite heißen.

Besonders feine Mineralstrukturen darin, nämlich nadelartig gewachsener Olivin, haben zu der Bezeichnung „Spinifex"-Gefüge geführt, das nach einer ähnlich aussehenden australischen Grasart benannt ist. Wenn man das Gestein in die Reihe der bekannten Magmatite einordnet, dann steht es noch vor dem Gabbro bzw. Basalt und wird deshalb als ultrabasisch bezeichnet – und in nur solchen, geologisch meist auch sehr alten Gesteinen lohnt sich die Suche nach Chrom.

Im Bushveld-Komplex kommt das Chrom in dünnen Lagen im Bodensatz großer Magmakörper vor, die man als „Töpfe" auffassen kann und in denen einmal die Schmelze „gekocht" hat.

Zunächst ein paar Zahlen über die Verteilung von Chrom in unterschiedlichen Gesteinen, die in Tabelle 22 vorliegen.

Als Mineral braucht man sich hier nur den Chromit ([Fe, Mg]Cr_2O_4) zu merken, der 99 % aller Chromerze bildet und anhand einer komplizierteren Formel mit einem Gehalt ab 25 % Cr_2O_3 definiert ist; er kann bis maximal 62 % Cr enthalten.

Der grüne Chromgranat Uwarowit ($Ca_3Cr_2[SiO_4]_3$), benannt nach einem russischen Grafen, ist nur für Mineraliensammler interessant, nicht aber als Chromerz, er kommt allerdings oft

Erdkruste / Magmatite	100
Granite	5
Gabbros / Basalte	ca. 200
Peridotite / Komatiite	ca. 2800
Tonschiefer	90
Sandsteine	35
Karbonate	11
Meerwasser	0,0005

T 22 Chromgehalte unterschiedlicher Gesteine (ppm) (nach Mason & Moore 1985, Krauskopf 1967, Pohl 2005).

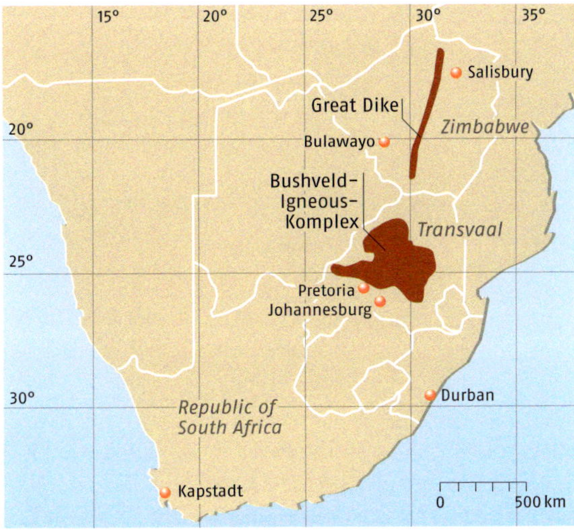

98 Der Bushveld-Komplex in Südafrika bildet eine riesige Schüssel, in deren Füllung die bedeutendsten Chrom-Lagerstätten der Erde entstanden. Aus dem Erdmantel aufgedrungene ultrabasische Gesteinsschmelzen haben während der Abkühlung lagenförmige Chromerze ausgeschieden.

zusammen mit Chromit vor. Die geochemische Heimat des Chroms liegt letztlich in den dunklen Mineralen Olivin, Pyroxen und Amphibol, die ja wesentliche Komponenten der schon erwähnten basischen Gesteine sind. Spuren von metallischem Chrom wurden bisher nur in Meteoriten gefunden.

Bei den Lagerstätten lassen sich zwei Typen unterscheiden, nämlich

- solche in geschichteten basischen bzw. ultrabasischen Intrusivkomplexen (wie es das Bushveld in einem riesigen Ausmaß darstellt) und
- solche in Peridotiten, die sich in Form von größeren linsenförmigen Gesteinskörpern überwiegend in alpinotyp geprägten Gebirgen finden.

Die Chrom-Giganten Afrikas

In den erstgenannten Typen liegen etwa 90 % der Reserven. Man muss sich dazu einmal die Dimensionen des Bushveld-Komplexes deutlich machen, der praktisch wie eine große Schüssel von 100 000 km^2 mit etwa 5 km dicken Gesteinsstapeln auf einem altpräkambrischen Untergrund auflagert – das sind 500 000 km^3 Gesteine! Die mit Chrom vererzten Partien darin sind auf 29 verschiedene Flöze verteilt, die jeweils einige Zentimeter bis 2 m mächtig sein können. Diese Erze bilden etwa 2/3 der bekannten Weltreserven, die sich zudem auch noch im Tagebau gewinnen lassen.

Man muss hier von einer Chrom-Anomalie sprechen, die sich von Südafrika aus auch noch auf Simbabwe und Madagaskar erstreckt, wobei sich die Frage stellt, ob es sich um eine Anomalie im Erdmantel handelt oder ob sie durch das Aufschlussniveau zustande gekommen ist, indem Gesteine aus

99 Chromitlagen in ultrabasischen Gesteinen des Bushveld-Komplexes.

besonders tiefen Krustenbereichen an die Oberfläche drangen.

Dem Bushveld ziemlich ähnlich sind die geologischen Verhältnisse im sog. Great Dyke Simbabwes, der ein Nordnordost verlaufendes Störungssystem von ungefähr 500 km Länge und > 10 km Breite darstellt, in das basische und ultrabasische Gesteine des Präkambriums flach muldenförmig eingelagert sind. Afrika ist mit den genannten Vorkommen der wichtigste Chromlieferant der Erde. Die Erzförderung wird allerdings immer wieder durch die politisch instabilen Verhältnisse behindert. Geologisch den genannten Verhältnissen ähnlich, aber wesentlich kleiner, sind Lagerstätten in Montana/USA (Stillwater-Komplex) und im Ural, die hier einfach als intramagmatisch bezeichnet werden.

Chrom-Lagerstätten in alpinotypen Gebirgen

Die geologischen Verhältnisse in diesen Lagerstätten unterscheiden sich auf den ersten Blick vollkommen von den gerade besprochenen. Sie kommen nämlich in relativ jungen Faltengebirgen vor, in denen man normalerweise keine ultrabasischen Gesteine erwartet, weil diese ja eher in tieferen Krustenbereichen zu finden sind. Nach den oben diskutierten Bedingungen, zu denen auch extrem hohe Schmelztemperaturen gehören, sind Chromerze hier eigentlich nicht zu erwarten. Die Frage ist also, wie sie dorthin gekommen sind. Die Antwort: Wie frische Pflaumenkerne, die man mit den Fingern relativ weit schnipsen kann. Geologisch gesprochen: Sie sind während der Gebirgsbildung tektonisch in die höheren Stockwerke, d. h. in die jüngeren Schichten, eingeschuppt worden. Dabei waren die oft in Serpentinit umgewandelten basischen Gesteine hilfreich; Serpentin, der Hauptbestandteil im Serpentinit, ist ein grünes Schichtsilikat, das sich unter Druck ähnlich verhalten kann wie Schmierseife – was beim Transport durchaus geholfen hat. Die alpinotypen Chromerze liegen also ortsfremd in Bezug auf ihre Entstehung. Für die Prospektion bedeutet diese tektonische Verfrachtung von irgendwie aus ihrem Verband gerissenen Gesteinsschollen, dass man zunächst nicht weiß, wie groß sie sind: Die Vorratsberechnungen sind also wesentlich schwieriger als bei den schichtigen Vorkommen im Bushveld, und die Lagerstätten sind auch wesentlich kleiner.

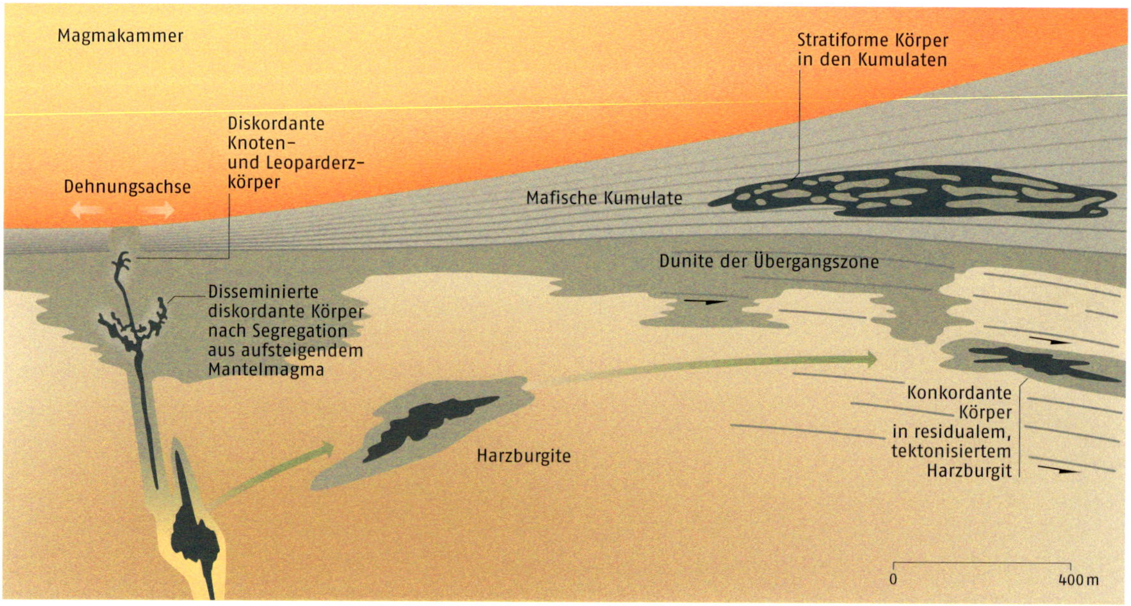

100 Chromiterzkörper gibt es gelegentlich auch innerhalb von Ophiolith-Komplexen, also Resten ozeanischer Kruste, die auf Kontinentränder aufgeschoben (wie hier am Beispiel einer Decke in Oman) oder in Faltengebirge eingeschuppt sind; solche meist kleineren Erzkörper sind linsenförmig („podiform") (nach Ceuleneer & Nicolas 1985, aus Pohl 2005).

101 Handstück von Serpentinit, das die „seifige" glatte Oberfläche zeigt, die auch den tektonischen Transport von Chromit-„Schuppen" ermöglicht (Foto: Verfasser).

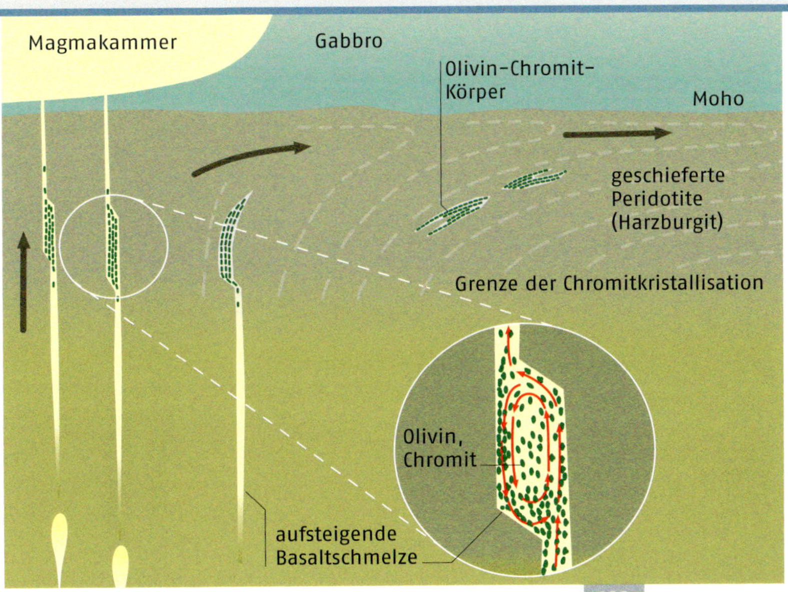

102 Olivin und Chromit sind Minerale mit extrem hohen Schmelzpunkten, die in aufsteigenden Basaltschmelzen innerhalb erweiterter Kammern hängen bleiben und nachströmende Minerale herausfiltern können, wodurch es zur Anreicherung von Chromit kommt (Nicolas 1995, aus Frisch & Meschede 2005).

Plattentektonisch gesprochen, passt das „Pflaumenkernverhalten" in den Kontext von Gebirgen, die im Zusammenhang mit Subduktionszonen entstehen. Denn hier kann man damit rechnen, dass Teile der überwiegend basaltischen ozeanischen Kruste in die entstehenden Gebirge auch einmal nicht subduziert, sondern obduziert – d. h. nach oben verfrachtet und zwischen andere Gesteine eingeschuppt – werden. Beispiele für derartige Lagerstätten in sog. Ophiolithen (das sind Gesteine, die aus ozeanischer Kruste und Teilen des oberen Erdmantels bestehen) gibt es in der Türkei, in Oman und auch im Ural, auf den Philippinen, in Griechenland, im Iran, in vielen Ländern des ehemaligen Jugoslawien, in Indien, Guatemala, Japan, Nordkorea und im Antillenbogen wie etwa Kuba.

Primär waren das alles einmal Gesteinskomplexe, die sich im Bereich von Mittelozeanischen Rücken gebildet haben, an denen frisches Mantelmaterial aufsteigt: Die Schmelzen, aus denen Chromit und Olivin als Phasen mit extrem hohen Schmelzpunkten zuerst kristallisieren, können beim Aufstieg in höheren Kammern hängen bleiben und so auch wie ein Filter für den Nachschub an Kristallen wirken (Abb. 102).

Die Erztypen zeigen oft charakteristische Strukturen, z. B. konzentrisch um Kerne herum abgeschiedene Phasen, die als Ringel- oder Kokardenerz bezeichnet werden (Abb. 103).

Wenn man Chromerze in die Hand nimmt, bemerkt man sofort das hohe Gewicht (Dichte von Chromit 4,5–4,8); daran wird deutlich, dass ein so schweres Erz in einer Gesteinsschmelze nach unten sinken muss.

a)

b)

103 a) Kokardenerz, Anlagerung nacheinander gebildeter Erzkrusten und Nebengesteine (Foto: Verfasser).
b) Leoparderz, Guleman (Türkei) (Foto: Dr. E. K.).

Nickel

Der Name des Metalls kommt aus Schweden: „Kopparnikel" bezieht sich auf Nikoläuse oder Berggeister, die das Erz verhext haben müssen, aus dem trotz der Kupferfarbe beim Schmelzen – unter den beim Kupfer üblichen Temperaturen – kein Kupfer zu gewinnen war.

Über Nickel können wir einiges aus bestimmten Meteoriten erfahren, Material also, das nicht von der Erde selbst stammt, sondern von extraterrestrischen Himmelskörpern. Sie sind zwar selten, aber man hat sie meist genauer untersucht als viele irdische Gesteine, weil sie uns auch Auskunft über die frühe Geschichte des Planetensystems geben können und damit gleichzeitig über die der Erde selbst.

Grob vereinfacht kann man zunächst sagen, dass extrem nickelreiche Gesteine meistens einen außer-

Lit.: Chrom
Borg 2006, Ceulener & Nicolas 1985, Frisch & Meschede 2005, Pohl 1992, Pohl 2005,

104 Eisenmeteorite enthalten meistens auch viel Nickel. Die hier abgebildeten Brocken aus der Stadt Windhoek sind gut zugängliche Beispiele. Am linken Ende der Reihe hat der Abbau offensichtlich schon begonnen! (Foto von Dr. Siegfried Behrendt, aus Rothe 2010).

irdischen Ursprung haben, und wenn ich hier „nickelreich" sage, dann rede ich diesmal nicht von ppm, sondern von Prozenten: Die meisten Eisenmeteorite enthalten nämlich ca. 8 % von diesem Metall.

In der Innenstadt von Windhoek in Namibia ist eine Reihe solcher Meteorite aufgestellt, was schon fast einer Nickel-Lagerstätte entspricht; in der linken Bildhälfte sieht man schon die ersten Abbauspuren! Da wir solche Meteorite als Reste irgendwelcher zerplatzter Himmelskörper interpretieren, gehen wir auch davon aus, dass die metallischen (die als Eisenmeteorite bezeichnet werden, obwohl sie auch Nickel enthalten) aus deren Kernbereichen stammen – diese Annahme führte dann auf direktem Wege zu den Vorstellungen über den inneren Kern der Erde, für den man mit guten Gründen eine Zusammensetzung aus Nickel und Eisen annimmt.

T 23 Nickelgehalte unterschiedlicher Gesteine (ppm) (nach Mason & Moore 1985, Krauskopf 1967, Pohl 2005).

Erdkruste / Magmatite	75
Granit	1
Basalt	150
Ultrabasite	0,1 – 0,6 % (!)
Tonschiefer	68
Sandsteine	2
Karbonate	20
Meerwasser	0,002 – 0,005

Besonders bekannt sind Eisenmeteorite aus Metall-Legierungen, die geometrische Verwachsungen nickelreicher Phasen zeigen: Sie werden mit eigenen Bezeichnungen versehen – Kamacit und Taenit – und sind beide zu den sog. Widmannstätten'schen Figuren, einer charakteristischen Struktur, angeordnet.

Kamacit und Taenit haben unterschiedliche Nickelanteile, der Taenit sogar 27 – 65 %! Als Richtwert kann man aber angeben, dass Eisenmeteorite etwa 8 % Ni enthalten.

Da trotz dieser Konzentrationen alle Eisenmeteorite zusammen noch keine nennenswerten Vorräte ergeben: Könnte man also den Erdkern als „Prospektionsziel" ansteuern? Bis dahin wären es aber 2900 km (!), sodass die Bohrerei dahin wegen der Bedingungen, die in solchen Tiefen herrschen, illusorisch ist. Ni-Lagerstätten findet man aber schließlich auch in irdischen Gesteinen, die nahe an der Erdoberfläche liegen. Wir müssen also die Gesetzmäßigkeiten beleuchten, die hier zu ihrer Entstehung geführt haben. In Gesteinen der Erdkruste selbst ist Nickel extrem selten, es gibt aber beträchtliche Unterschiede zwischen basischen und sauren Gesteinen.

Aus diesen Werten lassen sich schon die zu erwartenden geologischen Verhältnisse ableiten. Die geochemische Heimat des Nickels sind, wie beim Chrom, die dunklen Minerale in den basischen Gesteinen, also wieder Olivin, Pyroxen und Amphibol, wo Ni wegen seines dem Eisen und dem Magnesium ähnlichen Ionenradius mit in die Kristallgitter eingebaut werden kann. Dadurch wird verständlich, warum man das Metall vorzugsweise in dunklen, d. h. basischen und ultrabasischen, Gesteinen erwarten kann.

Überraschenderweise haben aber bestimmte, unter tropischem Klima entstandene, oberflächennahe Verwitterungsbildungen höhere Nickelgehalte. Nickel geht also offenbar auch irgendwie in Lösung und kann dann neben dem NiS weitere eigene Minerale ausbilden – davon unten mehr.

Eine der bedeutendsten Nickel-Lagerstätten ist Sudbury in Kanada. Die Neue Zürcher Zeitung hatte in einem sehr informativen Bericht einmal getitelt: „Metalle aus dem Meteoritenkrater", und Nickel dort neben Kupfer und Platin an erster Stelle genannt. Sudbury liegt nördlich vom Huronsee, in einer Region, die vor 1700 Ma von einem Meteoriten getroffen wurde – dieser hinterließ einen Krater von 80 km Durchmesser. Ein solches Meteoriten-

Bombardement war in der Frühzeit der Erde nichts Ungewöhnliches, weil damals noch mehr große Gesteinsbrocken in unserem Planetensystem herumschwirrten als heute. Wir entdecken solche alten Krater erst allmählich, weil sie im Gegensatz zu denen auf dem Mond durch die irdischen Verwitterungsprozesse im Verlauf geologischer Zeiträume weitgehend unkenntlich geworden sind. Damit will ich aber nicht sagen, dass das Nickel vom Meteoriten stammt, sondern vielmehr, dass der Impakt – d. h. der Einschlag – den Aufstieg von Magma und dessen Intrusion aus tieferen Bereichen in ein höheres Stockwerk der Erdkruste, wahrscheinlich aus dem Grenzbereich von Kruste und Mantel, erst ermöglicht hat. Aus diesem basischen Magma sind dann u. a. Ni-Sulfide auskristallisiert. Die Anzeichen für einen Impakt sind zahlreich. Man muss sich vergegenwärtigen, dass die Struktur anfangs für eine vulkanisch entstandene Caldera gehalten wurde: Dazu gab es dort eine ganz ähnliche Diskussion wie bei uns über die Entstehung des Nördlinger Ries. Auch in Sudbury hat man dann „shatter cones" (Strahlenkalke) gefunden, wie sie für Schockwellen mit Drücken von 100–200 kbar charakteristisch sind, sowie eine Menge zementierter Gesteinstrümmer und Gesteine, die dem Suevit im Ries ähnlich sind. Der Meteorit hatte – so etwas kann man heute berechnen – einen Durchmesser von 3–5 km und war mit 15 km/s aufgeprallt und verdampft. Die dabei freigesetzte Energiemenge entspricht mehreren Milliarden Tonnen TNT – das muss man sich erst einmal vorstellen; im Vergleich dazu haben wir es mit unserer Technik bisher zum Glück nur zu „Bömbchen" gebracht. Der Krater war bei 80 km Durchmesser 5–6 km tief und wies als Strukturmerkmale in Form konzentrischer Ringe angeordnete Terrassen auf, welche die aus der Schmelze aussaigernden (d. h. nach der Schwerkraft absinkenden) Metalle aufgefangen hatten. Der bei Impaktstrukturen zu erwartende Zentralkegel, der durch das Rückfedern der zusammengepressten Gesteine entsteht, muss aber noch gefunden werden, was nur durch Bohrungen möglich sein wird; er könnte besonders metallreich sein. Der Krater muss ursprünglich rund gewesen sein, Sudbury hat aber heute einen elliptischen Grundriss von 60 × 27 km. Das lässt sich geologisch erklären, denn die alten präkambrischen Gebirge sind natürlich tektonisch außerordentlich stark verformt worden: In diesem Fall kam der Gebirgsbildungsdruck aus Südosten und hat den Kreis zu einer Ellipse zusammengeschoben.

Die Gegend scheint später noch von einem weiteren Impakt betroffen worden zu sein, denn im Osten gibt es eine kreisförmige Struktur von 12 km Durchmesser, die heute von einem See eingenommen wird. Dieser Krater wurde also nicht mehr von der älteren Gebirgsbildung deformiert, ganz ähnlich wie ja auch unser kreisrund gebliebenes Ries. Man kann sich jetzt fragen, warum im Zusammmenhang mit Metall-Lagerstätten so viel von Impaktkratern die Rede ist: Für die Deutung von Sudbury sind aber sogar die Erkenntnisse über Mondkrater von Bedeutung. Von denen gehen radial verlaufende Strukturen aus, und ein solches Muster hat man auch für Sudbury gefunden. Dort ist in solche Radialspalten Magma eingepresst worden, das besonders reich an Kupfererzen ist, die zu den eher spät abgeschiedenen Phasen gehören. Diese Strukturen werden dort „offsets" genannt und es stehen darin etwa 40 Gruben im Abbau, deren Erze besonders reich an Edelmetallen sind. Die meisten lagern aber an den Rändern des Kraters in den erwähnten Terrassen, die nach der Intrusion durch Setzung entstanden und in denen sich taschenartige Mulden entwickelten; die Metalle sind dort zoniert wie in einer klassischen Sulfidschmelze. Aber wir reden ja jetzt über Nickel! Die Sudbury-Erze enthalten vor allem Pentlandit (NiS), Gersdorffit (NiAsS) und Argentopentlandit: Der Name enthält schon argentum = Silber und die komplizierte Formel dieses Silber-Nickel-Sulfids ist dementsprechend $(Fe, Ni)_8AgS_8$. Außerdem gibt es dort weitere Nickel-Verbindungen, Platin-Metalle, Gold und Silber, was den Abbau insgesamt rentabler macht. Die Sudbury-Erze enthalten etwa 1 % Ni, 1 % Cu und zehn weitere, nebenbei gewinnbare Metalle.

Sudbury ist das, was man eine liquid-magmatische Lagerstätte nennt, und wurde 1883 beim Eisenbahnbau entdeckt. Ähnlich entstandene Vorkommen gibt es auch in Finnland (Kotalahti), Norwegen und Schweden. Bekannt ist vor allem Petsamo in Karelien, das heute zu Russland gehört (im Zweiten Weltkrieg wurde deshalb dort gekämpft!), des Weiteren gibt es Lagerstätten auf der Kola-Halbinsel und im Ural: Hier braucht man nur den Namen „Norilsk Nickel" zu erwähnen, der für einen großen Metallkonzern steht.

In Westaustralien gibt es Nickel-Lagerstätten in Komatiiten, die in archaischen, also über 2500 Millionen Jahre alten Grünsteingürteln entstanden sind und damit aus der Frühzeit der Erde stammen; sie stehen für 14 % der sulfidischen Nickelreserven

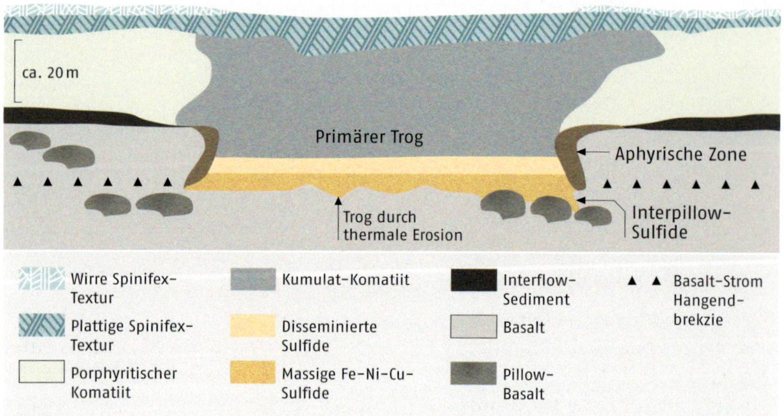

105 Die auf den ersten Blick hin sehr komplizierte Darstellung zeigt, wie aus dünnflüssigen Komatiitschmelzen Fe-Ni-Cu(-Pt)-Sulfid-Erzkörper mit ihren sehr hohen Schmelzpunkten kristallisierten und sich – der Schwere folgend – am Boden eines „Topfes" abgeschieden haben. Infolge der extrem hohen Temperaturen der Schmelzen sind in den darunter liegenden Basalten und deren Begleitgesteinen durch thermische Erosion Tröge entstanden, die nacheinander zunächst mit massigen, dann mit feinverteilten („disseminierten") Sulfiden gefüllt wurden. Lagerstätte in altpräkambrischen Gesteinen Westaustraliens (nach Groves et al. 1986, aus Pohl 2005).

der Erde. Alle diese Lagerstätten haben jedenfalls das hohe geologische Alter gemeinsam.

Eine ebenfalls liquid-magmatisch gedeutete, allerdings winzig kleine Nickel-Lagerstätte wurde während des 19. Jahrhunderts im südlichen Schwarzwald abgebaut: die „Friedrich-August-Grube" bei Horbach-Wittenschwand. Hier wurde Nickel in Schollen ultrabasischer Gesteine gefördert, die in Gneisen „schwimmen". Nach den geologischen Begleitumständen handelt es sich dabei um alte Ozeankruste, die während der Variskischen Gebirgsbildung in einen oberflächennahen Bereich geschoben wurde. Die gesamte Fördermenge wird mit 120 t Metall angegeben, und man scheint zielsicher die reichsten Partien gefunden zu haben. Heute ist dort ein „Spielbergwerk" angelegt, in dem Kinder mit dem Bergbau vertraut gemacht werden.

Ein weiterer Typ von Nickel-Lagerstätten ist durch lateritische Verwitterung entstanden. Diese Erze liefern immerhin 35 % der Weltproduktion. Im Gegensatz zu den uralten Nickel-Vorkommen des Präkambriums sind diese aber geologisch sehr jung, die meisten jünger als 24 Millionen Jahre (Miozän), und die Bildung reicht sogar noch bis in subrezente Zeit, d. h. bis in die jüngste Vergangenheit hinein (so steht es in den Büchern, bei geeigneten Bedingungen dürfte sich ihre Entstehung aber auch heute noch fortsetzen). Zu den Vorkommen zählen Neukaledonien, die Philippinen, Kuba und Australien. Es gibt aber fossil oft noch wesentlich ältere Lagerstätten dieses Typs, z. B. im Ural, in Griechenland und in Albanien.

Lateritische Nickel-Lagerstätten entstehen aus der Anreicherung von Metallen aus ultrabasischen magmatischen Gesteinen durch tropische Verwitterungsprozesse: Sie können also nur dort erfolgen, wo solche Gesteine primär vorhanden sind. Das ist u. a. in Neukaledonien im westlichen Pazifik der Fall, wo Jules Garnier, der als Entdecker dieser Lagerstätten gilt, sie 1863 zuerst gefunden und beschrieben hat. Nach ihm ist der Garnierit benannt, der synonym nach der Hauptstadt der Insel Nouméa auch Noumeait heißt, eines der wasserhaltigen Nickel-Hydrosilikate $(Ni, Mg)_6(OH)_8/Si_4O_{10}$; die Formel zeigt einem Mineralogen sofort, dass es sich dabei um ein Schichtsilikat handelt.

Die Insel ist praktisch vollständig von einer Ophiolithdecke unterlagert, das Gestein ist teils frisch, teils in Serpentinit umgewandelt und enthält primär bis 0,25 % Ni, das im Wesentlichen aus Olivin, Pyroxen etc. stammt und durch den vielen Regen bei warmen Temperaturen seit dem Miozän bis auf 3 % angereichert wurde. Saurer Regen ist dabei besonders hilfreich, jedoch liegt dort nur ein pH-Wert von 6 vor.

Hier begegnet uns das Nickel-Mineral Garnierit/Noumeait in seinem sinnvollen Fundzusammenhang – man würde sich so etwas sonst nur schwer merken, aber bei „Noumea" klingt die Südsee ja direkt an.

Ursprünglich ähnlich entstandene Nickel-Lagerstätten gibt es auch im östlichen Griechenland bei Larymna und auf Euböa.

T 24 Nickel-Minerale. Man beachte das viele Wasser im Garnierit, der ein durch Verwitterung entstandenes Schichtsilikat ist.

Nickel-Mineral		Nickelgehalt (%)
Pentlandit/ Nickelmagnetkies	$(Ni, Fe)_9S_8$	bis 40
Nickelin/ Rotnickelkies	NiAs	44
Rammelsbergit	$NiAs_2$	bis 28
Skutterudit	$(Co, Ni)As_3$	bis 28
Garnierit/ Noumeait	$(Ni, Mg)_6(OH)_8Si_4O_{10}$	4 – 36

Diese Erze liegen auf verkarsteten Kalken aus Trias und Jura, die von einem transgredierenden Kreidemeer aufgearbeitet wurden und eigentlich Trümmereisenerze sind. Dabei wurde eine schon aus Nickel-Laterit bestehende, ältere Decke aufgearbeitet und die Erze nachfolgend subaërisch gelöst und deszendent transportiert, sodass sich das Nickel unmittelbar über dem unterlagernden Kalk auf bis zu 6 % anreichern konnte, der die Lösungen neutralisiert hatte. Auch hier lässt sich der Ursprung letztlich auf nahegelegene Ophiolithe zurückführen.

So weit zu den Lagerstätten auf dem Festland. Im Zusammenhang mit Mangan war schon ausführlicher von Manganknollen die Rede, die im Mittel auch 1,25 % Nickel enthalten können; damit liegen im Prinzip riesige Nickel-Vorräte auf dem Meeresboden, die man auf 800 MT (Megatonnen) beziffert. Unter den gegenwärtigen Bedingungen ist eine Förderung allerdings noch nicht realistisch, man hat aber wenigstens die Forschungsarbeiten dazu wieder aufgenommen, an denen auch Deutschland beteiligt ist (vgl. Kap. „Mangan" sowie Tab. 15, Abb. 68 und 69–71).

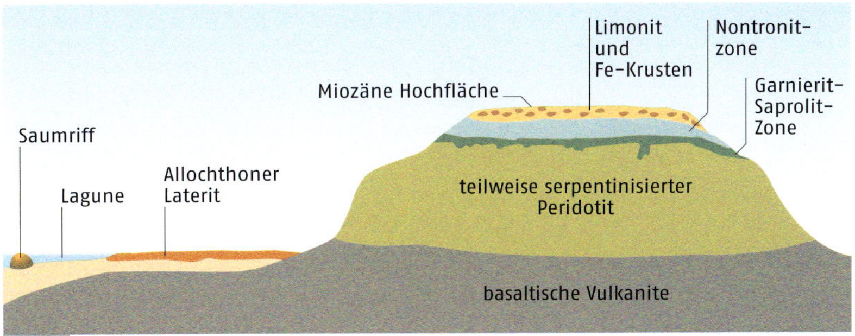

106 Das Profil zeigt die Bildung von Nickel-Lagerstätten durch Verwitterung ultramafischer Gesteine (Ophiolithe, gehobene ozeanische Kruste, hier vor allem Peridotit) in Neukaledonien; dabei entsteht das im Wesentlichen aus Garnierit bestehende Erz. Nontronit ist ein Tonmineral mit Kaolinit-Struktur, in dem das Al durch Fe ersetzt ist (aus Pohl 2005).

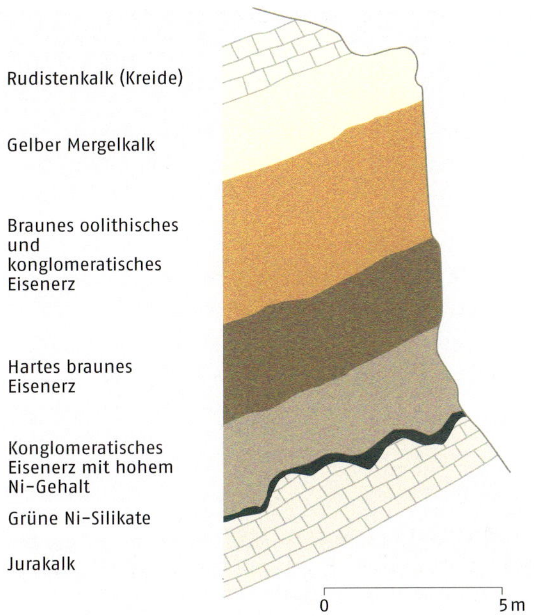

107 Profil der Nickel-Lagerstätte von Larymna, Griechenland. Die Erze liegen hauptsächlich in Karst-Hohlformen von Jura-Kalken (nach W. E. Petrascheck, aus Pohl 1992).

Kobalt

Kobalterze sehen auf den ersten Blick so aus, als ob sie Kupfer, Silber oder Zinn enthalten könnten. Das hatte die mittelalterlichen Bergleute getäuscht, denen es nämlich nicht gelang, mit den damaligen Verhüttungsmethoden auch Metalle daraus zu schmelzen.

Als Metall ist Kobalt härter und zäher als Stahl. Mit dem Element verbindet man zunächst jedoch die entsprechende Blaufarbe: Mit Kobaltblau wurden schon antike Gläser gefärbt, was früher aber auch der einzige Verwendungszweck für das Element war. Kobalt verdankt seinen Namen verärgerten Bergleuten aus dem Erzgebirge, die diesen auf Kobolde zurückführten: Als man dort in den tieferen Bereichen von Ganglagerstätten nämlich auf Kobalt-Nickel-Erze stieß, war es mit dem Silberreichtum der oberen Bereiche vorbei. So kam es, dass Kobolde und Nickel zu Namenspaten dieser Elemente wurden. Die Kobolde führten dann zum lateinischen „Cobaltum" in allen europäischen Sprachen, weshalb heute auch im Deutschen meistens „Cobalt" geschrieben wird.

Kobalt wird fast immer zusammen mit Nickel gefunden, was im geochemischen Verhalten beider Elemente begründet liegt, die vorwiegend an basische und ultrabasische Gesteine gebunden sind. In Manganknollen kann der Kobaltgehalt auf > 1 % ansteigen, während als Mittelwert für die Erdkruste 25 ppm angegeben werden. Aber solche Werte sind nicht hilfreich, weil das die Bindung an bestimmte Gesteinstypen ja verwässert. Hohe Gehalte haben aber Eisenmeteorite (0,5 – 2,5 %), sodass man der Theorie zufolge auch im Erdkern entsprechende Mengen an Kobalt erwarten kann. Kobalterze wurden früher vor allem aus den Ganglagerstätten im Erzgebirge gefördert, die hauptsächlich den Sil-

Lit.: Nickel
Groves et al. 1986, Metz 1989, Pohl 1992, Pohl 2005

T 25 Kobalt-Minerale.

Kobalt-Mineral		Kobaltgehalt (%)
Kobaltglanz (Cobaltit)	CoAsS	35
Speiskobalt (Skutterudit, siehe auch Nickel-Minerale)	$CoAs_3$	28
Kobaltnickelkies (Linneit)	$(Co, Ni)_3S_4$	bis 53
Kobaltblüte (Erythrin)	$Co_3(AsO_4)_2 \times 8\,H_2O$	

berabbau im Blick hatten (Annaberg, Schneeberg, Joachimsthal, Johanngeorgenstadt). Die in diesen Gegenden dominierenden granitischen Gesteine passen jedoch nicht zu Nickel und Kobalt, sodass man eine Mobilisation dieser Metalle aus einem tieferen Krustenbereich diskutiert, um das gemeinsame Vorkommen eigentlich nicht zusammenpassender Elemente in den hydrothermal entstandenen Co-Ni-Ag-Fe-Bi-S-U-Gängen zu erklären.

Kobaltblüte entsteht bei der oberflächennahen Verwitterung von Kobaltglanz und Speiskobalt, was sich auch an dem vielen Wasser der Formel erkennen lässt – wegen seiner pfirsichblütenartigen Farbe ist das Mineral ein auffälliger Anzeiger von Kobalt führenden Gesteinen im Untergrund. Kobalt wird nebenbei allerdings auch aus Nickel- und Kupfererzen mitgewonnen.

Während früher fast ausschließlich solche polymetallischen Gänge ausgebeutet wurden, liegen heute die bedeutendsten Kobalt führenden Erze für die Erzeugung im Weltmaßstab im afrikanischen Kupfergürtel von Sambia und der DR Kongo, wo sowohl die kupferreichen jungpräkambrischen Sedimente als auch die Gänge bauwürdige Bereiche bis zu 0,5 % Co enthalten. Da dort auch Platin gefunden wird, kann man die Metalle auf basische Ausgangsgesteine zurückführen, was ähnlich auch für Sudbury in Kanada gilt (vgl. Kap. „Nickel"). Des Weiteren wird Kobalt auch aus den finnischen Kupfervorkommen von Outokumpu und den erwähnten lateritischen Nickel-Lagerstätten als Nebenprodukt gewonnen – und für die Bindung an Manganknollen und kobaltreichen Mangankrusten gilt Ähnliches wie schon für Nickel.

c)

a)

b)

108 Kobaltminerale: a) Linneit Co_3S_4 (Kobaltnickelkies), b) Skutterudit $(Co,Ni)As_3$ (Speiskobalt, Smaltin), c) Kobaltglanz/Kobaltit.

Kobalt wird heute als Stahlveredler, vor allem für besondere Hart- und Schneidmetalle, für hochwarmfeste Dauermagnete, Katalysatoren und in der chemischen Industrie verwendet. In der Krebsbehandlung kennt man die Cobaltkanone, bei der das in Reaktoren gewonnene Isotop ^{60}Co als Strahlenquelle dient anstelle von Radium, und als Kernwaffe leider auch die Cobaltbombe.

Molybdän

Der Name leitet sich vom griechischen „molybdos" (= Blei) ab und bezeichnet einen bleiähnlichen Stoff: In der älteren Literatur findet man noch den Hinweis „färbt ab" und „ist leicht mit Graphit zu verwechseln". Dies liegt darin begründet, dass Molybdän auch auf Papier einen dunkelgrauen Strich hinterlässt, der sich allerdings bei weiterem Verreiben ins Grünliche verfärbt.

Beinahe nur ein einziges Mineral, und zwar Molybdänit (MoS_2), ist für die Gewinnung von Molybdän von Bedeutung und ein einziges Bergwerk, nämlich Climax in Colorado, hat über lange Zeit hinweg fast die ganze Welt mit dem Metall beliefert. Climax ist heute erschöpft bzw. wegen des kostspieligen Tiefbaus nicht mehr rentabel, es gibt aber eine Anzahl geologisch ähnlicher Vorkommen, die sich wie eine Perlenkette am Ostrand der nordamerikanischen Kordilleren von der mexikanischen Grenze bis nach British Columbia in Kanada hinziehen (vgl. Abb. 88). Das lenkt die Entstehungsgeschichte dieser Lagerstätten sofort auf Subduktionsprozesse, und es kommt nicht von ungefähr, dass Molybdän auch in den porphyrischen Kupfererzen – vor allem Chiles – gefunden wird. Die Konzentrationen dort sind mit 0,01 – 0,04 % allerdings vergleichsweise gering, aber die Förderung im Tagebaubetrieb und als Nebenprodukt ist dennoch rentabel, sodass aus solchen Lagerstätten heute etwa 70 % der Weltproduktion stammen. Molybdän ist vor allem an Gesteine mit granitischer Zusammensetzung gebunden, bei einem Mittelwert der Erdkruste von 1,85 ppm enthalten Granite durchschnittlich 2,4 ppm und basische Gesteine dementsprechend weniger. Organische Substanzen reichern das Molybdän aber sehr stark an, sodass Schwarzschiefer bis 150 ppm und Kupferschiefer sogar bis 1500 ppm enthalten können. Das Molybdän der magmatischen Lagerstätten, die überwiegend Bildungen im hydrothermalen Gefolge granitischer und verwandter Intrusionen sind, ist mit den entsprechenden Fluiden eindeutig aszendent, d. h. von unten, antransportiert worden. Es scheint infolge einer langdauernden Subduktion schon zu einer Vorkonzentration bestimmter Elemente im oberen Erdmantel gekommen zu sein; die entstehenden Schmelzen bildeten während des Aufstiegs dann Kuppeln und Schlote, in denen sie sich weiter differenzieren konnten und unter Abtrennung molybdänreicher Fluide bei Temperaturen von 300–350 °C dann die Lagerstätten bildeten. Neben Molybdänit mit 60 % Mo sind noch die Minerale Wulfenit / Gelbbleierz ($PbMoO_4$) mit 26 % Mo und Powellit ($CaMoO_4$) mit 48 % Mo zu erwähnen.

Viele Mo-Vorkommen stehen im Zusammenhang mit Zinn-Lagerstätten, so im Erzgebirge und in Cornwall. Brandneu in diesem Zusammenhang sind Funde, die man im Frühjahr 2009 bei Sadisdorf im östlichen Erzgebirge aufgrund von Aktenstudien gemacht hat, wo bedeutende Zinnerz-Lagerstätten an den Granit von Schellerhau gebunden sind. Diese Vorkommen könnten in nächster Zeit erschlossen werden und scheinen Vorräte für einen Abbau von 30 Jahren zu enthalten (Der Spiegel 24/2009). In Europa sind bisher die norwegischen Vorkommen bei Stavanger die bedeutendsten; sie sind geologisch alt und an Granite gebunden, die schon vor etwa 1000 Millionen Jahren in noch ältere Gneise eingedrungen waren.

Molybdän ist als Bestandteil von Enzymen, die beim Stickstoffaustausch in grünen Pflanzen und Bakterien beteiligt sind, ein essenzielles Spurenelement. Dementsprechend gibt es Mo-Mangelkrankheiten, die sich aber durch Düngung beheben lassen. Heute wird Molybdän mit > 80 % hauptsächlich als Stahlzusatz verwendet, aber u. a. auch als Katalysator bei organisch-chemischen Prozessen. Förderländer sind neben den USA und Kanada noch Chile und China.

109 Molybdänit (Molybdänglanz).

Vanadium

Auf vielen hochwertigen Werkzeugen kann man die Bezeichnung „Chrom-Vanadium-Stahl" eingeprägt finden, was die hauptsächliche Verwendung dieses seltenen Metalls als Stahlveredler anzeigt.

In der Natur kommt es kaum allein vor, sondern wird in einer ganzen Reihe anderer Metall-Lagerstätten als wertvolles Nebenprodukt mit abgebaut. Geochemisch ist es u. a. in die Kristallgitter von Magnetit, Titan-Mineralen und Chromit eingebaut, die allesamt Produkte der Frühkristallisation magmatischer Gesteine sind – es hat also wenig Sinn, in Graniten danach zu suchen. Das wird auch an den Durchschnittszusammensetzungen der Gesteine deutlich: Während die Erdkruste im Mittel 135 ppm enthält, entfallen auf Granit 17 und auf Basalte 264 ppm. Die Hauptvorkommen bilden die flözartig im Bushveld-Komplex Südafrikas eingelagerten Magnetit-Anhäufungen, die teilweise sogar im Tagebau gewinnbar sind: Dort lagern etwa 50 % der Weltreserven. Die meisten europäischen Vorkommen findet man in präkambrischen Gesteinskomplexen, deren ursprünglich basische Anteile heute in hochgradig metamorphem Zustand vorliegen (so z. B. Otanmäki in Finnland und Rødsand in Norwegen). Das Metall ist allerdings auch in Sedimenten anzutreffen, und zwar besonders in bituminösen Gesteinen, außerdem im Erdöl, aus dessen Aschen Gehalte von bis zu 20 % bekannt sind. Das führt dazu, dass heute schon etwa 25 % der Weltproduktion daher stammen. Erdöl hat ja letztlich einen biogenen Ursprung: Bestimmte Tiere und Pflanzen enthalten Vanadium in Form metall-organischer Komplexverbindungen (Porphyrine), die sich in den Kohlenwasserstoffen wiederfinden; sie sind so stabil, dass sie auch die diagenetischen Prozesse bei der Erdölbildung überstehen (vgl. Kap. „Erdöl"). Deshalb haben auch der Kupferschiefer oder Alaunschiefer relativ hohe Vanadiumgehalte.

Zinn

Im Kapitel über das Kupfer war schon von der archäologisch begründeten Kupferzeit die Rede, die aber von den wenigsten wahrgenommen wird, während die meisten von uns mit dem Begriff „Bronzezeit" sofort etwas anzufangen wissen. Um Bronze herzustellen, braucht man aber außer Kupfer auch Zinn, und davon soll jetzt die Rede sein. Bronze ist eine Metall-Legierung aus Kupfer und Zinn mit meist etwa 80 – 90 % Kupfer. Sie ist härter als das reine Kupfer und ihre Herstellung verlangt eine höher entwickelte Technik als das einfache Ausschmieden von gediegenem Kupfer, mit dem das Metallzeitalter der Menschheit einmal begonnen hatte. Außerdem sollten der vereinfachten Weiterverarbeitung wegen beide Metalle möglichst am selben Ort verfügbar sein, was aufgrund der geologischen Bedingungen eher selten der Fall ist. Funde von Bronzegegenständen stellen also oftmals auch die Archäologen vor die Frage, woher beide Metalle vor ihrem Zusammentreffen in den vorgeschichtlichen Werkstätten jeweils kamen, und daraus ergeben sich mitunter Beziehungen zu alten Handelswegen. Die Archäometrie ist heute vielfach schon in der Lage, aufgrund der Spurenelement-Verteilung in den Metallen Vergleiche mit den natürlichen Vorkommen anzustellen und dadurch die Herkunft der Metalle zu ermitteln. Das prominenteste Beispiel dafür ist die Himmelsscheibe von Nebra, deren Bronze allerdings extrem weich ist, weil sie nur 2,5 % Zinn enthält; sie war deshalb auch gut zu schmieden. Die früheste Herstellung von Bronze wurde auf etwa 5000 Jahre zurückdatiert, als eigenständig erfahrenes Metall ist Zinn aber erst seit 1400 v. Chr. aus dem Vorderen Orient bekannt. Reines Zinn wurde um 600 v. Chr. in ägyptischen Mumiengräbern gefunden – vielleicht war dabei der silberne Metallglanz verlockend –, und Cäsar erwähnt die Zinnvorkommen Britanniens, die in Cornwall liegen und deren Ausbeute vor allem von den Phöniziern gehandelt wurde. Vom 12. Jahrhundert bis zum Dreißigjährigen Krieg waren Böhmen und Sachsen Liefergebiete, und die Zinnvorkommen Boliviens hatten schon die Inkas genutzt. Zinn wurde vom Mittelalter bis in die Neuzeit hinein aber auch zu eigenständigen Produkten verarbeitet: Zinnbecher und -teller, Zinnsoldaten und andere Figuren (schöne Exponate gibt es im Museum in Schloss Lichtenberg im Odenwald oder im Haspelturm in Eberbach am Neckar, wo man sie immer wieder in Ausstellungen sehen kann). Vor allem aber braucht man Zinn zum Verzinnen von Blech, das dann Weißblech heißt – es lässt sich zu hauchdünnen Folien (0,02 – 0,09 mm) auswalzen (Stanniol) und wurde in dieser Form zu Omas Zeiten auch zu Lametta verarbeitet (das war ziemlich schwer, heute nimmt man dafür meist Aluminiumfolie), außerdem ist es Bestandteil metallischer Orgelpfeifen und Euro-Münzen.

Zinn ist ein weiches Metall mit einer Mohs-Härte von 1,8, das sogar von bestimmten Käfern angenagt werden kann und auch die Rillen in Feilen verschmiert. Mit Blei legiert, wird es als Lötzinn genutzt, weil es schon bei geringer Temperatur schmilzt – was bereits die Römer wussten. Zinn verträgt sich gut mit Lebensmitteln und wurde deshalb seit dem Mittelalter bis in die Biedermeierzeit zu bürgerlichem Geschirr verarbeitet. Um eine Versprödung zu vermeiden, hatte man Blei zugesetzt. Über dessen Giftigkeit wusste man aber Bescheid, sodass eine bestimmte Menge – bis 10 % für Speisegeschirr – nicht überschritten werden durfte: Vom 14. Jahrhundert an musste deshalb der Bleigehalt durch einen Stempel auf den Gefäßen bestätigt werden, im Barock gab es sogar drei Garantiestempel – den des Meisters (Zinn wurde einschließlich der Verzierungen gegossen), den für die Qualität und den für die Stadt, in der das betreffende Gefäß hergestellt wurde.

Zinn ist als Material aber nicht unproblematisch, was mit seiner Kristallstruktur zusammenhängt: Aus der Schmelze kristallisiert es als sog. β-Zinn tetragonal, beim Erwärmen auf 162 °C als sprödes γ-Zinn rhombisch und unterhalb von 13,2 °C als α-Zinn oder sog. graues Zinn kubisch. Diese kristallographischen Spitzfindigkeiten brauchten hier nicht zu interessieren, wenn es nicht die sog. Zinnpest gäbe, die schöne Sammlerstücke zerstören kann. Sie tritt nämlich dann in Erscheinung, wenn die Umgebungstemperatur weit unter die für α-Zinn angegebene Temperatur absinkt: Dann bilden sich zunächst kleine dunkle Flecken aus der kubischen Variante, die sich ausbreiten und das Gefäß schließlich ganz zerstören können. Die Umwandlung in α-Zinn vollzieht sich zwar außerordentlich langsam, kann aber ablaufen wie eine Infektion: Man kann Gefäße, die normalerweise aus β-Zinn bestehen, mit α-Zinn regelrecht infizieren. Die Ursache sei unbekannt, schreibt der „Römpp" (das Standardwerk „Römpp's Chemie Lexikon"). Es könnte meines Ermessens vielleicht daran liegen, dass die kubische Variante, die im sog. Diamantgitter kristallisiert, weniger Raum einnimmt als die anderen. Stellen Sie also Ihr Zinngeschirr nicht in die Tiefkühltruhe!

Eine weitere eigentümliche Erscheinung ist das „Zinngeschrei", ein Geräusch, das beim Biegen eines Zinnstabes auftritt – es kommt durch die Reibung der β-Zinn-Kristalle untereinander zustande.

Zinngeschirr wurde früher mit „Zinnkraut" gereinigt; das ist Schachtelhalm, der aber kein Zinn enthält, sondern winzig kleine Opalkörnchen, die als mildes Schleifmittel wirken. Und „Zinn 40" ist keine Bezeichnung für ein Isotop, sondern eine Schnapsmarke.

Zinn wurde auch dem niedrig schmelzenden Letternmetall beigemengt („Bleisatz"), das aber im Wesentlichen aus Blei und Antimon besteht und inzwischen durch die modernen Drucktechniken verdrängt worden ist. Das schon bei 60 °C schmelzende Woodsche Metall enthält neben Wismut, Blei und Cadmium auch Zinn: Man verwendet es bei Schmelzsicherungen, als Schnell-Lot und für Heizbäder.

Die Fragen, denen wir im Folgenden nachgehen wollen, lauten: Wo auf der Erde gibt es Zinn und was bestimmt die Geologie seiner Lagerstätten? Wir landen damit schnell wieder im Erzgebirge, aber auch in Cornwall. Und wir landen zunächst einmal in Regionen, die meist durch ausgedehnte Vorkommen von Graniten gekennzeichnet sind.

Zunächst einmal ein paar Daten über die Verteilung in unterschiedlichen Gesteinen, was schon zeigt, wo man überhaupt nach Zinn suchen sollte.

Die äußerst geringe Konzentration im Meerwasser zeigt sofort, dass Zinn wieder eines der Metalle ist, die praktisch unlöslich sind. Geochemische Heimat des Zinns sind vor allem Glimmer: Biotit kann z. B. 150–500 ppm enthalten. Aus solchen Mineralen wird das Zinn durch heiße fluor- und chlorhaltige Lösungen mobilisiert, was wir noch mit ein paar einfachen chemischen Formeln nachvollziehen müssen (s. u.).

T 26 Zinngehalte unterschiedlicher Gesteine (ppm) (nach Krauskopf 1967, Pohl 2005, Mason & Moore 1985).

Erdkruste / Magmatite	2
Granite	3,5
Basalt	1,2
Ultrabasite	0,5
Tonschiefer	6
Sandsteine	keine Angaben
Karbonate	keine Angaben
Meerwasser	0,0008

Bei den Zinn-Mineralen wird es für Sie als Leser aber nun einfach, weil man sich hier nämlich im Prinzip nur noch zwei Minerale zu merken braucht:

- Zinnstein oder Kassiterit, SnO_2, der 78,6 % Sn enthält, und
- Zinnkies (Stannin), Cu_2FeSnS_4, mit 27 % Sn.

Zinnkies ist nur in Bolivien abbauwürdig. Zusammen mit Zinnstein kommen meistens auch Wolfram-Minerale vor, sodass Zinn-Lagerstätten meistens auch gleichzeitig Wolfram-Lagerstätten sind, was dann natürlich die Wirtschaftlichkeit erhöht.

Kassiterit ist unter den Bedingungen der Erdoberfläche so stabil, dass er der Verwitterung widersteht und folglich ähnlich wie Gold oder Chromit auch in Sedimenten gefunden wird, also in sog. Seifen-Lagerstätten – und diese Sedimente sind immer auch Abtragungsprodukte von Graniten. Die ursprüngliche Gewinnung hatte vermutlich aus fluviatilen Zinn-Seifen begonnen, die es auch im Erzgebirge gab; heute werden solche Lagerstätten in großem Maßstab in Malaysia und Indonesien abgebaut – aber davon später.

Die primären Vorkommen liegen in pegmatitischen Graniten, von denen manche direkt als Zinngranite bezeichnet werden. Deren Mineralspektrum unterscheidet sich von dem normaler Granite insofern, als sie auch Lithiumglimmer führen und Topas oder Turmalin. Das alles weist auf eine späte Kristallisation hin, bei der in der Schmelze Elemente mit ungewöhnlichen Ionenradien übrigblieben, die dann in eigenständige Minerale eingebaut wurden. Zinngranite sind oftmals so mürbe, dass man sie mit den Händen zerbröseln kann. Der Grund dafür sind aggressive Dämpfe bzw. entsprechende heiße Wasser, die das frische Gestein während einer magmatischen Spätphase zersetzt hatten, was auch zu einer Vielzahl von Mineralneubildungen auf Kosten des dabei zerstörten Feldspats führte: Topas, Turmalin, Lithionit, Zinnwaldit (die beiden letzteren sind besondere Glimmer, die u. a. Lithium enthalten). Die dabei entstandenen Gesteine, in denen oft Zinnstein angereichert ist, bezeichnet man als Greisen. Früher hat man diese Zinnstein-Bildung als sog. pneumatolytischen Prozess begriffen, der in einer Dampfphase stattfand, heute spricht man eher von hydrothermalen Lösungen, die allerdings ziemlich hoch temperiert gewesen sein müssen – wir reden hier über 370–420 °C. Die nötige Aggressivität steuern dann Halogenide bei: Chlor und Fluor, wie die wenigen nötigen Formeln verdeutlichen sollen:

- $SnF_4 + 2H_2O = SnO_2 + 4\ HF$ oder
- $SnCl_2 + 2H_2O = SnO_2 + Cl^- + 2H^+ + H_2$

HF ist als Flusssäure eine äußerst aggressive Substanz. Die Zersetzung von Feldspat lässt sich so formulieren: $CaAl_2Si_2O_8 + 4F^- + 4H^+ = Al_2(F_2/SiO_4) + SiO_2 + CaF_2 + H_2O$, und das resultierende erste Reaktionsprodukt ist Topas, ein in entsprechenden Greisen vorkommendes Mineral mit der Formel $Al_2(F_2/SiO_4)$.

Diese Prozesse laufen besonders wirksam in den höchstgelegenen Bereichen von Granitplutonen ab, wo sich auch das Zinn anreichert; für die Prospektion bedeutet das, dass man in den tieferen Bereichen solcher Granite immer weniger davon findet.

Das will ich nun an Beispielen aus dem Erzgebirge zeigen. Dort hatte man schon vor über hundert Jahren ältere „Gebirgsgranite" von jüngeren „Erzgebirgsgraniten" unterschieden, von denen nur die jüngeren Zinn führen. Die tschechischen Kollegen haben inzwischen bestätigt, dass diese Einteilung im Prinzip noch immer gültig ist, auch wenn man heute von „Older Igneous Complex" bzw. „Younger Igneous Complex" spricht und diese zusätzlich in mehrere Phasen gliedert. Geochemisch sind sie jedenfalls klar voneinander zu unterscheiden (vgl. Abb. 110):

Von diesen primären Zinn-Lagerstätten möchte ich zunächst Altenberg im Osterzgebirge vorstellen, weil diese Lagerstätte in vielerlei Hinsicht typisch ist, außerdem hat sie eine lange und interessante Geschichte. Der Abbau ist dort erst 1990/91 eingestellt worden und zu den Kuriositäten aus jüngerer Zeit gehört, dass zu DDR-Zeiten während des Trai-

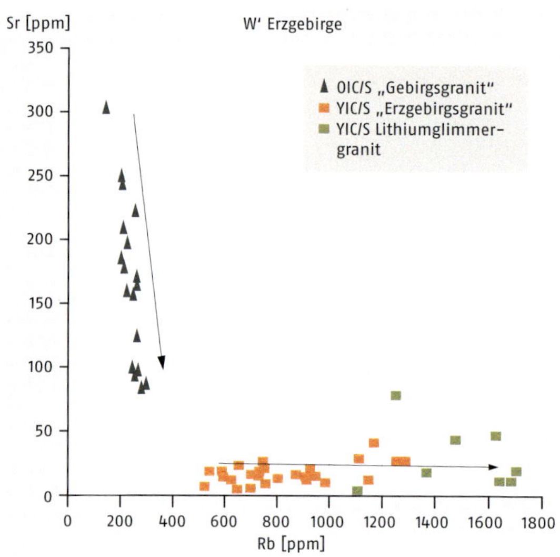

110 Die im Prinzip schon von Laube (1876) stammende Unterscheidung von Gebirgsgraniten und Erzgebirgsgraniten zeigt in diesem Diagramm anhand von Spurenelement-Konzentrationen des Strontiums und Rubidiums den Differentiationsgrad von granitischen Gesteinskörpern im Erzgebirge. Zinn ist in den jüngeren „Erzgebirgsgraniten" angereichert, deren Spätphasen u. a. auch Wolframerze führen (nach Breiter 1998).

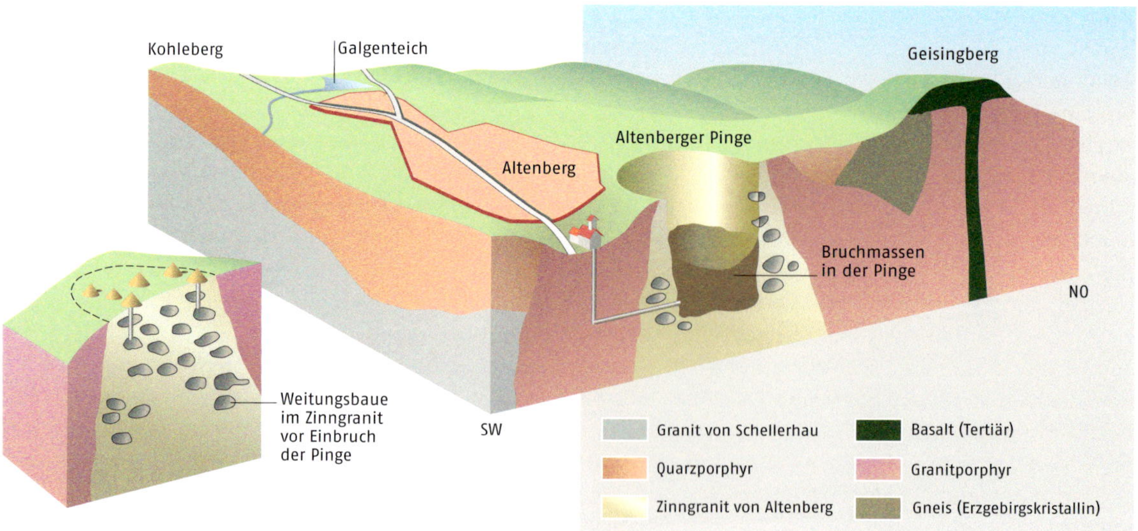

111 Blockbild der Altenberger Pinge und ihrer Umgebung (nach Wagenbreth & Steiner 1982).

nings auf der dortigen Bobbahn die Zinnerzgruben nachts zuvor auf halbe Kraft heruntergefahren werden mussten, weil für die Sportveranstaltung entsprechend viel Energie benötigt wurde.

Altenberg ist aber nicht nur unter Geologen bekannt: Die Altenberger Pinge, ein riesiges Einsturzloch, das 1620 entstanden war, weil der Bergbau mit seinen Stollen das Gebiet seit dem 15. Jahrhundert durchlöchert hatte wie einen Schweizer Käse, wird heute auch als touristisches Objekt vermarktet. Der eingestürzte Inhalt ist dann in den folgenden Jahrhunderten abgebaut, d. h. nochmals durchlöchert worden.

Die Zinnerze liegen dort in der Scheitelregion eines aufgewölbten Granitplutons bis zu einer Teufe von 240 m. Der Granit ist hier in sog. Greisen umgewandelt (das „n" am Ende ist bei diesem Begriff wichtig, um die Gesteine von alten Männern zu unterscheiden). Greisen sind stark umgewandelte Granite, die neben dem Zinnstein auch Topas, Flussspat, Turmalin sowie Quarz und besondere Glimmer (Zinnwaldit, der nach dem Ort benannt ist, und Lithionit; beide enthalten Lithium, das einen ungewöhnlichen Ionenradius hat und deshalb – wie schon gesagt – bevorzugt in die Restkristallisation eingeht). Damit die den Granit zersetzenden aggressiven Lösungen und Dämpfe wirksam werden können, müssen die geologischen Bedingungen so sein, dass diese nicht entweichen können: Die künftige Lagerstätte muss nach oben abgedichtet sein, sodass der Granit quasi „in seinem eigenen Saft kochen" kann – man spricht hier von einer „Fangglocke" oder einer „zinnernen Haube". In entsprechenden Profilen ist erkennbar, dass sich Zinnerze vor allem in deren Scheitel angereichert haben, aber es sind dann gelegentlich auch noch Lösungen (Fluide) darüber hinaus in die Hangendgesteine (hier Phyllite) gelangt und haben dort zusätzlich gangförmige Vorkommen begründet. Im zuvor erwähnten Scheitelbereich sind pegmatitische Granite vorherrschend, die als „Stockscheider" bezeichnet werden. Das Zinn ist hier in einer frühen Phase abgeschieden worden, die zeitlich noch eng mit dem Magmatismus selbst verbunden war. Neben diesem ungewöhnlichen Bergmannsausdruck muss man sich auch noch den Begriff „Zwitter" merken, der hier keine biologische Konnotation hat, sondern fein im Gestein verteiltes feinkörniges Zinnerz meint.

Das Eindringen heißer Lösungen in die Hangendgesteine kann auch diese verändern und mit Metallen imprägnieren. Solche metasomatischen Lagerstätten sind vor allem mit Karbonaten verknüpft, man spricht dann von Skarnen (aus dem Schwedischen für Lichtschnuppe). Zinnskarne sind in großem Ausmaß aus Guangxi in China bekannt, die Lagerstätte von Dachang ist vermutlich die größte dieser Art weltweit. Dort ist mesozoischer Granit in devonische Kalke eingedrungen und die in der Folge gebildeten Zinnerze haben schichtartig die Karbonate verdrängt.

Wie Schichten sehen auch die Zinnerzkörper im Granit von Zinnwald aus: Sie haben dort parallel

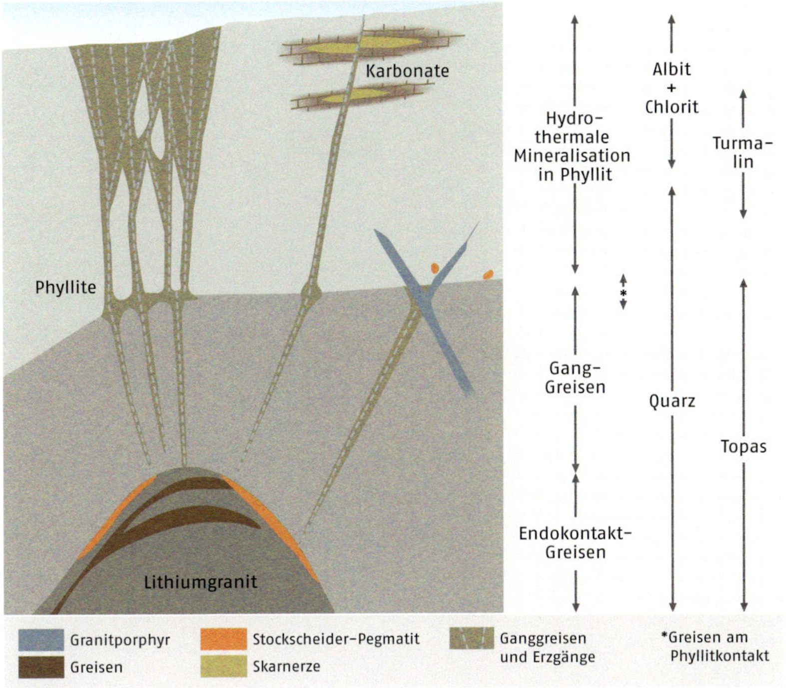

112 Die Zinn-Lagerstätten im westlichen Erzgebirge zeigen eine vertikale Zonierung unterschiedlicher Typen, denen auch die klassischen Begleitminerale folgen; bei Kontakt mit Karbonaten kommt es zur Bildung von Skarnen (nach Breiter 1987, aus Pohl 1992).

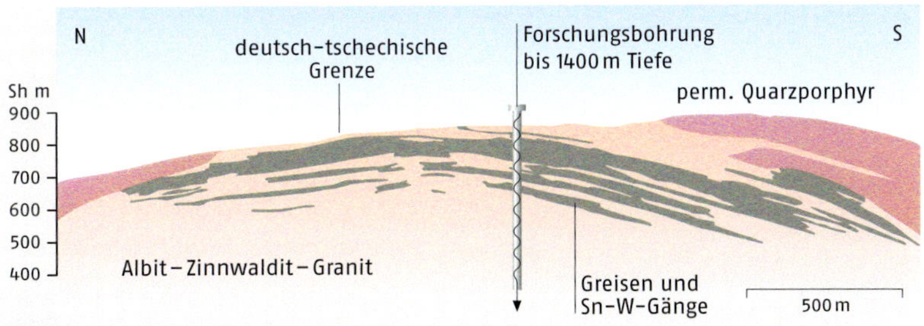

113 In der Lagerstätte Zinnwald sind die Erzkörper vor allem parallel zum Dach einer Intrusion aus Lithiumgranit angeordnet (aus Pohl 1992).

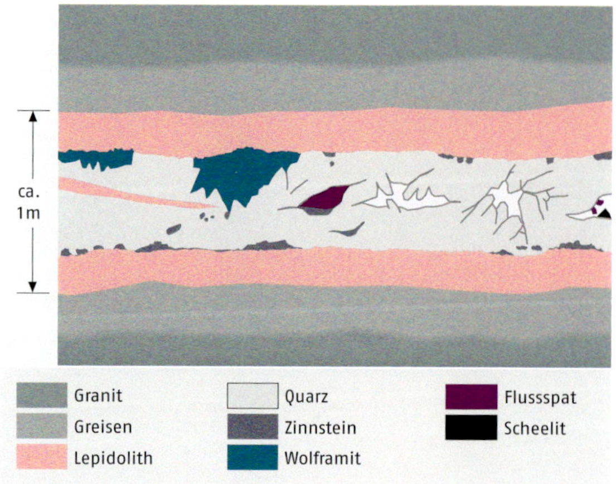

114 Detaildarstellung der Zusammensetzung eines Zinnstein, Wolframit, Scheelit und Flussspat führenden Erzgangs. Zinnwald im Erzgebirge (nach Beck 1909, aus Matthes 1990).

zur Oberfläche der Granitkuppel verlaufende Klüfte ausgefüllt. Die Granit-Tektoniker nennen solche Klüfte Lagerklüfte, die sich bei der Entlastung im höchstgelegenen Bereich von Plutonen ausbilden.

Das Erz kommt auch hier in Greisen vor, daneben aber auch in Gängen, die zusätzlich Wolfram führen. Die Fluide, welche die Gangfüllung lieferten, haben gleichzeitig den Granit an den Kontaktflächen in Greisen umgewandelt.

Ebenfalls im Erzgebirge liegt die bis 1990/91 abgebaute Lagerstätte von Ehrenfriedersdorf, die einen Mischtyp zwischen Greisenstock und Ganglagerstätte bildet.

Man kann sagen, dass immer dann, wenn Gänge ausgebildet sind, die Vielfalt der Metalle zunimmt – in vielen Fällen kommen dort dann sulfidische Erze zusammen mit dem Zinn vor. Das ist in besonderer Weise in Bolivien ausgeprägt, von deren Lagerstätte Cerro Rico de Potosí noch im Zusammenhang mit Silber die Rede sein wird: Diese ist gleichzeitig eine Zinn-Lagerstätte.

Das Zinn ist dort an Gänge gebunden, die jungtertiäre Vulkangesteine durchsetzen. Hier kommt nun auch das eingangs erwähnte, kupferhaltige Zinn-Mineral Stannin zu Ehren, denn Cerro Rico ist bisher die einzige bekannte Lagerstätte, in der es bauwürdig (bergmännisch für „abbauwürdig") ist.

In Potosí hat man eine Helium-Anomalie gefunden, die auf eine Herkunft der Fluide aus dem Erdmantel hinweist, aber damit ist natürlich nicht gesagt, dass auch die Metalle dort herkommen. Zinn gilt vielmehr, wie man an den Konzentrationen in verschiedenen Gesteinen erkennen kann, als ein Element, das eher in der Erdkruste zu Hause ist.

Die ältesten Zinn-Lagerstätten Europas gibt es in Cornwall – sie sind allein schon deswegen bedeutend, weil hier Zinn und Kupfer zusammen vorkommen, was wegen der Bronze natürlich schon die Phönizier interessiert hatte. Es handelt sich um Ganglagerstätten in variskischen Graniten, die vor 290 Millionen Jahren, d. h. im Grenzbereich zwischen Karbon und Perm, entstanden. Wie im Erzgebirge sind auch hier unterschiedliche Granite nacheinander in paläozoische Schiefer eingedrungen, von denen die jüngeren hohe Gehalte an Uran und Thorium aufweisen. Die Altersbestimmungen sind in diesem Bereich stark verfeinert worden: So weiß man heute, dass die Vererzung erst 20 Millionen Jahre nach der Bildung der Granite begonnen haben muss, und überraschenderweise kann man mehrere solcher Vererzungsphasen unterscheiden, die auf 225–215, 170–160 und 75 Millionen Jahre datiert wurden. Erstaunlich ist auch, dass es dort an manchen Abbaustellen heiße Quellen gibt, die eine heute noch aktive Erzbildung wahrscheinlich machen. Neben den Metallen gibt es in Cornwall auch große Mengen von Kaolin, dessen schlotförmige Vorkommen den Granit durchsetzen. Auch deren Bildung dürfte durch CO_2-beladene heiße Wasser zu erklären sein.

Die cornischen Erzgänge sind deutlich zoniert: oben Siderit und Hämatit, darunter Blei-Zink-Erze, dann Kupfer- und Arsenkies sowie schließlich Zinn- und Wolfram-Erze – so etwas lässt sich in vielen Metallerzgängen beobachten und mit der nach oben hin abnehmenden Temperatur erklären. Letztlich sind das alles wieder Hydrothermalsyste-

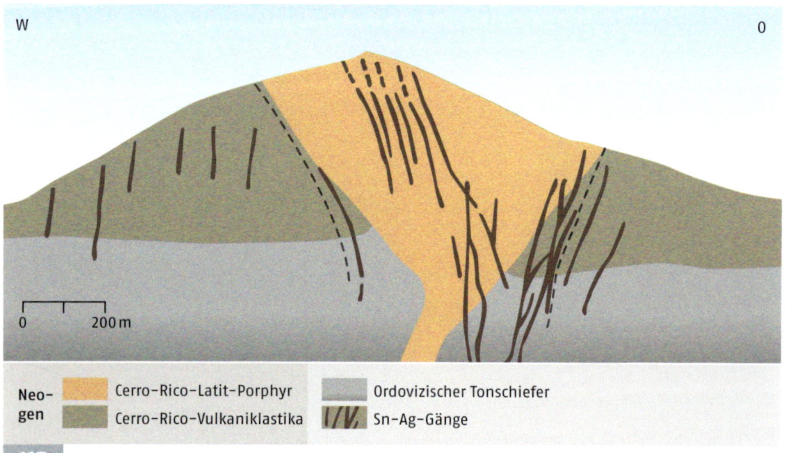

115 Profil durch die polymetallische Silber- und Zinn-Lagerstätte des Cerro Rico de Potosí in Bolivien. Geologisch junge Vulkanite des Neogen, die von Porphyr durchbrochen werden, überlagern hier ordovizische Tonschiefer. Der Porphyr selbst ist hydrothermal beeinflusst worden, die Erzgänge durchschlagen aber die gesamte Gesteinsfolge (vereinfacht nach Pohl 1992).

me, die praktisch immer durch die jüngsten magmatischen Ereignisse, hier Granitschübe, in Gang gesetzt wurden.

Zinnstein kann unterschiedliche Kristallformen ausbilden (vgl. Abb. 116): Man kennt relativ gedrungene Formen, die als „sächsisch" bzw. „cornisch" bezeichnet werden, sowie die sog. Visiergraupen, die aufgrund ihrer Ähnlichkeit mit der Visierung bei Gewehren so heißen (für die kristallographisch Interessierten: Das sind Zwillinge nach 101), und das aus langgestreckten Kristallen aufgebaute „Nadelzinn". Visiergraupen sind vor allem charakteristisch für Pegmatite und Greisen, während Nadelzinn oder das dem Nadelzinn ähnliche, besonders feinfaserige Holzzinn vor allem an vulkanische Lagerstätten gebunden zu sein scheint (möglicherweise deshalb, weil die Kristalle hier durch eine schnellere Abkühlung gebildet werden). Die Altenberger Zinnstein-Kristalle sind nur 30–200 µm groß, d. h. im Gestein mit bloßem Auge kaum sichtbar. Deshalb wurden die Erz führenden Gesteine früher in Pochwerken zerkleinert und anschließend durch Flotationsverfahren weiter konzentriert, bei denen sich der schwere Zinnstein absetzte. So ähnlich arbeitet auch die Natur, was zur Bildung von Zinnstein-Seifen führt. Diese Lagerstätten liegen hauptsächlich in Malaysia und Indonesien. Besonders bekannt sind die „Zinninseln" Billiton und Bangka („Bangkazinn" ist eine gebräuchliche Handelsbezeichnung). Das kassiteritische Erz wird dort aus Küstensanden gewonnen, die man mit Schwimmbaggern aus geringer Wassertiefe heraufholt.

Die Herkunftsgebiete dieser Sedimente, also die zugehörigen primären Vorkommen, werden im Hinterland von mesozoischen Graniten beherrscht. In Burma z. B. bilden diese Granite lang gestreckte Gesteinskörper, die plattentektonisch als Produkte eines Subduktionsgeschehens im Randbereich des Pazifiks aufzufassen sind, was hier im Wesentlichen der Kreide zugeordnet wird.

Vergegenwärtigt man sich die ganz erhebliche Einbuße an Festigkeit des Granits durch die Greisenbildung, die durch die dort herrschende Verwitterung unter tropischem Klima noch verstärkt wird, so wird auch deren Erosionsanfälligkeit deutlich; dieser Umstand erweist sich als vorteilhaft für die Gewinnung der Erze, weil man den Granit nicht erst zu sprengen braucht.

Alle besprochenen klassischen Lagerstätten stehen heute nicht mehr in Produktion; in Altenberg wurde aber noch bis 1991 Zinn gefördert. Die heutigen Liefergebiete und deren Zukunft liegen vor allem im Fernen Osten: Die große Zinnskarn-Lagerstätte von Dachang in der Provinz Guangxi ist möglicherweise die größte Zinn-Lagerstätte der Erde, deren Vorräte man auf 50–100 Mio. t geschätzt hat.

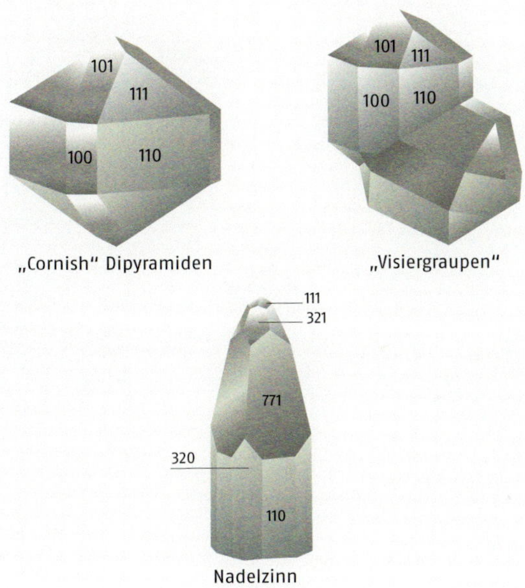

116 Zinnstein-Kristalle mit unterschiedlichen Formen: einfache mit Dipyramiden, Zwillinge als „Visiergraupen" und lang gestreckte, die das sog. Nadelzinn aufbauen. Die Ziffern sind Indizes, die die Orientierung in einem kristallographischen System angeben.

Zur Bauwürdigkeit: In Altenberg enthielt das Erz 0,3 % Sn, in der erwähnten chinesischen Lagerstätte Dachang 0,8 %. Als noch abbauwürdig gelten 0,1 % für Tagebau und 0,3 % für untertägige Gewinnung. Für Umweltfreunde gibt es eine beruhigende Nachricht: Heute werden bei uns schon fast 50 % des Verbrauchs durch Recycling von Weißblech zurückgewonnen, und Omas Zinn-Lametta ist ja ohnehin schon out.

Lit.: Zinn

Breiter 1987, 1998, Pohl 1992, 2005, Tischendorf 1989

Wolfram

Das warme Licht der vom Aussterben bedrohten Glühbirne wird einem äußerst dünnen (0,01 mm), gewendelten Draht verdankt, der durch den elektrischen Strom auf 2500–3000 °C aufgeheizt wird und dabei zur Weißglut kommt. Dieser Draht besteht aus dem eher seltenen Wolfram, das den höchsten Schmelzpunkt aller Metalle hat. Der Name der Firma Osram, die ja Glühbirnen herstellt, setzt sich aus den Elementen Osmium und Wolfram zusammen. Beschrieben wurde es zuerst 1758 von Axel F. Cronstedt, in Schweden al-

117 Scheelit-Kristalle auf Glimmer.

lerdings unter dem Namen Tungsten, was Schwerstein bedeutet; denn das Mineral Scheelit ($CaWO_4$), aus dem man Wolfram gewinnen kann, ist schwer. Tungsten hat sich als Bezeichnung in außereuropäischen Ländern bis heute gehalten, sodass es auch Glühbirnen der Firma Tungsram gibt; die gültige Bezeichnung für das Metall ist aber Wolfram. Dieses wurde schon im 16. Jahrhundert von Georgius Agricola in den sächsischen Zinnerzen entdeckt und als „lupi spuma" beschrieben, was übersetzt „Wolfsschaum" heißt – daraus wurde dann Wolfsrahm und schließlich Wolfram.

Da Wolfram in den Gesteinen oft zusammen mit Zinn vorkommt, hatten schon die mittelalterlichen Hüttenleute im Erzgebirge Probleme bei der Aufbereitung des Zinnsteins, denn Wolframerze stören die Reduktion von SnO_2: *„Sie reißen das Zinn fort und fressen es auf wie der Wolf das Schaf"*, hieß es im Mittelalter.

Der Durchschnittsgehalt von Wolfram in der Erdkruste beträgt nur 1,5 ppm – und in diesem Fall unterscheiden sich auch Granite und Basalte kaum voneinander. Wolfram kommt in der Natur im Wesentlichen in Form der Minerale Wolframit (Fe, Mn) WO_4 (mit 76,5 % W) oder Scheelit $CaWO_4$ (mit 80,6 % W) vor; die Wolframitformel bezeichnet eine Mischungsreihe, deren Endglieder jeweils eigene Namen haben: Das eisenreiche heißt Ferberit, das manganreiche Hübnerit.

Wolfram-Minerale sind wesentlich an die Restkristallisation und die nachfolgende hydrothermale Tätigkeit geknüpft, wo u. a. Chlor-Komplexverbindungen eine Rolle beim Transport spielen oder saure Lösungen, deren Neutralisierung an Karbonaten zur Ausfällung führt – dann entsteht durch diesen Prozess Scheelit. Scheelit leuchtet im UV-Licht, sodass man das Mineral bei Nacht mit tragbaren Lampen prospektieren kann; diese Methode wurde vor allem bei der Erkundung der noch relativ jungen Lagerstätte Mittersill im österreichischen Felbertal benutzt, die mit einer Förderung von 435 000 t im Jahr 2007 zu den größten der Welt zählt. Die Gesteine der Restkristallisation sind meistens Pegmatite bzw. pegmatitische Gänge, in denen auch andere seltene Elemente wie Beryllium, Bor, Lithium, Uran, Thorium und die Seltenen Erden vorkommen. Die Lagerstätten sind also meistens an die Spätphase der Granitbildung – das sog. hydrothermale Gefolge – geknüpft, obwohl es für manche Fälle auch andere Deutungen gibt. Die bedeutendsten Wolframvorkommen findet man in den mesozoischen Graniten Ostasiens, die zur zirkumpazifischen metallogenetischen Provinz zählen: Hier sind in einem Gürtel, der sich von Kamtschatka (Russland) bis nach Sumatra (Indonesien) erstreckt, eine große Zahl von Vorkommen erschlossen worden, die u. a. Ostchina inzwischen zum größten Wolframlieferanten der Welt gemacht haben. Diese Lagerstätten sind gleichzeitig bedeutende Zinn-Ressourcen. In Europa sind Wolframvorkommen hauptsächlich an variskische Granite gebunden, weshalb man das Erz sowohl im nördlichen Gebirgsbogen findet – d. h. im Erzgebirge, in Cornwall und in Portugal – als auch im südlichen, zu dem die Pyrenäen, das Französische Zentralmassiv und die Ostalpen zählen, wo das Scheelitvorkommen von Mittersill (Felbertal) innerhalb der sog. Habach-Formation zu nennen ist, das auch für seine Smaragdvorkommen berühmt ist. Weitere Lagerstätten sind aus den USA, Bolivien, Kasachstan, Russland und Korea bekannt; diese Aufzählung ist aber unvollständig und die Deutung vieler Lagerstätten ist oft wesentlich komplizierter, als es hier dargestellt werden kann.

Wolfram ist wegen seiner Hitzebeständigkeit auch für die Raumfahrt geeignet, vor allem aber wird es zur Stahlveredlung genutzt, und Wolframcarbid stellt eine Hartmetallverbindung dar, die u. a. als Widia („wie Diamant") für hochfeste Schneidewerkzeuge Verwendung findet. Weniger friedlich ist panzerbrechende Munition, die einen Kern aus Wolframcarbid hat.

Lit.: Wolfram
Höll & Eichhorn 2000, Pohl 1992, 2005

Edelmetalle

Nach einer Vorlesung über Kupfer fragte mich einmal ein Hörer nach den Gründen für den Verfall des Weltmarktpreises, den ich der Tageszeitung entnommen hatte. Die kurzfristigen Preisschwankungen sind eine Angelegenheit, die Wirtschaftswissenschaftler erklären sollten, Geologen eher nicht, denn für die sind – ihrer Denkweise entsprechend – nur ziemlich langfristige Entwicklungen von Bedeutung. Aber: In Ludwig Lässls berühmtem „Schwazer Bergbuch" von 1556 habe ich den Satz gefunden: *„Wollt Ihr ein Bergwerk beginnen, sorget für Wertsteigerung bei Gold, Silber und Kupfer, das merket euch genau."* Im Zusammenhang mit dem gegenwärtigen Goldpreis von mehr als 1000 US-$ für die Feinunze habe ich mich auch an eine Notiz im San Francisco Chronicle erinnert, wo eine Schlagzeile lautete: „Seven former gold mines reopened" – das war 1978 und der Goldpreis war damals auch gerade langfristig kräftig gestiegen, sodass die Minen auf einmal wieder rentabel waren.

Im Folgenden sollen nun die Edelmetalle Silber, Gold und Platin besprochen werden, die sämtlich hochpreisige Rohstoffe sind. „Edel" nennt man sie aber, weil sie im chemischen Sinne wenig Neigung zeigen, sich mit anderen Metallen zu verbinden. Silber ist allerdings nicht ganz so edel: Silberne Löffel z. B. laufen nämlich schwarz an, weil sich das Silber mit dem Schwefel aus dem Frühstücksei zu AgS verbindet.

Als Geologe müsste ich eigentlich anders vorgehen, weil die Mechanismen der Lagerstättenbildung dieser drei Metalle unterschiedlichen Gesetzen unterworfen sind. Ich kann aber an bereits Gesagtes anknüpfen, denn zumindest beim Silber gibt es enge Beziehungen zu Blei-Lagerstätten und beim Gold zu Kupfer-Lagerstätten.

Silber

Im Erzgebirge gibt es heute eine touristische „Silberstraße", die Orte wie Annaberg-Buchholz, Marienberg und Freiberg miteinander verbindet. Aus dieser Gegend sind vor allem Blei-Zink-Gänge bekannt, die sehr alte Gneise durchschlagen haben. Ähnliche Gänge gibt es auch im Oberharz. In beiden Fällen galt das frühe Interesse des Bergbaus aber weder dem Blei noch dem Zink, sondern in erster Linie dem Silber. Das gilt im Übrigen auch für den Rammelsberg, wo ja ganz andere geologische Verhältnisse für die Lagerstättenbildung bestimmend waren (vgl. Kap. „Blei, Zink und Cadmium"). Dieses Silber hatte Einfluss auf die frühen politischen Verhältnisse, womit auch zusammenhängt, dass Goslar eine Kaiserpfalz bekam. Im Erzgebirge war in der Frühzeit des Bergbaus im 15. und 16. Jahrhundert sogar einmal ein gewaltiger Silberblock „von 7 Ellen Länge und 3,5 Ellen Höhe" gefunden worden, auf dem sich der damalige Herzog Albert unter Tage den Tisch decken ließ.

Geochemiker haben bestätigt, was die alten Hüttenleute längst herausgefunden hatten: Bleiglanz (PbS) enthält oft geringe Mengen an Silber, es muss also nur herausgeschmolzen werden. Silberhaltigen Bleiglanz führen aber meist nur die Ganglagerstätten, während die sedimentären Blei-Zink-Erze des Mississippi-Valley-Typs und die des alpinen Typs silberarm sind.

Silber ist als Münzmetall bekannt, obwohl es heute meist nur noch für Sonderprägungen verwen-

118 Silbermünze, die aus Anlass der in Příbram im Jahr 1875 erreichten Saigerteufe von 1000 m geprägt wurde (Foto: Verfasser).

119 Gediegen Silber (rechts) und Argentit (Ag_2S) (links) (Foto vom gediegen Silber: P. W.).

T 27 Konzentrationen von Silber und verschiedener Silber-Minerale (zusammengestellt nach Ramdohr & Strunz 1978 und Pohl 2005).

Silber-Mineral		Silbergehalt (%)
Gediegen Silber (mit Spuren von Au, Cu, Hg, Pb, As, Bi)		bis 100
Silberglanz (Akanthit, Argentit)	Ag_2S	89
Lichtes Rotgültigerz (Proustit)	Ag_3AsS_3	65
Dunkles Rotgültigerz (Pyrargyrit)	Ag_3SbS_3	60
Silberfahlerz (Freibergit)	$(Cu, Ag)_3SbS_{3,25}$	bis 18
Hornsilber (Silberhornerze)	Ag(Cl, Br)	
Moschellandsbergit	Ag_5Hg_8	

T 28 Silbergehalte unterschiedlicher Gesteine (ppm) (nach Mason & Moore 1985).

Erdkruste/Magmatite	0,07
Granit	0,05
Basalt	0,08
Tonschiefer	0,07
Sandsteine	
Karbonate	
Meerwasser	0,0003

det wird und für das Tafelsilber, aber bis vor Kurzem war es noch unverzichtbar für die Fotografie. In der Medizin ist man sich seiner antibakteriellen Wirkung seit 3000 Jahren bewusst – Brandwunden hatte man mit dünnen Silberfolien verbunden – und heute scheint sich abzuzeichnen, dass es auch Schutz vor Antibiotika-resistenten Spitalbakterien bietet. Weil Silber in der Natur nicht nur in Form von Verbindungen vorkommt, sondern auch gediegen, war es schon etwa um 5000 v. Chr. bekannt, und Homer erwähnt sogar silberne Rüstungen.

Tabelle 27 zeigt, dass Silber Verbindungen mit vielen anderen Elementen eingehen kann, die erzbringenden Lösungen müssen also auch diese Stoffe enthalten haben. Danach unterscheidet man Formationen, die durch entsprechende Elementgesellschaften gekennzeichnet sind: So gibt es z. B. eine Ag-Co-Ni-Bi-U-Formation oder eine Sn-Ag-Bi-W-Formation. Aus beiden kann das Silber als Nebenprodukt gewonnen werden.

Unter den Bedingungen der Erdoberfläche ist es löslich und führt damit gelegentlich zu Anreicherungen in Verwitterungszonen, wo man Silber zusammen mit gediegenem Kupfer und Gold antreffen kann.

Die Durchschnittskonzentration in der Erdkruste zeigt deutlich, dass man Silber um den Faktor 1000–2000 anreichern muss, um zu einer bauwürdigen Lagerstätte zu kommen – Silbervorkommen sind also extreme Anomalien in der Erdkruste.

Eine ausgeprägte Abhängigkeit von der Differenziation bei den magmatischen Gesteinen ist nicht zu erkennen, die etwas höheren Gehalte im Basalt hängen lediglich damit zusammen, dass darin Sulfide etwas häufiger vorkommen als im Granit, wie das auch beim Kupfer der Fall ist. In Sedimenten spielt organischer Kohlenstoff eine Schlüsselrolle für die Anreicherung, daher trifft man in humosen Böden oder in Kohlen gelegentlich hohe Silbergehalte an. Der Transport erfolgt nicht in ionarer Form, sondern in sog. Clathraten (das sind Verbindungen, in denen das Metall wie in einem Käfig gefangen ist), wobei Chlor und Sulfide eine Rolle spielen. Aktuell lässt sich das an den stark salzigen Thermalwassern des kalifornischen Salton Sea verfolgen, wo sich in Leitungsrohren bis zu 7 % Silber abgeschieden hat. In diesem Zusammenhang kann ich auch wieder auf die rezenten Erzschlämme des warmen, salzigen Atlantis-II-Tiefs im Roten Meer verweisen, die etwa 18 ppm (= g/t) Silber enthalten. Wenn solche Schlämme in ferner Zukunft einmal in einem großen geologischen Kreislauf subduziert und aufgeschmolzen werden, dann könnten sich daraus auch Lagerstätten mit höheren Metallkonzentrationen bilden. Solche Denkansätze sind oft hilfreich für die Prospektion.

Wenn man nach Silber sucht, dann sind hydrothermal entstandene Gänge sicherlich die aussichtsreichsten Kandidaten, wobei es keine Rolle spielt, ob diese Gänge in magmatischen Gesteinen vorkommen oder Sedimentgesteine durchschlagen.

Das heißt, die normalen Gesteine waren immer zuerst da und die Spalten und Klüfte darin wurden nachträglich durch die Metall führenden heißen Wasser ausgefüllt. Die bergbaulich wichtigsten Ganglagerstätten gibt es in den Gebieten, welche die aktiven Plattengrenzen von Süd- und Nordamerika begleiten. Ein paar davon will ich wenigstens erwähnen:

Die Lagerstätte von Guanajuato in Mexiko hatten die spanischen Eroberer der Neuen Welt schon

1548 entdeckt. Ein 16 km langer Erzgang folgt einem tertiären Grabenrandbruch, in dem grobklastische Sedimente zusammen mit sauren und intermediären vulkanischen Gesteinen vorkommen. Es gibt dort Bleiglanz, Zinkblende, Kupferkies und gediegenes Silber, außerdem kommt das Silber noch in Verbindungen mit anderen Elementen vor. Die Nebengesteine sind bei Temperaturen von 250 – 300 °C hydrothermal verändert worden, wobei die erforderliche Wärme, ähnlich wie bei den Kupfer-Porphyries, ein rhyolithischer Vulkanismus geliefert hat.

Der Cerro Rico de Potosí (der „reiche Berg") in Bolivien (vgl. Abb. 115) wurde schon 1545 entdeckt. Sein Name ist bezeichnend, weil dieses Vorkommen mit 150 000 t gefördertem Metall vermutlich die größte Silber-Lagerstätte der Erde ist bzw. war, wenn man mitrechnet, was dort schon abgebaut wurde. Im Gegensatz zu anderen Ganglagerstätten gibt es hier, wie schon erwähnt, auch Zinnerze, was einen Lagerstättenkundler sofort an ziemlich hohe Temperaturen denken lässt; in manchen Stichwortlisten wird Potosí heute auch als Zinn-Lagerstätte geführt. Ein weiterer wichtiger Unterschied zu anderen hydrothermalen Gängen sind hier die Hydrothermalwasser, die die Gesteine durchströmten und das Silber absetzten: Sie waren offenbar nicht meteorisch, sondern hatten Untersuchungen an Helium-Isotopen zufolge ihren Ursprung im Erdmantel, aus dem schließlich auch das Silber stammen muss.

Die Gänge durchschlagen dort paläozoische Tonschiefer, vor allem aber jungtertiäre Vulkanite, die in ihrer Umgebung auch selbst noch hydrothermal verändert sind. Hier spielen also wieder einmal heiße Wasser im Gefolge von jungem Vulkanismus eine wesentliche Rolle beim Transport der Metalle. Die Konzentrationen in den Ganggesteinen liegen bei 100 ppm Silber: das Gewicht einer Schokoladentafel in einer Tonne Gestein!

Geologisch wesentlich älter, aber ebenfalls als Ganglagerstätte ausgebildet, ist Cœur d'Alène in Idaho in den USA:

Das Aufreißen der Gänge wird hier mit einer großen tektonischen Seitenverschiebung in Verbindung gebracht, die sich ebenso wie die Erzbildung selbst schon während des Präkambriums ereignete. Anhand der Erze hat man ein Alter von 825 Millionen Jahren und Bildungstemperaturen von 350 °C ermittelt. Die in Quarziten aufsitzenden Gänge sind nicht besonders mächtig, aber sehr gleichmäßig ausgebildet und werden bis zu einer Teufe von 2400 m ausgebeutet (zum Vergleich: In Böhmen hatte man 1875 eine Silbermünze geprägt, die eine in Příbram erreichte Saigerteufe, d. h. eine senkrechte Tiefe des Bergwerks, von 1000 m feiert; vgl. Abb. 118). Man nimmt an, dass die Metalle durch Hydrothermalwasser aus den präkambrischen Sedimenten mobilisiert und zusammen bzw. nacheinander bei fallenden Temperaturen ausgefällt wurden. Neben dem Silber werden dort nämlich auch Blei, Zink, Kupfer und Gold gewonnen.

Auch in Europa ist Silber überwiegend aus Ganglagerstätten gefördert worden: Die bekanntesten Bergreviere liegen im Erzgebirge und im Oberharz (vgl. Abb. 90 und 91). In Freiberg kann man sich heute noch im Besucherbergwerk „Reiche Zeche" (der Name spricht für sich) ein Bild von der Arbeit der Bergleute machen. Aus dem Erzgebirge sind über 1000 solcher Gänge bekannt, die sich über einige Kilometer erstrecken können und bis in 600 m Teufe abgebaut wurden. Es handelt sich dabei hauptsächlich um Blei-Zink-Vererzungen (mit 2,3 % Blei und 4 – 5 % Zink), in denen der Bleiglanz 0,01 – 0,3 % Silber enthielt. Der von 1168 – 1968 betriebene Bergbau wurde in Bezug auf Silber schon 1913 eingestellt, jener von Blei und Zink dagegen erst 1968. Im Zusammenhang mit Silber muss man auch Johanngeorgenstadt oder Joachimsthal erwähnen, das dem Thaler/Taler seinen Namen gegeben und den dieser dann dem Dollar weitervererbt hat. In Joachimsthal hatte man zunächst nur Silber gefördert, stieß dann in tieferen Bereichen aber nur noch auf Kobalt und Nickel. Daher hat das Kobalt seinen Namen, von Kobolden nämlich, welche von den Bergleuten beschuldigt wurden, das Silber gefressen zu haben.

Die erzgebirgischen Gänge werden einer Ag-Co-Ni-As-Fe-S-U-Formation zugeordnet, enthalten aber auch Radium und Wismut, also ein ganzes Sammelsurium von Metallen. Das hatte interessante Folgerungen, wenn man an die „SDAG Wismut" der DDR-Zeit denkt – einen Firmennamen, der davon ablenken sollte, dass man dort nach 1945 vor allem Uranerze abbaute. Dieses besonders wertvolle Erz war atomwaffenfähig und wurde in großen Mengen in die damalige UdSSR verschickt. Die Orte Aue und Schlema (das früher ein Heilbad gewesen ist und jetzt in jüngerer Zeit revitalisiert wurde) erlangten durch bergbaubedingte Krankheiten eine traurige Berühmtheit, und die Beseitigung der damit verbundenen Umweltschäden hat uns Milliarden gekostet.

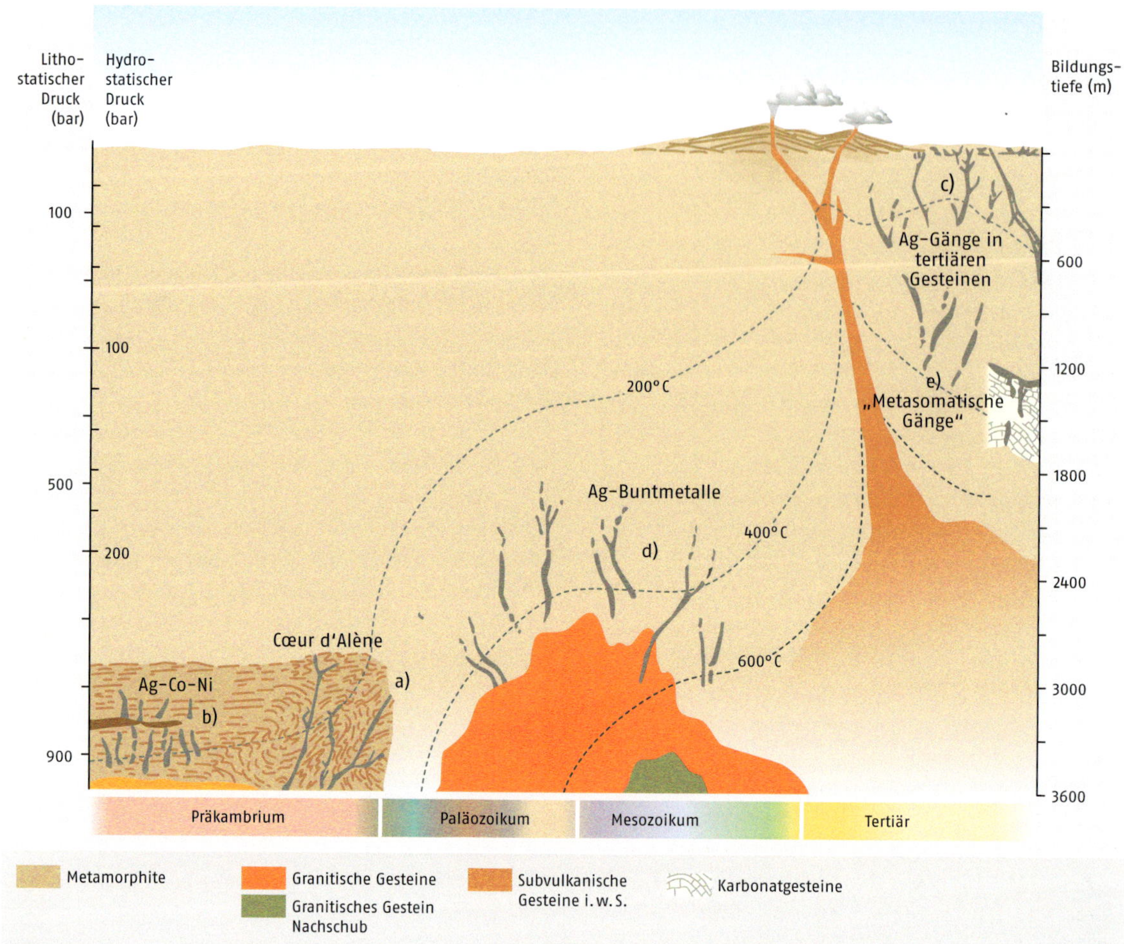

120 Zusammenfassende Darstellung der unterschiedlichen Gegebenheiten, unter denen Silber-Lagerstätten im Verlauf der Erdgeschichte gebildet werden: a) in metamorphen Sedimentgesteinen des Präkambriums (z. B. Coeur d'Alène). b) in Gängen der Ag-Co-Ni-As-Fe-S-U Formation (z. B. Erzgebirge), c) in Verbindung mit tertiären Vulkaniten und subvulkanischen Intrusionen, bei denen vor allem polymetallische Gänge gebildet werden (z. B. Potosí), d) buntmetallreiche Gänge in paläozoischen und mesozoischen Nebengesteinen von Plutoniten (z. B. Oberharz, Přibram). e) Gänge, die Karbonatgesteine metasomatisch verdrängt haben (nach Graybeal et al. 1986, aus Pohl 1992).

Die Entstehung dieser Lagerstätten ist umstritten, wobei Befunde und Denkmodelle der Geochemiker die Erklärung nicht einfacher machen: Uran ist, wie auch das Wismut, ein Element, das geochemisch in sauren Gesteinen – besonders in Graniten – angereichert ist. Im Fall von Aue liegt es nahe, den benachbarten variskischen Eibenstocker Granit als Erzlieferanten anzusehen. Diese Granite im Erzgebirge sind um die 300 Millionen Jahre alt, sie reichen zeitlich über das Oberkarbon hinaus bis ins Perm.

Nickel und Kobalt, die ebenfalls zu dieser Erzformation gehören, passen aber geochemisch eher zu basischen Gesteinen. Um diese Diskrepanz zu erklären, behilft man sich nun damit, die beiden Metalle aus tiefen Krustenbereichen herzuleiten, wo auch die dazu passenden Gesteine zu Hause sind. Der Zeitpunkt der Mobilisierung der Metalle ist nach wie vor umstritten. Meistens wird dafür ein paläozoisches Alter angenommen und die Metalle in einem unmittelbaren Zusammenhang mit der Förderung der variskischen Granite gesehen.

Auch im Oberharz gibt es eine Vielzahl Silber führender Erzgänge, deren geologisches Umfeld sich allerdings von dem im Erzgebirge schon dadurch unterscheidet, dass diese Gänge in gefalteten Sedimentgesteinskomplexen aufsitzen. Außerdem steckt das Silber hier nicht in einer kompliziert zusammengesetzten Erzformation, sondern in rela-

Lit.: Silber

Graybeal et al. 1986, Ließmann 1997, Pohl 1992, 2005, Skinner 1976

tiv einfachen Verbindungen in Form von Blei-Zink-Gängen und wurde im Wesentlichen aus silberhaltigem Bleiglanz gewonnen. Diese Gänge scheinen etwas mit der jungen morphologischen Heraushebung des Harzes zu tun zu haben, denn sie verlaufen mit einer Südost-Nordwest-Richtung auffällig parallel zum nördlichen Rand des Gebirges (Abb. 90). Sie sind oft mehrere 100 m in die Tiefe verfolgt worden und meist einige Meter mächtig. Wie schon für das Blei erwähnt, ist hier ein mesozoisches Bildungsalter nachweisbar. Der Silber-Bergbau im Oberharz geht bis auf das 11. Jahrhundert zurück. Bad Grund, die älteste der sieben Oberharzer Bergstädte und mit 1800 m in Besitz des tiefsten Bergwerksschachts Deutschlands, wurde 1992 trotz noch bestehender Vorräte mit 130 g/t Silber im Roherz als letzte Erzgrube im Harz geschlossen, weil die Förderung unter dem Diktat des Weltmarktpreises unwirtschaftlich geworden war. Zu den ehemals bedeutenden Silber-Lagerstätten im Harz gehörte auch das Revier von Sankt Andreasberg, das zwar etwas entfernt von den Oberharzer Gängen liegt, aber dennoch ähnliche geologische Verhältnisse erkennen lässt. Die „Grube Samson" ist als Bergwerksmuseum hergerichtet, wo man die einzige betriebene „Fahrkunst" der Welt in Funktion erleben kann (mehr bei Ließmann 1997).

Als Nebenprodukt wird Silber auch aus anderen Erzen mitgewonnen, zu denen massige Sulfiderze vom Kuroko-Typ, die Buntmetallerze vom Rammelsberg, aber auch die porphyrischen Kupfererze und selbst der Kupferschiefer gehören.

Ein völlig anderer Typ von Silber-Lagerstätten ist in Verbindung mit Karbonat-Gesteinen entstanden, die am Kontakt mit Magmatiten durch Metall führende Lösungen imprägniert wurden, ähnlich wie Löschpapier mit Tinte. Aus Messungen an winzigen Flüssigkeitseinschlüssen weiß man, dass daran >400 °C heiße Wasser magmatischen Ursprungs beteiligt waren. Die Geometrie der Erzlager deutet an, dass die Durchlässigkeit der Wirtsgesteine (die Saugfähigkeit des Löschpapiers) entscheidend für ihre Ausbildung gewesen ist. Anders als im Erzgebirge, wo die Gänge scharfe Grenzen zum Nebengestein aufweisen, sind die Silber führenden Gesteine bei den Lagerstätten in Karbonaten weniger deutlich abgegrenzt. Der Ortsname Leadville in Colorado (USA) zeigt an, dass daran vor allem Blei beteiligt ist, außerdem eine ganze Reihe anderer Metalle, nämlich Zink, Mangan, Kupfer, Arsen, Antimon und Gold. Die Wirtsgesteine haben paläozoisches Alter, aber die erzbringenden Wasser standen in Zusammenhang mit tertiärem Magmatismus. In Europa ist die Lagerstätte von Rudnik im heutigen Serbien ein entsprechendes Beispiel: Auch hier standen die Erzlösungen im Zusammenhang mit jungem Vulkanismus.

Gold

Gold wurde schon in prähistorischer Zeit zu Schmuck verarbeitet. Bemerkenswert ist, dass bei Beraubungen fränkischer Gräber die außerordentlich wertvollen, aus Gold gefertigten Scheibenfibeln offensichtlich aus einer numinosen Scheu heraus in den Gräbern zurückgelassen wurden. Die berühmte Himmelsscheibe von Nebra zeigt, dass man bereits in der Bronzezeit die Technik des Tauschierens gut beherrschte.

Gold ist praktisch unzerstörbar, was einen US-amerikanischen Kollegen einmal zu der Bemerkung veranlasste, dass das Metall einer Goldkrone auf einem heutigen Zahn durchaus einmal Bestandteil einer Halskette von Kleopatra gewesen sein könnte. Noch heute werden bis zu 60 % der Weltförderung für die Herstellung von Schmuck verwendet. Als Münzmetall reicht Gold von den keltischen „Regenbogenschüsselchen" über Dukaten und Golddollar bis zum Krügerrand, der genau eine Unze Gold enthält, aber etwas schwerer ist, weil dieses mit Kupfer legiert ist. Wegen seiner Korrosionsbeständigkeit ist Gold heute vielfach Bestandteil von elektrischen Kontakten wie z. B. in Computern oder High-End-Geräten der Phonobranche.

Blattgold zur flächenhaften Verzierung von Kirchenkuppeln und Altären kann man als Vorläuferform heutiger goldbedampfter Fensterscheiben auffassen. Seine Verwendung ist der Eigenschaft zu verdanken, zu enorm dünnen Folien auswalzbar zu sein. Metalle lassen sich galvanotechnisch – d. h. durch elektrochemische Abscheidung – vergolden, was auch für die Raumfahrt von Bedeutung ist, wo man u. a. Astronautenhelme zum Schutz gegen Strahlung entsprechend behandelt. Spuren von kolloidalem Gold in der Glasschmelze ergeben das leuchtendrote Rubinglas. Es wird auch in der Rheumatherapie eingesetzt und verfeinert zudem – allerdings nur rein optisch – das „Danziger Goldwasser".

Was bleibt, ist die Faszination, die von diesem glänzenden Metall bis heute ausgeht, einschließlich der Empfehlungen, es auch in Form von Barren als Kapitalanlage zu erwägen – was ja eigent-

121 Rheingolddukaten, der zugleich das Goldwaschen zeigt (Foto von Dr. Wilfried Rosendahl).

lich irrational ist, weil es weder Zinsen bringt noch in Notzeiten technisch sinnvoll verwendet werden kann. Dennoch ist das meiste Gold noch immer in Form von Münzen und Barren angelegt.

Zu Gold hatten die Menschen offensichtlich schon immer eine irrationale Beziehung, denn eigentlich kann man mit dem Metall nicht viel Nützliches anfangen. Der phrygische König Midas hatte der Sage nach Dionysos gegenüber den Wunsch geäußert, dass sich alles, was er berührte, in Gold verwandeln möge. Als dann der Wunsch in Erfüllung ging, hatte er nicht einmal mehr etwas zu essen. Um zu überleben, musste er sich durch ein Bad im Fluss Paktolos reinigen, weshalb dieser seitdem Gold enthält. Als vorgeschichtliche Grabbeigaben gab es Goldmasken, z. B. bei den Pharaonen, die wir schon als alt einstufen, aber in Varna in Bulgarien hat man noch ältere Funde gemacht: In 7000 Jahre alten Gräbern entdeckte man gleich kiloweise Gold, sodass es einmal hieß, das Gold sei auf dem Balkan „erfunden" worden und nicht in Mesopotamien, wo es aus so früher Zeit eher spärliche Funde gibt. Schließlich soll hier noch das Goldland Ophir des Alten Testaments Erwähnung finden: König Salomos sagenhafter Reichtum kam aus dem heutigen südlichen Simbabwe. Und des Weiteren muss natürlich auch die Himmelsscheibe von Nebra genannt werden, in deren Sternengold Herr Kollege Ernst Pernicka einen Silbergehalt von etwa 20 % ermittelt hat. Das deutet klar auf Berggold hin, welches eventuell aus Siebenbürgen stammt, wo die Lagerstätten eine entsprechende Zusammensetzung haben. Dieses Berggold ist auch das Gold Thrakiens der Griechen und Römer. Der Fluch des Goldes wiederum reicht von der Midas-Sage bis zum Rheingold der Nibelungen Richard Wagners. Aber Rheingold gibt es wirklich: Man hat es früher aus den Flusssanden ausgewaschen und Münzen daraus geprägt, die u. a. als Rheingolddukaten bekannt sind.

Ein bekannter Zementhersteller, der auch Kies und Beton im Programm hat, gewinnt heute im Zusammenhang mit der Kiesbaggerei bei Rheinzabern jährlich wieder ein paar Kilogramm Gold aus dem Rhein, das auch als Nebenprodukt noch Gewinn abwirft.

Man unterscheidet zweierlei Arten geologischer Vorkommen: Berggold und Seifengold. Berggold enthält meist noch Silber, das beim Seifengold durch Verwitterung und Transport bereits herausgelöst wurde, weil Silber leichter löslich ist als Gold – insofern ist Seifengold wertvoller. Seifen sind hier keine Waschmittel, sondern im geologischen Sinne Sedimente, bei denen bestimmte Bestandteile aufgrund ihres hohen spezifischen Gewichts oder ihrer Verwitterungsbeständigkeit in Flussablagerungen oder in Flachmeer-Sedimenten konzentriert werden. So gibt es nicht nur Gold-Seifen, sondern auch Magnetit-Seifen, Diamant-Seifen oder einfach Schwermineral-Seifen: Strände von Vulkaninseln bestehen oft aus schwarzem Sand, weil dort die dunklen Minerale aus dem Basalt angereichert werden. Gold-Seifen findet man also immer an der Erdoberfläche, und es ist ziemlich wahrscheinlich, dass solche Vorkommen auch in prähistorischer Zeit zuallererst gefunden und ausgebeutet wurden.

Das Gold der Gold-Seifen muss aber irgendwo herkommen, und es kommt, wie die Bezeichnung Berggold schon andeutet, aus den Bergen im Hinterland der Flüsse – um diese primären Gold-Lagerstätten soll es zunächst gehen. Ein Stichwort sind hierbei „Goldquarzgänge": Adern aus purem Gold im Gebirge? Leider nicht, denn auch hier ist das Metall meist nur in äußerst geringen Konzentrationen anzutreffen (ein paar g/t). Wenn man es mit bloßem Auge erkennen kann, spricht man von Freigold. Und dann gibt es auch noch die Begriffe „Rotgold", „Gelbgold" oder „Weißgold": Dabei handelt es sich um Legierungen mit Kupfer, Silber und/oder Platin (kristallographisch sind das echte Mischkristalle), für die die Juweliere zuständig sind. Des Weiteren gibt es noch Blattgold, das sich bis auf 1/10000 mm auswalzen lässt.

Gold und Silber kommen aber schon in der Natur zusammen vor, und zwar oft in Verbindung mit anderen Stoffen der durch Hydrothermalwasser gefüllten Gänge, in denen die Metalle nacheinander durch fallende Temperaturen ausgefällt werden. Vielen ist vertraut, dass man Pyrit (Schwefelkies) Katzengold nennt, was nach seiner chemischen Formel FeS_2 mit Gold aber nichts zu tun haben kann, hier blendet nur der goldene Glanz dieses Minerals. Es gibt aber tatsächlich Gold in bestimmten Pyriten, sodass man sich fragen muss, ob nicht wenigstens manchmal beide unter ähnlichen Bedingungen gebildet werden können.

Die Bezeichnung „Edelmetall" bedeutet ja, dass sich Gold nur ungern mit anderen Elementen verbindet. Dennoch gibt es eine Reihe von Mineralen, in denen es Verbindungen mit anderen Elementen eingegangen ist.

Aber auch das gediegene Gold, vor allem das Berggold, geht meistens Verbindungen mit Silber ein – Berggold enthält praktisch immer Silber. Elektrum ist ein „lichtes" Gold mit 15–30 % Ag, das man aus Siebenbürgen in Rumänien und aus dem Altai (Russland) kennt. Gold verbindet sich auch bereitwillig mit Quecksilber, was man sich bei der Gewinnung zunutze macht, indem man goldhaltiges Erz mit dem flüssigen Hg verrührt. Dabei entsteht ein Amalgam, eine Art mechanisches Miteinander bzw. eine Au-Hg-Legierung, aus der man das Hg später durch Erhitzen wieder austreiben und somit zurückgewinnen kann. Das ist kein sehr umweltfreundliches Verfahren, wenn man an die Giftigkeit von Quecksilberdämpfen denkt. Bei der sog. Feuervergoldung wird ähnlich gearbeitet (vgl. Kap. „Quecksilber").

Gold-Mineral		Gold-gehalt (%)
Gediegen Gold (oft zusammen mit Silber)		70–100
Calaverit	$AuTe_2$	44
Sylvanit	$AuAgTe_4$	25–27
Nagyagit	$AuPb_{14}Sb_3Te_2S_{17}$	6–13
Krennerit	$(Au, Ag)Te_2$	
Elektrum, Legierung mit Ag		15–30

T 29 Konzentrationen von Gold und unterschiedlicher Gold-Minerale (nach Ramdor & Strunz 1978, Pohl 2005).

Erdkruste	0,004
Granit	0,003
Diorit	0,005
Gabbro	0,007
Sandsteine, Konglomerate	bis 0,03
Kohlenasche	bis 0,1
Ölschiefer	bis 2
Kupferschiefer	örtlich bis 3000
Meerwasser	< 0,00001–0,00004 (verschiedene Angaben)

T 30 Goldgehalte unterschiedlicher Gesteine (ppm) (nach Mason & Moore 1985, Pohl 2005).

122 Gediegen Gold von Bendigo, Victoria (Australien).

Das schon erwähnte Rheingold ist Seifengold und kommt aus der schweizerischen Molasse, wo es sozusagen in einem sedimentären Depot zwischengelagert war, denn ursprünglich muss es auch einmal Berggold gewesen sein. Im Fluss wird es dann nach der Gewinnungsmethode als Waschgold bezeichnet. Im Grunde beruhen Seifengold und Waschgold auf demselben physikalischen Prinzip: Die spezifisch schweren Goldkörner – meist nur Flitterchen – setzen sich aus einem Gemisch von Mineralen (das meiste ist Quarz) bei nachlassender Wasserströmung zuerst ab und reichern sich dadurch im Verhältnis zu den übrigen Mineralen relativ an. Dieser Vorgang ist bei einem Flusstransport von Sandkörnern oder im Bereich einer Flachmeerküste nicht anders als in der Pfanne des Goldwäschers, wo das hohe spezifische Gewicht die entscheidende Rolle spielt. In der Begleitung von Gold findet man deshalb oft auch Schwerminerale wie z. B. Granat, und vielleicht hat dieses Nebeneinander von Rot und Gold (vgl. Abb. 124) ja auch die ersten Juweliere angeregt?!!

„There is plenty of gold, so I am told, on the banks of Sacramento", so der Refrain eines alten Seemannsliedes. Es spielt auf den Goldrausch Mitte des 19. Jahrhunderts in Kalifornien an – und damit war natürlich Seifengold gemeint, das man aus Sedimenten des Sacramento River gewonnen hatte. Manchmal sind in Seifengold Nuggets (Goldkörner) zu finden, die besonders schön ausgebildete Kristalle zeigen, was darauf hindeutet, dass um die

ccxxij Vom Bergkwerck

Das haupt des herdts A. Der herdt B. Das tůch C. Das gerinlein D. Das vhaß dem herdt underworffen E. Das vhaß darein das tůch gewäschen wirt F.

Etzliche an statt des grünen tůchs / underlegendt ein tůch mitt roß har eng in einander gflochtẽ / dem viel knöpfflin seindt / ein wenig von der flochtung geschoren / dieweil aber dise herauß ghendt / und das tůch rauch ist / hangendt an jm die kleine goldtschlich / welche auch in dem vhaß mitt wasser abgewäschen werden.

123 Goldwäscherei zu Zeiten Agricolas im 16. Jahrhundert (aus Lepper 1980).

angespülten Goldkerne weiteres Gold gewachsen ist – es muss also manchmal auch in gelöster Form vorkommen. Jemand hat einmal von vergoldeten Metallteilchen in Flussablagerungen berichtet, die unverkennbar Bestandteile von Reißverschlüssen waren. Anders als bei vergoldeten Wasserhähnen, wo man es abgesehen vom Prunk auch als chemisch stabilen Überzug ansehen kann, wäre eine solche Vergoldung bei Reißverschlüssen jedoch technisch sinnlos, sodass man hier von einer rezenten natürlichen Vergoldung ausgehen muss.

Irgendwoher müssen die Flüsse aber ihre Fracht haben, was die Prospektoren dann auch zum zugehörigen Berggold führte, im Fall des Sacramento River in die Rocky Mountains. Central City war zunächst eine Goldgräberstadt, ehe es Kulisse für Western-Filme wurde.

Auch in Alaska haben Flüsse wie Yukon und Klondike das Gold aus den Gebirgen gebracht, es kommt dort aber auch in gehobenen Strandseifen vor. Die entsprechenden Berggold-Lagerstätten der küstenparallelen Gebirge lassen sich über Bingham in Utah und Mother Lode am Westabhang der Sierra Nevada über Mexiko bis in die südamerikanischen Anden weiter verfolgen, womit wir wieder in der geologischen Position sind, wo Subduktion und junge Gebirgsbildung die Verhältnisse bestimmen, wie das schon beim Kupfer (Stichwort „Chuquicamata") angeklungen war – und damit kulturgeschichtlich auch beim Gold der Inkas.

Es geht jetzt also um Gold, das an Kupfer-Porphyries bzw. Subduktionszonen geknüpft ist, wie sie rund um den Pazifik die geologische Situation bestimmen.

Gold, Kupfer und Molybdän kommen in Lagerstätten, die an magmatische Prozesse gebunden sind, meist zusammen vor, es wurde allerdings schon angedeutet, dass es vor allem das heiße Wasser ist, das die Metalle aus den Gesteinen löst und transportiert. Eine der offenen Fragen dabei ist die nach der Herkunft dieses Wassers: meteorisch, also von oben, aus dem Magma oder gar aus dem Erdmantel? Die Antwort haben Analysen von Flüssigkeitseinschlüssen in Quarz-Kristallen gegeben: Die Au/Cu-Verhältnisse darin entsprechen denen in den Erzkörpern selbst, d. h., die Fluide müssen von unten gekommen sein und haben sich auch nicht mit Oberflächenwassern vermischt.

Ähnlich wie beim Kupfer lässt sich feststellen, dass man dort, wo es Kupfer in den Porphyries gibt, auch Gold erwarten kann – und zwar immer in einem höheren Bereich der Lagerstätten. Die Beispiele dafür hat man zunächst in den Gebirgen der beiden amerikanischen Westküsten gefunden, die Lagerstätten dieses Typs sind aber um den gesamten Pazifik herum verteilt. Als man die Beziehungen zwischen Gold-Lagerstätten und den Kupfer-

124 Postkarte aus Finnland, Gold und bunte Steine in Fluss-Sedimenten, Anregung für Juweliere?

Porphyries einmal erkannt hatte, war es nur noch eine Frage der Zeit, bis man auch Gold im höheren Bereich der Kupfer-Lagerstätte Ok Tedi in Papua-Neuguinea entdeckte. Das war in den 1970er-Jahren ein Neufund, der gelang, weil man sich auf anderwärtig erkannte geologische Gesetzmäßigkeiten gestützt hatte.

Diesem mit nur wenigen Millionen Jahren geologisch relativ jungen Gold stehen die wesentlich bedeutenderen Vorkommen in den sehr alten Gesteinskomplexen, vor allem in Südafrika, gegenüber, die zeitlich alle ins Präkambrium gehören. Zu den auch im Weltmaßstab bedeutendsten Vorkommen gehören jene, die unter dem Stichwort „Witwatersrand" bekannt sind und erst 1885 entdeckt wurden. Witwatersrand ist namengebend für die Krügerrand-Münze (die eine Unze Gold enthält, aber etwas schwerer ist, da das Gold mit Cu legiert ist), der Begriff steht aber vor allem für ein riesiges Bergbaurevier mit mehreren Lagerstätten, denen gemeinsam ist, dass sie alle an Konglomerate gebunden sind, die durch präkambrische Flüsse transportiert worden waren.

In diesen Sedimenten ist auch das Gold zu finden, das man folgerichtig zunächst als Seifengold wähnte: Die entsprechende Interpretation war sofort, dass die Goldkörner zusammen mit dem ganzen übrigen Gebirgsschutt verfrachtet worden waren, der dann zu den harten Gesteinen verfestigt wurde, die als Geländerippen (den „reefs", von denen das nach seinem Entdecker Hans Merensky benannte Merensky Reef das bekannteste ist) in der heutigen Landschaft zu sehen sind. So weit, so einfach.

Aber es war nicht so einfach. Neuere Untersuchungen haben nämlich gezeigt, dass das Gold oftmals die Zwickelhohlräume zwischen den normalen Gesteinskörnern einnimmt: Es muss also später dorthin eingewandert sein, was wiederum voraussetzt, dass es in gelöster Form transportiert wurde.

Außerdem gibt es in diesen Sedimenten, die überwiegend aus Quarz bestehen, abgerollte Pyritkörner und organische Substanzen, die man aufgrund ihrer Strukturen früher als Algenbildungen interpretiert hatte. Inzwischen hat sich aber herausgestellt, dass es gealterte Kohlenwasserstoffe sind, die ursprünglich in flüssiger Form in die Sedimente eingedrungen waren – und nur darin kommt das Gold in Form feiner Körnchen vor. Man hat diese Partikel früher immer als detritische Bildungen interpretiert, aber selbst an etwa 40 000 der

125 Alte Goldmine bei Central City in den Rocky Mountains, heute Touristenattraktion (Foto: Verfasser).

dann eingehender untersuchten Goldkörnchen hat man keine Spuren von Abrollung feststellen können, wie das bei einem mechanischen Transport zu erwarten gewesen wäre. Daher geht man heute davon aus, dass das Gold durch hydrothermale Lösungen transportiert und durch die Kohlenwasserstoffe ausgefällt wurde (Barnicoat et al. 1997). Die Pyritkörner dagegen sind gerundet. Weil sie in einem heutigen Fluss, d. h. unter oxidierenden Bedingungen, zerstört würden, hat man daraus auf eine zumindest sauerstoffarme irdische Ur-Atmosphäre zu dieser Zeit gefolgert. Witwatersrand ist die größte bekannte Goldprovinz überhaupt. Woher das Gold letztlich kommt, ist aber immer noch nicht bekannt. Da die Sedimente, in denen man es heute findet, schon präkambrisches Alter haben, also sowieso schon sehr alt sind, müssen die Gesteine, aus denen es freigesetzt wurde, noch älter sein. Man vermutet den Ursprung deshalb in den sog. Greenstone Belts, metamorphen Basaltmassen, die in der Frühzeit unseres Planeten in großem Maßstab gebildet wurden – und diese kommen aus dem Erdmantel. Das legt den Gedanken nahe, dort auch den Ursprung des Goldes zu suchen, und eröffnet eine Spekulation darüber, ob man auch in diesem Fall nur tief genug schürfen müsste, um Gesteine mit höheren Konzentratio-

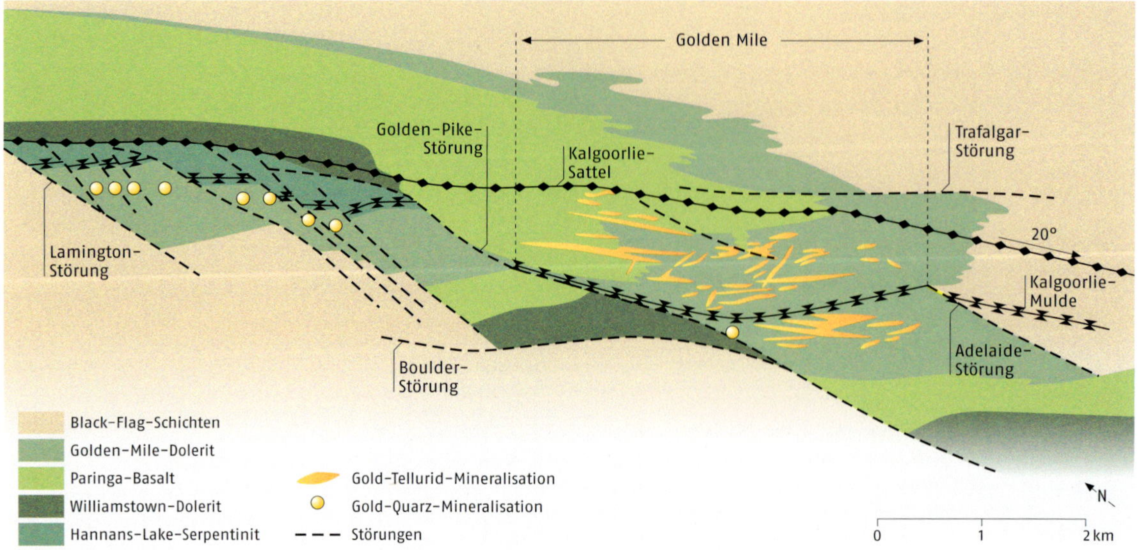

126 Geologisches Kartenbild des Kalgoorlie-Goldfeldes im Greenstone Belt der Golden Mile Westaustraliens (nach Woodall 1965, aus Boulter et al. 1987).

nen zu gewinnen. Die mit etwa 4000 m tiefsten Goldbergwerke in Südafrika sind zugleich die tiefsten Bergwerke der Erde. Bis zum Erdmantel ist es aber selbst dann noch zu weit. Etwas aussichtsreicher sind die mittlerweile durch wissenschaftliche Untersuchungen in der Tiefsee entdeckten Vorkommen von Gold, die man in den 1980er-Jahren im südwestlichen Pazifik gefunden hat: Dort kommen Metallsulfide nämlich in Rhyolithen vor, und auch die mächtigen Basaltfolgen der untermeerischen Plateaus enthalten Gold. Beim gegenwärtig extrem hohen Weltmarktpreis hat inzwischen sogar die Suche nach abbaufähigen Vorkommen in der Tiefsee begonnen.

Gold kann sich in Alkalicyaniden unter Bildung von Komplexverbindungen lösen – das ist neben dem erwähnten Amalgamieren mit Quecksilber eine zweite Methode, das Gold bei seiner Gewinnung aus den Gesteinen freizusetzen. Dass es unter ähnlichen natürlichen Bedingungen in Lösung gehen und transportiert werden kann, zeigen auch Anreicherungen in der Zementationszone von „Eisernen Hüten" (die Oxidationszone bei Erzlagerstätten, wo neben einer Reihe von Metalloxiden vor allem Brauneisen gebildet wird, was die früheren Bergleute dann „Eisener Hut" nannten) oder in Lateriten; so wird auch im brasilianischen Itabira neben den Eisenerzen Gold gewonnen, immerhin etwa 500 kg/a. Gold ist in fast allen Greenstone Belts der Erde zu finden, allerdings in Form von sog. Goldquarzgängen. Das bedeutet, dass nach der Förderung dieser erdgeschichtlich frühen Basalte hydrothermale Prozesse gefolgt sein müssen, welche später die darin aufgerissenen Spalten mit dem goldhaltigen Gestein gefüllt haben.

Zu den entsprechenden Lagerstätten gehört Yellowknife nördlich des Großen Sklavensees in Kanada, wo Scherzonen in einem präkambrischen Grünsteingürtel vererzt sind, vor allem aber die „Golden Mile" von Kalgoorlie in Westaustralien, die ich hier als eines von vielen Beispielen vorstelle.

Die Lagerstätte erstreckt sich über 4000 m und ist bis in eine Teufe von 1500 m erschlossen. Die geologische Situation zeigt, dass sie an Bruch- und Scherzonen in metamorph überprägten Basalten gebunden ist. Das Gold kommt dort in Pyrit und in hydrothermal veränderten Nebengesteinen vor, stammt aber letztlich wohl aus Komatiiten, die man im tieferen Untergrund vermutet. Komatiite sind jene aus besonders heißen Schmelzen entstandenen „Ur-Basalte" des Präkambriums, die für die sehr frühe Erdgeschichte kennzeichnend sind. An Flüssigkeitseinschlüssen in Quarz-Kristallen hat man für dieses Gold Bildungstemperaturen von 300 – 400 °C ermittelt, und das entsprechende CO_2 zeigt eine Signatur, die auf eine Herkunft aus dem Erdmantel hinweist.

Gold in Sedimentgesteinen ist nicht auf klastische Ablagerungen wie Fluss- und/oder Strandsedimente beschränkt, denn man findet es vielfach auch in feinkörnigen dunklen Tongesteinen, die heute zusammenfassend meist als Schwarzpelite bezeichnet werden – durch Gebirgsbildungsdruck entstehen daraus dunkle Tonschiefer. Solche Tongesteine enthalten meist Pyrit und oft relativ viel organische Substanz, die auch in Graphit umgewandelt sein kann; sie sind zwar häufig, aber nicht alle enthalten Gold. Zu den reichen Vorkommen gehört Bendigo im australischen Staat Victoria, wo seit 1851 insgesamt 2500 t Au gefördert wurden: Dabei fand man vereinzelt über 18 kg schwere Klumpen und Seifen mit über 70 kg wiegenden Nuggets. Geologisch sind hier offensichtlich die strukturellen Gegebenheiten von Bedeutung: Die Tonschiefer sind nämlich durch Gebirgsbildung zu spitzen, steilstehenden Falten geformt worden, die ihrem Aussehen nach als „saddle reefs" bezeichnet werden. Das Gold ist immer in den Firsten dieser Sättel angereichert und legt somit die Deutung nahe, dass die Metall führenden Lösungen dort aufgefangen wurden, wo die dichten Gesteine eine Barriere gebildet hatten.

Gold in Schwarzpeliten kennt man auch in Deutschland: Unterkarbonische Tonschiefer des Rheinischen Schiefergebirges in der Nähe von Korbach z. B. waren lange Zeit Gegenstand eines lokalen Goldbergbaus, der heute touristisch vermarktet wird und durch einen entsprechenden Bergbau-Lehrpfad erschlossen ist (Eisenberg bei Korbach). Dazu passt, dass man früher auch in der nahe gelegenen Eder Gold gewaschen hat. Ähnliche geologische Verhältnisse gibt es im Bereich des Schwarzburger Sattels im Thüringischen Schiefergebirge, wo dunkle Tonschiefer des Altpaläozoikums vorherrschen, die heute im Schwarzatal durch das Flüsschen erodiert werden: Auch hier kann man Gold waschen – und tatsächlich hat vor einiger Zeit jemand ein nicht kleines Nugget gefunden, was auch durch die Presse bekannt wurde.

In Europa stehen bedeutende Gold-Lagerstätten aber vor allem im Zusammenhang mit Vulkanismus. So stammt das Gold der Thraker, das man u. a. in Varna (Rumänien) und Vălčitrăn (Bulgarien) aus Gräbern geborgen hat, sehr wahrscheinlich aus dem Inneren Karpatenbogen (Siebenbürgen, Rumänien), wo die Lagerstätten im Umfeld tertiärer Vulkankomplexe im Zusammenhang mit Calderen und sich kreuzenden Gangsystemen entstanden sind.

Die Gesamtmenge alles bisher überhaupt produzierten Goldes beträgt etwa 86 000 t, was einem Würfel von 16,5 m Kantenlänge entspricht. Da Gold praktisch unzerstörbar ist, kann es beliebig recycelt werden. Um viel größere Mengen zu gewinnen, müssten wir sehr tief in die Erde abtauchen, wahrscheinlich in den Mantel, wo es als sog. siderophiles Element sicherlich häufiger ist (die Elemente im Körper der Erde trennen sich eher nach der Affinität zu bestimmten anderen Elementen als nach dem spezifischen Gewicht: Das schwere Uran ist in der Kruste angereichert, das Gold geht mit Eisen zusammen, das ja im Erdkern der wesentliche Bestandteil ist). Das Gold aus solcher Tiefe zu holen, wäre allerdings selbst bei extrem hohen Goldpreisen illusorisch. Was die mittelalterlichen Alchimisten angestrebt hatten, nämlich Gold aus Blei zu „machen", also eine Elementumwandlung, können wir heute im Kernreaktor – aber auch dafür sind die Kosten wesentlich höher als der Metallpreis. Was bleibt, wäre z. B. die Gewinnung von Gold aus dem Meerwasser. Meerwasser enthält jedoch nur weniger als 0,00001 ppm Au, also praktisch nichts. Wenn man diesen geringen Wert aber auf die Gesamtmenge des Ozeanwassers hochrechnet, ergeben sich gewaltige Ressourcen, weshalb man schon länger nach Methoden sucht, dieses Gold zu extrahieren. Den Feingehalt einer Goldlegierung mit anderen Metallen hat man früher auch in Karat angegeben, anders also als beim Diamanten, wo es eine Gewichtseinheit ist. Reines Gold hat 24 Karat, 1 Karat entspricht einem Goldgehalt von $^1/_{24}$.

Lit.: Gold

Barnicoat et al. 1997, Boulter et al. 1987, Herzog 2006, Kulick et al. 1997, Lepper 1980, Pohl 1992, 2005

Platin

Platin ist teurer als Gold, was bei Schmuckstücken eine Rolle spielt, und seine Verwendungsmöglichkeiten in der modernen Technik sind vielfältiger. Heute spielt es u. a. eine Rolle als Katalysatormetall bei der Reinigung von Autoabgasen.

Platin kommt in der Natur gediegen vor und bildet außerdem zusammen mit einer ganzen Reihe anderer Metalle Verbindungen (vgl. Tab. 31). Darüber hinaus sind aber seit ca. 1980 etwa 100 zusätzliche „exotische" Platinverbindungen durch extrem genaue Analyseverfahren in einer Vielzahl von Erzen nachgewiesen worden, die für eine wirtschaftliche Gewinnung allerdings nicht infrage kommen.

Wenn man über Platin spricht, kann man auch gleich die sog. Platingruppenelemente Palladium, Rhodium, Iridium, Osmium und Ruthenium erwähnen.

Ein professioneller Lagerstättenkundler hätte Platin nicht im Zusammenhang mit Silber und Gold, sondern mit Chrom und Nickel behandelt – meine Anordnung folgt hier aber, wie zuvor be-

Platin-Mineral		Platin-gehalt (%)
Gediegen Platin (mit Platingruppenmetallen und Fe)		bis 100
Cooperit	PtS	ca. 82
Sperrylith	$PtAs_2$	bis 63
Braggit	(Pt, Pd, Ni)S	59 (Pt) + 20 (Pd)
Niggliit	Pt(Sn, Te)	ca. 60
Geversit	$PtSb_2$	ca. 45 (Pt) + Pd, Ir

T 31 Konzentrationen von Platin und verschiedener Platin-Minerale (gekürzt nach Pohl 2005).

gründet, dem Begriff der „Edel“metalle. Die Verbindung zwischen Platin und Chrom hingegen führt uns zu den geologischen Gesetzmäßigkeiten: Beides sind Metalle mit extrem hohen Schmelzpunkten (Pt > 1700 °C, Cr = 1890 °C).

Um die Sache mit den hohen Temperaturen zu erläutern, kann ich aus dem chemischen Praktikum meiner Studentenzeit erzählen, wo wir neben den qualitativen und quantitativen Analysen auch Präparate herstellen mussten – bei mir war das Chrom. Dazu baut man aus Cr-Oxid, Kaliumchlorat und Aluminium eine kleine Bombe, die Temperaturen von > 2000 °C erzeugt (Aluminothermisches Verfahren): Nach der Zündung bleibt ein Regulus (d. h. ein Klümpchen) aus metallischem Chrom übrig. Damit will ich deutlich machen, dass gediegenes Cr nur bei sehr hohen Temperaturen entsteht und man es demnach vor allem in sog. ultramafischen Gesteinen suchen muss: Diese sind schwarz, weil sie aus dunklen Mineralen bestehen, also Olivin, Pyroxen und auch Magnetit. Solche Gesteine sind vor allem im Erdmantel vorhanden, in der Kruste sind sie eher selten, was dann sinngemäß natürlich auch für das Platin gilt.

Der fachliche Terminus für entsprechende Lagerstätten lautet „liquid-magmatisch“, d. h., dass sich das Platin in metallischer Form (gediegen) aus einer heißen Schmelze ausscheidet; man muss es infolgedessen in den genannten dunklen, basischen Tiefengesteinen suchen, die aus solchen Schmelzen kristallisiert sind. Da diese in der Frühzeit der Erdgeschichte wesentlich häufiger gebildet wurden, sollte man bei der Prospektion also präkambrische, Milliarden Jahre alte Gesteinskomplexe ansteuern, wie sie z. B. in Afrika oder Kanada bzw. in allen Alten Schilden der Erde vorkommen.

Aus den Gesteinsschmelzen scheiden sich die Stoffe nacheinander entsprechend der fallenden Schmelzpunkte ab, sodass im Idealfall eine magmatisch gesteuerte Schichtung entsteht wie bei Sedimentgesteinen, die man „Kumulate“ nennt. Platin mit seinem hohen Schmelzpunkt kann so direkt einzelne Schichten bilden, allerdings ist es natürlich viel seltener als die übrigen gesteinsbildenden Minerale, sodass nicht reine Platin-Schichten entstehen, sondern nur platinreiche.

Die berühmteste dieser Lagerstätten ist der Bushveld-Komplex in Südafrika, wo das Metall manchmal sogar direkt an der Oberfläche gefunden wird (vgl. Abb. 99).

Geologisch gesehen ist das ein solcher Komplex aus magmatischen Gesteinen – viele 1000 m mächtig – mit einzelnen Schichten, in denen Platin, Chrom oder Magnetit in höheren Konzentrationen vorkommen (4–8 ppm Pt). Richtig bauwürdig werden die Erze aber erst dort, wo sie – wie im Merensky Reef – von rundlichen Depressionen („potholes“) durchbrochen werden, die man heute mit Fluiden erklärt, welche die magmatische Saigerung der Stoffe unterbrochen und das Platin konzentriert haben. Dabei spielten offenbar Graphit, hohe Salzgehalte aus höheren Bereichen und hohe Temperaturen (750 °C, an Einschlüssen gemessen) eine Rolle.

Weil Platin außerordentlich verwitterungsresistent ist, kommt es auch zur Bildung von Seifen-Lagerstätten, wobei die Begleitmetalle Osmium und Iridium noch resistenter sind als Platin selbst, sodass man an deren Mengenverhältnis zum Platin die „Reife“ solcher Seifen erkennen kann. Wie beim Gold spielt hier auch das hohe spezifische Gewicht des Metalls eine Rolle bei der Anreicherung.

Neuere Untersuchungen haben gezeigt, dass Platin, ähnlich wie Gold, unter bestimmten Bedingungen offenbar löslich ist und in eine Vielzahl von Mineralen eingebaut werden kann, in denen es allerdings nur mit der Mikrosonde zu identifizieren ist – dabei handelt es sich um die oben erwähnten „Exoten“.

Wirtschaftlich sind Platin-Seifen bisher ohne Bedeutung, was natürlich für die erwähnten Exoten ohnehin gilt.

Entscheidend ist, dass etwa 99 % (!) der Weltproduktion von Platin aus nur vier Lagerstätten stammen: Neben dem Bushveld-Komplex, der allein 80 % beisteuert, sind das Norilsk in Nordsibirien,

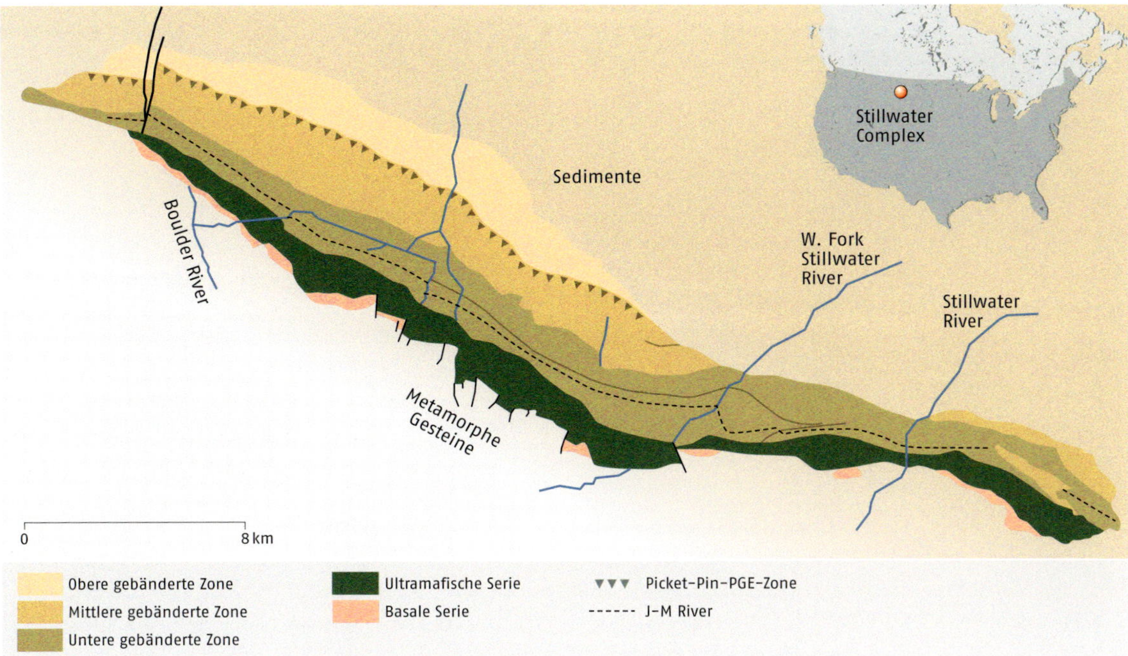

127 Karte des Stillwater-Komplexes in Montana, einer charakteristischen Chrom- und Platin-Lagerstätte. PGE = Platingruppenelemente (nach Boudreau & McCallum 1985, aus Pohl 1992).

Lit.: Platin

Borg 2006, Pohl 1992, 2005, Stumpfl & Ballhaus 1986

Sudbury in Kanada und der Stillwater-Komplex in Montana; auch dem Great Dyke in Simbabwe wird noch Potenzial zugeschrieben, allerdings wird dort die Förderung immer wieder durch die politischen Verhältnisse behindert.

Wie bereits erwähnt, wird Platin heute vor allem in der Autoindustrie für Katalysatoren verwendet. Als Ersatz dafür dient Palladium, das aber ebenfalls zu den seltenen Metallen gehört. Von den anderen Platin-Metallen interessiert uns Geologen vor allem das Iridium, von dem im Zusammenhang mit dem Aussterben der Dinosaurier gesprochen wird: Eine ungewöhnlich hohe Anreicherung in der Grenzschicht zwischen Kreide und Tertiär wird hierbei in Zusammmenhang mit dem Einschlag eines Asteroiden diskutiert. Praktischer ist seine Verwendung für Schreibfederspitzen von Füllfederhaltern – meine ist durch die Bücherschreiberei schon ziemlich abgenutzt!

Quecksilber

Dieser Name spricht für sich: „Quecksilbrig" steht für hohe Beweglichkeit – und wer jemals die Perlen dieses bei Raumtemperatur flüssigen Metalls aus einem zerbrochenen Fieberthermometer über den Fußboden hat rollen sehen, der weiß, wovon hier die Rede ist.

Das chemische Kürzel Hg leitet sich vom lateinischen Wort „hydrargyrum" ab, was etwa „Wassersilber" bedeutet.

Quecksilber ist giftig – nicht so sehr das Metall selbst, aber seine Dämpfe. Wer damit früher beruflich zu tun hatte, dem fielen oft die Haare aus, und die im 18. Jahrhundert gängige Methode der Spiegelherstellung durch Bedampfen von Glas war ein gefährlicher Job. „Das Quecksilber ist gefallen" – dieser Ausspruch war manchmal im Wetterbericht zu hören, wenn es um den Luftdruck ging. Die allgemeine Verwendung von Quecksilber ist inzwischen stark eingeschränkt worden, wozu in Deutschland seit 1980 auch ein Verbot für den Zusatz in Pflanzenschutzmitteln gehört, die eine fungizide Wirkung haben. Eingesetzt wurde und wird es in Trockenbatterien und Quecksilberdampf-Lampen, bei der Chloralkali-Elektrolyse und bei der Goldgewinnung durch das erwähnte Amalgamieren. Schwer lösliche Quecksilberverbindungen wirken bakterizid sowie antiseptisch und wurden früher in der sog. Grauen Salbe gegen Hautkrankheiten, vor allem die Syphilis, eingesetzt. In hohem Maße problematisch ist seine Fähigkeit, sich in der Nahrungskette anzureichern: So waren zwischen 1953 und 1960 in der japanischen Minamata-Bucht sowie 1965 in Niigita zahlreiche Menschen, vor allem Fischer, am Verzehr quecksilberverseuchter Fische gestorben. Das Metall war aus Abwäs-

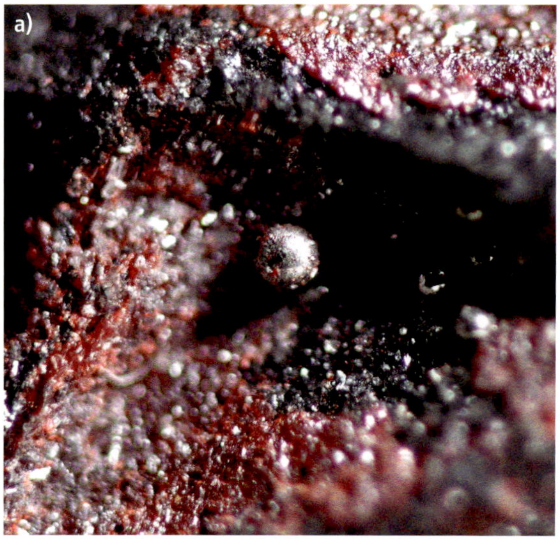

128 a) Kügelchen von metallischem Quecksilber (Bildmitte), umgeben von Cinnabarit (Zinnober, HgS). b) Zinnober.

sern von Kunststoff-Fabriken im Hinterland in die Gewässer gelangt und hatte sich dort schließlich in den Fischen angereichert. Im Irak waren 1971 über 500 Menschen gestorben, die Brot aus quecksilberverseuchtem Saatgetreide verzehrt hatten. Zunehmend werden auch Zahnplomben aus „Amalgam" nicht mehr eingesetzt, obwohl das verwendete Dental-Amalgam extrem schwer löslich und korrosionsbeständig ist.

Quecksilber nutzte man schon in der Antike, und die Pferde-Quadriga von San Marco in Venedig ist vor etwa 200 Jahren durch eine Feuervergoldung überzogen worden – eine Technik, mit der heute noch Astronautenhelme behandelt werden: Das Gold wird als Amalgam aufgebracht und das Quecksilber anschließend durch Erhitzen verdampft.

Die Erdkruste enthält durchschnittlich 0,08 ppm Quecksilber, das meist als Sulfid (Zinnober, HgS) vorkommt oder in gediegener Form, es gibt aber auch andere Verbindungen wie z. B. Kalomel (Quecksilberhornerz, HgCl). In der Literatur findet man für magmatische Gesteine sehr unterschiedliche Gehalte, es scheint aber ein leichter Anstieg von 4 ppb in Ultramafiten über 7 ppb in Basalten bis auf 39 ppb in Graniten vorzuliegen. Höhere Gehalte, um 100 ppb, haben Tone bzw. Schwarzpelite, und auch in Kohlenwasserstoffen wird es in höherem Maße konzentriert (ppb steht für parts per billion, also pro Milliarde, im Gegensatz zu ppm = parts per million).

Die Bildung von Quecksilber-Lagerstätten lässt sich in einigen Fällen sogar direkt beobachten, wobei geothermale Energie im Zusammenhang mit vulkanischen Ereignissen im weiteren Sinne eine Rolle spielen. Das wird auch daran deutlich, dass manche Geothermalkraftwerke mit den problematischen Dämpfen zu tun haben, die mengenmäßig auf längere Sicht zu Quecksilber-Lagerstätten führen könnten. Der Transport erfolgt vermutlich in einer wässerigen Phase als HgS oder in der Gasphase in Form von metallischem Dampf. In heißem Wasser ist es gut löslich, sodass ein Transport durch hydrothermale Wasser und eine Ausfällung bei fallenden Temperaturen naheliegen. Allgemein gilt, dass Hg-Lagerstätten fern von der eigentlichen Wärmequelle bei Temperaturen von 150 – 160 °C entstehen.

Die bekanntesten europäischen Lagerstätten sind Almadén in der spanischen Sierra Morena, Monte Amiata in der italienischen Provinz Siena und Idrija in Slowenien. In Almadén sind es mit Zinnober vererzte Quarzite des Ordoviziums, die für 25 % der Weltförderung stehen; diese Bedeutung äußert sich auch darin, dass man ein Bergwerk in Kalifornien New Almaden genannt hat. Ein anderes dort ist Sulphur Bank, bei dem man sogar den Anfang der Vererzung datieren konnte, die mit 34 000 Jahren sozusagen erst vorgestern begonnen hat und noch heute andauert. In Idrija sind Trias-Kalke sowohl syngenetisch als auch durch nachträgliche Zufuhr vererzt worden. Neben Zinnober wurde dort auch gediegenes Quecksilber gefördert, das taschenförmige Vorkommen innerhalb des gefalteten und stark gestörten alpidischen Gebirges bildet.

Lit.: Quecksilber

Hofmeister & Haneke 1996, Mlakar & Drovenik 1971, Pohl 1992, 2005, Stoffers et al. 1999

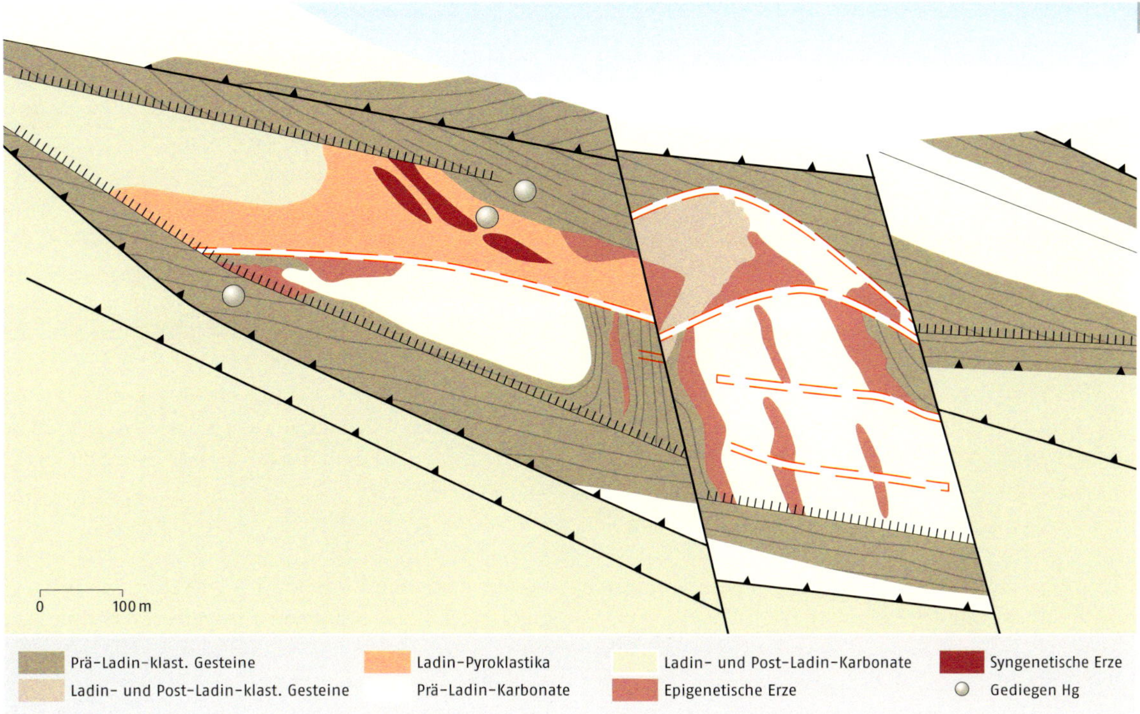

129 Profil durch die infolge mehrfacher gebirgsbildender Ereignisse tektonisch komplizierte Quecksilber-Lagerstätte von Idrija (Slowenien) (nach Mlakar & Drovenik 1971, aus Pohl 1992, vereinfacht).

Die Förderung in Idrija wurde inzwischen eingestellt. Für das Vorkommen der Lagerstätte Monte Amiata in der Toskana ist dagegen ein ganz junger Vulkanismus verantwortlich: Quartärzeitliche Thermalquellen enthalten dort Quecksilber und haben vor allem alttertiäre Schichten mit Zinnober imprägniert. Auch Deutschland hatte einmal winzige, vulkanisch bedingte Quecksilber-Lagerstätten, die schon vor etwa 500 Jahren ausgebeutet wurden. Besonders bekannt ist die Gegend um Mörsfeld in der Nordpfalz, und der Ort Obermoschel hat dem Amalgam Moschellandsbergit (Ag_5Hg_8) seinen Namen gegeben – dieses Mineral bildet sich auf den Halden noch heute (Hofmeister & Haneke 1996).

Sensationell war vor ein paar Jahren die erste Entdeckung von metallischem Quecksilber am Meeresboden, das in 200 m Wassertiefe aus heißen Quellen austritt, die in Fortsetzung der Taupo-Vulkanzone Neuseelands liegen (Stoffers et al. 1999).

Unabhängig von seinen Lagerstätten ist Quecksilber in der Natur aber wesentlich weiter verbreitet, als die meisten von uns ahnen. Vulkane speien es in Jahresmengen von Hunderten bis Tausenden Tonnen aus, und eine bis zwei Größenordnungen mehr entweichen gasförmig aus der Erdkruste – hinzu kommen die Emissionen aus der Industrie und jene fossiler Brennstoffe.

Seltene Metalle

Einer meiner akademischen Lehrer empfahl uns immer, den Wirtschaftsteil der Tageszeitungen zu lesen, weil man dabei meist auch etwas über die Bedeutung von Rohstoffen erfahren könne. Das betrifft natürlich in erster Linie die Veränderungen der Weltmarktpreise, hat aber auch zunehmend Bedeutung für die Rohstoff-Verfügbarkeit sowie für Verhältnisänderungen zwischen Reserven und Ressourcen. Damals hatten wir uns eine wesentliche Frage allerdings noch nicht gestellt, nämlich ob nicht bestimmte Stoffe sogar kurzfristig gar nicht mehr zur Verfügung stehen könnten. Die Voraussagen des Club of Rome konnte ich in diesem Buch ja schon verschiedentlich relativieren, was vor allem Erdöl und Erdgas betraf sowie viele gängige Metalle, nicht aber solche, die ohnehin extrem selten sind und für die die Technik inzwischen sehr spezifische Anwendungen entwickelt hat – diesbezüglich spricht man jetzt von Hightech-Metallen. Von diesen möchte ich nun einige wenigstens kurz behandeln.

Unter den genutzten mineralischen Rohstoffen gibt es eine Reihe von „Exoten“: chemische Elemente, von denen die meisten wahrscheinlich nicht einmal den Namen kennen und die bisher allenfalls von wissenschaftlichem Interesse waren oder sind. Bis jemand darauf kommen konnte, dass man Germanium für Halbleiter gebrauchen kann, mussten Halbleiter erst einmal erfunden werden.

Die meisten dieser Elemente bilden keine eigenen Minerale, sondern werden aus anderen als Nebenprodukte mitgewonnen. Eines der bekanntesten Beispiele, von dem schon die Rede war, ist das Cadmium, das man als Nebenprodukt bei der Zinkverhüttung aus Zinkblende erhält. Einige andere dieser selteneren Nebenprodukte sollen nachfolgend kurz vorgestellt werden.

Antimon

Mineraliensammlern fällt bei diesem Element meistens gleich Grauspießglanz ein – ein bleigraues, faserig-strahlig kristallisierendes Mineral, das tatsächlich an feine Spieße erinnert. Der Name ist identisch mit Antimonit bzw. Antimonglanz (Sb_2S_3) und ist das wichtigste Antimonerz. Es gibt aber auch Weißspießglanz (Antimonblüte) und Rotspießglanz (Antimonblende) sowie eine Reihe anderer Verbindungen: u. a. ein sehr kompliziert zusammengesetztes Erz namens Tetraedrit, in dem Kupfer, Silber, Eisen, Zink, Arsen und Wismut vereint sind, außerdem Antimon-Ocker (Sb_2O_3), der bei der Verwitterung entsteht, und schließlich noch gediegen Antimon.

Die Herkunft des Namens ist nicht geklärt, könnte aber arabisch sein. Aufgrund seiner Farbe hielt man es zunächst für eine Abart von Blei, wusste dabei allerdings nicht, dass auch Bleierze Antimon enthalten können. Im alten Ägypten benutzten die Frauen Antimonglanz als Augenschminke.

130 Antimonit, Sb_2S_3 (Grauspießglanz, wegen der Farbe und Kristallform).

Lit.: Antimon
Pohl 1992, 2005, Siemroth 1991

In der Bronzezeit kannte man das Metall auch als Bestandteil von Antimon-Bronzen, wo es eine härtende Wirkung hat, ebenso wie später bei der Härtung von Blei für das heute überholte Letternmetall in der Schriftgießerei (eine Legierung aus Pb, Sn und Sb), in Autobatterien, Bleirohren oder Flintenschrot. Antimonit wird auch bei der Herstellung von Kupplungen und Bremsbelägen genutzt, als Flammschutz für Textilien und in der Form des Reinstmetalls in der Halbleitertechnik.

Die Erdkruste hat einen Durchschnittsgehalt von 0,2 ppm, leicht höhere Werte von 0,31 ppm haben Granite und noch höhere sind mit 1–2 ppm aus Tongesteinen bekannt. Lagerstätten gibt es in metasomatisch (d. h. durch Stoffaustausch) vererzten Kalken, wo diese an undurchlässige Schiefer grenzen und zudem stark zerrüttet sind, sowie in Form von Gängen, in denen dann auch andere Metalle beigemischt sind – oft Gold, Silber oder Quecksilber. Geochemisch bestehen Ähnlichkeiten mit dem Verhalten von Arsen und Quecksilber: Alle scheinen durch relativ oberflächennahe Geothermalsysteme gesteuert, wobei die Ausfällung durch Vermischung mit den kühleren Oberflächenwassern erfolgt; an Flüssigkeitseinschlüssen hat man dafür Temperaturen von etwa 165 °C ermittelt. Diese fern von der Wärmequelle abgeschiedenen Erze findet man vor allem in geologisch jungen Gebirgen und dort an andesitische und rhyolithische subvulkanische Gesteine gebunden. Da die steuernden Hydrothermalsysteme, wie bereits gesagt, oberflächennah gelegen haben müssen, sind sie bei möglichen älteren Vorkommen wahrscheinlich längst abgetragen. Einen weiteren Lagerstättentyp gibt es in Südafrika, wo eine über 50 km lange, hydrothermal beeinflusste Scherzone in präkambrischen Grünsteinen vererzt ist, die als „Antimony Line" bekannt wurde, nachdem man zuvor dort Gold abgebaut hatte. Aus großer Tiefe aufgestiegene Wasser haben, wie allgemein angenommen wird, das Antimon aus feinkörnigen Sedimenten mobilisiert und in den zerrütteten Gesteinen abgesetzt.

Die Gewinnung erfolgt durch Rösten sulfidischer Erze, wobei Oxide entstehen, die dann mit Kohle zu Antimon reduziert werden – reineres Metall wird durch Elektrolyse erreicht. Wegen seiner Sprödigkeit ist es nicht formbar und wird deshalb nur in Legierungen verwendet.

Zu den Förderländern von Antimon gehören China, Thailand, Bolivien, Südafrika, Länder des ehemaligen Jugoslawien und die Slowakei. Österreich hatte mit Schlaining im Burgenland eine früher bedeutende Lagerstätte im Zusammenhang mit subvulkanischen Bildungen, wie sie ähnlich in den Karpaten in Rumänien und in der westlichen Türkei vorkommen. Auch in Deutschland wurden früher zahlreiche weit verbreitete, kleine Vorkommen ausgebeutet, von denen Wolfsberg im Ostharz für seine schönen Mineralstufen noch heute bekannt ist. Größere Mengen Antimon werden bereits aus alten Autobatterien zurückgewonnen.

131a Arsenminerale: Realgar As_2S_2 (rot) und Auripigment As_2S_3 (gelb)

131b Arsenopyrit (Arsenkies), Trepça (Kosovo)

Arsen

Von Holzfällern in der Steiermark wird erzählt, dass sie beträchtliche Mengen des an sich giftigen Arsens essen würden, um zusätzliche Kraft zu gewinnen – und wenn man den genannten Dosen Glauben schenken darf, dann wären sie für normale Menschen wahrscheinlich tödlich. „Arsen und Spitzenhäubchen" ist eine bekannte klassische Kriminalkomödie. Man hat aber vor allem Insekten damit umgebracht und tut es außerhalb Deutschlands wohl immer noch, denn Arsen ist ein wesentlicher Bestandteil von Pflanzenschutzmitteln und wird auch bei der Konservierung von Holz eingesetzt. Im menschlichen Körper ist es ein essenzielles Spurenelement, das ständig ersetzt werden muss.

Arsen ist überwiegend an sulfidische Erze gebunden, sodass man es bei deren Verhüttung mitgewinnen kann.

Wesentliche Minerale sind Arsenkies (FeAsS) mit 46 % As und Löllingit ($FeAs_2$) mit 73 % As. Arsen kommt aber auch als Bestandteil vieler anderer Minerale zusammen mit Kupfer, Eisen, Nickel, Kobalt und den seltenen Metallen Selen und Tellur vor, und Arsenkies kann sogar Einschlüsse von Gold enthalten, möglicherweise existieren auch Arsen-Gold-Verbindungen. Weitere Arsen-Minerale sind Realgar (As_2S_2) und Auripigment (As_2S_3), außerdem gibt es das Element auch gediegen, was mit dem etwas irritierenden Namen Scherbenkobalt bezeichnet wird. Realgar und Auripigment kommen zusammen mit Gold, Antimon und Quecksilber vor. Verwitterung und Lösungstransport führen dazu, dass Arsen dann auch in Sedimenten angereichert sein kann, die im Allgemeinen höhere Gehalte aufweisen als Magmatite (5 ppm). Dazu zählen vor allem tonige Gesteine (ca. 13 ppm) und Kohlen (bis 1000 ppm), sodass man das Element schließlich auch in den Aschen findet sowie des Weiteren in manchen Mineralwässern.

131c Arsen, gediegen, Scherbenkobalt, St. Andreasberg im Harz

Die Gewinnung erfolgt hauptsächlich aus den Gasen, die beim Rösten von Kupfer-, Blei-, Gold- oder Zinnerzen entstehen. Dabei wird mehr Arsen gewonnen, als benötigt wird. So hat allein Schweden aus dem Bergbau von Boliden, wo Kupfer, Silber und Gold aus präkambrischen Sulfiden gewonnen wurden, so beträchtliche Mengen mitgefördert, dass sie die gesamte Jahresproduktion von 30 000–40 000 t um mehr als den Faktor 10 überstiegen. Man braucht Arsen also nicht extra aufzuspüren, es ist aber hilfreich bei der Prospektion auf Gold, wo es die Rolle eines „Pfadfinder-Elements" spielt.

Arsen erhöht die Härte von Blei-Legierungen, was u. a. beim Flintenschrot von Bedeutung ist, und in der Halbleiterfertigung wird es in hochreiner Form für Galliumarsenid und Indiumarsenid gebraucht, während es in der Pharmazie – wo die therapeutische Wirkung schon der griechische Arzt Dioskurides im ersten Jahrhundert n. Chr. erwähnt – heute durch Antibiotika ersetzt wird.

Lit.: Arsen
Neumüller 1979, Okrusch & Matthes 2009, Pohl 1992, 2005, Ramdohr & Strunz 1978

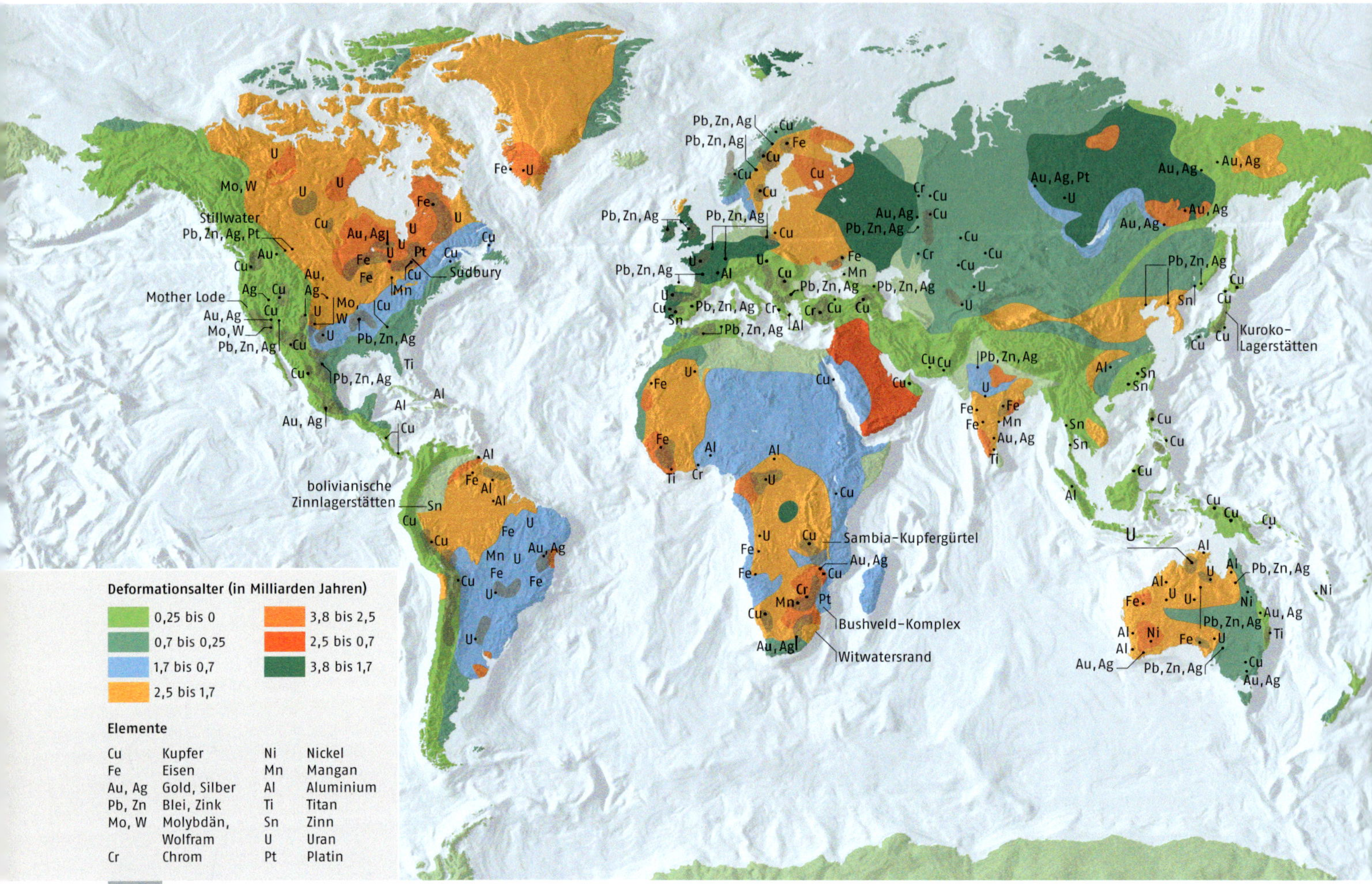

132 Weltkarte der wichtigsten Erzlagerstätten auf den Kontinenten. Die farbig hinterlegten Bereiche kennzeichnen Gebirgsbildungszeiten, in denen infolge von Plattentektonik immer auch mit Stoffsonderungsprozessen zu rechnen ist, durch die Lagerstätten entstehen (Karte umgezeichnent nach B. Clark Burchfiel, aus Brimhall 1991).

Selen und Tellur

Diese beiden Halbmetalle sind nach dem Mond (griech. Selene) und der Erde (lat. Tellus) benannt und wie die beiden Himmelskörper auch eng miteinander verwandt.

Tellur ist in der Erdkruste ähnlich selten wie Gold oder Platin, an manchen Orten aber zu Lagerstätten in Verbindung mit Gold und Silber konzentriert wie z. B. in Siebenbürgen in Rumänien, wo es ein Sylvanit genanntes Mineral gibt, das die drei Elemente in Form eines Tellurids in sich vereinigt ($AgAuTe_4$).

Selen gewinnt man hauptsächlich aus Kupfersulfiden, es kommt aber auch im Zusammenhang mit Silber und Uran vor. Technisch wird es im Wesentlichen aus dem Anodenschlamm bei der Kupfer-Raffination gewonnen. In den entsprechenden Erzen, z. B. vom Rammelsberg, hat man Selengehalte von 40 – 65 ppm gefunden.

Dass Selen und Tellur in Sulfiden vorkommen, zeigt ein dem Schwefel ähnliches geochemisches Verhalten; darauf beruhen wahrscheinlich auch die toxischen Eigenschaften, denn Selen kann Schwefel in den Proteinen verdrängen. Auf der anderen Seite ist auch ein Mangel an Selen schädlich, sodass man es dem Tierfutter beimischt. Die Verwendung in Halbleitern (Selengleichrichter, Selenzellen) und bei Belichtungsmessern, Kopiergeräten (Xerografie) und vielen technischen Prozessen deutet schon an, dass auch dieser Rohstoff in Zukunft an Bedeutung gewinnen wird, vor allem auf dem Gebiet der Thermoelektrika, wo man gegenwärtig an Wismut- und

Antimon-Telluriden forscht. Tellur hat ebenfalls Halbleiter-Eigenschaften und wird entsprechend verwendet, hauptsächlich aber in der Metallurgie.

Gallium

Mit 15 ppm ist Gallium in der Erdkruste etwa so häufig wie Blei. Da es einen dem Aluminium ähnlichen Ionenradius hat, findet man es gemeinsam in vielen Al-haltigen Gesteinen, also z. B. im Bauxit. Es existiert aber auch ein eigenständiges Gallium-Mineral namens Gallit ($CuGaS_2$), das man erst 1958 in der berühmten Tsumeb-Mine im heutigen Namibia entdeckte, wo sonst Kupfer-, Blei- und Zinkerze gewonnen werden. Gallium kommt als Nebenbestandteil auch im Mansfelder Kupferschiefer vor, in Zinkblende und im Flugstaub von Kohlen. In Verbindung mit Arsen wird es als Galliumarsenid (GaAs) in Transistoren, Fotozellen, Solarzellen, integrierten Schaltungen und für weiße LED in der Optoelektronik verwendet.

Germanium

Germanium gehört zu den sehr seltenen Elementen, der Durchschnittsgehalt der Erdkruste beträgt nur 1,5 ppm. Es hat einen dem Silizium ähnlichen Ionenradius, und da Silizium ja ein Hauptbestandteil fast aller gesteinsbildenden Minerale ist, kann es in deren Kristallgitter mit eingebaut werden und ist so „getarnt" nicht unmittelbar zu erkennen – so kommt es u. a. in der Zinkblende vor. Zu den wenigen Mineralen, mit denen es direkt Verbindungen eingeht, gehören Germanit, $Cu_3(Ge, Fe)S_4$ und der sehr seltene, silberreiche Argyrodit (Ag_8GeS_6), der z. B. aus Freiberg in Sachsen und aus Potosí in Bolivien bekannt ist. Germanium wurde erst 1922 in der Tsumeb-Mine im damaligen Deutsch-Südwestafrika entdeckt. Man hat aber schon früh herausgefunden, dass Germanium in den Flugstäuben der Zinkverhüttung und in Kohlenaschen in größerer Menge vorkommt, sodass man es daraus gewinnen kann. Das Element ist, wie Silizium, ein Halbleiter, den man für Transistoren, optische Fasern, Katalysatoren und Solarzellen braucht.

Indium

Indium zählt man zu den sog. elektronischen Metallen, die vor allem in der Halbleitertechnik benötigt werden. Es ist damit einer der strategisch wichtigen Rohstoffe, über deren zukünftige Verfügbarkeit man sich bereits jetzt Gedanken macht. Der Durchschnittswert von 0,1 ppm in der Erdkruste sagt nicht viel aus, weil die Vorkommen indiumhaltiger Erze auf sehr vereinzelte Lagerstätten beschränkt sind. Zudem bildet es meist keine eigenen Minerale, sondern kommt in sulfidischer Form in einigen Blenden vor – Zinkblende ist dabei ein guter Kandidat, sozusagen als Wirtsmineral, wie wir es schon für Cadmium und Gallium erfahren haben. Auch Zinnerze und der Mansfelder Kupferschiefer enthalten Spuren von Indium. Dessen Eigenschaften ähneln dem Blei, wobei Indium aber noch viel weicher ist: Man kann damit auf Papier Striche ziehen, man kann es mit dem Messer schneiden, sogar mit der Hand platt drücken und demzufolge auch zu besonders dünnen Folien auswalzen. Mit dem Zinn hat es die Eigenschaft gemeinsam, beim Biegen eines Stabes zu „schreien" („Zinngeschrei", vgl. Kap. „Zinn"), was auf die gegenseitige Reibung der Kristallite zurückzuführen ist. Verwendet wird Indium u. a. als Zusatz für Lagermetalle, die im Wesentlichen aus Blei bestehen, außerdem in Form einer elektrolytisch aufgebrachten „Plattierung" auf Metalloberflächen und zunehmend in der Halbleitertechnik (Kupfer-Indium-Selenid-Zellen, CIS). In Verbindung mit Zinn werden damit auch Stoffe für Flachbildschirme und Leuchtdioden hergestellt.

Wismut

Das Kapitel über Wismut könnte man damit beginnen, dass das Element einem Täuschungsmanöver der DDR den Namen geliehen hat: Im Erzgebirge baute man eigentlich Uran ab, verschleierte es aber unter dem Firmennamen „SDAG Wismut". Es gibt dort allerdings tatsächlich auch Vorkommen von Wismut, z. B. bei Schneeberg, einem der Zentren des damaligen Uran-Bergbaus.

Der Name ist deutschen Ursprungs und hat vermutlich mit „Wiesemutung" im Schneeberger Revier zu tun. Agricola latinisierte ihn zu Biesemutum, was zur aktuellen Bezeichnung Bismut geführt hat; dieser Begriff ist heute überwiegend anstelle von Wismut gebräuchlich.

Es gibt einen geologischen Zusammenhang zwischen den beiden Metallen, die in vielen Lagerstätten gemeinsam vorkommen – Wismut ist aber mit einem Durchschnitt von 0,2 ppm in der Erdkruste wesentlich seltener als Uran und gehört zu den seltensten Metallen überhaupt. In der Natur kommt es gediegen und in Form einiger Verbindungen vor, die bei der Verwitterung in einen erdigen, gelben Wismut-Ocker (Bi_2O_3) übergehen. Die wichtigsten Erze sind Wismutglanz (Bismuthinit, Bi_2S_3)

und Wismutspat (Bismutit, $(BiO)_2CO_3$). Wismut-Lagerstätten sind eher selten, das Metall kommt aber in Gesellschaft vieler anderer Metalle vor (Cu, Pb, Ag, Sn, W, Co, Ni) und wird vor allem als Nebenprodukt aus Kupfer- und Bleierzen gewonnen. Nur in Bolivien gibt es allein auf Wismut zielende Abbaustätten. Lieferländer sind außerdem Australien, Mexiko, Japan und Peru. Verwendet wird es vor allem für die Herstellung niedrigschmelzender Legierungen für Schmelzsicherungen – zusammen mit Pb, Sn (Woodsches Metall) – und neben einer Reihe anderer Zwecke auch in der pharmazeutischen Industrie, wo seine antiseptische und adstringierende, d. h. zusammenziehende und blutstillende Wirkung seit Langem bekannt ist. Von zunehmender Bedeutung ist Wismut als Halbleitermaterial i. w. S. in Form von Bismutferrit, das zu den Multiferroika gehört, bei denen man ständig neue Materialeigenschaften entdeckt.

Zirkonium und Hafnium

Beide Metalle sind bezüglich ihrer Gewinnung untrennbar miteinander verknüpft, weil Hafnium ein Bestandteil des Minerals Zirkon ist. Zirkon ($ZrSiO_4$) enthält fast 50 % Zirkonium und etwa bis zu 4 % Hafnium. Auch die chemischen Eigenschaften der beiden Metalle sind außerordentlich ähnlich.

Zirkon ist zunächst ein Bestandteil magmatischer Gesteine und hat vor allem Bedeutung für deren physikalische Altersbestimmung, weil er neben dem Hafnium auch Uran und Thorium enthält – das macht ihn gleichzeitig zum Hauptträger der Radioaktivität in den Gesteinen. Hinzu kommt, dass dieses Mineral außerordentlich hitzebeständig ist und man daher selbst dann noch gute Gesteinsaltersdaten von Metamorphiten bekommt, wenn diese mehrere Gebirgsbildungsphasen mit der jeweils damit verbundenen Erwärmung durchlaufen haben: Mit Hilfe von Zirkonen war es deshalb möglich, die ältesten Gesteine der Erde zu datieren.

Seine Verwitterungsbeständigkeit führt dazu, dass Zirkon – oft zusammen mit ähnlich resistenten Mineralen wie Rutil und Ilmenit – in Schwermineral-Seifen bis auf Gehalte von 0,2–3 % angereichert sein kann, woraus die überwiegende Menge auch gewonnen wird. Vorkommen gibt es an vielen Küsten der Erde, zu denen jene von Australien, Florida, Südamerika, Indien, Madagaskar und Südafrika gehören, und selbst von der Ostsee sind solche Seifen bekannt.

Außer Zirkon gibt es noch ein zweites Zirkonium führendes Mineral, das Baddeleyit heißt und bis 94 % Zr in Form von ZrO_2 enthalten kann. Dieses kommt vor allem in den primären Gesteinen vor, woraus es aber auch nur nebenbei mitgewonnen wird. Das Metall wird wegen seiner Korrosionsbeständigkeit vor allem in der chemischen Industrie genutzt, Gießerei-Sanden zugemischt und für feuerfeste Produkte gebraucht, außerdem für Metall-Legierungen, technische Keramik und bei Kernbrennstoffen als Umhüllungsmaterial. Zu den vielfältigen Anwendungen gehören auch Leuchtspurmunition und Feuerwerkskörper. Besonders gut ausgebildete, große Zirkon-Kristalle werden wegen der dem Diamant ähnlichen hohen Lichtbrechung auch als Schmucksteine geschliffen. Hafnium schließlich verwendet man in der Reaktortechnik wegen seiner Fähigkeit, Elektronen zu adsorbieren, und zur Herstellung von Blitzlicht.

Seltenerdmetalle

Noch vor wenigen Jahren hätte man diese Stoffe in einem solchen Buch wohl kaum besprochen. Die Produkte der „Hightech"-Branche, die mit Handys, PC und Flachbildfernsehgeräten unser Leben inzwischen mitbestimmen, und die Zunahme an Hybrid-Autos lassen es aber angeraten sein, wenigstens ein paar Anmerkungen dazu zu machen – denn alle diese Geräte könnten ohne Seltenerdmetalle nämlich gar nicht gefertigt werden.

Diese Bezeichnung, unter der mehrere Elemente zusammengefasst werden, ist eigentlich unzutreffend, denn so selten wie es der Name nahe legt, sind die Seltenerdmetalle gar nicht. Ihr Durchschnittsgehalt in der Erdkruste wird mit > 180 ppm angegeben, womit sie wesentlich häufiger sind als z. B. Blei oder die Edelmetalle Gold und Platin. Wer noch mit Glühstrümpfen für Gaslampen etwas anfangen kann, der weiß vielleicht auch, dass man dafür das Element Cer braucht – und Cer ist eines dieser Seltenerdmetalle, von denen es insgesamt mehr als 15 gibt. Diese sollen nun nicht alle der Reihe nach aufgezählt und behandelt werden, stattdessen erwähne ich nur bei ein paar wichtigeren, wo sie geologisch zu erwarten sind und was man damit anfangen kann.

Zunächst einmal sind die meisten von ihnen durch wesentlich größere Ionenradien gekennzeichnet als die gewöhnlichen gesteinsbildenden Elemente. Das führt, wie wir in diesem Buch nun schon mehrfach kennengelernt haben, zu einer Anreicherung in den Restschmelzen bei der Bildung magmatischer Gesteine; dementsprechend wird man Seltenerdmetalle primär in Pegmatiten suchen. Ihre Lagerstätten sind aber hauptsächlich Seifen, vor allem der sog. Monazitsand. Monazit ist ein Erzmineral, ein Phosphat, in dem Cer, Lanthan, Gadolinium, Yttrium und Thorium vereint sind. Ein weiteres wurde nach einem schwedischen Ort Bastnäsit genannt, in dem neben Cer, Lanthan und Gadolinium auch Europium mit CO_3 und Fluor zusammen vorkommen. Die Chemiker unterscheiden weiter zwischen leichten und schweren Seltenerdmetallen, was hier aber nicht weiter ausgeführt werden soll. Die Minerale Monazit und Bastnäsit liefern vor allem die leichten Seltenerdmetalle. Ein weiteres Erzmineral in diesem Zusammenhang ist der Xenotim, ein Yttriumphosphat. Bei chemischen Analysen von Gesteinen werden die Seltenerdmetalle gemeinsam erfasst, und ihr Spektrum ist auch ein wichtiges Kriterium für die Beurteilung magmatischer Differenziationsprozesse, worauf hier aber auch nicht eingegangen werden kann. Für den Nichtfachmann ist es interessanter zu erfahren, dass man diese Metalle in Form von Cer-Mischmetall, das alle erwähnten Elemente aus dem ursprünglichen Erz enthält, in Stahl-Legierungen einbringt – in Zündsteinen zusammen mit Eisen, für bestimmte Katalysatoren, für Laser (Neodym-, Yttrium-Laser) – in Gläsern zum Färben und zur Verbesserung der optischen Eigenschaften verwendet und für Phosphore (Lichtträger) beim Farbfernsehen, in Leuchtstofflampen, für Magnete u. a. m. Gadolinium braucht man z. B. für den grünen Farbstoff der nachleuchtenden Radarschirme, es wird aber auch als intravenös gespritztes Kontrastmittel in Form eines Chelatkomplexes in der Kernspintomographie verwendet.

Die Gewinnung erfolgt entweder aus Seifen-Lagerstätten, die als Küstensande u. a. Australien, Brasilien und Indien vorgelagert sind, oder aus spätmagmatisch gebildeten Erzen in Kalifornien sowie aus metasomatisch entstandenen Erzkörpern in Karbonat-Gesteinen, worin China die weltweit bedeutendsten Vorräte hat – und auf Neodym fast ein Monopol. Mit dem Namen Dysprosium wird ein heute begehrtes und im Wesentlichen auch fast nur in China in größerer Menge gefördertes Seltenerdmetall bezeichnet, das seinen Namen im 19. Jahrhundert (griech. dysprositos = mühsam erhältlich) bekommen hat, was heute nun in Bezug auf die Weltwirtschaft erst recht gilt. Verwendung findet dieses seltene Metall z. B. in Magneten für Hybrid-Fahrzeuge. Auch Neodym wird außer für Laser schon in größerer Menge (1 – 2 kg!) in einem der bekanntesten japanischen Autos genutzt, außerdem in Computerfestplatten. Yttrium und Europium sind Substanzen, die man für die rote Farbe bei Bildschirmen für TV und PC benötigt.

Lit.: Seltenerdmetalle
Kirsch o. J., Pohl 1992, 2005

Niob und Tantal

Das metallische Element Niob hat seinen Namen von Niobe, der Tochter des Tantalos, und ist mit dem nach ihm benannten Element Tantal chemisch verwandt, weshalb die beiden Elemente auch in der Natur praktisch immer zusammen vorkommen. Im Angelsächsischen war Niob zeitweise unter dem Namen Columbium bekannt; der Name taucht heute in Verbindung mit Tantal als Coltan wieder auf, das als Erz gehandelt wird.

In der Erdkruste ist Niob mit 20 ppm vertreten, Tantal dagegen mit nur 2,5 ppm; beide Elemente bzw. deren Erzminerale Niobit ($[Fe, Mn]Nb_2O_6$) und Tantalit ($[Fe,Mn]Ta_2O_6$) sind aber nur in seltenen Fällen zu Lagerstätten angereichert. Das bekannteste Vorkommen in Deutschland liegt im Kaiserstuhl, wo am Ohrberg bei Schelingen auf den im Karbonatit (einem magmatisch entstandenen Kalk) schlierenartig angereicherten Koppit (Pyrochlor) zeitweise Abbauversuche stattgefunden haben (1935 – 36 und 1949 – 52). Obwohl die Durchschnittsgehalte im Karbonatit mit 0,2 – 0,35 % Nioboxid relativ hoch sind, hätte sich die Gewinnung wegen der sehr unregelmäßigen Verteilung im Gestein nicht gelohnt. Beide Elemente sind aufgrund ihres ähnlichen geochemischen Verhaltens außer in Karbonatiten noch in Gesteinen der Spätkristallisation, also vor allem in Pegmatiten zu finden. Wegen der Verwitterungsbeständigkeit ihrer Erze kommen sie aber auch in Zinnstein-Seifen vor, sodass Tantal bei deren Aufbereitung mitgewonnen werden kann. Abbauwürdige Vorkommen in Pegmatiten sind z. B. in Brasilien, Kanada, der DR Kongo, Ruanda und Westaustralien bekannt.

Lit.: Niob und Tantal
Pohl 1992, 2005, Wimmenauer 1985, Wimmenauer 2003

Niob wird vor allem für die Herstellung von Spezialstählen verwendet, die man in Düsenflugzeugen, Gasturbinen, für Offshore-Bohrplattformen und Pipelines braucht, sowie im Reaktorbau (Umhüllung von Kernbrennstäben mit Zirkonium-

Niob-Legierungen) – Nb-Ti-Legierungen werden auch für die großen Magnete in Teilchenbeschleunigern gebraucht.

Tantal benötigt man dagegen für leistungsfähige Mini-Kondensatoren in Computern und Handys. Die äußerst geringen Mengen in diesen Produkten verteilen das Element damit zwar weltweit, es dürfte aber schwierig sein, die eigentlich erforderliche Rückgewinnung zu organisieren. Die gegenwärtig bekannten Vorkommen liegen vor allem in Brasilien und Australien.

Lithium

Wer unter manisch-depressiven Zuständen leidet, dem gibt der Arzt gelegentlich Lithiumpräparate, obwohl deren Wirkungsweise letztlich noch nicht vollständig verstanden wurde. Seit 1949 ist aber bekannt, dass sie die manische Phase dämpfen können. Größere Mengen dürften in Zukunft für die Batterien von Elektroautos benötigt werden.

Lit.: Lithium
Pohl 1992, 2005

Lithium ist das leichteste aller Metalle, von dem heute am ehesten im Zusammenhang mit Lithium-Ionen-Akkus zu hören ist, die als Energiequelle für Elektroautos in der Entwicklung sind. Es gibt aber noch eine ganze Reihe anderer Verwendungszwecke: Man braucht es in der Kerntechnik zur Herstellung von Tritium, als Kühlmittel in Reaktoren, als Neutronenabsorber zur Abschirmung, und als aussichtsreicher thermonuklearer Prozess für eine zukünftige Energiegewinnung gilt eine Li-einschließende Kernreaktion in der Wasserstoffbombe.

Aufgrund seines ungewöhnlich kleinen Ionenradius ist Lithium ein Element, das sich primär in magmatischen Gesteinen der Restkristallisation anreichert, also vor allem in hellen, pegmatitischen Graniten, in denen man u.a. auch dem Zinn begegnet. Daher kommt es nicht von ungefähr, dass man in Zinn-Lagerstätten auch den Lithium führenden, hellen Glimmer Zinnwaldit findet. Die kleine Tabelle mit den langen, kompliziert aussehenden Formeln zeigt die wesentlichen Lithium-Minerale, wobei man hier nur auf das Element selbst zu achten braucht (s. Tab. 32).

Diese Minerale sind Bestandteile von Gesteinen, die man unter dem Begriff „Lithiumpegmatite" zusammenfasst. Größere Vorkommen davon gibt es in Westaustralien (Greenbushes), in North Carolina in den USA und in Simbabwe. Die australischen sind an präkambrische Gesteinslinsen gebunden, die ihre Geometrie einer alten Scherzone verdanken.

Lithium führende Minerale		LiO_2-Gehalt (%)
Amblygonit	$(Li, Na)Al([F, OH]/PO_4)$	10
Spodumen	$LiAl(Si_2O_6)$	8
Lepidolith	$K_2Li_4Al_2([F, OH]_2/Si_4O_{10})_2$	5
Zinnwaldit	$K(Li, Fe, Al)_3(F, OH)_2(AlSi_3O_{10})$	5
Petalit	$LiAlSi_4O_{10}$	5

T 32 Lithium führende Minerale (nach Pohl 2005).

Die für die Zukunft wahrscheinlich wichtigeren Lithium-„Lagerstätten" bilden Salzlaugen, aus denen das Metall wesentlich billiger gewonnen werden kann als aus den Gesteinen. Es wird dort im Verlauf von Eindampfungsprozessen angereichert; die größten entsprechenden Vorkommen sind der Salar de Uyuni in Bolivien (zugleich der größte Salzsee der Erde) und der Salar de Atacama in Chile, außerdem wird Lithium aus dem Great Salt Lake in Utah/USA und anderen vergleichbaren Salzbecken gewonnen, u.a. im Qaidam-Salzbecken in China. Vor allem das Vorkommen in Bolivien hat inzwischen auch eine politische Komponente, weil man sich im Zusammenhang mit der zukünftigen Nachfrage nach Lithium für die Batterien von Elektroautos riesige Erträge erhofft. Gelegentlich enthalten sogar Mineralwässer höhere Li-Gehalte.

In den Gesteinen der Erdkruste kommt Lithium mit durchschnittlich 20 ppm vor, die Granite enthalten allgemein etwas mehr als Basalte, was aus dem oben Gesagten verständlich wird.

Beryllium

Beryllium ist wegen seines besonders kleinen Ionenradius ein typisches Element der Restkristallisation, wobei es in Pegmatiten in das Kristallgitter des Berylls eingebaut wird, aus dem es auch wieder gewonnen werden kann. Nicht alle Berylle sind nämlich Edelsteine, aber manche bilden riesige Kristalle, die selbst für Minerale in Pegmatiten ungewöhnliche Größen erreichen können – so wurde in Dakota ein Kristall von 9 m Länge gefunden, der über 60 t wog.

Beryllium wird in der Raketentechnik bzw. in der Raumfahrt für Hitzeschilde verwendet – mit verschiedenen Metallen legiert, ergeben sich besonders harte und temperaturunempfindliche Materialien in kleinerem Maßstab; damit werden auch Stähle für Uhrfedern und chirurgische Instrumente legiert. In kleineren Kernreaktoren ersetzt es Graphit oder Schweres Wasser (D_2O) als Bremsmaterial. In Form des reinen Metalls macht man daraus Röntgenfenster, die eine gegenüber Aluminium 17-fach erhöhte Durchlässigkeit für die Strahlen haben. Von Be gibt es ein Isotop, ^{10}Be, das für die Altersbestimmung von Sedimentgesteinen benutzt wird. Am bekanntesten sind aber die Edelsteine, die in Kapitel 10 behandelt werden.

133 Beryll-Kristalle. Der lange, auf dem auch Quarz und schwarzer Turmalin aufgewachsen sind, misst 19 cm, die sechseckige Säule, die auf der kristallographischen Ringstruktur beruht, hat 5 cm Durchmesser (Foto: Verfasser).

Bor

Bei Entzündungen der Augen ist Borwasser ein altes Heilmittel, und Borsäure ($H_2B_4O_7$) kennt man aus heißen Quellen, vor allem aber strömt es zusammen mit Fluor- und Chlorverbindungen als Begleiter vulkanischer Gase aus der Erde. Besonders bekannt sind solche Dämpfe aus Lardarello in der Toskana. Bor ist auch immer ein Bestandteil von Turmalin-Kristallen. In den Lagerstätten werden aber im Wesentlichen eine Vielzahl wasserhaltiger Verbindungen von Bor mit Natrium und Calcium gefördert, die unter ihren Mineralnamen als Borax/Tinkal ($Na_2B_4O_7 \times 10\,H_2O$), Ulexit ($NaCaB_5O_9 \times 8\,H_2O$), Kernit ($Na_2B_4O_7 \times 4\,H_2O$), Colemanit ($CaB_3O_4[OH]_3 \times H_2O$) und Pandermit ($Ca_5B_{12}O_{23} \times 9\,H_2O$) neben vielen anderen ähnlichen bekannt sind. Diese Minerale sind überwiegend Bestandteile von Sedimenten ganz flacher Seen in ariden Gebieten (sog. Playaseen), in die auch vulkanische Komponenten eingetragen wurden – entsprechende Vorkommen gibt es u.a. in der Türkei in jungtertiären Sedimentbecken von Bigadiç und Kütahya, in Kalifornien im Death Valley und im Searles Lake, wo das Bor in den rezenten Laugen des Sees enthalten ist.

In den genannten Sedimenten bilden die Bor-Minerale schichtige Einlagerungen, welche immer in einem Zusammenhang stehen mit Zeugen eines nahe gelegenen Vulkanismus. Es scheint auch eine Beziehung zu Salz-Lagerstätten zu geben, denn man hat Boracit ($Mg_3[Cl/B_7O_{13}]$), also eine wasserfreie Verbindung, auch im permischen Staßfurtsalz nachweisen können, wo es keine Hinweise auf Vulkanismus gibt. Für die Erdkruste wird ein durchschnittlicher Bor-Gehalt von 10 ppm angegeben, Meerwasser hat 4,6 ppm.

Bor wird u.a. in der Form von Bornitrid (Borazon) wegen seiner Härte als Ersatz für technische Diamanten genutzt und dient der Herstellung von Borosilikatgläsern, die sehr beständig gegen Chemikalien und Temperaturänderungen sind („Duran“, „Pyrex“). In Form des Na-Perborats wird es Waschmitteln als Bleichstoff zugesetzt. Außerdem wird Bor als Neutronenabsorber dem Beton für Kernreaktoren zugesetzt.

Lit.: Bor

Pohl 1992, 2005, Valjashko 1958

Steinsalz und Kalisalze 6

„Unter allen Edelsteinen ist Salz der kostbarste." (Justus von Liebig)

Dieser Satz des Erfinders der künstlichen Düngung zielte nicht nur auf das – für das Pflanzenwachstum wichtige – Kalium ab, sondern meinte wohl auch die vormals einzige Methode, Fleisch über einen längeren Zeitraum zu konservieren; Salz war ebenso ein „weißes Gold" wie der für die Porzellanherstellung benötigte Kaolin. Ein altes Sprichwort, das sinngemäß lautet: „Wenn man Salz verschüttet, gibt es Tränen", geht auf die Capricen einer französischen Prinzessin zurück, die auch im Sommer Schlitten fahren wollte: Man hatte ihr eine Bahn aus Salz bereitet, das dem deshalb weinenden Volk entzogen worden war.

Salz ist lebenswichtig – trotz der Betonung, mit der Mineralwässer gelegentlich werben, „besonders natriumarm" zu sein, was sich auf den Inhalt an NaCl, also Koch- oder Steinsalz, bezieht. Neuerdings wird uns manchmal „Ursalz" im Laden angeboten. Aber was heißt „Ur"? Gemeint ist wohl etwas Ursprüngliches, nicht irgendwie künstlich Gereinigtes – und damit sind wir schon wieder bei der Geologie: Wann war zum ersten Mal Salz in den Schichten zu finden? Wie alt ist also das älteste Salz der Erdgeschichte? Und wie könnte es entstanden sein?

Die erste Bestandsaufnahme ist zunächst überraschend, denn der überwiegende Anteil der besonders alten Schichten enthält zwar Salz, aber noch keine nennenswerten Mengen. Die ältesten größeren Salzmengen kommen in der wahrscheinlich jungpräkambrischen Salt Range Pakistans vor, und es gibt entsprechend altes Salz auch im Iran und in Oman. Vielleicht waren also die ganz frühen Meere noch gar nicht salzig?

Salz – und jetzt rede ich zunächst einmal nur vom Natriumchlorid (NaCl), das die Hausfrau oder der Hausmann Kochsalz und der Geologe Steinsalz oder Halit nennt – kennen wir in kleinen Mengen als Sublimationsprodukt am Rand von Vulkankratern, wo sich ausströmende Chlordämpfe mit dem Natrium aus der Gesteinsverwitterung verbinden. Die großen Lagerstätten fossiler Salze, vor allem die des kanadischen Devons in Saskatchewan und des europäischen Zechsteins, sind damit jedoch nicht zu erklären.

Die einfachste Annäherung an deren Entstehung ist die, einen Eimer voll Meerwasser verdunsten zu lassen: Dabei bleibt immer eine dünne Salzkruste am Boden zurück. Bei den großen Lagerstätten haben wir es aber mit Hunderten von Metern, manchmal sogar mit mehr als einem Kilometer Mächtigkeit zu tun. Wir müssen also nach einem Szenario Ausschau halten, in dem der Verdunstungsvorgang viele Male wiederholt worden ist, um solche großen Salzmengen anhäufen zu können. Der Salzgehalt von Meerwasser hat sich seit mindestens 600 Ma kaum verändert, wir reden also von einer normalen Salinität von 35 ‰. Um das darin gelöste Salz abzuscheiden bzw. auszufällen, muss man also möglichst kleinvolumige Wasserkörper vom Weltmeer abtrennen und diese bei heißem und trockenem Klima eindunsten lassen wie in dem Experiment mit dem Eimer. Salinen an den heutigen Küsten sind in diesem Sinne gut funktionierende Großexperimente, bei denen man das ausgefällte Salz nur noch zusammenzukehren braucht.

Ehe ich die Fragen nach der Entstehung von Salz-Lagerstätten weiter verfolge, möchte ich zunächst eine Bestandsaufnahme der Stoffe machen, die uns in den Lagerstätten begegnen – denn das ist ja die Methode, mit der Geologen arbeiten: Erst schauen wir uns die Gesteine an und dann fragen wir, wie sie entstanden sein könnten. Als Beispiel wähle ich die besonders gut studierten und mächtigen Zechsteinsalz-Folgen, die den meisten aus Norddeutschland, Thüringen oder Hessen, zumindest von ihren großen Halden her, bekannt sein dürften. Die in den Bergwerken aufgeschlossenen Profile haben gezeigt, dass dort ein ziemlich regelmäßiges Übereinander von Gesteinen vorliegt, das an der Basis mit Kalk und Dolomit beginnt, dann folgen Gips und Anhydrit (= Gips ohne Wasser), dann Steinsalz und ganz oben Kalisalz, das oft noch von einer dünnen Tonschicht getoppt wird. Diese Schichtenfolge kann sich mehrmals wiederholen, man spricht dann von Folgen, weil die Stoffe nach dem Muster abcd-abcd aufeinander folgen. Sie wurden nach lokalen Vorkommen zunächst als Werra-, Staßfurt-, Aller- und Leine-Folge bezeichnet, heute geht man meist praktischer vor und sagt Zechstein (Z)1, 2, 3, 4.

Diese vier Zechsteinfolgen waren einmal der gültige Kanon bei uns, bis man durch Bohrungen in der Nordsee, die eigentlich auf Kohlenwasserstoffe zielten, drei weitere Folgen fand, sodass man nun noch Ohre-, Friesland- und Fulda-Folge dazulernen muss (Tab. 33).

Um die Abfolge der in den Profilen gefundenen Stoffe, also kurz Kalk, Gips, Steinsalz und Kalisalz zu verstehen, fragt man am besten die Chemiker, denn die verstehen am meisten von den Gesetzmäßigkeiten, die die Lösung und Fällung solcher Stoffe steuern.

Der „Salzgehalt" von Meerwasser wird zu über 90 % von den Elementen Chlor, Natrium, Magnesium, Kalzium, Kalium und Schwefel bestimmt. Das Verhältnis dieser Elemente zueinander ist immer konstant, was schon 1865 Johann Georg Forchhammer herausgefunden hat – diese Kontinuität ist äußerst praktisch, denn man braucht so nur die Konzentration eines dieser Elemente zu kennen, um die der anderen zu ermitteln: Das ist als „Forchhammer-Prinzip" in die Literatur eingegangen.

Unter den im Meerwasser gelösten Stoffen nehmen Na- und Cl-Ionen zwar den Löwenanteil ein, es gibt aber daneben noch viele andere Elemente, die sich in ähnlicher Weise zu Salzen im weiteren Sinne verbinden können, was wiederum zu einer Vielzahl unterschiedlicher Stoffe führt, die uns in den Lagerstätten begegnen. Neben Cl^- sind auch SO_4^{--} und HCO_3^- häufigere Anionen, aus denen sich die schon zuvor erwähnten Minerale bzw. Gesteine aufbauen lassen: Kalk = Calciumkarbonat, Gips = Calciumsulfat, Steinsalz = Natriumchlorid und ein Kalisalz, Kaliumchlorid, das mineralogisch Sylvin heißt (die aus Salzmineralen zusammengesetzten Gesteine bekommen dann noch eigene Bezeichnungen, aus Halit bestehende heißen Halitite und aus Sylvin bestehende Sylvinite usw.). Sie werden aber, wie die geologischen Profile zeigen, nacheinander gebildet, und dieses Nacheinander hat etwas mit der Konzentration der Ionen im Wasser zu tun. Einfacher gefragt: Wie stark muss ich das Meerwasser eindampfen, damit Kalk gefällt wird oder Steinsalz? Das führt uns dann zu den sog. Eindampfungsabschnitten:

Im ersten Abschnitt, der Karbonatphase, ist die Konzentrationserhöhung nur gering; wir kennen das auch aus warmen Küstenbereichen, wo meist viel Kalk ausgefällt wird. In der Sulfatphase, dem zweiten Abschnitt, liegt eine über 3,5-fache Erhöhung vor, für die Abscheidung von NaCl muss diese allerdings schon 11-fach sein und für Sylvin (als Beispiel für verschiedene Kalisalze) über 60-fach. Dabei wird sofort deutlich, dass Kalisalze nur bei extrem hoher Eindampfung entstehen können. Dann hat das Wasser mit dem ursprünglichen Meerwasser jedoch nur noch entfernt etwas gemein, und man spricht von Restlaugen, in denen sich seltene Elemente anreichern, zu denen u. a. Fluor, Jod, Brom oder Lithium gehören. Jod z. B. ist wichtig für unsere Gesundheit, weil es die Tätigkeit der Schilddrüse beeinflusst (Stichwort „Kropf-Häufigkeit" bei Alpenbewohnern fern vom Meer).

Was ich hier skizziert habe, ist aber nur die ganz simple Geschichte, die man erzählen muss, um das Prinzip deutlich zu machen. Wenn man sich nämlich die Vielzahl der im Meerwasser gelösten Stoffe und die wechselnden Konzentrationsmöglichkeiten vor Augen führt, dann wird bald deutlich, dass bei

Z7	Fulda-Folge
Z6	Friesland-Folge
Z5	Ohre-Folge
Z4	Aller-Folge
Z3	Leine-Folge
Z2	Staßfurt-Folge
Z1	Werra-Folge

T 33 Zechstein-Folgen (aus Pohl 2005).

Ion	‰	% der Salze	Gewichtsprozent fiktiver Verbindungen
Cl	18,980	55,04	78,03 NaCl
Na	10,556	30,61	0,01 NaF
SO_4	2,649	7,68	2,11 KCl
Mg	1,272	3,69	9,21 $MgCl_2$
Ca	0,400	1,16	0,25 $MgBr_2$
K	0,380	1,10	6,53 $MgSO_4$
HCO_3	0,140	0,41	3,48 $CaSO_4$
Br	0,065	0,19	0,05 $SrSO_4$
Sr	0,008	0,02	0,33 $CaCO_3$
B	0,004	0,07	keine Angabe
F	0,001	0	keine Angabe

T 34 Meerwasserzusammensetzung (aus Müller in Füchtbauer 1988).

T 35 Ausgewählte Salz-Minerale. Die Minerale von Sylvin bis Polyhalit sind wichtige Kalisalze; man beachte auch das Wasser in den meisten Verbindungen.
Quelle: Aus Pohl 1992

Steinsalz/Halit	$NaCl$
Sylvin	KCl
Carnallit	$KCl \times MgCl_2 \times 6\,H_2O$
Kainit	$4\,KCl \times 4\,MgSO_4 \times 11\,H_2O$
Langbeinit	$K_2SO_4 \times 2\,MgSO_4$
Polyhalit	$K_2SO_4 \times MgSO_4 \times 2\,CaSO_4 \times 2\,H_2O$
Bischofit	$MgCl_2 \times 6\,H_2O$
Blödit/Astrakanit	$Na_2SO_4 \times MgSO_4 \times 4\,H_2O$
Boracit/Staßfurtit	$MgCl_2 \times 5\,MgO \times 7\,B_2O_3$
Epsomit	$MgSO_4 \times 7\,H_2O$
Glauberit	$Na_2SO_4 \times CaSO_4$
Gaylussit	$CaNa_2(CO_3)_2 \times 5\,H_2O$
Kieserit	$MgSO_4 \times H_2O$
Soda	$Na_2CO_3 \times 19\,H_2O$
Tachhydrit	$2\,MgCl_2 \times CaCl_2 \times 12\,H_2O$
Trona	$Na_3(HCO_3)_2 \times 2\,H_2O$

den Eindampfungsvorgängen eine sehr viel größere Zahl von Verbindungen zustande kommen muss – und das ist auch der Fall. Die Verbindungen haben z. T. kompliziertere Formeln und Namen, auf die ich hier nicht eingehen kann. Man sollte aber wenigstens wissen, dass auch magnesiumhaltige Salze wichtige Düngemittel sind und dass Glaubersalz eine abführende Wirkung hat; ein paar entsprechende Namen sind in Tab. 35 aufgeführt.

Wenn man sich nun vorstellt, dass wir es in der Natur nicht notwendigerweise mit einer kontinuierlichen Eindampfung zu tun haben, sondern dass auch teilweise eingedampftes Wasser wieder durch Zufluss von frischem Meerwasser verdünnt werden kann, dann versteht man, warum nicht alle Salzfolgen so folgerichtig entwickelt sind, wie es die angedeuteten Vorgänge theoretisch erwarten lassen. Vor allem die nur bei stark eingeengtem Wasserkörper entstandenen und besonders wertvollen Kalisalze können nämlich sehr schnell nach ihrer Bildung wieder aufgelöst werden, sobald frisches Meerwasser zufließt. Diese Kalisalze hatte man früher als Abfall auf Halden geworfen, weil man zunächst nur am NaCl interessiert war. Das änderte sich erst, als Justus von Liebig den Wert des Kaliums als Pflanzennährstoff erkannt hatte, was dann die Stunde der „Erfindung" des künstlichen Düngens war.

Die Suche nach einer Erklärung für die Entstehung mächtiger Salz-Lagerstätten führte Carl Ochsenius im 19. Jahrhundert zu seiner „Barrentheorie" – was in diesem Fall nichts mit Geräteturnen zu tun hat, sondern mit einer geologischen Barre, die auf natürliche Weise ein kleineres Nebenmeer vom großen Ozean abtrennt.

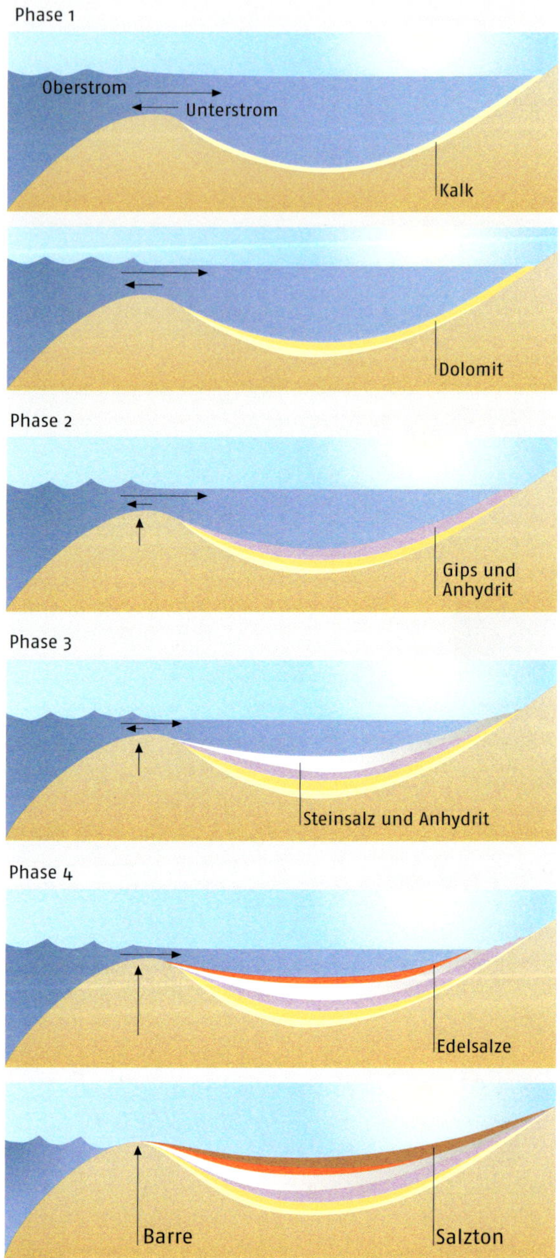

134 Modell der Bildung von Salzgesteinen nach der Barrentheorie von Ochsenius. Die waagerechten Pfeile markieren mit unterschiedlichen Längen das Ausmaß des ein- und ausströmenden Wassers (aus Rothe 2010).

Lit.: Steinsalz und Kalisalze

Braitsch 1962, Forchhammer 1865, Lotze 1957, Müller in Füchtbauer 1988, Ochsenius 1877, Richter-Bernburg 1968, Simon 1995, Valjashko 1958

Entscheidend ist dabei nicht allein die Abtrennung eines eigenständigen Flachwasserbereichs vom Weltmeer, sondern die Funktion der Barre als Ventil, das den Zu- und Abstrom von Wasser unterschiedlicher Konzentration regelt. Salzreichere Laugen (wie man diese konzentrierten Wasser nennt) sind schwerer und können das abgeschnürte Becken durch einen Unterstrom wieder verlassen. Neuere Vorstellungen beziehen einen solchen Abstrom auch durch permeable, also durchlässige Sedimente einer Barre mit ein.

Die diskutierte vertikale Abfolge in den Zechstein-Profilen zeigt sich auch in den Becken-Konfigurationen an einer zonaren Anordnung der Stoffe vom Rand zur Mitte hin: An den Rändern kommt es zunächst zur Ausfällung von Karbonaten (Kalk und Dolomit), die sich zum Zentrum hin über die Sulfate (also Gips und Anhydrit) und dann zu den Salzen fortsetzen, welche eine höhere Eindampfung verlangen. Das hat man z. B. am Kara-Bogaz-Gol, einem vom Kaspischen Meer durch einen schmalen Riegel getrennten Salzsee, beobachten können – der als gutes Beispiel für eine bestimmte Form rezenter Salzbildung diskutiert wird.

Im Hinblick auf Salz gehört Deutschland auch heute noch zu den bedeutendsten Förderländern, in den Werken Hattorf, Wintershall und Neuhof-Ellers in Hessen, in Zielitz in Sachsen-Anhalt und in Unterbreizbach in Thüringen wird vor allem Kali abgebaut. Das 1993 stillgelegte Bergwerk Merkers am Nordrand der Rhön gehörte früher zu den größten Kalibergwerken der Welt, heute ist es ein sehr sehenswertes Besucherbergwerk.

Neben diesen Zechsteinsalzen standen und stehen bei uns auch Lagerstätten im Mittleren Muschelkalk, im Keuper und im Tertiär in Abbau. Diese marinen Bildungen stehen Salzablagerungen in Seen arider Gebiete gegenüber, die in einzelnen Fällen ein sehr vielfältiges Mineral-Spektrum aufweisen können. Zu den früher wichtigen Produkten zählt vor allem das als Chilesalpeter bekannte Natriumnitrat, dessen Entstehungsweise noch immer nicht ganz geklärt ist.

Die Bedeutung von Salz-Lagerstätten geht aber über die reine Rohstoffgewinnung hinaus. Deren unter tektonischem Druck mobile Gesteine, zu denen neben den Salzen im engeren Sinne auch Gips und Anhydrit gehören, können in Form von Salzstöcken (Diapiren) aufdringen und ihre Begleitschichten verformen bzw. huckepack bis an die Erdoberfläche tragen. Die für ihr Salz bekannte Stadt Lüneburg hat daher einen „Kalkberg“, der in Wahrheit aus Gips besteht, und nicht nur viele der norddeutschen Erdöl-Lagerstätten sind an die Flanken von Salzstöcken geknüpft. In Salzstöcken lassen sich auch relativ einfach große Hohlräume ausspülen, die als Kavernenspeicher für die Bevorratung von Erdöl dienen – und seit Jahren wird untersucht, inwieweit sich alte Salzbergwerke als Endlager für radioaktive Abfälle eignen.

135 Halde des Kali-Bergwerks Neuhof-Ellers südlich Fulda (Luftbild von Joachim Schreiber).

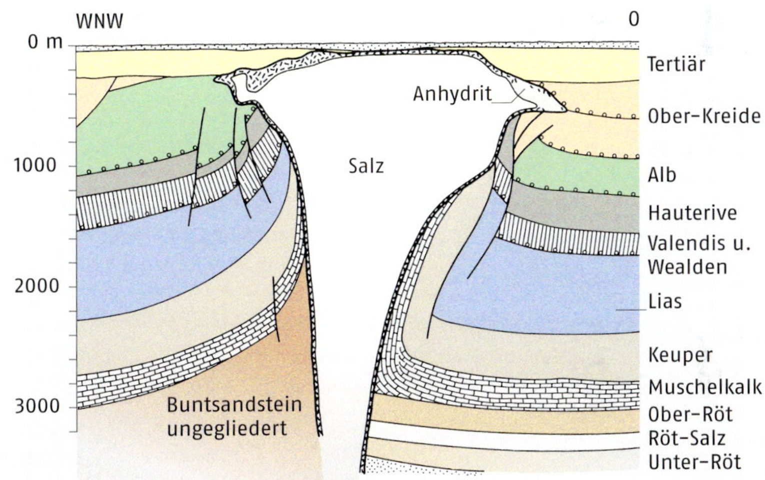

136 Profil durch einen Salzstock (Wienhausen bei Celle). Das aufdringende Salz hat die Schichten in seiner Umgebung hochgeschleppt und teilweise gestört (aus Rothe 2010).

7 Technische Minerale/ Industrieminerale

Es erscheint plausibel, die im Zusammenhang mit den besprochenen Salzen gebildeten Begleitgesteine hier im Anschluss zu behandeln, obwohl Gips oder Anhydrit auch in das nachfolgende Kapitel über Baustoffe eingeordnet werden könnten. In der natürlichen Abfolge beobachten wir – entsprechend den Löslichkeiten – nacheinander Karbonate, Anhydrit, Gips und dann erst die Salze im engeren Sinne.

Gips und Anhydrit

Wie Kalk und Kalkstein werden Gips und Gipsstein sowohl direkt als Baumaterial als auch in gemahlener und gebrannter Form verwendet. Die Gipse aus dem Tertiär des Pariser Beckens bauen den Montmartre auf, der inzwischen durchlöchert ist wie ein Schweizer Käse. Der dort gewinnbare Stuckgips hat zu der englischen Bezeichnung „plaster of Paris" geführt. Durch das Brennen bei verschiedenen Temperaturen lässt sich die Abbindezeit von Gips verändern. Gipsmörtel ist nicht unproblematisch, weil er quellen kann, wie z. B. Deformationen an der Klosterkirche von Walkenried am südlichen Harzrand zeigen. Heute wird Gips in großem Maßstab auch als Füllmaterial und zur Herstellung von Platten für den Innenausbau genutzt. In den meisten Fällen bestehen seit Langem enge räumliche Beziehungen zwischen den Rohstoff-Lagerstätten und der Verarbeitung: Der Gips für Walkenried begleitet den gesamten südlichen Harzrand, in dem es auch entsprechende Karstphänomene gibt, und Iphofen, dessen Name auf Gips zurückgeführt werden kann, ist die Heimat eines der auch weltweit bedeutendsten Gipswerke, das sogar noch in seiner unmittelbaren Umgebung Keupergips abbaut.

Die Entstehung von Gips und Anhydrit durch chemische Fällung aus übersättigtem Meerwasser

137 Gipstagebau Possenheim bei Iphofen. Die Gipslagen sind durch dünne Tonschichten voneinander getrennt und der gesamte Schichtenstapel ist hier durch eine Verwerfung zerschnitten, entlang derer sich später erneut Gips abgeschieden hat (Foto: Verfasser, Exkursion 2009).

ist immer ein Hinweis auf aride Klimaverhältnisse. In Salz-Lagerstätten kommt Gips, wie wir gesehen haben, zusammen mit anderen Salzen vor. Gips hat H_2O in seiner Formel ($CaSO_4 \times 2\,H_2O$) und der ihm verwandte Anhydrit ($CaSO_4$) nicht, sodass man diesen als „Gips ohne Wasser" bezeichnen kann. Von der Bildung her ist in vielen Fällen Anhydrit das primäre Fällungsprodukt, und oft

138 Tafel verschiedener Gipse: a) Schichtiger Gips, durch Rutschung gefältelt, b) Einzelkristall, c) Fasergips, d) Gipssand (White sands, New Mexico, USA), e) Marienglas (Fotos: Dr. E. K.).

sind Gips-Lagerstätten erst sekundär an der Oberfläche entstanden, als der Anhydrit durch Regenwasser in Gips umgewandelt wurde – ein Prozess, der auch heute noch andauern kann. Anhydrit wird deshalb meist unter Tage abgebaut, wo er vor atmosphärischen Niederschlägen geschützt ist. Die Umwandlung von Anhydrit in Gips führt zu einer Volumenzunahme von bis zu 60 %. Dieser Prozess findet normalerweise an oder nahe der Erdoberfläche statt, kann sich aber auch im Untergrund abspielen, sodass die aufquellenden Gesteine dadurch ihre Deckschichten anheben; so etwas ereignet sich gerade im Städtchen Staufen im Breisgau, wo das Wasser wahrscheinlich durch Geothermalbohrungen in Anhydrit führende Schichten im Untergrund gelangte. Gips kann aber auch wieder in Anhydrit umgewandelt werden. Die gute Löslichkeit dieser Sulfate führt zu einer ganzen Reihe diagenetischer Bildungen, zu denen Alabaster, Fasergips und Marienglas gehören. Der zuckerkornähnliche, weiße Alabaster bildet meist knollige Aggregate, die in tonigen Sedimenten konzentiert sein können – in Franken spricht man beim Alabaster gelegentlich von „Frankenmarmor“.

Fasergips bildet schichtige Einlagerungen, bei denen die faserigen Kristalle nach deren Ablagerung senkrecht zur Schichtung orientiert gewachsen sind. Marienglas besteht aus sehr großen, durchsichtigen Kristallen, die man als Schutz für Bildstöcke verwenden konnte.

139 Wüstenrosen: Gipskristalle haben bei ihrem Wachstum in oberflächennahem Sand Sandkörner mit eingeschlossen. Erfoud, Marokko (Foto von Myriam Nothacker 2010).

Ebenfalls diagenetischen Ursprungs sind Gipsgesteine, die ähnlich aussehen wie Pegmatite bei den Kristallingesteinen: Pegmatitanhydrit entsteht durch Umwandlung von Gips in Anhydrit. Schließlich sollen noch die sog. Wüstenrosen (vgl. Abb. 139) wenigstens erwähnt werden, die entstehen, wenn kristallisierender Gips Sandkörner einschließt.

Lit.: Gips und Anhydrit

Lukas 1997, Müller in Füchtbauer 1988, Pohl 1992, 2005, Rothe 2010, Valjashko 1958

Schwefel

Wer einmal die gelben Kristalle gesehen hat, die sich aus den Dämpfen vulkanischer Spätphasen auf den Gesteinen absetzen, oder gar die fließende, lavaähnliche gelbe Masse, die man an manchen Vulkanen beobachten kann, der wird immer sagen, dass der Schwefel ein Produkt des Vulkanismus ist.

Sobald man aber, etwa in Gipsgruben Norddeutschlands, solchen gelben Schwefel in weißgrauen Sulfatgesteinen (Gips und/oder Anhydrit) eingesprengt findet, die von jungvulkanischen Tätigkeitsgebieten Tausende von Kilometern entfernt liegen, werden doch Zweifel laut, und man muss dann nach einer anderen Erklärung suchen.

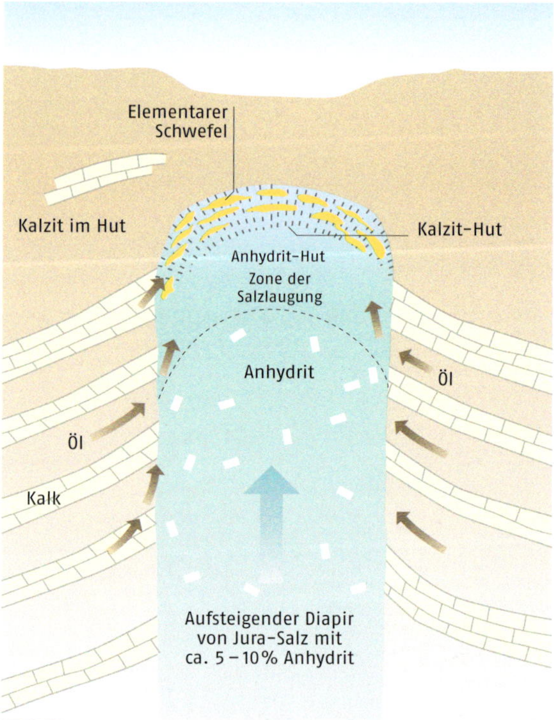

142 Schematisches Profil durch einen Salzdiapir, wie er vielfach im Golf von Mexiko vorkommt. Hier sind im Prinzip Erdöl- und Schwefel-Lagerstätten vereint. Das Öl fängt sich in den durch das aufdringende Salz angeschleppten Schichten, während der Schwefel im Hutbereich des Diapirs durch bakterielle Reduktion von Anhydrit gebildet wird (nach Guilbert & Park 1985, vereinfacht aus Pohl 1992).

140 Frisch ausgefällter vulkanischer Schwefel auf der Insel Vulcano (aus Rothe 2009c).

141 Anhydrit und Schwefel – weit weg von vulkanischen Quellen, aus Weenzen/Hils. Der Schwefel ist hier durch Bakterien gebildet worden, die das Sulfat aus dem Anhydrit ($CaSO_4$) reduziert hatten (Foto: Dr. E. K.).

Diese liefern Bakterien, die auf den treffenden Namen *Desulfovibrio desulfuricans* hören und die man schlicht auch als Sulfatreduzierer bezeichnen kann. Sie reduzieren nämlich das SO_4 der Gips-/Anhydritgesteine zu elementarem Schwefel. Dazu benötigen sie organische Substanzen, zu denen auch Erdöl oder Erdgas gehören können, was man dann bald in den Salzdiapiren im Golf von Mexiko herausfand, in deren obersten Partien massenhaft elementarer Schwefel zu finden ist.

So gibt es also zwei Quellen für gediegenen Schwefel in der Natur, die sich vor allem an ihren Isotopen spezifizieren lassen, weil biologische Prozesse immer zu den leichteren Isotopen führen. Der Schwefel der Salzdiapire wird nach dem sog. Frasch-Verfahren mittels Bohrungen gewonnen, in die man unter hohem Druck heißes Wasser einpresst, wodurch er flüssig wird (Schmelzpunkt 119 °C). Den vulkanisch entstandenen Schwefel kann man dagegen in Form größerer Blöcke direkt gewinnen.

Bekannte Lagerstätten gibt es auf Sizilien, wo der Schwefel aus miozänen Salinarfolgen im Tiefbau gewonnen wird, wesentlich reichere Vorkommen begleiten aber den Nordrand der Karpaten, wo es in Polen, Rumänien und der Ukraine Lagerstätten gibt, in denen ebenfalls in jungtertiären Evaporiten abgebaut wird und deren Entstehung durch Kohlenwasserstoffe gesteuert wurde, wie vorher beim Golf von Mexiko erwähnt.

Neben den natürlichen Lagerstätten, die sich vor allem auf sedimentär-diagenetische Bildungen erstrecken, wird Schwefel auch aus Pyrit gewonnen und fällt in Gas- und Ölraffinerien und bei der Rauchgasentschwefelung an. Genutzt wird er überwiegend für die Produktion von Schwefelsäure, aus der man eine Vielzahl von Folgeprodukten herstellt, und in der Düngemittelindustrie, um den Phosphor aus dem Apatit in Form von Phosphorsäure zu gewinnen.

Kalkspat

Kalkspat ist ein so häufiges Mineral, dass man ihm eigentlich kein extra Kapitel zu widmen braucht. Wenn es hier doch geschieht, dann hat das damit zu tun, dass es neben den Unmengen an kleineren und winzig kleinen Kalkspat-Kristallen, die die meisten Kalksteine zusammensetzen, auch besonders große und manchmal gut ausgebildete Kalkspäte gibt, die gesondert abgebaut und für bestimmte Anwendungsbereiche wie etwa Ziersplitt genutzt werden. Solcher Kalkspat stammt meist aus Gängen, in denen die Kristalle aus wässerigen Lösungen in zuvor entstandene Spalten abgesetzt wurden.

Eine sehr bekannte Varietät ist der sog. Isländer Doppelspat, mit dem man das optische Phänomen der Doppelbrechung des Lichts zeigen kann, wenn man den Kristall beispielsweise auf einen Schriftzug legt. Solche Eigenschaften haben zwar auch andere Kristalle, hier ist sie aber besonders ausgeprägt. Aus extrem homogen entwickelten, klaren Kalkspat-Kristallen, die sich in Hohlräumen magmatischer Gesteine in Island abgeschieden haben, werden sog. Nicolsche Prismen gefertigt, die man als Polarisatoren für petrographische Mikroskope braucht – eines der wichtigsten Werkzeuge für die Diagnose von Mineralen und Gesteinen.

143 Schwefelblöcke aus dem Vulkan Kawah Ijen, Java (Foto von G. Dietsche, aus Rothe 2009c).

Lit.: Schwefel

Mason & Moore 1985, Okrusch & Matthes 2009, Pohl 1992, 2005, Ramdohr & Strunz 1978

Schwerspat / Baryt

Die Endung „-spat" deutet bei allen Mineralen auf ihre Spaltbarkeit hin und so ist auch der Schwerspat ein durch gute Spaltbarkeit gekennzeichnetes Mineral, das man im Übrigen immer sehr leicht an seinem namengebenden hohen Gewicht erkennen kann.

In der Natur bildet Schwerspat (Baryt, $BaSO_4$) vielfach Gänge, in denen er meist zusammen mit Flussspat, Blei-, Zink-, Kupfersulfiden, Karbonaten und Quarz vorkommt, es gibt aber auch reine Schwer-

144 Schwerspat-/Baryt-Kristalle sind gelegentlich zu Aggregaten zusammengewachsen, die ähnlich aufgebaut sind wie die aus Gips-Kristallen zusammengewachsenen „Wüstenrosen" (aus Rothe 2009b).

145 Unterwasserbild eines „Weißen Rauchers". Im Gegensatz zu den „Schwarzen Rauchern", deren dunkle Wolken durch Metallsulfide bestimmt werden, fördern die „Weißen Raucher" bei niedrigeren Temperaturen (350–100 °C) vor allem Baryt und Anhydrit, aber auch Zinkblende, wobei die Sulfate die helleren Farben verursachen. „Weiße Raucher" können sich aus „Schwarzen" entwickeln, ihre Wasser stammen aber meist aus geringeren Tiefen innerhalb der durchströmten Gesteinskomplexe.

spatgänge. Diese eher kleinräumigen Ganglagerstätten sind aber bei Weitem nicht so bedeutend wie die sedimentären Vorkommen, die – wie die Gänge auch – unter Beteiligung hydrothermaler Wasser entstanden sind: Dazu gehören u.a. die Lagerstätte von Meggen im Sauerland sowie der Rammelsberg im Harz, die schon in anderer Hinsicht besprochen wurden (vgl. Kap. „Blei, Zink und Cadmium"). Beobachtungen an den Austritten heißer Quellen am Meeresboden haben dabei geholfen, die Entstehung solcher Lagerstätten zu entschlüsseln – im Fall von Schwerspat handelt es sich allerdings nicht um Schwarze, sondern um Weiße Raucher, in deren „Schornsteinen" man Absätze des Minerals gefunden hat, das auch im Zusammenhang mit den Kuroko-Erzen vorkommt.

Die geochemische Heimat des Bariums ist überall dort zu suchen, wo es Kalium führende Minerale gibt, weil es anstelle des Kaliums in deren Kristallgitter eintreten kann. Kaliumfeldspäte sind ein Hauptbestandteil von Graniten, womit sofort deutlich wird, dass Schwerspat nicht eben zu den seltenen Stoffen gehören kann. In der Erdkruste ist Barium mit 590 ppm vertreten. Voraussetzung für die Schwerspatbildung ist allerdings, dass es aus den Primärmineralen freigesetzt wird und dann mit Sulfat führenden Wassern unter oxidierenden Bedingungen zusammentrifft.

Eines der bekanntesten Schwerspat-Vorkommen in Deutschland ist die Grube „Wolkenhügel" bei Bad Lauterberg im Harz, die noch bis 2007 in Förderung stand.

Hier wurde ein steil einfallender Gang in devonischen und unterkarbonischen Gesteinen abgebaut, der sich auf mehr als 1 km Länge bis in eine Tiefe von 350 m erstreckt. Seine Entstehung wird, ähnlich wie die der Blei-Zink-Erzgänge im Oberharz, mit der kreidezeitlichen Tektonik in Verbindung gebracht, als durch Spalten zirkulierende chloridische Wässer das Barium aus den tiefen Nebengesteinen lösten und im oberflächennahen Bereich mit sulfathaltigen Wassern als Schwerspat ausfällten. Ähnliche Gänge gibt es in vielen unserer Mittelgebirge, besonders bekannt sind z. B. Dreislar im Sauerland, der Harz, Schwarz- und Odenwald, das Vogtland (Brunndöbra bis 1991 abgebaut) oder der Thüringer Wald; seit 2005 wird in dessen nördlichem Teil sogar die Grube „Gehren" wieder aufgefahren.

Der Menge nach bedeutender sind aber die untermeerisch durch hydrothermale Aktivität gebilde-

146 Profil aus der Grube Wolkenhügel bei Bad Lauterberg im Harz; auf der hier gezeigten Spalte der 344-m-Sohle gab es nur noch wenig Schwerspat. Abbau erfolgte bis 2007 (aus Stoppel et al. 1983).

ten Schwerspatlager, die oftmals mit Blei und Zinkerzen zusammen vorkommen, wie am Rammelsberg oder in Meggen, gemeinsam mit Pyrit und Zinkblende. Das gleichzeitige Vorkommen dieser Erze mit Schwerspat erklärt sich aus der Löslichkeit der Elemente, die sämtlich durch chloridische – also salzige – Thermalwasser mobilisiert, dann aber unter sehr unterschiedlichen Oxidationsbedingungen ausgefällt wurden: So ist in den Lagerstätten meist ein Nebeneinander von Erzen und Schwerspat in Form kleinerer, voneinander getrennter Teillagerstätten zu beobachten. Andere Schwerspat-Lagerstätten sind in festländischen Ablagerungen entstanden, zu denen u. a. das größte Vorkommen Frankreichs gehört: In Chaillac am Nordwestrand des Zentralmassivs sind Schuttmassen des untersten Jura mit Schwerspat imprägniert, wobei die Zufuhr der bariumhaltigen Lösungen aus einem Fluorit-Baryt-Gang in der unmittelbaren Umgebung erfolgt sein muss. Die älteren Schuttmassen sind dort also erst später durch bariumhaltige Lösungen imprägniert worden.

Den Gesetzmäßigkeiten von Lösung und Fällung entsprechend, gibt es Schwerspat z. B. auch in Karsthohlformen oder im Zusammenhang mit Evaporiten.

Schwerspat wird hauptsächlich für die Beschwerung der Spülung bei Erdöl-Bohrungen benötigt, als Baustoff für Kernreaktoren, in Form von Barytbeton im Strahlenschutz, für Keramik und Glas sowie als Füllmaterial bei Kunststoffen und Papier (auch klassische Fotopapiere: Barytpapier). Das Röntgenkontrastmittel wird dagegen nicht aus dem Naturprodukt durch Kleinmahlen der Kristalle gewonnen, sondern durch chemische Fällung künstlich hergestellt.

Lit.: Schwerspat/Baryt
Kraume et al. 1955, Mohr 1978, Okrusch & Matthes 2009, Pohl 1992, 2005, Ramdohr & Strunz 1978, Rothe 2010

Flussspat/Fluorit

Für diesen Spat braucht man sich ebenfalls nur eine einfache Formel zu merken: CaF_2 – das Material, aus dem heute alles Fluor technisch gewonnen wird, während man es früher auch aus Kryolith (Na_3AlF_6) isolieren konnte, den man bei der Aluminiumverhüttung benötigte (vgl. Kap. „Aluminium“). Fluor kommt vom lateinischen Wort für „Fluss“ und bezeichnet die Eigenschaft des Elements, in Form des Flussspats als Flussmittel beim Schmelzen von Erzen zu helfen – dies beschrieb schon Georgius Agricola 1529. Heute verbinden wir mit Fluor meistens konservierende Maßnahmen für unsere Zähne, seitdem man erkannt hat, dass das Element in Zahnpasta oder im Trinkwasser (Fluoridierung) Karies verhindern kann. Fluor ist ja ein wesentliches Spurenelement in Zähnen und Knochen, wo es im Apatit das OH-Molekül teilweise ersetzen kann, sodass man dann von Fluorapatit spricht. Diese Eigenschaft bedingt, dass es geochemisch auch in OH führenden Mineralen wie Amphibolen, Glimmern und Tonmineralen zu finden ist. Insofern ist das Element in der Erdkruste nicht selten: Magmatische Gesteine haben im Durchschnitt 625 ppm, wobei Granite höhere Gehalte haben als basische Gesteine. Flussspat-Kristalle sind bei Mineraliensammlern begehrte Objekte, vor allem wenn sie groß, gut ausgebildet und schön gefärbt sind. Bei den Formen überwiegen Würfel und Oktaeder. Die unterschiedlichen Farben – von Grau, Braun, Gelb, Grün, Blau und Rot in verschiedenen Variationen bis zu dunklem Violett wie beim Amethyst reichend – sind durch Baufehler in den Kristallen bedingt, die durch radioaktive Strahlung aus ihren Spurenelementen verursacht werden.

Fluor kann beim Anschlagen solcher Späte aus dem Kristallgitter freigesetzt werden, der dabei bemerkbare Geruch hat zu dem Namen Stinkspat geführt, der vor allem beim radioaktiv teilzerstörten violetten Flussspat von Wölsendorf bekannt ist (vgl. Abb. 33).

Dass Flussspat-Lagerstätten einen primär heißen Ursprung haben, kann man an aktiven Vulkanen beobachten, die im Fumarolen-Stadium auch HF-Gase ausstoßen. Zusammen mit Wasser bil-

Lit.: Flussspat/Fluorit
Okrusch & Matthes 2009, Pohl 1992, 2005, Ramdohr & Strunz 1978

147 Vom Flussspat gibt es verschiedene Kristallformen und Farbvarietäten. Die Farben sind durch Baufehler im Kristallgitter bedingt, die durch UV-Strahlung ausgeheilt werden können, wodurch aber die Farbe verlorengeht.

den sie Flusssäure, eine der aggressivsten Substanzen überhaupt, die in diesem Milieu die umliegenden Gesteine chemisch zerstört. Ähnliches findet im Dach von Granitkuppeln statt, wo es im Zusammenhang mit der Bildung von Zinnerzen (vgl. Kap. „Zinn“) zur Bildung von Topas ($Al_2[F,OH]_2/SiO_4$) kommen kann, in den das angereicherte Fluor eingebaut wird. Dennoch entstehen dabei keine bedeutenden Flussspat-Lagerstätten. Zum heißen Geschehen passt aber, dass Flussspat häufig in hydrothermal entstandenen Gängen vorkommt, oft zusammen mit Schwerspat, Blei-Zink-Erzen u. a. Mineralen, vor allem Quarz. Bei uns sind solche Vorkommen z. B. von Stolberg im Harz, Liebenstein im Thüringer Wald, Ölsnitz im Vogtland und aus dem Nabburg-Wölsendorfer Revier in der Oberpfalz bekannt. Man hat Flussspat aber auch innerhalb von Karbonat-Gesteinsfolgen, z. B. in der alpinen Trias, gefunden, gelegentlich zusammen mit Blei-Zink-Erzen. Es deutet vieles darauf hin, dass er dort sedimentären Ursprungs ist, wobei für die Herkunft des Fluors entweder episodisch aufsteigende Thermalwässer oder eine Zufuhr aus festländischer Verwitterung diskutiert werden. Auch in Zechstein-Dolomiten bei Caaschwitz, Sontra und Eschwege hat man schichtgebundenen Flussspat gefunden. In vielen Fällen sind offenbar stoffliche Prozesse an der Bildung von Flussspat-Lagerstätten beteiligt, durch die vor allem Karbonate durch Fluor führende Lösungen verdrängt wurden.

Flussspat wird als Flussmittel bei der Metallverhüttung verwendet, wobei er die Schmelztemperatur herabsetzt, was erhebliche Energie spart. Bei der Aluminiumverhüttung wird aus Flussspat zunächst künstlicher Kryolith synthetisiert (vgl. Kap. „Aluminium“). Ferner dient er zur Herstellung von Flusssäure und für die mittlerweile in Verruf gekommenen Fluorkohlen-(wasser-)stoffe (FCKW), die früher als Treibmittel für Sprays gebraucht wurden und für die Vergrößerung des Ozonlochs verantwortlich sind. Positiv in der Bilanz schlagen deren polymerisierte Versionen zu Buche, die unter den Bezeichnungen „Teflon“ oder „Hostaflon“ bekannt sind und nicht nur für die Beschichtungen von Bratpfannen, sondern auch für Dichtungen, Gleitlager und eine ganze Reihe weiterer technischer Zwecke eingesetzt werden. Elementares F_2 benötigt man für Raketentreibstoffe und Uranhexafluorid zur Isotopentrennung von Kernbrennstoffen. Wegen seiner optischen Eigenschaften werden Fluorit-Kristalle auch zu hochwertigen Linsen, u. a. für Mikroskope, zugeschliffen (Neofluare). Die augenscheinlichste Wirkung hat Flusssäure aber durch ihre Eigenschaft, Glas zu ätzen, was man vor allem an kunstvoll gestalteten Trinkgläsern sehen kann.

Förderländer sind heute vor allem China, die Mongolei, Mexiko, Südafrika und Russland.

Quarz

„Feldspat, Quarz und Glimmer – die drei vergess' ich nimmer.“ Dies ist die bekannte Eselsbrücke, mit der man sich die Zusammensetzung von Granit einprägen kann – die Reihenfolge deutet zugleich an, dass Feldspat häufiger ist als Quarz. Dennoch

ist auch der Quarz eines der häufigsten Minerale und bildet einen wesentlichen Bestandteil vieler magmatischer und metamorpher Gesteine, bei deren Verwitterung er meist als stabile Phase übrig bleibt. So entsteht Quarzsand, der nachfolgend zu Sandstein verfestigt oder – bei erneuter Metamorphose – zu Quarzit umgebildet werden kann. Quarz kann sich aber auch aus (meist heißen) Lösungen in Klüften und Spalten absetzen.

Gangquarz und Quarzit

Wenn man nicht gerade die grünen oder braunen Wein- und Bierflaschen herstellen will, braucht man als wesentlichsten Rohstoff für die meisten Produkte aus Glas möglichst eisenarmen Quarz. Außer Glassanden (s. u.) erfüllen vor allem hydrothermale Gangfüllungen diese Bedingung, in denen der Quarz aus heißen Lösungen kristallisiert: Das mehr als 100 km lange Gangsystem des Bayerischen Pfahls ist hierfür das beste Beispiel, wo der harte Quarz später aus seinen Begleitgesteinen herausgewittert ist und heute wie eine Wand in der Landschaft steht – er wurde allerdings stellenweise schon weit abgebaut. Auch Böhmen hat einen entsprechenden Pfahl, und im Taunus bilden die als Kletterfelsen bekannten Eschbacher Klippen bei Usingen ein Vorkommen, in dessen streichender Fortsetzung man den Quarz sogar für optische Zwecke gewonnen hat und noch heute sporadisch abbaut. Diese kleineren Gänge erstreckten sich mit Mächtigkeiten von bis zu 80 m gelegentlich auf über 10 km. Weitere solcher Vorkommen im Taunus, aus denen auch Kappenquarz in schöner Ausbildung bekannt ist, waren bei Frauenstein und Naurod ausgebildet, die ausgebeuteten Gangspalten sind heute aber verfüllt. An den Quarzfelsen des Bayerischen Pfahls kann man beobachten, dass die Bildung in mehreren Phasen erfolgt sein muss: Quarze einer ersten Generation sind durch Scherbewegungen zerbrochen und die eckigen Bruchstücke nachträglich wieder durch neue Quarzlösungen miteinander verkittet worden, sodass eine Brekzie entstanden ist. Quarz aus solchen Gängen und Klüften ist meistens weiß (Milchquarz), weil er Einschlüsse von Wasser enthält.

Dieses Material hat die Glasindustrie im Bayerischen Wald begründet, wo u. a. der Ortsname Zwiesel durch entsprechende Produkte einen guten Ruf hat.

Eine weitere Möglichkeit, sehr reines Quarzmaterial zu gewinnen, bieten eisenarme Quarzite (Felsquarzite), wie sie z. B. mit dem devonischen, metamorph gebildeten Taunusquarzit in Taunus und Hunsrück zur Verfügung stehen, oder durch kieselige Lösungen verkittete, sedimentäre Tertiärquarzite (Braunkohlenquarzite).

Glassande

Weil bei der Herstellung vor allem optischer Gläser nichts so unerwünscht ist wie Eisen, sind die extrem eisenarmen Glassande dafür ein begehrter Rohstoff. Ihre Bildung hängt mit der Löslichkeit des Eisens in reduzierenden und sauren Wassern zusammen, in denen es in seiner zweiwertigen Oxidationsstufe (ab-)transportiert werden kann. Deshalb findet man Glassande häufig unter Moor- und Torfablagerungen oder im Liegenden von Braunkohlen, wo entsprechende Bedingungen gegeben sind: Die reduzierenden Wasser fließen durch den hochpermeablen Sand und führen dabei sämtliches Eisen ab, sodass extrem sauberer Quarz zurückbleibt. Ein gutes Beispiel sind die Glassande von Weenzen in der Hilsmulde, die im benachbarten Grünenplan eine entsprechende Industrie begründeten.

Ähnliche geologische Verhältnisse sind in größerem Maßstab auch in den miozänen Braunkohlenrevieren der Niederlausitz anzutreffen, können letztlich aber überall erwartet werden, wo entsprechende Bedingungen vorliegen.

Lit.: Quarz
Okrusch & Matthes 2009, Ramdohr & Strunz 1978

Feldspat

Feldspäte sind die häufigsten Minerale der Erdkruste, man findet sie als wesentliche Bestandteile mit geringfügig unterschiedlicher Zusammensetzung in allen magmatischen Gesteinen. Davon kündet ja auch der schon beim Quarz verkündete Merkspruch für die Granitzusammensetzung.

Besonders feldspatreiche Gesteine sind die bei der Restkristallisation entstehenden Pegmatite, in deren Gefolge es auch reine Feldspatgänge gibt. Einen Extremfall stellt ein Vorkommen in Kanada dar, wo in einem einzigen riesigen Kalifeldspat-Kristall Bergbau betrieben wird. Bei unvollständiger chemischer Verwitterung können Feldspäte auch Bestandteile von Sedimenten und Sedimentgesteinen werden, bei Gehalten von >25 % spricht man dann von Arkosen, die allerdings als Rohstoffe keine eigene Bedeutung haben.

Feldspat wird meistens als Flussmittel für die Herstellung von Glas und vielfältiger Keramik be-

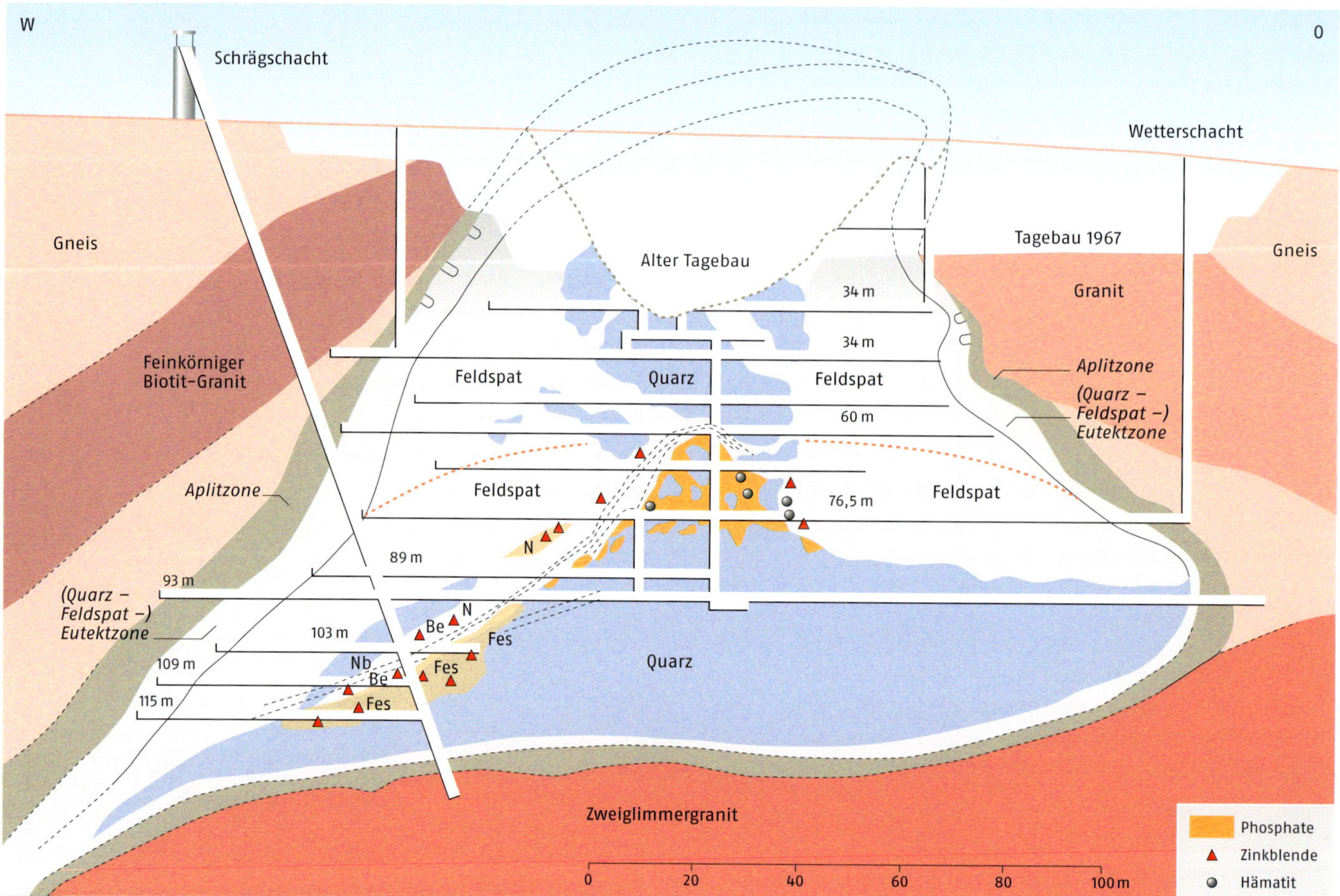

148 Profil durch die pegmatitische Feldspatgrube Hagendorf im Oberpfälzer Wald, in der Feldspat sogar unter Tage abgebaut wurde. Entsprechend der pegmatitischen Restschmelze sind hier auch eine Vielzahl an Phosphaten und viele seltenere Minerale wie Beryll und eine ganze Reihe von Erzstufen gefunden worden (nach Forster et al. 1967, aus Pohl 1992).

149 Die Grube Haumbach bei Ellweiler im Nordpfälzer Bergland erschließt helle, tiefgründig verwitterte Rhyolithe, die seit über 150 Jahren abgebaut und vorwiegend für die Produktion von Sanitärkeramik und Fliesen durch die Firma Villeroy & Boch verwendet werden (Foto von 2008: Verfasser).

nötigt. Da im Zuge der Restkristallisation immer auch Quarz gebildet wird, steht damit ein geeignetes Mischmaterial z. B. für Fliesen- und Sanitärkeramik zur Verfügung. Fast reine Feldspatgesteine wurden im Hagendorfer Revier in der Oberpfalz sogar im Tiefbau gewonnen.

Glimmer

Glimmer sind Schichtsilikate, die sich aufgrund ihrer Kristallstruktur in feinste Blättchen spalten und elastisch biegen lassen. Obwohl es eine Vielzahl unterschiedlich zusammengesetzter Glimmer gibt, die sich meist nur geringfügig voneinander unterscheiden, soll hier nur auf die beiden häufigsten, nämlich Muskovit und Biotit, kurz eingegangen werden.

Muskovit hat seinen Namen von *Vitrium Moscoviticum* (Moskauer Glas), was auf seine durchsichtige Eigenschaft hinweist: Aus großen, tafeligen Muskovit-Kristallen konnte man sogar kleinere Fensterscheiben machen. Gleichzeitig haben sie die Eigenschaft, extrem gute Isolatoren gegenüber Wärme und Elektrizität zu sein, sodass sie in der Elektroindustrie und als Fenster für Öfen verwendet wurden und werden (als kleiner Junge habe ich einmal das Bügeleisen meiner Mutter auseinandergeschraubt und darin eine Menge solch biegsamer Tafeln gefunden). Große Kristalle, das haben wir mittlerweile an einer Vielzahl von Beispielen gesehen, entwickeln sich vor allem aus dem Restbestand magmatischer Schmelzen, d. h. in Pegmatiten – und genau deshalb stammen auch besonders große tafelige Glimmer aus solchen Gesteinen, wo sie oft in Gesellschaft seltener anderer Minerale und Elemente mit ungewöhnlichen Ionenradien zu finden sind. Glimmer können aber auch während der Metamorphose wachsen, wie am Glimmerschiefer zu erkennen ist.

Der dunkle Glimmer heißt nach dem französischen Physiker Jean-Baptiste Biot Biotit und enthält im Gegensatz zum Muskovit Eisen und Magnesium in seinem Kristallgitter. Die meist bräunlich gefärbten, tafeligen Kristalle verwittern an der Erdoberfläche sehr schnell, wobei das darin enthaltene zweiwertige Eisen oxidiert wird. Dadurch nehmen sie dann eine goldene Farbe an, die schon manchen Laien genarrt hat. Angewitterter Biotit heißt, wie auch der Pyrit, im Volksmund „Katzengold“.

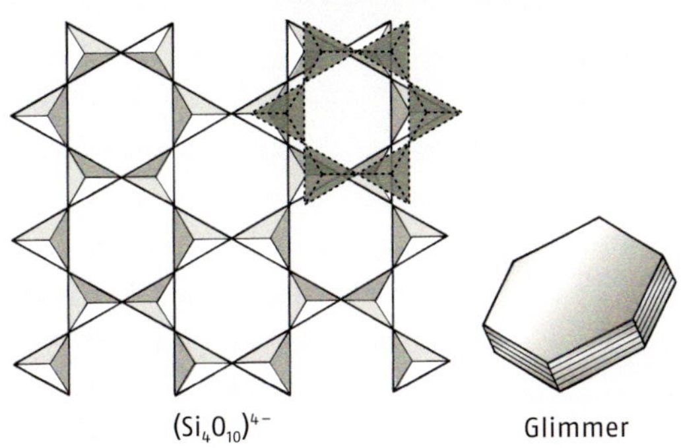

150 Glimmer-Kristalle, die mit ihrer sechsseitigen Begrenzung charakteristische Merkmale von Schichtsilikaten zeigen, die aus der – nicht ganz kongruenten – Stapelung ringförmig angeordneter SiO_4-Tetraeder entstehen (Foto: Dr. E. K.). (Grafik: aus Rothe 2010)

Talk, Speckstein und Meerschaum

Talk oder Talkum wird den meisten zunächst als Puder bekannt sein, also ein äußerst feinpulveriges, weißes Material, das man auf die Haut auftragen kann – eigentlich ein Schmiermittel. Dabei macht man sich nämlich die gute Spaltbarkeit des Schichtsilikats zunutze, dessen Kristallstruktur aus SiO_4-Tetraederlagen durch Magnesiumatome zusammengebunden werden, und dieses Magnesium stammt letztlich aus den magmatischen Gesteinen, aus denen Talk durch Verwitterung oder anderweitige Zersetzung entsteht.

Die Talkformel veranschaulicht das in einfacher Form: $Mg_3([OH]_2/Si_4O_{10})$. Die Lagerstätten sind folgerichtig immer an Magnesium führende Ausgangsgesteine geknüpft, d. h. entweder an basische Magmatite, die magnesiumreichen Olivin (Mg_2SiO_4) enthalten, oder an Dolomi-

Lit.: Feldspat
Forster et al. 1967, Okrusch & Matthes 2009, Rothe 2010

Lit.: Glimmer
Okrusch & Matthes 2009, Rothe 2010

151 Meerschaumpfeifen in Eskişehir (Türkei). Das weiße Magnesium-Schichtsilikat (Sepiolith) ist in bergfeuchtem Zustand schnitzbar (Foto von Monika Leray).

te ($CaMg[CO_3]_2$) – zur Talkbildung ist also nur noch Wasser erforderlich. Eine andere Version kennt man unter dem Namen Speckstein oder Steatit. Dieser ist als Gestein so weich, dass man ihn mit dem Messer schnitzen kann, worin auch zum Ausdruck kommt, dass Talk mit der Härte 1 in der Mohs'schen Härteskala der Minerale den niedrigsten Wert hat: Speckstein ist nämlich nichts anderes als eine wirre Zusammenballung feinster Talkpartikel.

Chemisch verwandt ist der Sepiolith – ebenfalls ein Schichtsilikat mit ähnlichen Eigenschaften, das aber geringfügig anders kristallisiert als Talk –, der bekannter ist unter dem Namen „Meerschaum", aus welchem man Pfeifenköpfe schnitzen oder drechseln kann. Meerschaum geht aus schon vorverwittertem Serpentin hervor und die bekannteste Lagerstätte ist Eskişehir in der Türkei, wo man auch die besagten Pfeifen herstellt.

Talk-Lagerstätten unterscheiden sich also bezüglich ihrer Ausgangsgesteine. Weil der Weißegrad ein wichtiges Qualitätskriterium ist, kommt der beste Talk aus Vorkommen, die aus Karbonaten entstanden sind, also aus Dolomit oder auch Magnesit. Die aus Magmatiten gebildeten Lagerstätten sind dagegen manchmal farblich verunreinigt und spielen der Fördermenge nach eine geringere Rolle. Eine der bekanntesten europäischen Lagerstätten ist Lassing in der Steiermark, die vor ein paar Jahren durch ein Bergwerksunglück in die Schlagzeilen geriet.

Hier wurden Karbonat-Gesteine (auch Magnesit) des Unterkarbons gefaltet und durch eine alpine Störung beeinflusst, auf der hydrothermale Was-

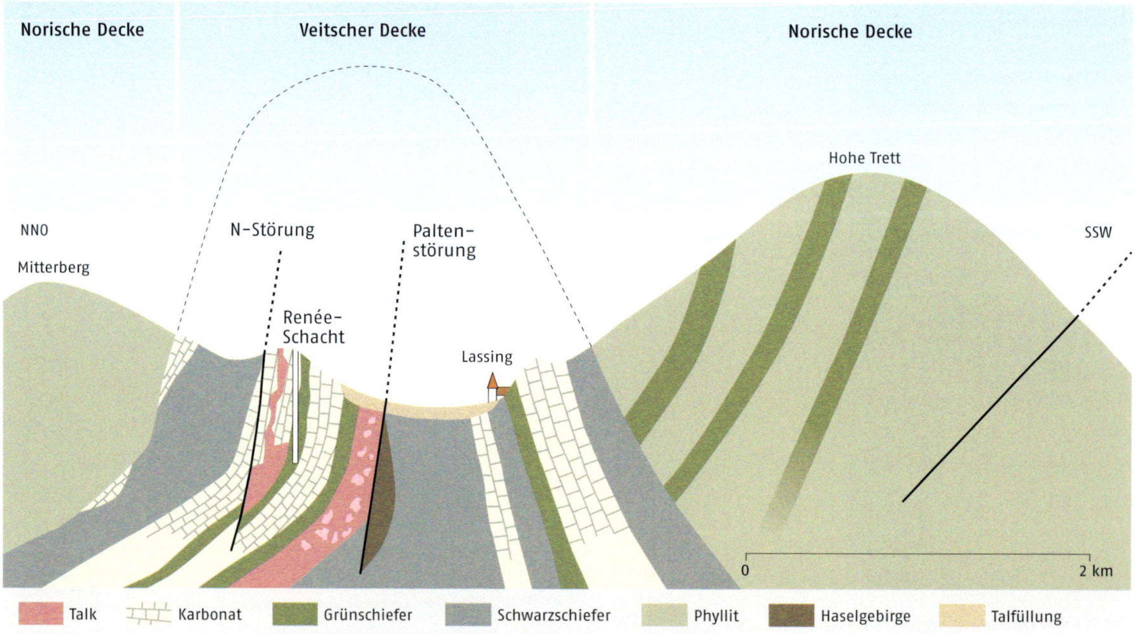

152 Profil durch die Talk-Lagerstätte von Lassing (Steiermark). Der Talk liegt, zusammen mit Magnesit, in metamorphen Karbonaten des Unterkarbons der sog. Grauwackenzone, die von weiteren Metamorphiten (Grünschiefer, Schwarzschiefer und Phyllit) begleitet werden und zusammen eine von Störungen durchsetzte Antiklinalstruktur bilden. Die Decken kennzeichnen die alpine Tektonik (nach Prochaska 1989, aus Pohl 1992).

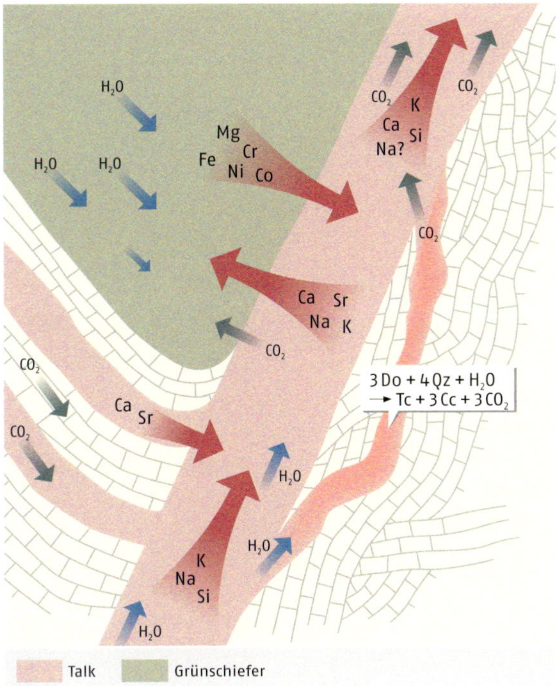

153 Stoffaustausch, der die Bildung von Talk innerhalb der Lagerstätte Lassing erläutert (nach Prochaska 1989, aus Pohl 1992).

ser das für die Talkbildung nötige SiO_2 anlieferten. Lassing macht Österreich zum weltweit zehntgrößten Produzenten, allein 2007 wurden 153 000 t gefördert.

Nur mehr historische Bedeutung hat inzwischen die in der geologischen Fachliteratur viel zitierte Speckstein-Lagerstätte von Göpfersgrün im Fichtelgebirge, für die eine komplexe Entstehungsgeschichte im Zusammenhang mit den begleitenden Dolomit-Marmoren und vulkanischen Wärmeherden für die Hydrothermaltätigkeit diskutiert wird. Das Specksteinmaterial war früher direkt zu Niederspannungsisolatoren und für Gasbrenner verarbeitet worden, in der Schlussphase des Abbaus mischte man es u. a. Gummibärchen bei und nutzte es auch sonst als Füllmaterial.

Asbest

Asbest wird hier im Anschluss an Talk behandelt, weil die Weltproduktion sich hauptsächlich auf den sog. Chrysotil-Asbest stützt, der ebenfalls ein magnesiumhaltiges Schichtsilikat darstellt und damit Ähnlichkeit mit dem Talk hat. Als Nachweis braucht man dazu nur die entsprechenden Formeln miteinander zu vergleichen: Chrysotil-Asbest ist $Mg_6(OH)_8Si_4O_{10}$, zu Talk siehe weiter oben. Dieser Asbest wird auch Serpentin-Asbest genannt und sein Magnesium stammt aus ultrabasischen Gesteinen, die alle hohe Magnesiumgehalte haben, wie das schon beim Talk abgeleitet wurde. Dass ein Schichtsilikat auch Fasern bilden kann, hängt damit zusammen, dass bestimmte „Schichten" innerhalb der Kristallstruktur aufgrund des Magnesiumeinbaus nicht mehr genau aufeinanderpassen und sich dadurch wie Röhrchen zusammenrollen.

Eine zweite Variante ist der sog. Amphibol- oder Hornblende-Asbest, dessen faserige Beschaffenheit mit der Kristallstruktur der betreffenden Minerale zusammenhängt. Hierbei sind die SiO_4-Tetraeder zu langen Ketten oder Bändern aufgereiht, die durch Eisen- und Magnesiumatome zusammengehalten werden.

Dies zeigt sich dann auch in den entsprechenden Asbestformeln: Krokydolith ist $Na_2(Mg, Fe)_3Fe_2^{3+}(OH/Si_4O_{11})_2$ – er wird auch Blau-Asbest genannt und gilt wegen seiner sehr kleinen Kristalle als besonders gesundheitsschädlich („Asbestlunge"). Im Grunde ist der Begriff „Asbest" also

Lit.: Talk, Speckstein und Meerschaum

Pohl 1992, 2005, Ramdohr & Strunz, Okrusch & Matthes 2009, Stettner 1959

154 Die Mineralfasern von Asbest bestehen entweder aus Serpentin oder Hornblende, wobei die Fasern ein Abbild der Kristallstruktur sind, die beim Serpentin-Asbest zusammengerollte Schichtsilikate, beim Hornblende-Asbest dagegen aus bandförmig aneinanderhängenden SiO_4-Tetraedern bestehen (Foto: Dr. E. K.).

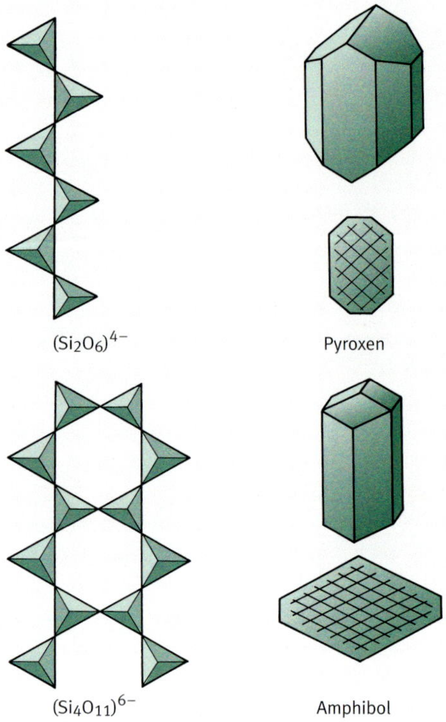

155 Kristalle und Kristallstrukturen von Ketten-(Pyroxen) und Bändersilikaten (Amphibol) (aus Rothe 2010).

eine Sammelbezeichnung für bestimmte faserförmige Minerale aus unterschiedlichem Material. Seine Eigenschaft, lang gestreckte Fasern auszubilden, und die Beständigkeit gegenüber hohen Temperaturen bestimmen auch die technische Verwendung. Das Wort ist griechischen Ursprungs und bedeutet „unauslöschlich", was aber auf der falschen Vorstellung beruht, dass das Material, sobald es einmal angezündet ist, nicht mehr zu löschen sei – in der Antike verwendete man Asbest nämlich als Docht für Öllampen. In neuerer Zeit beherrscht vor allem die „Asbest-Sanierung" öffentlicher Gebäude die Diskussion, weil die faserigen Kristalle, die man aus Brandschutzgründen zur Isolierung verwendet hat, inzwischen als Verursacher von Lungenkrankheiten gebrandmarkt sind, die von Asbestose bis zum Lungenkrebs reichen. Im Baugewerbe kennt man eine Vielzahl von Produkten, die aus Asbest in Kombination mit Zement hergestellt werden; sie sind sämtlich äußerst korrosions- und hitzebeständig, druck- und biegefest – und alle diese Eigenschaften verdanken sie den Mineralfasern, die mit Zement zu „Eternit" zusammengefügt werden: Platten, Dachbedeckungen („Well-Eternit") oder Abflussrohre, die nach wie vor preisgünstige Baumaterialien sind, für die es noch keinen vergleichbaren Ersatz gibt. Die Hitzebeständigkeit macht man sich auch bei der Herstellung feuerfester Schutzbekleidung zunutze, wobei hauptsächlich langfaseriger Asbest gefragt ist, wie ihn nur der Chrysotil-Asbest liefert, dessen Fasern sich sogar spinnen lassen. Dieses Qualitätsmerkmal erfüllen allerdings nicht alle Asbeste, vor allem nicht die Amphibol-Asbeste. Es gibt aber eine in die Tausende gehende Zahl von Verwendungsmöglichkeiten, die neben der Hitzebeständigkeit (> 1000 °C) auch die Resistenz gegenüber chemischen Einflüssen nutzen: Kupplungs- und Bremsbeläge gehören dazu, obwohl man auch da inzwischen die Gesundheitsgefahren zum Anlass genommen hat, nach Ersatzmaterial zu suchen. Vor allem Asbestzement dürfte aber noch auf absehbare Zeit ein viel genutzter Baustoff bleiben.

Bedeutende Chrysotil-Asbest-Lagerstätten wurden geologisch aus Serpentin und meist unter Einwirkung hydrothermaler Wasser gebildet, wobei der Serpentin zuvor aus ultramafischen Gesteinen entstanden war. Dabei handelte es sich im Wesentlichen um Ophiolithe, also an die heutige Erdoberfläche gehobene Ozeankruste. Solche Vorkommen gibt es vor allem in Kanada und im russischen Ural, aber auch in der Nähe von Turin in Italien, wo man mit der Lagerstätte Balangero die Ophiolithe eines mit der Alpenentstehung verknüpften alten Ozeanbodens ausbeutet.

Lit.: Asbest

Kirsch o.J., Okrusch & Matthes 2009, Pohl 1992, 2005, Prochaska 1989, Ramdohr & Strunz 1978

Phosphate

Ohne das Element Phosphor gäbe es kein Leben auf der Erde – es ist neben C, H, O, N und S unabdingbar für biologische Prozesse, u. a. im Adenosintriphosphat, der Energiespeichersubstanz der Zellen.

Seine geochemische Heimat ist der Apatit, der sich zunächst einmal als Kristall aus den Schmelzen magmatischer Gesteine abscheidet. Man unterscheidet Fluor-, Hydroxil- und Chlorapatit, was sich in einer entsprechenden Summenformel ausdrücken lässt: $Ca_5(F/OH/Cl)(PO_4)_3$.

Der Phosphor wird durch Verwitterung aus dem Apatit freigesetzt, in gelöster Form transportiert und gelangt schließlich ins Meer, wo er zunächst von pflanzlichem Plankton aufgenommen und über die Nahrungskette bis in die Hartteile von Wirbeltieren hinein angereichert werden kann. Dieser Prozess ist besonders effizient in den ozeanischen Auftriebsgebieten, wo phosphorreiches Tiefenwasser aufsteigt und zunächst Planktonblüten verursacht. Wir bewirken etwas ähnliches, wenn wir phosphorbeladene Abwässer, die aus Waschmitteln oder der Düngung stammen, in unsere Seen einleiten und damit deren Eutrophierungsprozess beschleunigen. Der biologisch fixierte Phosphor gelangt nach dem Absterben der Organismen wieder auf den tieferen Meeresgrund und wird dort dem allgemeinen Kreislauf zunächst entzogen, bis er durch den genannten Auftrieb wieder ins Oberflächenwasser kommt. In Oberflächennähe verbleibt er nur in Flachwassergebieten, was damit auch die Bereiche sind, in denen sich Phosphat-Lagerstätten bilden. Aus den erwähnten Gründen ist es also nicht verwunderlich, dass man dort Knochen und Zähne von Wirbeltieren finden kann, die höhere Phosphorgehalte in Form von Hydroxilapatit haben, der dann mit der Zeit allerdings durch Porenlösungen zunehmend in Fluorapatit umgewandelt wird; außerdem kann sich Apatit auch durch chemische Fällung direkt bilden. Entscheidend für die Bildung reicher Lagerstätten ist aber eine zusätzliche mechanische Umlagerung der Phosphatpartikel,

156 Apatit-Kristall, $Ca_5[(F,Cl,OH)/(PO_4)_3]$. Darin liegt der Ursprung allen Phosphors, ohne Phosphor gäbe es kein Leben auf der Erde.

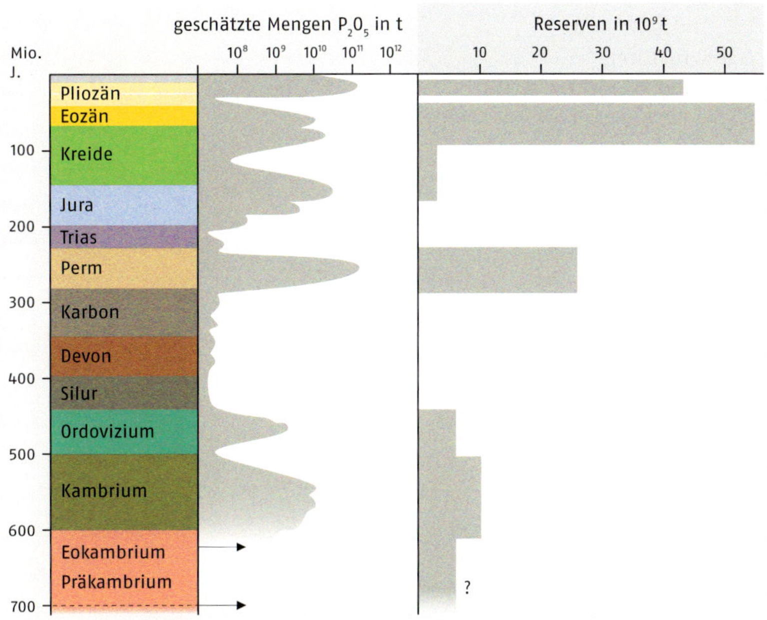

157 Hauptzeiten der Phosphat-Genese und -Reserven in der Erdgeschichte (zusammengestellt nach verschiedenen Autoren, aus Valeton in Füchtbauer 1988).

die vor allem in Bereichen sehr geringer Sedimentation stattfindet – in vielen Fällen sind das die Flachmeerschelfe. Solche Bildungen sind fossil, z. B. aus der Oberkreide und dem Alttertiär der westafrikanischen Sahara und im gesamten Mittelmeerraum, bekannt. In der Frühzeit der Erde vor allem hatten auch viele Fossilien anstelle von kalkigen phosphatische Schalen. Flachmeerschelfe riesigen Ausmaßes scheinen ganz allgemein die Bildung von Phosphat-Lagerstätten gesteuert zu haben, sie existierten aber nicht immer in diesem Umfang, sondern es gab Peak-Zeiten im späten Präkambrium, Kambrium, Ordovizium, Perm (wo es in Nordamerika eine „Phosphoria-Formation" gibt), Jura, Oberkreide-Alttertiär und im Miozän.

Aus diesen sedimentären Lagerstätten, die auch die wesentlichen Reserven darstellen, erfolgt der überwiegende Teil der Produktion. Magmatische Lagerstätten fördern dagegen primären, aus der Schmelze auskristallisierten Apatit, z. B. auf der nordrussischen Kola-Halbinsel. Phosphate werden in der Hauptsache als Düngemittel, Tierfutterzusatz und in Waschmitteln verwendet. Die Vorräte sind so groß, dass man sich derzeit keine Gedanken um ihre Erschöpfung zu machen braucht. Dennoch gibt es immer wieder Interessenkonflikte, wie die Situation in der westafrikanischen Sahara deutlich macht.

Lit.: Phosphate
Kudrass 1984, Pohl 1992, 2005, Valeton 1988

Graphit

Bis 1995 ist im bayerischen Kropfmühl in der Nähe von Passau noch untertägig Graphit abgebaut worden. Um seine Bildung innerhalb der dort anstehenden alten Gneise zu verstehen, muss man sich die Umbildung pflanzlicher Substanzen durch den Prozess der Inkohlung in Erinnerung rufen (vgl. Kap. 4), die auf Kosten der leichtflüchtigen Bestandteile zu immer höheren Kohlenstoffgehalten führt, bis dieser beim Anthrazit fast allein übrig bleibt. Von da aus ist es nur noch ein kleiner Schritt zum Graphit, der dann vollständig aus Kohlenstoff besteht.

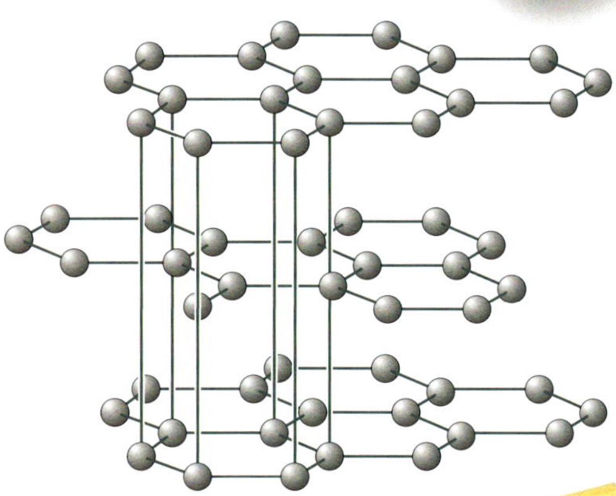

158 Graphit und Kristallstruktur von Graphit, in der Sechserringe von Kohlenstoff-Atomen zu Schichten gestapelt sind, die untereinander nur schwache Bindungen haben (Foto: Verfasser, Struktur aus Rothe 2009c).

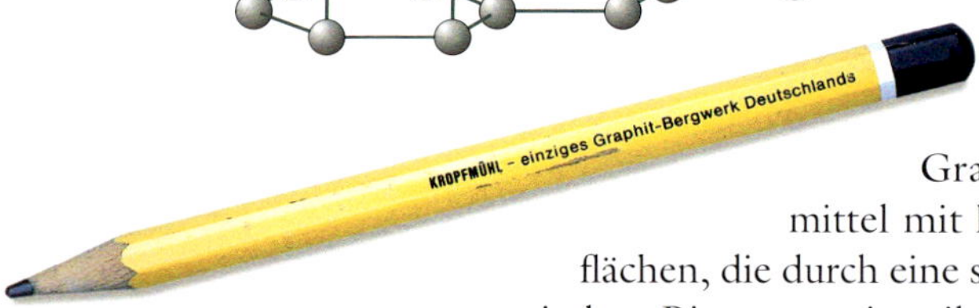

Graphit ist ein Schmiermittel mit kristall-internen Gleitflächen, die durch eine sehr schwache Bindung zwischen Ringen aus jeweils sechs Kohlenstoffatomen zustande kommen.

Das macht ihn auch für Bleistifte geeignet, bei deren Gebrauch man solche flächenhaften Teilchen abreibt und auf das Papier überträgt. Die Härtegrade kommen durch Beimengungen von Ton zustande, unter denen der Klingenberger Ton seit Jahrhunderten eine herausragende Rolle einnimmt.

Der Bedarf an Graphit für Bleistifte ist allerdings äußerst gering, der meiste wird in der Stahlindustrie, für Gussformen, Schmelztiegel und als Schmiermittel, aber auch in der Reaktortechnik verwendet.

Die meisten Lagerstätten lassen den Schluss zu, dass der zwischen sehr unterschiedlichen Gesteinen eingelagerte Graphit in Form von parallel dazu verlaufenden Schichten oder Linsen – durch hohe Drücke und/oder hohe Temperaturen bei der Versenkung dieser Schichten – entstanden sein muss; gelegentlich wurden sogar die bereits Graphit führenden Schichten noch gefaltet. Daher lässt sich zunächst sagen, dass Graphit ein Produkt der Metamorphose vorwiegend biogenen Materials ist, was auch durch eine Vorherrschaft leichter Kohlenstoff-Isotope belegt wird. Die Herkunft des Kohlenstoffs lässt sich aber nicht in allen Fällen auf pflanzliche Substanz zurückführen, denn es gibt Graphit auch als Bildung auf Klüften, für den man einen Ursprung aus einer wässerigen oder einer Gasphase annehmen muss – am wahrscheinlichsten ist dabei Methan (CH_4). Graphitpartikel sind entweder flockenförmig mit > 1 mm Größe (diese sind wertvoller) oder amorph ausgebildet. Der natürliche amorphe Graphit hat inzwischen Konkurrenz bekommen, weil man ein entsprechendes Produkt auch aus Anthrazit und Erdölkoks industriell herstellen kann. Zu den Förderländern gehören heute an erster Stelle China und Russland, Brasilien, Mexiko, Australien und Korea.

Lit.: Graphit
Pohl 1992, 2005

Zeolithe

Geschulten Mineraliensammlern sind die überwiegend weißen oder farblosen Kristalle geläufig, die meist Blasenhohlräume in vulkanischen Gesteinen besetzen oder gar ganz ausfüllen: Büschel feiner Nadeln, kleine Würfel oder andere kantige Kristalle, die die Mineralogen nach Faser-, Würfel- oder Blätterformen einteilen.

Sie sind meist schon mit bloßem Auge zu erkennen, aber man nimmt doch eigentlich immer die Lupe zur Hand. Wenige aber werden wissen, dass diese Zeolithe genannten Minerale in Sedimenten wesentlich häufiger vorkommen – und wenn diese besonders feinkörnig sind wie Tonsteine oder vulkanische Aschen, dann braucht man für ihre Bestimmung ein Rasterelektronenmikroskop.

Zeolithe sind Silikate und haben von der Elementzusammensetzung her Ähnlichkeit mit Feldspäten, kristallisieren aber anders – und haben vor

Phillipsit	$KCa(Al_3Si_5O_{16}) \times 6\,H_2O$
Chabasit	$Ca(Al_2Si_4O_{12}) \times 6\,H_2O$ (ein Würfel-Zeolith)
Erionit	$NaK_2MgCa_{1,5}(Al_8Si_{28}O_{72}) \times 28\,H_2O$
Ferrierit	$(Na, K)Mg_2Ca_{0,5}(Al_6Si_{30}O_{72}) \times 20\,H_2O$
Mordenit	$Na_3KCa_2(Al_8Si_{40}O_{96}) \times 28\,H_2O$ (ein Faser-Zeolith)
Klinoptilolith	$(Na, K)_6(Al_6Si_{30}O_{72}) \times 20\,H_2O$

T 36 Auswahl natürlicher Zeolithe. Man beachte das viele Wasser in den Kristallgittern (nach Pohl 2005).

allem besondere Strukturen, die sie für bestimmte technische Verwendungen geeignet machen: Die Kristalle weisen nämlich eine Art inneres Porengefüge auf, in dem Wasser gebunden ist, das man durch Erhitzen jedoch austreiben kann. Das hat ihnen den deutschen Namen „Siedesteinchen" eingetragen. Es gibt über 70 verschiedene Zeolithe, von denen aber meist nur die in Tab. 36 aufgelisteten sechs auch bergbaulich gefördert und technisch verwendet werden.

Die kompliziert aussehenden Formeln zeigen immer dieses viele Wasser an, das reversibel in den Kristallgittern steckt, außerdem die wenigen gemeinen Elemente, die ja zu den häufigsten der Erdkruste gehören. Die äußerst feinen Poren vieler dieser Zeolithe haben genau definierte Größen, sodass sie auch nur bestimmte Stoffe passieren lassen. Diese Eigenschaft hat dazu geführt, sie als „Molekularsiebe" bzw. Ionenaustauscher zu verwenden.

Auf Waschmittelpackungen findet man oft den Aufdruck „mit Zeolith", wobei es in diesem Fall darum geht, den Kalk aus hartem Wasser zu binden. Damit ersetzen Zeolithe seit 1980 das sonst dafür verwendete Natriumphosphat, dessen Phosphorkomponente im Abwasser zur Eutrophierung von Gewässern beiträgt. Diese Waschmittel-Zeolithe haben aber keine der Tabelle entsprechenden Namen, sondern werden meist mit einfachen Buchstaben bezeichnet: Sie sind allesamt synthetische Produkte, die in großer Menge hergestellt werden – inzwischen sind mehr als 150 verschiedene Typen bekannt.

159 Ein im Sediment gewachsener Zeolith. Tiefseebohrung im Atlantik. Kreide. Bildbreite 50 µm. REM-Foto Manfred Gastner (aus Rothe 2010).

Natürliche Zeolithe bilden sich vor allem bei der Umwandlung vulkanischer Gläser und sind also überall dort zu erwarten, wo explosiver junger Vulkanismus entsprechende Ausgangsprodukte geliefert hat wie z. B. Bims. Dazu sollten im Porenwasser möglichst alkalische pH-Werte herrschen. Salzseen bzw. deren Ablagerungen sind ein geeignetes Milieu und man hat dort, in Abhängigkeit von der Wasserchemie, alle Übergänge von frischem vulkanischem Glas bis zu vollständig ausgebildeten Zeolithen beobachtet. Die Vorkommen in Drusen (d. h. Hohlräumen) und Klüften vulkanischer Gesteine lassen sich durch Beobachtungen an Ignimbriten erweitern, deren ursprünglich lockere Bimsablagerungen vielfach durch Neubildung von Zeolithen unter hydrothermalen Bedingungen zu harten Gesteinen verfestigt wurden. Damit muss auch eine hydrothermale Tätigkeit bei ihrer Bildung in Betracht gezogen werden. Nach den bisherigen Funden sieht es so aus, als würde es in absehbarer Zeit keinen Mangel an natürlichen Zeolithen geben. Außer den schon genannten Verwendungszwecken dienen sie auch als Filtermaterial, zur Bindung von Schadstoffen, bei der Rauchgasentschwefelung und als vielseitig verwendbare Füllstoffe.

Lit.: Zeolithe

Bish & Ming 2001, Houghton, Rothe, Galehouse 1979, Mumpton 1981, Sand & Mumpton 1978

Werksteine und Baustoffe

8

Die Industrie der „Steine und Erden“ beschäftigt sich mit technisch wichtigen Gesteinen und Mineralen, welche sich u. a. zu Baustoffen, Keramik, Glas und Bindemitteln verarbeiten lassen.

Steine in diesem Sinne sind zusammenhängende kompakte Massen, etwa von Graniten, Gneisen, Sandsteinen oder Kalksteinen, die in Steinbrüchen meist durch Sprengungen oder schonender durch Bagger in kleinere Körper geteilt und so abgebaut werden. Im Fall von Schotter, Kies und Sand hat uns die Natur dieses Zerteilen durch Verwitterung und Transport schon abgenommen.

Erden dagegen sind überwiegend tonige Gesteine, die im oberflächennahen Bereich der Erde durch chemische Prozesse entstanden sind und auch dort lagern. Dabei sind vielerlei Ausgangsgesteine zerstört und vor allem in Tonminerale umgewandelt worden, von denen der weiße Kaolinit das bekannteste ist. Erden sind keine festen Gesteine, man kann sie infolge ihrer weichen Konsistenz „abgraben“, wenn auch manche Tone so zäh sind, dass man Pressluftspaten dafür einsetzen muss.

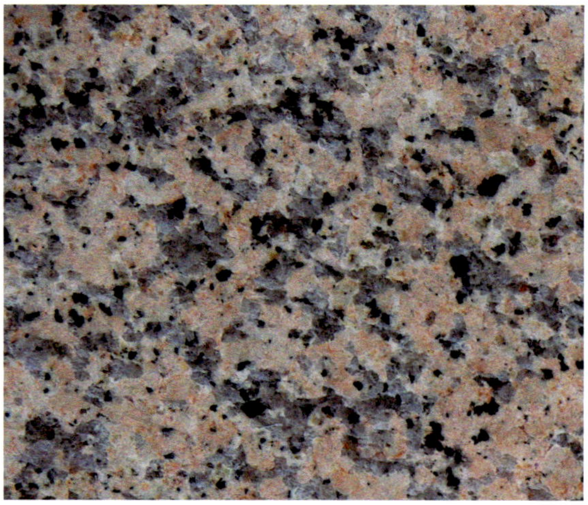

160 Roter Granit mit fleischroten Feldspäten, wie er heute in polierter Form vielfach für Hausfassaden, Treppenstufen und als Fußbodenbelag verwendet wird. (Foto von Dr. Rainer Aschemeier).

Naturwerksteine

Höhlenmenschen waren die Dimensionen ihrer Behausungen von Natur aus vorgegeben. Mit der Technik, Steine aufzuschichten, ergaben sich aber bald auch Möglichkeiten, Wohnungen mit selbstbestimmten Ausmaßen und Formen zu errichten. Geeignetes Material dafür war aber nicht überall vorhanden; wo es selten war und ungewöhnlich wie im hauptsächlich sandigen deutschen Norden, hatte man schon früh begonnen, aus besonders großen Gesteinsblöcken, die das Gletschereis aus Skandinavien mitgebracht hatte, Megalith-Gräber zu errichten – und von dort war es kein allzu langer Weg mehr zu den christlichen Kirchen in Friesland, die mit dem etwas irreführenden Begriff „Granitquaderkirchen“ bezeichnet werden. Die Steine sind nämlich meist runde Blöcke und in vielen Fällen Gneise. Rundliche Steine, wie sie durch die natürlichen Verwitterungsvorgänge zustande kommen, sind für das Aufschichten von Mauern aber wenig geeignet, sodass man bald dazu übergegangen ist, solche Blöcke zu spalten und Bruchsteine zu gewinnen. Die dabei gelernte Technik ließ sich dann auch auf ganze Felsmassive übertragen, aus denen bis heute Bruchsteine herausgelöst werden. Im Sinne der Petrographie können das plutonische, vulkanische, metamorphe oder Sedimentgesteine sein. Letztere lassen sich wegen des Materialwechsels an Schichtgrenzen manchmal wie Bretter spalten und infolge von Klüften, die sich oft unter rechten Winkeln kreuzen, ergeben sich die gewünschten quaderförmigen Werksteine meist schon von selbst.

Auch bei den Plutoniten und Metamorphiten gibt es meist ein natürlich vorgeprägtes Strukturinventar, nach dem sie sich zu Werksteinen spalten lassen: Plutonische Gesteine wie Granite, Diorite oder Gabbros sind oft länger haltbar als die leichter zu bearbeitenden Sedimentgesteine. In Gegenden mit diesen anstehenden Gesteinen sind meist auch

161 Granit mit Entlastungsklüften, die die Spaltung in Gesteinsplatten vorgezeichnet haben. Flossenbürg (aus Rothe 2009b).

die Bauwerke davon geprägt, obwohl solches Material z. T. auch über weite Entfernungen dorthin transportiert wurde, wo sie kein Geologe vermuten würde – und heute kann man entsprechendes Material aus den entferntesten Winkeln der Erde bekommen. Geübte Steinbrecher verfolgen schon im Steinbruch die möglichen Spaltungseigenschaften, aus denen sich z. B. die meisten unserer Bordsteine gewinnen lassen: Die darin enthaltenen, oft zentimeterlangen Feldspat-Kristalle sind manchmal parallel zueinander eingeregelt und bilden damit das Fließverhalten der Gesteinsschmelze ab – entlang eines solchen Gefüges wird dann auch der Meißel angesetzt.

Große Granitplutone sind oft von Klüften durchzogen, die sich parallel zur Erdoberfläche, welche gleichzeitig auch die Abkühlungsfläche während der Platznahme der Schmelze ist, unter dem nachlassenden Druck ausbilden (Entlastungsklüfte); so etwas ist lehrbuchartig in Flossenbürg in der Oberpfalz zu beobachten, wo sich die spaltbaren Granitplatten sozusagen von selbst ergeben.

Die Natur hat auch sonst vorgearbeitet, wie man an den vielfach sich durchkreuzenden Spalten und Klüften in solchen Massengesteinen sehen kann. Der relativ feinkristalline Granit von Patersdorf im Bayerischen Wald spaltet nach drei senkrecht zueinander verlaufenden Kluftrichtungen, sodass nahezu perfekte Würfel resultieren.

Die Erweiterung der Klüfte durch Verwitterung führt zu den bekannten „Wollsäcken", die von Steinmetzen gelegentlich für kleinere Werkstücke genutzt werden.

Gneise sind schon von ihrer Entstehung her durch eine Parallelanordnung der Minerale für das Spalten vorgeprägt. Aus den Alpen z. B. kennt man besonders geeignete Typen, die sich in längliche, balkenähnliche Stücke spalten lassen.

Schön gefärbte und strukturierte, oft rötliche Gneise werden heute überwiegend aus den präkambrischen Sockeln ferner Länder importiert – manche davon zeigen an den geschliffenen Oberflächen auch, wie das feste Gestein in größerer Tiefe wieder in den Schmelzzustand überzugehen begann. Im Sinne der Petrographie handelt es sich um Migmatite, die als Fassadenverkleidung, Fußbodenbelag oder Treppenstufen und Grabsteine Verwendung finden.

Einer der bekanntesten Werksteine ist Marmor, dessen Begriff die Geologen für metamorphe Karbonat-Gesteine reserviert haben. Der ursprüngliche Kalkstein oder Dolomit muss also unter höhere Drücke und/oder Temperaturen geraten sein, wie das im Allgemeinen nur bei gebirgs-

162 Würfelförmig spaltender Granit von Patersdorf (Bayerischer Wald). Das Gestein lässt sich mit maschinell betriebenen Keilen unter Druck ähnlich spalten wie Holz (Foto: Verfasser).

163 Migmatit, ein tief in die Erdkruste versenktes Gestein, das noch die Verwandtschaft zu einem streifigen Gneis zeigt, der aber inzwischen „heiße Füße" bekommen hat; dadurch trennen sich die ursprünglich vermischten hellen und dunklen Minerale, und das Gestein beginnt wie Kuchenteig zu fließen und Falten zu bilden. Bei weiterer Erwärmung würden daraus wieder Schmelzen entstehen (Foto: Verfasser).

164 „Omas Nachttischplatte": Echter Marmor, der aus Kalk oder Dolomit und eingelagerten organischen Substanzen (dunkle Bänder, Graphit) durch Metamorphose entsteht (aus Rothe 2009c).

bildenden Ereignissen der Fall ist. Dementsprechend sind die berühmten weißen Marmore von Carrara oder der Parische Marmor Griechenlands, aus dem die klassischen Statuen gefertigt wurden, auch nur in entsprechenden Gebirgen zu finden. Der Marmor auf Paros, einer der Kykladen, z. B. steht geologisch in einem engen Verband mit Gneis und Granit. Er wurde in der gesamten griechischen Welt verarbeitet und gehörte in der römischen Kaiserzeit sogar zum kaiserlichen Besitz. Weniger reine Marmore sind durch verschieden gefärbte Einlagerungen „marmoriert", wobei die schwarzen durch Graphit verursacht wurden.

Zu den Metamorphiten gehört auch der meist grüne bis fast schwarze Serpentinit, der ähnlich dem Gneis einem tieferen Stockwerk der Erde entstammt. Seine Ausgangsgesteine sind Basalte oder Gabbros, die beim Abtauchen in Subduktionszonen zusammen mit Wasser umgebildet werden, wobei aus den ursprünglichen Mineralen Olivin und Pyroxen das grüne Schichtsilikat Serpentin entsteht. Geschliffener Serpentinit (= das im Wesentlichen aus Serpentin bestehende Gestein) wird für Fußböden, Fassadenverkleidungen, Fensterbänke und Tischplatten verbaut.

Vulkanische Gesteine wie Basalte oder der ihm ähnliche Diabas geben manchen Landschaften – etwa der Eifel, dem Westerwald oder dem Vogelsberg – ein etwas düsteres Aussehen, weil sie zumindest in älteren Häusern verbaut sind.

Säulenbasalte bilden ein schon natürlich formatiertes Baumaterial, das man nur noch übereinander zu stapeln braucht wie z. B. beim Deichbau. Früher wurde solches Material dafür aus Nassau in die Niederlande geliefert, wo die hessischen Studenten Freitische an der Universität bekamen: Wenn man sie zum Zahlen aufforderte, entgegneten sie: „Mir sinn Nassauer", daher stammt die Bezeichnung „nassauern". Basaltsäulen wurden auch in Burgmauern und Häusern eingebaut, wo man sie an den vieleckigen Querschnitten sofort erkennen kann.

Heute ist es aufgrund der maschinellen Steinbearbeitung kein Problem mehr, auch aus Basalten glattflächige Platten zu schneiden.

Einfacher ist dagegen die Bearbeitung verfestigter vulkanischer Lockerprodukte, von denen viele der geologisch sehr jungen Tuffe bzw. Ignimbrite der Eifel zu nennen sind wie der Ettringer oder Weiberner Tuff oder die wesentlich härteren, geologisch dem Perm zugehörigen Gesteine Mitteldeutschlands aus der Gegend von Halle, die als „Hallescher Porphyr" lokal noch heute gewonnen werden – meist wird daraus allerdings nur noch Splitt gemacht. Mengenmäßig sind alle genannten Vorkommen heute unbedeutend, wenn man sie mit dem ebenfalls permischen Bozener Quarzporphyr vergleicht, der partienweise aus Ignimbriten besteht. Mit diesem rötlich-violetten Material pflastern wir nun schon seit vielen Jahren unsere Ortsstraßen, Plätze und Bürgersteige oder bauen daraus Fußböden, Treppenstufen und Fensterbänke.

Die besten Aufschlüsse von Naturwerksteinen bilden oft Kirchen, vor allem die großen alten Dome. An deren Mauerwerk lässt sich meist schon ablesen, welche Gesteine in der näheren Umgebung zu finden sind. Aber das Mauerwerk ist nur selten homogen und vor allem die oft schon jahrhundertelang andauernden Restaurationsarbeiten haben das ursprüngliche Baumaterial manchmal partienweise durch anderes ersetzt. Ein Beispiel dafür ist der Kölner Dom, für den man Trachyt vom Drachenfels im Siebengebirge verwendet hat; der Steinbruch steht aber schon lange unter Naturschutz, sodass man Trachyt bzw. ähnliches Material für Ausbesserungsarbeiten von anderer Stelle holen musste. Die St. Georgskirche in Nördlingen ist überwiegend aus dem als „Schwabenstein" bezeichneten Suevit gebaut und heute wahrscheinlich der größte Aufschluss dieses beim Impakt des Ries-Meteoriten entstandenen Gesteins, das strukturell Ignimbriten ähnelt. Regensburg hat überwiegend kreidezeitlichen Grünsandstein verbaut und im Limburger Dom kann man alle wesentlichen Gesteine des ehemaligen Herzogtums Nassau vereint finden: Taunusquarzit, Hunsrückschiefer, Schalstein, Diabas und Lahn-„Marmor"; mit letzterem bin ich nun bei den Sedimentgesteinen angekommen.

Die Bezeichnungen für manche Naturwerksteine, die als Produkte der Steinschleiferei gehandelt werden, sind für einen Geologen nur schwer erträglich, etwa wenn sogar polierter Granit als „Marmor" verkauft wird. Etwas näher kommen dem schleif- und polierfähige Kalksteine, die es in sehr unterschiedlicher Ausbildung und vielen Farben gibt, aber auch diese sind geologisch keine Marmore, sondern Sedimentgesteine – damit will ich beginnen.

Kalksteine sind überwiegend das Werk von Organismen, wie schon Carl von Linné mit seinem Diktum *„omnis calx ex vivo"* festgestellt hatte; es gibt aber auch solche, die durch chemische Fällung zustande kommen. In Korallenriffen werden Kalke durch die Tiere selbst aufgebaut, und es gibt eine Reihe weiterer Organismen, die auf diese Weise als „Kalk-Architekten" während der langen Erdgeschichte tätig gewesen sind: Algen vor allem, aber auch Schwämme und die ihnen ähnlichen Stromatoporen, Muscheln, Schnecken, Moostierchen und andere. Die konstruktive Tätigkeit der Organismen hat in vielen Fällen zu sog. Massenkalken geführt, die sich von den schichtigen Kalken unterscheiden, welche aus einzelnen Partikeln, meist zerbrochenen Kalkschalen, zu festen Kalksteinen zementiert wurden. Beide Typen von festen Kalksteinen kann man zu Mauersteinen formatieren und verbauen, sägen oder schleifen und zu Fassadenverkleidungen, Fußböden oder Fensterbänken verarbeiten. Zu den polierfähigen Kalksteinen, die als „Marmor" gehandelt werden, gehören u. a. der „Belgische Marmor", der den Geologen als Kohlenkalk geläufig und mit mehr als 300 Millionen Jahren ähnlich alt ist wie die etwas jüngeren Steinkohlen.

165 Steinbruch im klassischen Carrara-Marmor. Große Blöcke werden hier mit der Seilsäge-Technik gewonnen.

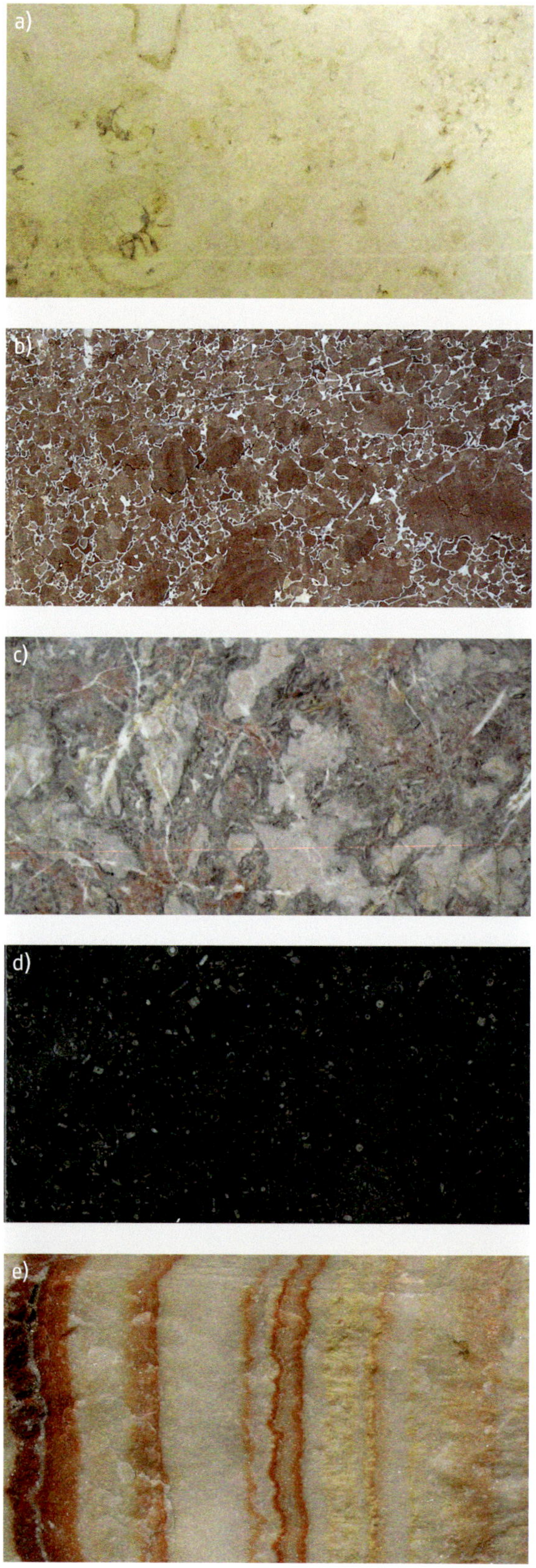

166 Tafel verschiedener schleif- und polierfähiger Kalksteine, die meist unter der Bezeichnung Marmor gehandelt werden: a) Treuchtlinger „M". b) Adneter „M". c) Lahn„marmor" d) Belgischer „M". e) Böttinger „M". Böttinger „Marmor", ein Thermalsinterkalk, der entlang einer Spalte in Weißjurakalken abgeschieden wurde; die rote Farbe einzelner Bänder ist auf Eisenoxid zurückzuführen (Foto von Dr. Wilfried Rosendahl).

Es ist ein beliebtes Material für die schwarzen Caféhaus-Tische, auf denen ein aufmerksamer Beobachter gelegentlich die Querschnitte von Korallen, Stachelhäutern und anderen Fossilien bemerken wird: Sie heben sich mit ihrer weißen Farbe im schwarzen Kalk ebenso deutlich ab wie die Kluftfüllungen aus Kalkspat. Das Gestein wird auch für Fußböden, Treppenstufen und Wandverkleidungen verbaut.

Geologisch etwas älter ist der sog. Lahn-Marmor, ein devonischer Riffkalk, den es in unterschiedlichen Farbvariationen gibt, welche man auch nach Herkunftsorten differenziert (Villmarer, Schupbacher, „Unica"). In vielen der heute aufgelassenen Steinbrüche an der Lahn gibt es bunte Varietäten, die durch hämatitische Eisenerze rot geädert sind. Auch hier kann man in den polierten Anschnitten eine Vielfalt von Fossilien beobachten, zu denen die den Schwämmen nahestehenden Stromatoporen, aber auch Korallen, Seelilien und Brachiopoden gehören.

Im Alpenraum hat der jurazeitliche rote „Adneter Marmor" jahrhundertelang die Architektur mitgeprägt – besonders Salzburg liefert dafür schöne Beispiele, das Material ist aber weit gehandelt worden. Von diesem Kalkstein gibt es viele Varietäten mit eigenen Bezeichnungen („Adneter Tropf", „Adneter Rot" oder „Adneter Scheck"). Inzwischen ist dort ein touristischer Wanderweg eingerichtet, auf dem man die unterschiedlichen Typen kennenlernen kann, die in kleinem Maßstab auch heute noch abgebaut werden. Die „Marmor"-Strukturen bilden auch die Vorlagen für entsprechendes Dekor, das man auf verputzte Säulen und Altäre barocker Kirchen aufgemalt hat.

Im Weißjura ist der beigefarbene „Treuchtlinger Marmor" im Altmühltal entstanden, den man an seinen Ammoniten und Belemniten, vor allem aber an seinen vielen unterschiedlichen Schwammquerschnitten erkennen kann; er wird noch immer in großem Umfang als Fußbodenbelag und für Fensterbänke verwendet.

Viele schleif- und polierfähige Kalke werden aber tatsächlich auch als solche bezeichnet. Der bekannteste von ihnen stammt aus Solnhofen und steht hier einmal nicht im Zusammenhang mit dem daraus stammenden Urvogel *Archaeopteryx*, sondern für ein außerordentlich feinkörniges, dünnplattiges Gestein, aus dem man früher Druckplatten für die Lithographie hergestellt hat (Lithographenkalk). Solnhofener Plattenkalk als Bildung in einer Lagune zwischen Riffen des obersten Weißjura ist so homogen ausgebildet, dass man ihn eine Zeitlang sogar als Isotopenstandard benutzt hat. Trivial ist seine Verwendung in gespaltenem oder poliertem Zustand als Fußbodenbelag und Wandverkleidung.

Auch der geologisch etwas ältere Muschelkalk liefert gute Bausteine: Während man aus dem vielfach mergeligen unteren Muschelkalk nur einzelne Werksteinbänke gewinnen konnte, ziert der Quaderkalk aus dem Würzburger Raum mit seinem charakteristischen Gefüge viele Fassaden vor allem südwestdeutscher Bauwerke, aber auch das Berliner KaDeWe; er wird gelegentlich sogar als Bildhauermaterial verwendet.

Da der Muschelkalk in Deutschland sehr weit verbreitet ist, sind aus seinen Kalksteinen bestehende Bauwerke entsprechend häufig: Thüringen mit Jena und Weimar sowie Naumburg oder das nördliche Harzvorland bieten mit Burgen, Kirchen und Schlössern gutes Anschauungsmaterial.

Im Prinzip sind schleif- und polierfähige Kalksteine überall auf der Welt zu finden, die Liste ließe sich entsprechend erweitern, wobei mit zunehmendem geologischen Alter echte Marmore, also metamorph überprägte Kalksteine, überwiegen.

Auch Travertin gehört zu den gut schneid- und polierfähigen Kalksteinen, der Name leitet sich von *lapis tiburtinus* (Stein vom Tiber) ab. Er entsteht durch chemische Fällung aus heißen Quellen bei Tivoli in der Nähe Roms, sodass man ihn auch als Thermal-Sinterkalk bezeichnen könnte. Die schichtige, lagenweise poröse Struktur entsteht durch nacheinander abgesetzte Kalkschichten, in die zeitweise Blätter und kleine Süßwasserschnecken eingeschlossen wurden. Ein ähnlich entstandenes, äußerst kleinräumiges Beispiel ist der rot-weiß gebänderte Böttinger „Marmor“, der während des Tertiärs eine Spalte in Jurakalken bei Münsingen auf der Schwäbischen Alb gefüllt hat.

Auch die Travertine von Weimar-Ehringsdorf, Bilzingsleben und von Bad Cannstadt (Stuttgart) spielten eine gewisse Rolle, der Vorgang der chemischen Kalkfällung ist aber so allgemein verbreitet, dass man sie überall dort erwarten kann, wo ältere Kalksteine aufgelöst und anschließend nahebei neu ausgefällt werden. Große Vorkommen von besonderem ästhetischen Reiz sind auch die Kalkterrassen von Pamukkale in der Türkei und die Mammoth Hot Springs im Yellowstone-Nationalpark in Wyoming (USA), deren Verwendung als Werkstein sich allerdings von selbst verbietet.

167 Quaderkalk, Oberer Muschelkalk (Foto von Dr. Rainer Aschemeier)

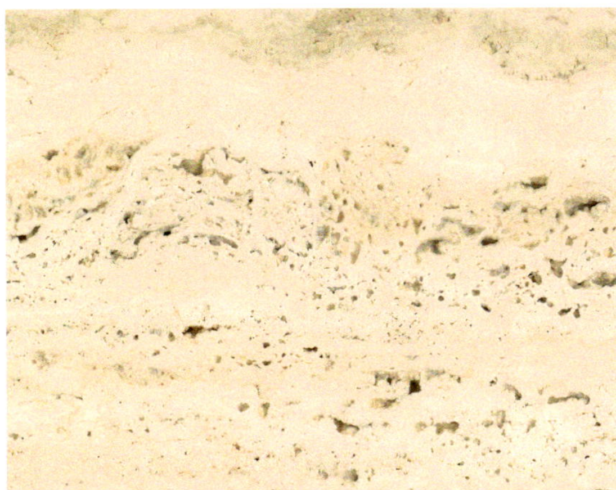

168 Travertin

Kalk wird als natürliches Festgestein und in gemahlener Form genutzt, in seltenen Fällen sind die natürlich entstandenen Partikel auch noch nicht zu Gesteinen verfestigt wie z. B. die zu untermeerischen Dünen zusammengeschwemmten Ooidsande der Bahamas, die ihrer Reinheit wegen sogar von der chemischen Industrie genutzt werden. Zu den besonders reinen Kalksteinen gehören weißjurazeitliche Vorkommen aus dem Raum von Ulm, die jetzt auch unter Tage abgebaut und zu „Ulmer Weiß“ vermahlen werden.

Einen ganz wesentlichen Anteil an den Naturwerksteinen in Deutschland haben Sandsteine und Quarzite, allen voran die roten Sandsteine des Buntsandsteins. Als Geologe folge ich aber meiner Gewohnheit, auch die Sandsteine altersmäßig zu ordnen, und beginne mit den älteren.

Der devonische Taunusquarzit, den es auch im Hunsrück gibt, war einst ein lokal viel verwendeter Werkstein, der wegen seiner Härte geschätzt wurde und auch als Feuerfestmaterial Verwendung fand.

169 Miltenberger Sandstein im Steinbruch Wassum, Miltenberg am Main. Exkursion 2009 (Foto von Prof. Dr. Roland Schuhmann).

Man begegnet ihm heute meist noch im Bruchsteinmauerwerk an Gebäudesockeln im Taunus oder Weinbergsterrassen am Rhein, die Farben reichen von weißgrau über gelblich mit rötlichen und violetten Partien.

Wesentlich weiter verbreitet sind die Sandsteine des Oberkarbons, die oft als Ruhrsandstein bezeichnet werden. Sie wurden aber nicht nur im Ruhrgebiet verbaut, sondern stellten in ganz Nordwestdeutschland das Material für Monumentalbauten, Brücken und Wasserbau. Frisch gebrochene Partien sind grau bis bläulich grau, nehmen aber durch Verwitterung eine gelbliche bis bräunliche Farbe an. Die Farben werden durch den Eisengehalt und dessen Oxidationszustand bestimmt – eisenfreie Steine sind weiß bis hellgrau, was der Farbe der Quarzkörner entspricht.

170 Schilfsandstein, Maulbronner Fazies, Baustein der Klosteranlage (Foto: Dr. E. K.).

Neben den erwähnten Karbonsandsteinen hat man im Ruhrgebiet auch „Sandsteine“ der Kreide gewonnen, von denen die meisten eigentlich Kalksteine sind, bekannt unter den Begriffen „Anröchter Grünkalkstein“ und „Rüthener Grünsandstein“. Die grüne Farbe entsteht durch Beimengung von Glaukonit – Ähnliches gibt es im Gebiet von Regensburg, wo das Oberkreidemeer das alte Grundgebirge überflutet und glaukonitische Sande aufgeschichtet hat, die später zu Sandsteinen verfestigt wurden. Diese wurden u. a. im Regensburger Dom verbaut (Regensburger Grünsandstein).

Permische Sandsteine haben lediglich eine lokale Bedeutung; sie sind überwiegend rot und meist grobkörniger als der jüngere Buntsandstein.

Buntsandstein hat mit Fundstellen vom Schwarzwald bis nach Helgoland die weiteste Verbreitung aller Sandsteine Deutschlands. Vielleicht der bekannteste unter ihnen ist der oft hell gestreifte Miltenberger Sandstein (Mainsandstein, auch unter anderen Bezeichnungen gebräuchlich), der dort heute noch gebrochen wird. Er wurde als Baumaterial u. a. für die Frankfurter Paulskirche, das Senckenberg-Museum, das Aschaffenburger Renaissance- und das Mannheimer Barockschloss verwendet. Sein weiträumiger Einsatz trug auch zum Schichtnamen „Bausandstein“ im Unteren Buntsandstein bei.

Eine besondere Varietät des Buntsandsteins wurde früher bei Frankweiler in der Pfalz abgebaut: Dieser Stein ist nicht rot, sondern beigefarben, weil das färbende Eisen (in Form von Hämatit, Fe_2O_3) durch hydrothermale Wasser am Rand des Oberrheingrabens weggelöst wurde. In Mannheim ist er u. a. im Zeughaus, im Rathaus und in der Friedrich-List-Schule verbaut.

Unter den Sandsteinen des Keupers war der Schilfsandstein das bedeutendste Baumaterial. Es wurde zwar überwiegend in SW-Deutschland gebrochen und vor allem in Heilbronn, Stuttgart und Umgebung verbaut, aber weithin gehandelt – u. a. für die Bahnhöfe von Amsterdam und Frankfurt am Main, auch der Mannheimer Wasserturm besteht daraus. Eine violett-rötlich gestreifte, eigenständige Varietät ziert das Kloster Maulbronn. Keupersandsteine lassen sich wegen ihres teilweise tonigen Bindemittels im bergfeuchten Zustand gut bearbeiten und härten an der Luft nachträglich aus.

Je nach Fundort und Ausbildung haben sie verschiedene Bezeichnungen bekommen. Der Begriff

171 Schloss Hämelschenburg, ein typischer Bau der Weserrenaissance, für die überwiegend der Obernkirchen-Sandstein der Unterkreide verwendet wurde.

„Schilfsandstein" bezieht sich auf gelegentliche fossile Pflanzenreste, die meist von Schachtelhalmen stammen, mit Schilf also gar nichts zu tun haben. Die geologisch etwas jüngeren Keupersandsteine werden nicht überall gleich bezeichnet: Es gibt Kieselsandstein, Stubensandsteine, Coburger Sandstein, Blasensandstein und Burgsandstein, von denen die drei letzten z. B. den Nürnberger Burgberg aufbauen und für die Burg selbst verwendet wurden. Der jüngste im Keuper ist der helle Rhätsandstein, der eine größere Härte aufweist als die übrigen (die Türme des Bamberger Doms, in dem auch andere Keupersandsteine verbaut sind).

Auch der Jura hat Werksandsteine geliefert, zu denen der Porta-Sandstein an der Porta Westfalica gehört (Denkmal für Kaiser Wilhelm I.), oder die gelblich anwitternden Sandsteine des Doggers in Franken, aus und auf denen z. B. Kloster Banz und die Wallfahrtskirche Vierzehnheiligen erbaut sind.

Unter den Sandsteinen der Unterkreide ist der Obernkirchen-Sandstein vom Bückeberg östlich von Minden der bedeutendste, er wird seit über 1000 Jahren abgebaut und hat vor allem das Baumaterial für die Weserrenaissance geliefert. Der Flusstransport nach Bremen hat ihm dann die ganze Welt eröffnet, sogar die Grundsteine im Weißen Haus in Washington bestehen daraus sowie auch der Katharinenpalast in Zarskoje Selo – und in Deutschland reichen die Bauten vom Ulmer Münster über die Türme des Kölner Doms bis hin zur Siegessäule in Berlin. Auch im neuen Reichstag hat der Architekt Plenarsaal und Treppenhaus mit diesem guten Werkstein ausgestattet.

Küstennnah entstandene Oberkreide-Sandsteine prägen die Landschaft der Sächsischen Schweiz: An

172 Der Wasserturm, Mannheims Wahrzeichen, ist aus Schilfsandstein des Keupers gebaut.

Lit.: Naturwerksteine
Müller 1991, Reinsch 1991, Siegesmund & Svethlage 2008, Smed & Ehlers 2002

den dort aus dem schichtigen Gestein aufgebauten Türmen und Bastionen, die durch einander kreuzende Klüfte gepalten sind, zeigt sich schon von Natur aus die Möglichkeit, Blöcke zu spalten und diese dann direkt zu verbauen.

Zu den prominenten Bauten, die unter Beteiligung verschiedener Varietäten dieser Sandsteine errichtet wurden, gehören der Dresdner Zwinger, das Brandenburger Tor, das Pergamon-Museum in Berlin und das Hamburger Rathaus.

Es mag verwundern, dass sogar Gips in seiner natürlich vorkommenden Ausprägung früher als Baustein vermauert wurde. Solcher Gips- bzw. Anhydritstein gehört z. B. zum Inventar alter Häuser in der Gegend von Bad Windsheim in Franken, dessen gesamte Umgebung aus entsprechenden Gesteinen des Keupers besteht. Die natürlichen Vorkommen sind überwiegend schichtig, sodass entsprechende Quader leicht zu gewinnen und die Transportwege außerordentlich kurz waren.

Steine für Dächer

Dachschiefer

In vielen Landschaften sieht man meist schon den Häusern an, welche Gesteine dort vorkommen. Das betrifft nicht nur deren Mauerwerk, sondern vor allem die Dächer: Die Städtchen am Mittelrhein und die Dörfer im Thüringer Schiefergebirge, im Sauerland oder im Harz z. B. sind durch Schieferdächer geprägt, denn die Menschen dort haben natürlich in erster Linie das nächstliegende Material verbaut – sie mussten es aber zunächst einmal gewinnen. Erst der Tiefbau mittels Schächten und Stollen hat Dachschiefer in geeigneter Qualität geliefert, denn oberflächennah anstehendes Gestein ist meistens angewittert und deshalb unbrauchbar. Bergmännisch werden heute unter Tage größere Blöcke aus dem anstehenden Gestein herausgesägt (früher wurden sie mit Schwarzpulver schonend herausgesprengt), gefördert und anschließend gespalten, was noch immer von Hand geschieht.

Für die Bildung von guten, d. h. ebenmäßig dünnplattig spaltenden Dachschiefern (im Mittel 3–5 mm) sind sehr homogene, tonige Ausgangsgesteine Voraussetzung. Da Tonschiefer aber meist auch gröbere Komponenten oder Sandlagen enthalten, sind geeignete Dachschiefer auf sehr begrenzte Partien beschränkt. Schon aus diesem Grund ist ein großer Teil des geförderten Materials Abraum, der mit entsprechend großen Halden die Landschaft prägt. Gute Dachschiefer sollten möglichst kalkarm sein und kaum Pyrit enthalten, weil beide Stoffe erheblich zu ihrer Verwitterung beitragen; sie sind aber im Ablagerungsmilieu von Tonen nicht selten. Dachschiefer kommen durch Gebirgsbildungsdruck zustande: Dabei orientieren sich die blättchenförmigen Tonpartikel, die nach der Ablagerung zunächst feinschichtige, plattig spaltende Tonsteine bilden, senkrecht zum vorherrschenden Druck. Diesen Prozess nennt man Schieferung und das Ergebnis Schiefrigkeit, man sagt aber oft auch zum Ergebnis Schieferung. Die ursprüngliche Schichtung, die durch einen Materialwechsel erfolgt, und die spätere Schiefrigkeit bilden jeweils eigene Flächen im Gestein, die sich unter bestimmten Winkeln kreuzen und beim Spalten der Schiefrigkeit folgen.

Homogenes, feinkörniges Ausgangsmaterial sammelt sich nur in Stillwasserbereichen an sowie oft, aber nicht immer in der Tiefsee. Da sich die Ablagerungsbedingungen im Meer ständig ändern, kann es immer nur zeitweise zu solchen für die Dachschiefer geeigneten Voraussetzungen kommen: Entsprechende Partien sind deshalb oft zwischen gröberen Gesteinsbänken, normalen Tonschiefern und/oder Sandsteinen bzw. Quarziten eingeschaltet. Tektonische Bedingungen haben örtlich auch zu Überschiebungen geführt, wodurch die Schichtkomplexe übereinandergestapelt und darin vorkommende Dachschieferpartien auf verhältnismäßig kleinem Raum konzentriert wurden. Gesteinsfolgen mit überwiegend paläozoischen Dachschiefern gibt es bei uns im Rheinischen und im Thüringer Schiefergebirge oder im Harz. Die Lagerstätten gehören meistens in das Devon oder das Unterkarbon und haben ihre Schieferung während der Variskischen Gebirgsbildung erfahren.

Das heute zum Weltkulturerbe geadelte Mittelrheintal ist optisch auch durch die blauschwarzen Dächer seiner Städtchen geprägt, deren Schiefer ebenfalls unterdevonisches Alter haben. Landläufig wurden sie nach den wesentlichen Abbauen bei Kaub als „Kauber“ bezeichnet. Ihre Gewinnung erfolgte mittels Stollen, die leicht ansteigend in den Fels getrieben wurden, sodass zusitzendes Wasser gleich abfließen konnte. Ebenfalls unterdevonisch sind die Dachschiefervorkommen an der Mosel, die am Katzenberg bei Mayen noch heute abgebaut werden; man hat dort auf neun Abbau-

173 Dachschiefergrube Schmiedebach bei Lehesten im Thüringer Schiefergebirge.

sohlen inzwischen eine Teufe von 300 m erreicht. Diese „Moselschiefer" nutzten schon die Römer – und anhand von Löchern und Nägeln lässt sich belegen, dass sie damit Dächer gedeckt hatten (Wagner 2004).

Die Vorkommen im Sauerland sind mitteldevonisch; einen seit 150 Jahren bestehenden Abbau die Firma „MAGOG" bei Schmallenberg betreibt heute noch.

Im Harz dagegen werden heute keine Dachschiefer mehr abgebaut, das Stadtbild vor allem von Goslar dokumentiert aber noch diesen einst bedeutenden Bergbau. Im Thüringer Schiefergebirge sind noch immer Dachschiefergruben um Lehesten, Schmiedebach und Unterloquitz herum konzentriert. Die Schiefer gehören stratigraphisch, ähnlich wie die Vorkommen im Oberharz, in das Unterkarbon. Bei Lehesten gibt es nicht nur eine Schieferdeckerschule, sondern ein auf dem historischen Grubengelände eingerichtetes, vorzüglich gestaltetes Freilichtmuseum mit Pferdegöpel und einer Aufbereitungshalle, wo man sich selbst als Schieferspalter betätigen kann. Dort lernt man auch, dass das Decken eines Schieferdachs wesentlich höhere Anforderungen an die Handwerker stellt als das eines Ziegeldachs: Kein Schieferdecker lässt sich gerne als Dachdecker bezeichnen!

Ein relativ begrenztes Abbaugebiet für devonische Dachschiefer gab es früher auch an der Lahn,

174 Untertage-Gewinnung von Rohsteinblöcken für die Dachschiefergewinnung in Unterloquitz, Kreis Saalfeld (Thüringen).

wovon bei den Dörfern Weinbach und Langhecke in der Nähe von Weilburg noch größere Halden zeugen. Im Gegensatz zu den blaugrauen, dünnplattigen „Kaubern" sind diese „Langhecker" aber heller grau gefärbt und haben ein auf dem Wechsel von Ton und Siltquarz beruhendes, streifiges Aussehen.

Sie lassen sich nicht so dünnplattig spalten wie andere Dachschiefer, sind dafür aber wegen des

175 Spalten von Dachschiefer in Unterloquitz.

Lit.: Steine für Dächer
Wagenbreth & Steiner 1982, Wagner 2004

176 Griffelschiefer. Die stengeligen Bruchstücke entstehen, wenn plattige Tonschiefer in einer zweiten Ebene tektonisch beansprucht werden, die annähernd senkrecht zur ersten Schieferung angreift. Aus entsprechenden Gesteinen des Ordoviziums wurden früher, vor allem im Thüringischen Schiefergebirge (in Steinach noch bis 1968), Schreibgriffel hergestellt, mit denen Schüler auf Schiefertafeln ihre ersten Schreibversuche machten (Foto: Verfasser).

Quarzgehalts wesentlich länger haltbar, was die massivere und dadurch teurere Dachkonstruktion wieder ausglich. „Langhecker" wurden meist nur regional verbaut, sodass man sie noch heute an alten Gebäuden im Lahn-Dill-Kreis studieren kann. Gelegentlich hat man auch kleinere Vorkommen von roten oder violettroten Schiefern verwendet.

Während solche Dachschiefer mit Lokalkolorit überwiegend im Lande bzw. in der Gegend blieben, sind die erwähnten größeren Vorkommen oft über weite Entfernungen gehandelt worden. Das gilt bis heute bei der Verwendung für neue Dächer, aber vielfach auch im Denkmalschutz.

Nur mehr von historischem Interesse sind Griffelschiefer, stengelig spaltende Tonschiefer, die nach den früher daraus hergestellten Schreibgriffeln benannt sind. Sie bildeten die ideale Ergänzung zur Schiefertafel, die praktisch ein Stück Dachschiefer ist. Ihre Entstehung setzt einen zweiten Schieferungsprozess voraus, der das Gestein in einer meist senkrecht zur ersten Schieferung stehenden Richtung beansprucht hat. In Thüringen wurden Schreibgriffel im Raum Steinach und in Wittgendorf aus ordovizischen Griffelschiefern gefertigt, wie sie im Tagebau „Schmiedefeld" noch heute anstehend zu finden sind.

Ziegel

Im nördlichen und südlichen Harzvorland ist ein Farbwechsel von den dunklen Schieferdächern im Gebirge zu den roten Ziegeldächern in der Ebene besonders gut zu verfolgen. Verantwortlich dafür sind auch hier die geologischen Gegebenheiten, denn im Vorland gibt es Ton und Lösslehm, die sich beide „verziegeln" lassen, wie der Fachausdruck lautet.

Ziegel haben ihren Namen vom römischen Wort „tegula" = Dachziegel, ihre Verwendung lässt sich aber schon bis in das 7. Jahrtausend v. Chr. zurückverfolgen. Die wesentlichen Rohstoffe dafür sind Lehm und Ton (Lehm = Ton + Sand), die man im Tagebau gewinnt, unter Umständen durch Zusatz von Quarz magert, mechanisch homogenisiert und in feuchtem Zustand meist in Strangpressen formt und anschließend auf die gewünschten Formate zuschneidet, oft mit einem Draht. Sie haben gegenüber Schiefern den Vorteil, dass man ihnen jede gewünschte Form geben kann, die dann unter Handelsnamen wie „Biberschwanz", „Mönch & Nonne" oder „Frankfurter Pfanne" vermarktet werden. Nach einer Trocknungsphase werden sie bei Temperaturen von 900 bis über 1100 °C gebrannt, wobei sowohl durch wechselnde Temperaturen als auch durch ausgewählte Zuschlagsstoffe die Beschaffenheit, Farbe und Oberfläche der Produkte in weiten Grenzen variabel gestaltet werden kann. Beim Brennen wird zunächst das Hydratwasser aus dem Ton ausgetrieben, danach setzt eine Versinterung ein, durch die es auch zur Bildung von Poren kommt: Ziegel sind porös, sie „atmen", können Feuchtigkeit speichern und wieder abgeben.

Der Begriff wird sowohl für Dachziegel als auch für Mauersteine verwendet. Klinker sind Hartziegel, die auch feuerfestes toniges Ausgangsmaterial enthalten und durch höhere Brenntemperaturen (1100–1400 °C) eine glasartige Oberfläche bekommen; dadurch werden sie beständig gegen chemische Substanzen wie z. B. Säuren. Ihre blauroten Farben gehen auf höhere Gehalte an Eisenoxid zurück. Die roten Farben der Dachziegel sind auf limonitisches Eisen im Ausgangsmaterial zurückzuführen, das beim Brennen in Hämatit umgewandelt wird. Kalkhaltige Rohstoffe ergeben gelbe und Al_2O_3-reiche braune Farben. Auch der Brennvorgang beeinflusst die Farben: Reduzierender Brand führt zu blaugrauen bis blauschwarzen Farben, weil das Fe_2O_3 dabei in FeO überführt wird.

Die ursprünglichste Form der Nutzung waren Lehmziegelhäuser, die allerdings nur in ariden Gebieten haltbar sind: In Ägypten gab es solche Bauten schon vor 15 000 Jahren, und gebrannte Ziegel sind aus Mesopotamien seit 5000 Jahren bekannt.

Gute Ziegelei-Rohstoffe sind meist geologisch junge Tone, die z. B. in Norddeutschland gelegentlich durch Schmelzwasser transportiert und in Becken abgesetzt worden sind wie der Lauenburger Ton. Er ist ausgesprochen karbonatarm, sodass sich beim Brennen kein CO_2 entwickeln kann, was sonst zu Blasen in den Ziegeln führt. Auch feste Tongesteine lassen sich verziegeln. Im Ruhrgebiet gab es zeitweise bereits einen frühen Wandel der Wirtschaftsstruktur: Als man im Süden keine Kohle mehr abbaute, wurden in den dortigen Tagebauen die anstehenden Tonschiefer direkt vor Ort verziegelt. In großem Maßstab werden Ziegel aber vor allem aus Lösslehm hergestellt, der schon aufgrund seiner Position an der Oberfläche die besten Voraussetzungen bietet. Ganz Norddeutschland mit seiner Backsteingotik oder die Niederlande sind beredte Beispiele für Gegenden, in denen außer Sand, Ton und Löss kein anderes Material für Mauern und Dächer zur Verfügung steht.

Natursteinplatten

In manchen Gegenden stehen aufgrund der geologischen Gegebenheiten Steine zur Verfügung, die sich zu relativ dünnen Platten spalten lassen. Das kann entweder eine Folge entsprechender Schichtung sein oder durch die schon bei den Dachschiefern erwähnte Schiefrigkeit zustande kommen – eine weitere Möglichkeit ist die gelegentlich plattige Absonderung bestimmter Vulkanite.

Zu solchen schichtigen Gesteinen gehören sogar Sandsteine. Aus dem Buntsandstein des Sollings hat man die wenige Zentimeter dicken „Sollingplatten" gewonnen, deren gute Spaltbarkeit auf lagenweise zwischen den Quarzkörnern angereicherten hellen Glimmern beruht. Damit wurden überwiegend Dächer im Weserraum gedeckt, in der Stadt Einbeck z. B. (die sonst eher für den Ursprung des Begriffs „Bockbier" – eimpöckisch Bier – bekannt ist) haben ganze Häuserzeilen Dächer aus Sollingplatten, was natürlich ein entsprechend dimensioniertes Dachgebälk voraussetzte. Sollingplatten wurden aber auch für Fassaden verwendet.

Der Prozess der Schieferung hat nicht nur das feinkörnige Ausgangsmaterial der Dachschiefer strukturiert, sondern auch Gesteinen mit wesentlich

177 Schloss Fürstenberg zwischen Höxter und Beverungen an der Weser ist mit Sollingplatten des Buntsandsteins gedeckt. Darin befindet sich das Museum der Fürstenberger Porzellan-Manufaktur (Foto von Dr. Rainer Aschemeier).

gröberen Komponenten eine schichtig aussehende Textur aufgeprägt. Die in dieser Hinsicht bekanntesten Gesteine sind Gneise, in denen sich unter tieferer Versenkung ihrer Ausgangsgesteine im Zuge gebirgsbildender Vorgänge eine sog. Paralleltextur herausgebildet hat. Gneise bestehen vor allem aus Quarz und Feldspat, die sich beide schon aufgrund ihrer Kristallformen nicht so schön einregeln lassen wie die Glimmer bzw. Tonminerale; deshalb spalten sie auch lange nicht so feinplattig wie Tonschiefer. Dennoch gibt diese parallel ausgerichtete Anordnung der Minerale schon die spätere Spaltrichtung im Gestein vor, an der entlang man Gneisplatten gewinnen kann. Damit baut man in Südtirol z. B. Pergolen und im Tessin die als „Rustico“ bezeichneten Häuser einschließlich deren Dächer.

Auch von bestimmten vulkanischen Gesteinen ist eine Spaltbarkeit in dünne Platten bekannt: Der

178 Steinhaus, sog. Rustico im Tessin. Für Mauern und Dach werden hier plattig spaltende Gneise verwendet.

Phonolith („Klingstein“) klingt deshalb beim Anschlagen. Auf Gran Canaria, einer der Kanarischen Inseln, hat man aus solchen Platten früher Wasserleitungskanäle gebaut, das Material ist aber auch als Dachbedeckung bekannt.

Pflastersteine

Gepflasterte Wege waren schon immer von hoher logistischer Bedeutung, die schnurgeraden Straßen der Römer mit den manchmal von den Wagenrädern eingefrästen Rillen hatten aber schon ältere Vorläufer, und in den meisten Fällen kam deren Material zunächst aus der unmittelbaren Umgebung. Die wichtigste Eigenschaft war zunächst Abriebfestigkeit – und so ist es nicht verwunderlich, dass bei uns so viele Straßen mit Basalt gepflastert waren, der oft über weite Strecken herangeholt wurde. „Blaubasalt“ – wegen der blaugrauen Farbe – war aber auch ein Begriff für gefährliches Pflaster, vor allem bei Nässe, weshalb basaltisches „Kopfsteinpflaster“ inzwischen fast überall mit einer Teerdecke versiegelt wurde.

Ganz ähnlich sehen Pflastersteine aus, die aus Hüttenschlacken bestehen, also eigentlich Kunststeine sind. Man erkennt sie an ihrer im Vergleich zum Basalt besseren Maßhaltigkeit, die durch die Gussform zustande kommt, und an den charakteristischen Poren. Solche Steine stammen z. B. aus dem Mansfelder Kupferschiefer-Revier und haben dementsprechend ihre Hauptverbreitung im heutigen Sachsen-Anhalt. Basalt ist aber nicht das einzige Material, das als Naturstein direkt für den Wegebau verwendet wurde: Auf kleinen, älteren Landstraßen in Norddeutschland begegnet einem fast das gesamte Spektrum an Gneisen und Graniten aus dem Grundgebirge Skandinaviens, die von den Gletschern dorthin verfrachtet wurden. Sandsteine, vor allem die des Buntsandsteins, waren beliebte Pflastersteine und gelten heute schon als nostalgische Besonderheiten. Der dunkelrotbraune bis rötlich-violette Quarzporphyr (Rhyolith), ein vulkanisches Gestein, das sich gut in Platten und Würfel spalten lässt und bei guter Qualität auch eine hohe Abriebfestigkeit aufweist, ist bei uns erst in neuerer Zeit als Pflasterstein in Mode gekommen. Kaum jemand wird wissen, dass er damit auf den Produkten eines hochexplosiven Vulkanismus aus der Permzeit herumläuft, viele Partien im Bozener Quarzporphyr sind nämlich als Ignimbrite aus heißen Ascheströmen entstanden. Dieses Gestein wurde in den vergangenen Jahren häufig in Fußgängerzonen verlegt, aber auch für Treppenstufen und Fensterbänke verwendet. Kalksteine, vor allem wenn sie sich in Platten spalten lassen, sind ebenfalls als Straßenpflaster geeignet und manchmal in der Perfektion ihrer Verlegung von außerordentlicher Schönheit: Kleinstückiges Pflaster aus Muschelkalkwürfeln ähnelt Mosaiken und Platten aus Kreidekalken der Dinarischen Gebirge schmücken in Südkroatien z. B. ganz Dubrovnik.

179 Straßenpflaster aus permischem „Bozener Quarzporphyr“ (Rhyolith), wie er heute auch viel in Deutschland verlegt wird.

Neben Dachziegeln und Mauersteinen werden auch Ziegelsteine und Klinker extra für den Straßen- und Wegebelag hergestellt.

Sand und Kies

Sand ist das, was nach der Verwitterung der meisten Gesteine übrig bleibt – vorausgesetzt sie enthalten Quarz, denn der überwiegende Anteil der über die Korngröße definierten Sande (0,063 – 2 mm) sind Quarzsande (bei anderem Material handelt es sich um Kalksand, Gipssand, Schwermineral-Sand oder Magnetitsand). Deshalb entsteht aus der Verwitterung von Basalt auch kein heller Sand: Hawaiis Badestrände und die vieler anderer Vulkaninseln sind schwarz.

Quarzsande entstehen durch Verwitterung von Graniten, Gneisen oder Sandsteinen (die selbst einmal daraus entstanden waren); die im Granit und Gneis vorhandenen Quarze bleiben als verwitterungsresistentes Material übrig, während die anderen Minerale in diesen Gesteinen, hauptsächlich Feldspäte, meistens chemisch zerstört und/oder in Tonminerale umgewandelt wurden (s. u.). Während man bei Sandsteinen noch den Feldspatgehalt zur

Lit.: Sand und Kies
Füchtbauer 1988, Pettijohn et al. 1973, Rothe 2010, Siever 1989

Unterscheidung von reinen Sandsteinen und Arkosen (> 25 % Feldspat) heranzieht, wird das bei den lockeren Sanden nicht berücksichtigt. Zur Verwitterung kommt in der Folge noch der Transport der Mineralkörner hinzu, bei dem die Quarz-Kristalle zunehmend gerundet werden. Das kann in unterschiedlichen Milieus geschehen: in Flüssen und am Strand durch fließendes oder hin-und-her-bewegtes Wasser oder in ariden Festlandsbereichen durch den Wind. Im Laufe der langen Erdgeschichte können Quarzkörner dann vielfach recycelt werden, sodass man es beim Baden am Strand von Copacabana zwar mit rezentem Sand zu tun hat, dessen Körner aber letztlich aus der Verwitterung der im Hinterland anstehenden präkambrischen Gneise stammen, die selbst schon ein paar Gebirgsbildungszyklen mit Zerstörung und Umlagerung hinter sich haben. Dieses Recycling machen die Gesteine schon seit Milliarden von Jahren mit, aber man muss berücksichtigen, dass auch Quarz zerstörbar ist, unter bestimmten Bedingungen sogar bei Normaltemperaturen aufgelöst oder bei Aufheizung der Erdkruste bei Gebirgsbildungen eingeschmolzen werden kann. Deshalb sind die meisten Sande also dennoch junge Bildungen. Als Produkte einer ganz rezenten Entstehung kann man die beim Kaolin-Abbau um Hirschau und Schnaittenbach in der Oberpfalz anfallenden Sande erwähnen, die dort zum „Monte Kaolino“ aufgeschüttet wurden, auf dem man heute sogar im Sommer „Ski fahren“ kann. Diese Sande fallen beim Absieben des Kaolinits an, der dort aus verwittertem Buntsandstein gefördert wird. Ihrer Verwendung nach werden Bausande und Industriesande unterschieden. Während an erstere, die überwiegend als Betonzuschlagsstoffe genutzt werden, im Allgemeinen keine besonderen Qualitätsanforderungen gestellt werden, müssen Industriesande je nach Verwendungszweck bestimmte Kriterien erfüllen: Bei Sanden, die für Gießerei-Formen gebraucht werden, sind z. B. eine sehr gute Sortierung und eine gewisse Bindigkeit erforderlich.

Glassande für die optische Industrie müssen vor allem extrem eisenarm sein, während Flaschenglas bis zu 4 % Fe_2O_3 enthalten darf (s. unter „Quarz“). Formsande für die Metallgießerei hingegen sollten eine gewisse Bindigkeit besitzen und möglichst gleichkörnig sein, die Bindigkeit lässt sich durch Beimischen von feuerfesten Tonen erreichen. Da die natürlichen Vorkommen diese Eigenschaften nicht immer garantieren, werden Gießerei-Sande meist durch Hinzufügen verschiedener Bindemittel aufbereitet.

Der Abbau von Bausanden, die auch Kiesvorkommen – also gröberkörnige Partikel – einschließen, weist andere Dimensionen auf als die relativ kleinräumige Gewinnung von Industriesanden. Das führt immer wieder zu Konflikten bei der Landesplanung, wo es einmal die Sedimente selbst, zum anderen aber auch die Grundwasser betrifft, die in solchen Lockergesteinen zirkulieren. Die gewinnbaren Sand- und Kiesvorkommen sind geologisch meist junge Flussablagerungen.

Tone: Kaolin, Montmorillonit/ Bentonit, Illit und Vermiculit

Ein guter Ton ist für einen Musiker unerlässlich, im Umgang mit Menschen erstrebenswert, aber auch als Rohstoff für die unterschiedlichsten Anwendungen gefragt. Tone sind sozusagen die Halbfertigprodukte, die bei der Verwitterung vor allem magmatischer Gesteine gebildet werden.

Die meisten Tone entstehen aus der Verwitterung der Feldspäte, wobei deren Alkalien in Lösung gehen und abtransportiert werden, während sich Al_2O_3 und SiO_2 mit Wasser zu neuen Kristallen, nämlich zu den als Tonmineralen bekannten Schichtsilikaten, verbinden. Deren in Form von Schichten aufgebaute Kristallstruktur führt zu einer blättchenhaften Zusammensetzung der tonigen Sedimente (Tone) bzw. der verfestigten Tonsteine und Tonschiefer. Ton wird anhand seiner kleinen Partikel von < 0,002 mm auch als Korngröße definiert, wobei aber nicht alle Bestandteile Tonminerale sein müssen, denn es kann den Sedimenten auch feinster Quarzstaub oder Kalk beigemischt sein. Tonminerale sind Kristalle mit besonderen Eigenschaften, zu denen vor allem gehört, dass sie Wasser und Kationen an die elektrisch geladenen Oberflächen binden und diese Bestandteile auch wieder abgeben können. Damit sind sie wichtige Komponenten, die die Eigenschaften von Böden bestimmen. Es gibt aber sehr unterschiedliche Tonminerale, deren jeweilige Eigenschaften auch für die Verwendung als mineralische Rohstoffe verantwortlich sind. Davon soll hier nun in komprimierter Form die Rede sein.

Das bekannteste Tonmineral ist der weiße Kaolinit, ein sog. Zweischicht-Mineral (was sich auf den Kristallbau bezieht, der hier nicht näher erläutert wird, vgl. Abb. 180), aus dem der auch als

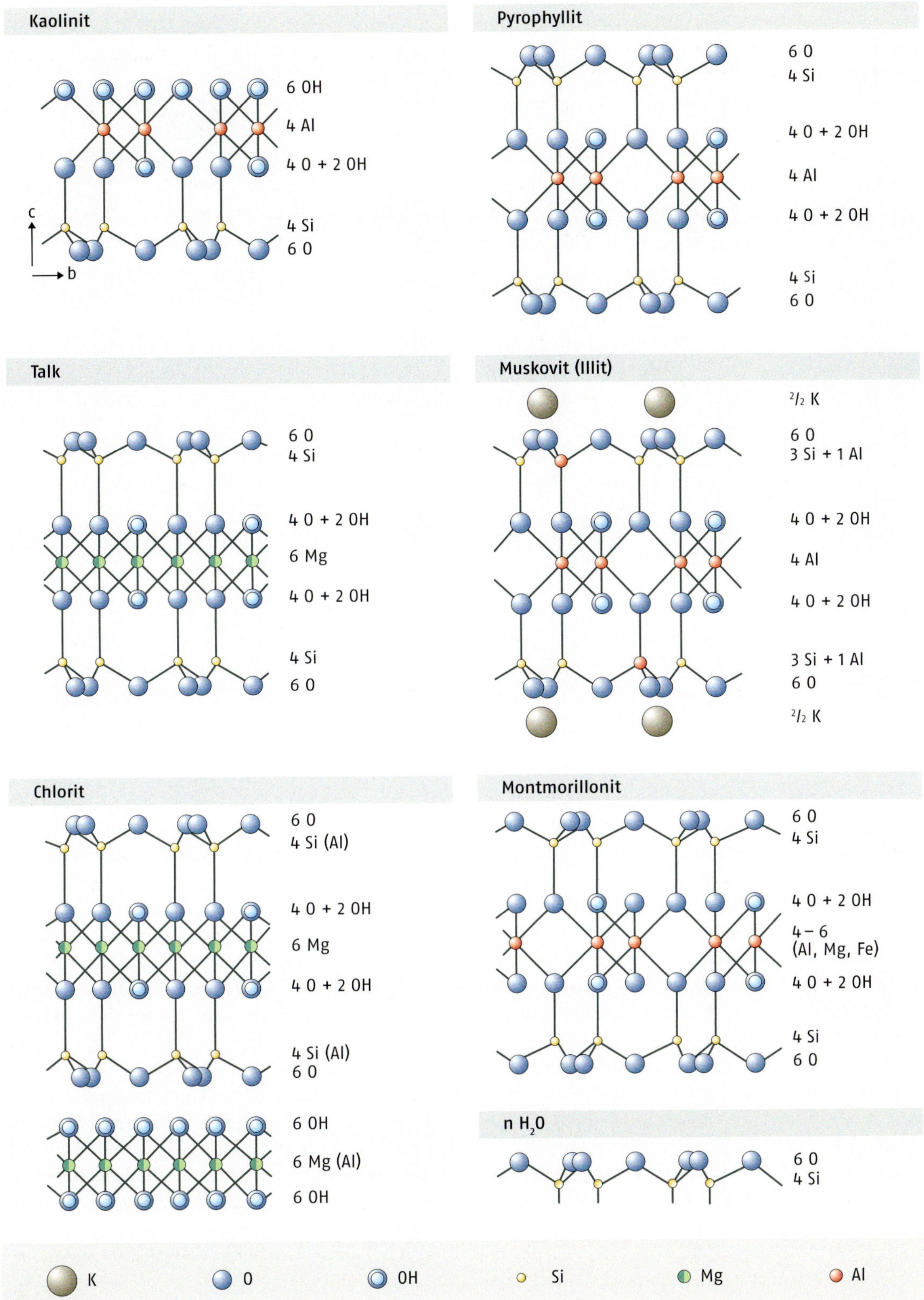

180 Tonmineralstrukturen (aus Rothe 2010).

181 Tongrube am Ortsrand von Breitscheid (Westerwald). Die überwiegend kaolinitischen, weißen Tone entstanden während des Tertiärs unter tropischem Klima durch Verwitterung paläozoischer Schiefer (aus Thielmann 1999: Chronik der Westerwälder Thonindustrie).

Porzellanerde bezeichnete Kaolin besteht. Der Begriff „Porzellanerde“ sagt schon aus, was man daraus herstellen kann, und „Kaolin“ ist abgeleitet von dem chinesischen Berg Kaoling, wo die „weiße Erde“ abgebaut wurde. Das Geheimnis der Porzellanherstellung war ja lange Zeit hindurch von den Chinesen sehr gut gehütet worden, bis es Johann Friedrich Böttiger 1709 gelang, ihnen auf die Spur zu kommen. Dazu benutzte er Kaolin aus der Gegend von Meißen, wo er noch heute für das weltberühmte Porzellan gewonnen wird. Kaolinit, um wieder beim Namen des Tonminerals zu bleiben, entsteht hauptsächlich durch tropische Verwitterung unter Beteiligung entsprechender Wassermengen und hoher Temperaturen – daher müssen auch die Gegenden, in denen er heute vorkommt, einmal unter einem solchen Klima gestanden haben. In Mitteleuropa war das vor allem während der Kreidezeit und im Alttertiär der Fall, als die Kaoline von Hirschau und Schnaittenbach innerhalb des Buntsandsteins der Oberpfalz, jene auf den permischen Porphyrdecken in der Umgebung von Meißen und die Westerwälder Tertiär-Tone aus paläozoischen Tonschiefern entstanden sind. Für Porzellan benötigt man außer Kaolin noch Quarz und Feldspat, und die Brenntemperatur bestimmt, ob Hart- oder Weichporzellan entsteht. Die Berliner Porzellanmanufaktur bezog ihr Rohmaterial aus der Gegend von Halle und die von Sèvres und Limoges in Frankreich aus Limoges.

Kaolin wird heute nur noch untergeordnet für Porzellan, sondern hauptsächlich in der keramischen Industrie, für Feuerfestprodukte, in der Papierindustrie und für Kunststoffe verwendet.

Ein weiteres wichtiges Tonmineral ist Montmorillonit, dessen Kristallstruktur durch drei Schichten bestimmt wird. Er hat die besondere Eigenschaft, in sein Kristallgitter Wasser und andere Stoffe reversibel einzulagern, besonders organische Moleküle. Dabei werden die Schichten aufgeweitet, was man sich u. a. bei der Analytik zunutze macht: Montmorillonit ist ein quellfähiges Tonmineral, das aber noch andere interessante Eigenschaften hat. Ein daraus bestehender zäher Schlamm ist thixotrop, er kann durch geringfügige Erschütterungen schlagartig flüssig werden. Deshalb setzt man Montmorillonit der Spülung bei Erdölbohrungen zu, um das Bohrloch zu stabilisieren. Solange gebohrt wird, bleibt die Spülung flüssig, während sich im Ruhezustand eine annähernd stabile Konsistenz einstellt, die auf der Bindung der Tonteilchen durch schwache elektrische Ladungen beruht. Die thixotropen Eigenschaften sind vor allem beim Bentonit vorhanden, einer Abart vom Montmorillonit, der aus der Verwitterung vulkanischer Aschen entsteht (benannt nach Fort Benton in Wyoming (USA).

Die hohe Austauschkapazität von Montmorilloniten bedingt auch die Fruchtbarkeit entsprechender Böden, außerdem eignet sich das Material für die Herstellung von Bleicherden als Entfärbungs- und Reinigungsmittel für Öle, Fette, zur Weinschönung und beim Bier. Es kann zudem organische Geruchsstoffe binden, was man früher genutzt hat, um der damals noch aus Waltran hergestellten Margarine den lästigen Geruch zu nehmen. Des Weiteren wird das bindige Material Formsanden beigemischt. Bentonit wurde bis vor ein paar Jahren noch im Tagebau in der Gegend von Landshut abgebaut.

Bedeutender als Kaolinit und Montmorillonit ist Illit, der mal als Tonmineral und mal als Glimmer bezeichnet wird, sodass die angelsächsische Literatur oft „illite/mica“ schreibt. Illit kommt in der Natur in großen Mengen vor, kann aber auch entstehen, wenn man Montmorillonit-haltige Böden mit Kali düngt: Dabei treten die Kaliumatome in das Kristallgitter des Montmorillonits ein und es bildet sich Illit. Dieses Kalium im Illit war schon früh der wichtigste natürliche Pflanzendünger: Die Fluten des Nils brachten ihn alljährlich mit dem Schlamm aus dem Inneren Afrikas und deponierten ihn im Delta, das dadurch eine periodische Naturdüngerzufuhr für seine fruchtbaren Böden erhielt.

Außer den bereits genannten gibt es eine Vielzahl weiterer Tonminerale mit unterschiedlichen Bezeichnungen und Zusammensetzungen, deren Behandlung hier zu weit führen würde. Für die Verwendung von Tonen sind vielerlei Eigenschaften von Bedeutung: Töpfertone sollten gut plastisch oder sogar gießfähig sein und beim Trocknen möglichst keine Risse bilden, weshalb sie meist aus mehreren unterschiedlichen Tonmineralen zusammengemischt werden. Die Farbe gebrannter Tone wird überwiegend durch den Eisengehalt der Rohstoffe bestimmt. Tone enthalten oft auch organische Substanzen oder Pyrit, die sich beide störend auf das Brennverhalten auswirken. Geringere Anforderungen werden an Tone gestellt, die als Dichtungsmaterial für Deponien dienen; hier ist vor allem Montmorillonit ein bevorzugtes Material für mineralische Schadstoff-Barrieren.

Schließlich ist auch Vermiculit ein Tonmineral, das ein dem Montmorillonit ähnliches Quellvermögen besitzt und wie dieser Fremdionen in seine Kristallstruktur einbauen kann. Der Name beruht auf der Eigenschaft, sich bei Erhitzen zu würmchenförmigen Gebilden zu krümmen und aufzublättern, dabei erreicht er das bis zu 50-Fache seines ursprünglichen Volumens. Dies macht ihn für den Wasser- und Nährstoffaustausch in der Landwirtschaft, als Kationenaustauscher, Absorber unerwünschter Stoffe, bei Kernbrennstoffen und für die Schall- und Wärmedämmung geeignet. Obwohl Vermiculit bei geeigneten natürlichen Bedingungen, zu denen neben einer von der Oberfläche ausgehenden Verwitterung auch hydrothermale Lösungen zu gehören scheinen, nicht selten ist, sind große Lagerstätten bisher auf die USA und Südafrika beschränkt.

Lit.: Tone

Heling in Füchtbauer 1988, Rothe 2010

Zementrohstoffe: Kalk, Ton, Mergel und Sand

Es handelt sich in allen Fällen um Rohstoffe, die in großen Mengen abgebaut werden, sodass ihre Gewinnungsstätten meist schon in der Landschaft auffallen (Steinbrüche bzw. Ton- und Mergelgruben). Deren Anlage führt heute nicht selten zu Auseinandersetzungen wegen der damit verbundenen Umweltveränderungen.

Kalke (auch Dolomit) sind als Rohstoffe in vielerlei Formen direkt verwendbar, während sie für die Produktion von Zement nur eine von drei wesentlichen Komponenten bilden: Die beiden anderen sind Ton und Sand. Im Mergel sind Ton und Kalk schon auf natürliche Weise miteinander vermischt, womit sie die günstigsten Rohstoffe für Zemente überhaupt bilden. Die erforderlichen Mengenverhältnisse lassen sich durch entsprechende Mischungen der Einzelkomponenten herstellen, es gibt aber Vorkommen, in denen die Mischung von Natur aus bereits so beschaffen ist, dass man daraus direkt Zementklinker brennen kann: Das war im frühen 19. Jahrhundert in Vorkommen Südenglands der Fall, wo man Steine aus Portland u. a. in London zum Bau, aber eben auch zum Brennen von

Lit.: Zementrohstoffe
Reinsch 1991

Zement verwendete. Weil dieser eine den Bausteinen ähnliche Farbe hatte, nannte man ihn Portlandzement. Die drei notwendigen Komponenten dafür sind CaO, SiO_2 und Al_2O_3, wobei das CaO durch den Kalk ($CaCO_3$), das SiO_2 durch den Sand bzw. quarzhaltige Gesteine und das Al_2O_3 durch Tonminerale beigesteuert werden. Die sandigen Kalkmergel von Portland bildeten also schon eine natürliche Mischung, die diese Stoffe im geeigneten Verhältnis besaß. Solche Mischungen lassen sich in manchen Steinbrüchen bzw. Mergelgruben heute auch durch geschickte Baggerfahrer realisieren, indem sie bestimmte Gesteinspartien schaufelweise auf den Mischer aufgeben, die dann wiederum an Stichproben mineralogisch/chemisch analysiert werden, ehe sie in den Brennofen wandern. In diesen Drehrohröfen wird aus dem Rohmaterial zunächst das Wasser ausgetrieben – nacheinander das Porenwasser, das an die Tonminerale gebundene und schließlich auch eventuelles Kristallwasser. Dann setzt ein Prozess ein, bei dem die Stoffe zu sintern beginnen, um schließlich bei bis zu über 1400 °C neue Verbindungen miteinander einzugehen, die man in erster Näherung als Calciumsilikate und -aluminate bezeichnen kann. Die Zementhersteller haben dafür eine eigene Terminologie entwickelt, welche die jeweiligen Anteile in Kurzformeln erfasst. Das gebrannte Material wird dann schnell abgekühlt und zu feinen Korngrößen aufgemahlen. Früher wurde es zunächst zu backsteinähnlichen Ziegeln geformt, weshalb dieser Stoff noch heute Klinker heißt. Zemente sind hydraulische Bindemittel, die zusammen mit Wasser an der Luft steinähnlich hart werden und danach beständig gegen Wasser sind. Besondere Zemente binden auch unter Wasser ab (s. u.). Die Erhärtung von Zement beim Abbinden, deren Dauer von einer Vielzahl von Komponenten abhängt, kann man sich etwa so vorstellen: Das beim Brennen entstandene Material bildet zusammen mit dem Wasser bzw. dem CO_2 der Luft neue Kristalle, die sich zu einem dichten Gefüge zusammenschließen, welches dem natürlicher Gesteine zumindest ähnlich ist.

Bims und Trass

Vulkanausbrüche haben zwar vielfach schlimme Auswirkungen für die Menschen, andererseits liefern sie aber Baumaterial in Form kompakter Gesteine oder Lockerprodukte, die man direkt nutzen kann oder die Ausgangsstoffe für die Bildung fruchtbarer Böden sind.

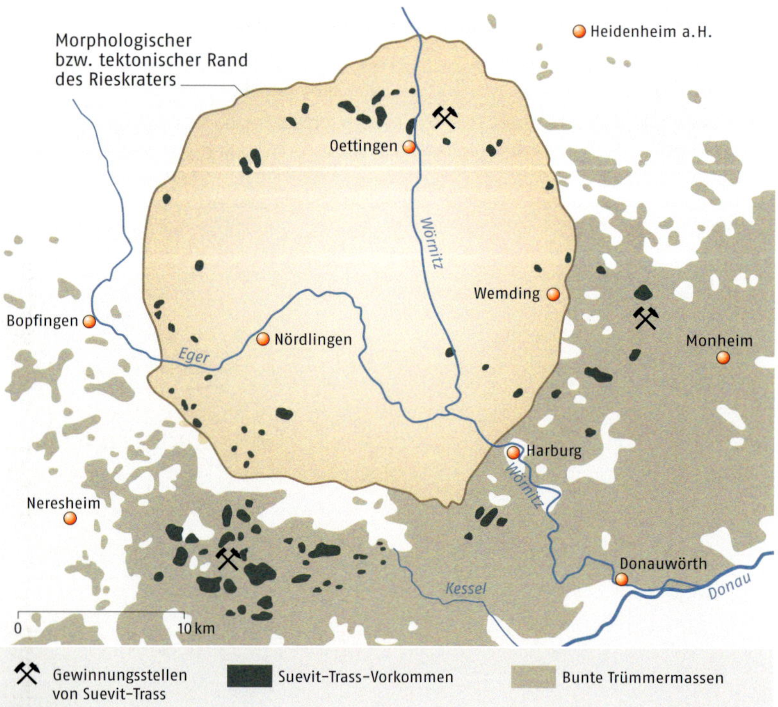

182 Karte der Suevit-Trass-Verbreitung im Bereich des Nördlinger Ries (nach Hüttner 1977, aus Pohl 1992).

183 Suevit, der „Stein der Schwaben", das Produkt eines kosmischen Ereignisses: Beim Einschlag eines Meteoriten vor etwa 14 Millionen Jahren wurde das Nördlinger Ries ausgesprengt, dabei entstandene Gesteinsschmelzen erstarrten u. a. zu den glasigen Partikeln (schwarz: „Flädle"). Das Material ist als Baustein verwendet worden und ein Rohstoff für hydraulische Zemente (Foto: Verfasser).

Bei explosiven Ausbrüchen geförderter Bims ist nichts anderes als aufgeschäumtes Glas, das sich durch eine sehr hohe Porosität auszeichnet. Da die Poren aber nicht miteinander in Verbindung stehen, eignet sich Bims sehr gut für die Wärmeisolierung: In fast ganz Deutschland baute man nach dem Zweiten Weltkrieg mit Hohlblocksteinen, die aus dem jungen Bims der Osteifel gefertigt wurden. Da Bims leicht verwittert, können sich darauf relativ schnell fruchtbare Böden bilden, was seit Menschengedenken dazu geführt hat, dass die durch explosive Vulkanausbrüche gefährdeten Gegenden trotzdem immer wieder besiedelt werden. Im Zusammenhang mit dem Vulkanismus des Vesuv gibt es entsprechendes Bimsmaterial bei Pozzuoli, was dann zum „Puzzolan" bzw. „Puzzolan-Zement" geführt hat. Andere Bezeichnungen für ähnliches Material sind Trass/Trass-Zement bzw. hydraulischer Zement. In der Eifel wurde besonders der als ignimbritischer Aschestrom entstandene Trass aus dem Brohl- und Nettetal von den Römern genutzt, und der beim Impakt im Nördlinger Ries entstandene Suevit ist ebenfalls ein geeignetes Ausgangsgestein für die Herstellung von hydraulischem Zement.

Solche Gesteine waren nämlich schon in der Antike wichtige Baustoffe, wenn es darum ging, einen Mörtel unter Luftabschluss aushärten zu lassen, also z. B. bei Hafenanlagen. Die „zementierende" Wirkung beruht in erster Linie darauf, dass SiO_2 aus den Glaspartikeln und feinkörnigen Aschen besonders schnell in Lösung gehen und sich mit beigemischtem Branntkalk zu unlöslichen Calciumsilikat-Hydraten verbinden kann.

184 Opal-Skelette von Diatomeen (Kieselalgen), die es mit unterschiedlichen Arten sowohl im Meer als auch im Süßwasser gibt. Hier Formen aus einem Tertiär-See der Rhön (Foto von Dipl.-Geol. Wolfgang Schiller, aus Rothe 2010).

Kieselgur/Diatomit

Winzige Opal-Skelette von außerordentlicher Schönheit sind wesentliche Bestandteile eines Rohstoffs, der seine Entstehung biologischen Prozessen verdankt. Die Erzeuger sind 10 – 100 µm große Kieselalgen (Diatomeen), die es zwar auch im Meer gibt, im Fall der hier behandelten Lagerstätten der sog. Kieselgur aber sämtlich zu Bildungen in Seen beitrugen. Durch jahreszeitlich gesteuerte Algenblüten kamen oft mehrere Meter dicke Ablagerungen zustande, die auch als Diatomeenerde oder Diatomit bezeichnet werden.

In der Quartärlandschaft Norddeutschlands, vor allem in der Lüneburger Heide, entwickelten sich während der warmen Zwischeneiszeiten der Holstein- bzw. Eem-Warmzeit entsprechende Seen, in deren Ablagerungen sich heute Jahreslagen auszählen lassen, die belegen, dass die Seen über Tausende von Jahren hinweg bestanden haben. Die damals gebildete Kieselgur wurde dann nahezu 100

185 Kieselgur bei Neu-Ohe in der Lüneburger Heide, die in Seen der Holstein-Warmzeit vor 335 000 - 300 000 Jahren entstanden war. Hier „Abbau" durch Mannheimer Studenten (aus Rothe 2009b).

Lit.: Kieselgur/Diatomit
Benda & Brandes 1974, Rothe 2010

Jahre lang in Tagebauen gewonnen und lieferte einen vielseitig verwendbaren Rohstoff.

Dabei war es vorteilhaft, dass die von den Algen mitproduzierte organische Substanz gleich zum Brennen des Materials dienen konnte, wobei dann am Ende das durch außerordentlich feine Poren gekennzeichnete kieselige Produkt übrig blieb. Man konnte darin flüssiges Nitroglycerin speichern und so Gur-Dynamit herstellen, was den hochexplosiven Sprengstoff etwas entschärfte. Mit der Kieselgur hatte man aber auch einen sehr wirksamen Stoff, wenn es um das Ausfiltern extrem kleiner Partikel ging: So wurde Kieselgur beim Filtern von Wein und Bier, Zigarettenrauch oder Schwimmbadwasser genutzt und diente zur Wasserfiltration in den Berkefeld-Filtern, die sogar Bakterien zurückhalten konnten. Die äußerst feinkörnigen Opal-Partikel lassen sich auch als Schleifmittel einsetzen, weshalb man sie auch Seife und Zahnpasta zugesetzt hat, was den weniger harten Zähnen eigentlich nicht zuträglich ist.

Feuerstein

Fast am Ende dieses Buches angelangt, soll noch einer der für die frühe Entwicklung der Menschen sehr wichtigen Rohstoffe besprochen werden, nämlich Feuerstein. Aus diesem stellten unsere entfernten Vorfahren nicht nur Waffen her, sondern vor allem Gegenstände für den täglichen Gebrauch.

Feuerstein besteht aus SiO_2, das wir meist nur mit Quarz verbinden – aber hier haben wir es mit einem ursprünglich biologischen Material zu tun, nämlich den aus Opal bestehenden Skeletten von Kieselalgen, Kieselschwämmen oder Radiolarien. Opal ist keine besonders stabile Substanz, sondern hat die Tendenz, sich über eine Reihe von Zwischenstadien letztlich zum stabilen Quarz hin umzubilden. Der in Sedimente gelangende Skelett-Opal wird unter alkalischen Bedingungen innerhalb der Ablagerungen aufgelöst und bei einem pH-Wechsel zunächst in kolloidalem Zustand in Form der „traubig-nierigen" Knollen wieder abgesetzt, die man u.a. an den Ostseestränden aufsammeln kann, wo sie aus der weißen, weichen Schreibkreide ausgewaschen wurden.

Feuersteine sind meist hellgrau, die dunkleren Varietäten enthalten noch organische Substanz und die weißen Rinden sind durch Wasserverlust entstanden. Aus ihnen lassen sich dann die Spaltstücke gewinnen, welche die Urgeschichtler anhand ihrer Formen zeitlich einordnen können wie die Geologen ihre Leitfossilien. Da es regelrechte Zentren der Feuersteingewinnung und -bearbeitung gegeben hat, kann man das Material als einen der ersten Industrie-Rohstoffe bezeichnen, für den auch ein Fernhandel nachweisbar ist. Die wesentlichen Vorkommen stammen aus Schichten der kalkigen Oberkreide, wo Feuersteine zu ganzen Lagen angereichert sein können. An vielen Orten in Belgien, in den Niederlanden und im Aachener Raum z. B. wurde entsprechendes Material in prähistorischer Zeit sogar im Tiefbau gewonnen – ein Beispiel hierfür ist ein über 6000 Jahre alter Abbau mit etwa 2000 Schächten, der wahrscheinlich 500 Jahre lang in Betrieb war und dessen Material in ganz Westeuropa nachweisbar ist. Im Stadtgebiet von Aachen wurde am Lousberg auch Feuerstein im Tagebau gewonnen (vgl. Walter 2010).

Lit.: Feuerstein
Füchtbauer 1988, Rothe 2010, Walter 2010, Weisgerber et al. 1980

Feuersteine sind u.a. auch in Schichten von Trias, Jura, Kreide und Alttertiär des adriatischen Raumes verbreitet sowie im süddeutschen Weißjura. Aus den „Kieselknollenkalken" der Ostalb sind die kieseligen Partien ausgewittert, wobei sich auf der Oberfläche die sog. Feuersteinlehme angereichert haben.

Die englische Bezeichnung „flint" für Feuerstein weist auf seine Verwendung als Zündstein in den Steinschlossgewehren des 17. Jahrhunderts bzw. auf die Flinte hin, womit wir wieder bei den Steinwaffen angelangt wären. Außer den Feuersteinen, die a priori harte Werkzeuge herzustellen gestatten, haben unsere steinzeitlichen Vorfahren auch Quarzite verarbeitet. Dabei muss man die echten Quarzite, die metamorphe Bildungen sind wie der Taunusquarzit, von den sog. Tertiärquarziten unterscheiden, die im oberflächennahen Bereich durch Kieselsäurelösungen verkittete Sandkörner darstellen; solche Vorkommen liegen oftmals in Form größerer Blöcke noch heute in der Landschaft herum.

Obsidian

Obsidian spielte in den jungsteinzeitlichen Kulturen die gleiche Rolle wie Feuerstein, was damit zusammenhängt, dass er scharfe Schneiden und Spitzen liefert. Mit solchen Klingen kann man sich rasieren, und beim Abschlagen von Proben aus Obsidianströmen sollte man mit dem Geologenhammer vorsichtig sein.

Obsidian ist vulkanisches Glas, das aus SiO_2-reichen, außerordentlich zähen Schmelzen entsteht, die meist kurze, gedrungene Ströme bilden. Im Falle explosiver Ausbrüche wird das Material zu Bimsstein aufgeschäumt. Solche Gesteinsgläser sind thermodynamisch nicht stabil, sondern haben die Tendenz, im Laufe der Zeit in einen kristallinen Zustand überzugehen: Deshalb findet man sie im Wesentlichen nur in geologisch jungen Formationen wie z. B. auf den Liparischen Inseln nördlich von Sizilien sowie auf griechischen Inseln (Melos u. a.), von Alaska über Mexiko bis Chile oder auf Teneriffa, wo sie von den Ureinwohnern der Kanarischen Inseln genutzt wurden. Im Prinzip also überall dort, wo man jungen, sauren Vulkanismus beobachtet. Aber Obsidian wurde auch über größere Entfernungen gehandelt: Auf dem Schlachtfeld von Marathon hat man entsprechende Pfeilspitzen gefunden. Bekannt sind auch die Obsidian-Werkzeuge der Aztekenkultur. Neben dieser früheren praktischen Verwendung werden heute auch schwarze Schmuckperlen und kunstgewerbliche Gegenstände daraus gefertigt. Schneeflocken-Obsidian ist eine Varietät, bei der kugelförmige Aggregate aus radialstrahlig gewachsenen kleinen Kristallen im dunklen Glas eingeschlossen sind.

186 Obsidian. Das vulkanische Glas, hier durch Lagen von Bimsstein gegliedert, wurde schon in prähistorischen Kulturen genutzt (aus Rothe 2009c).

Lit.: Obsidian
Rothe 2010, Schmincke 2010

Mineralfarben

9

187 Die Ockersande von Roussillon in der Provence zeigen Farben, die vom grellen Safrangelb über Zinnober bis zu Weinrot reichen. Die Farben werden von dünnen Hämatit-Hüllen um Quarzkörner gebildet, die unter warmem, wechselfeuchten Klima entstanden sind.

Bleiweiß, Zinkweiß, Titanweiß, Cadmiumgelb, Kobaltblau, Malachitgrün oder Zinnoberrot – in allen diesen Farbbezeichnungen kann man die zuvor in diesem Buch behandelten Metalle wiederfinden. Diese sind hier bestimmte Verbindungen eingegangen, welche jeweils eigenständige Farben haben.

Diese Verbindungen kommen in Form von Oxiden, Karbonaten oder Sulfiden vor, die als Partikel jene Pigmente bilden, die man durch Mahlen und Schlämmen in feinste Korngrößen bringt und dann als Malerfarben (was „pigmentum" eigentlich bedeutet) zusammen mit einem Bindemittel auf den Malgrund aufträgt. Die als Pigmente definierten Stoffe sind nämlich im Gegensatz zu den meist organischen Farbstoffen unlösliche Substanzen, die man auch noch in anorganische und organische Pigmente unterscheidet. Hier soll nur von den anorganischen die Rede sein, die meist bergmännisch gewonnen werden.

Die Künstler der Steinzeit dürften die Ersten gewesen sein, die solche Farben genutzt haben, um damit ihre Höhlen auszumalen. Dazu verwendeten sie u. a. Ockerfarben, was mineralogisch Hämatit, Goethit und Limonit einschließt, und schwarze Pigmente aus Tierkohle, aber eben auch aus dem Mangan-Mineral Pyrolusit. Für rote Farben hatten sie Hämatit und den nicht ganz so reinen Roteisenstein. Auffällig ist aber, dass sie weder grüne noch blaue Farben benutzten, was wahrscheinlich mit den fehlenden Rohstoffen zusammenhing. Für

Lit.: Mineralfarben
Lorblanchet 1997, Neumüller 1979

Schwarz stand neben Kohle und den Manganverbindungen auch noch Graphit zur Verfügung.

Die griechische Kunst der schwarz-roten Vasenmalerei mit ihren hochdifferenzierten Darstellungen brachte die beiden unterschiedlichen Farben aber durch die Brenntechnik zustande: Schwarz ist durch Magnetit (Fe_3O_4) bei reduzierendem Brand bedingt, Rot dagegen durch Hämatit (Fe_2O_3) bei oxidierendem.

Später wurde feinstgemahlener Hämatit als Pigment für die Malerfarbe Venezianischrot verwendet. Antike Malereien zeigen, dass man sich bei der Herstellung von Pigmenten sogar pulverisierter Schmucksteine bediente.

So gab Lapislazuli auch den mittelalterlichen Madonnenbildern ihr unübertroffenes Blau. Kobalt hatte man zunächst überhaupt nur der Farbe wegen abgebaut. Kobaltblau ist eine amorphe Verbindung von Kobalt mit Aluminium, die schon um 900 n. Chr. in China und Persien zur Dekoration von Tonwaren verwendet wurde. In Europa hat man vor allem die seit etwa 1600 gefertigten Delfter Fayencen damit bemalt.

Bleiweiß ($Pb[OH]_2 \times 2\,PbCO_3$) – das sich gut mit Öl mischen lässt – wurde schon im Altertum für Wandmalereien verwendet; es ist zwar ziemlich giftig, wird aber auch heute noch wegen seiner hohen Deckkraft vor allem für Außenanstriche genutzt. Titanweiß beruht auf den ungiftigen Pigmenten von TiO_2, das heute als Grundstoff für die meisten Weißfarben dient. Seine chemische Stabilität und die breite Verfügbarkeit machen es zu einem idealen Pigment, welches das Bleiweiß inzwischen weitgehend abgelöst hat.

Das schöne, satte Cadmiumgelb beruht auf CdS und ist wegen der Giftigkeit von Cadmium (vgl. „Blei, Zink und Cadmium", Kap. 5) ein noch immer problematischer Farbstoff, für den es keinen direkten Ersatz gibt. Neben CdS gibt es noch eine Reihe weiterer Cadmium-Pigmentfarben: Cadmiumrot z. B. ist eine Verbindung mit Selen (CdSe), bei Cadmiumzinnober handelt es sich um eine Mischung aus CdS mit HgS und Cadmiumgrün setzt sich aus CdS und Chromverbindungen oder Ultramarin zusammen.

Kasseler Braun wird aus einer erdigen Braunkohle hergestellt, die man u. a. am Meißner gewonnen hat und die durch Leim gebunden wird; in besonders fein geschlämmter Form ist das Van-Dyck-Braun.

Zu den Mineralfarben im weiteren Sinne lassen sich auch für die Kreidezeichnungen verwendeten Stoffe zählen. Als Weiß z. B. ist direkt das Gestein der Schreibkreide geeignet, das der Kreide-Zeit den Namen gegeben hat; das aus winzigen Plättchen von calcitischen Kalkalgen bestehende Material ist weich und lässt sich dementsprechend gut auf Papier reiben. Gelegentlich wurde auch eine Mischung aus Baryt und Ton als Weißfarbe benutzt. Kohlezeichnungen erklären sich durch die Verwendung von Holzkohle von selbst. Umbra, auch Sepiabraun, ist ein eisen- und manganhaltiger Ton, der sich aus der Verwitterung entsprechender Erze bildet. Durch Glühen stellt man daraus die tief rotbraune Gebrannte Umbra her. Rötel für die entsprechenden Zeichnungen ist ein feinstkörniger weicher Ton mit Eisenoxid in Form von Hämatit.

Edelsteine und Schmucksteine 10

Der Begriff „Edelstein" bezieht sich auf besonders schöne und gleichzeitig seltene Minerale und ist daher nicht klar definiert: Was edel ist, bestimmen die Händler – und manches unterliegt dabei den wechselnden Moden. Weniger wertvolles Material wird als Halbedelstein bezeichnet, und schließlich gibt es noch eine Abgrenzung zwischen den durchsichtigen Edelsteinen und den undurchsichtigen, die als Schmucksteine bezeichnet werden.

Jedenfalls sind das alles besonders auffällige Minerale, die schon die Aufmerksamkeit der prähistorischen Menschen auf sich gezogen haben. Unter den seit Tausenden von Jahren gesammelten Schätzen sind vor allem jene der alten Hochkulturen bemerkenswert, unter denen die ägyptischen Königsgräber oder die Tempel der Azteken und Maya bei Weitem keine Ausnahmen sind.

Die Behandlung der Edel- und Schmucksteine ist Gegenstand einer eigenen Wissenschaft, der Gemmologie, die von entsprechend ausgebildeten Fachleuten betrieben wird. Allein schon deshalb kann hier nur ein ganz kurzer Abriss zu diesem Thema gegeben werden, in dem auch nur wenige der wertvollen Steine vorgestellt werden sollen. Schon das Attribut „edel" erfordert aber, sie innerhalb der „Schätze der Erde" nicht ganz zu vernachlässigen. Zu ihrer Bildung müssen immer besondere geologische Bedingungen gegeben sein, und besondere Steine in diesem Sinne sind meist nichts anderes als besonders große und/oder schön ausgebildete Minerale, deren normale Erscheinungsformen niemand als wertvoll ansehen würde: So sind Rubin und Saphir eigentlich nichts anderes als farblich auffallender und besonders großer sowie kristallographisch gut ausgebildeter Korund, den wir wegen seiner Härte als Schleifmittel schätzen. Das gilt in ganz ähnlicher Weise auch für Diamanten, mit denen Hilfe wir Werkzeuge herstellen, um extrem harte Gesteine bohren und sägen zu können.

Diamanten

Diamanten zeichnen sich durch besondere Härte und eine hohe Lichtbrechung aus, chemisch sind sie aber nichts anderes als extrem zusammengedrückter Kohlenstoff. Es hängt vom Betrachter ab, wie man Diamanten einschätzt: von „a girl's best friends" (wie Marilyn Monroe gesagt haben soll) bis hin zu der Aussage des Mineralogen Euan George Nisbet, der einmal die Frage stellte, ob sie möglicherweise nichts anderes seien als „dead bacteria" (Nisbet et al. 1994).

Eine wesentliche Voraussetzung für ihre Entstehung ist jedenfalls extrem hoher Druck, was dann zu den geologischen Gegebenheiten führt und zu den Ländern, in denen Diamanten gefunden und abgebaut werden: Südafrika, Brasilien, Indien, Sibirien (Russland), Kanada und Australien. Allen gemeinsam ist eine besonders alte und dicke Erdkruste, denn nur unterhalb dieser dicken Kruste herrschen die notwendigen hohen Drücke, die man heute ziemlich genau kennt, weil man seit etwa 1950 Diamanten im Hochdrucklabor synthetisieren kann. So hat man herausgefunden, dass sie ihren Ursprung in mehr als 120 km Tiefe – also im Erdmantel – haben müssen, womit sich die Frage ergibt, wie sie an die Oberfläche kommen konnten. Selbst wenn man sie heute aus manchmal 1000 m tiefen Schächten fördert, ist das ja immer noch ziemlich oberflächennah.

Physikalische Altersbestimmungen an Diamanten selbst haben gezeigt, dass sie im Präkambrium entstanden sein müssen (um 3000 Ma), aber die Gesteine, in denen sie an der Erdoberfläche gefunden werden, sind meist nur etwa 100 Ma alt. Der „Fahrstuhl", mit dem sie aus ihrer Bildungstiefe hochgefahren wurden, war hochexplosiv: eine als Diatrema bezeichnete vulkanische Durchschussröhre, die auch als Pipe bezeichnet wird. In der

188 Die Kimberley-Diamantmine in Südafrika, nach der das Gestein Kimberlit benannt ist, das zusammen mit den Diamanten durch einen explosiven Vulkanismus während der Kreidezeit aus den Tiefen des Erdmantels an die Oberfläche gelangt ist (Foto von Irene Yacobson).

Tiefe steht sie oft mit einem Gangspaltensystem in Verbindung, während sie oben von einem Kraterwall umgeben ist bzw. war, wie wir das von den Eifelmaaren her kennen. Aber diese Maare sind sehr jung, weshalb deren Kraterwall meist noch erhalten ist, wogegen er an den 100 Ma alten Diamant-Pipes schon erodiert wurde.

Da sich aber die Phänomene ähneln, lässt sich auch der Prozess entsprechend erklären. Die Gesteine in den Pipes sind unter dem Namen Kimberlite bekannt (nach Kimberley in Südafrika). Es handelt sich um brekziöse Gesteine, die aus Material des Erdmantels bestehen, von eher dunkler Farbe sind und im unverwitterten Zustand „blue ground", im verwitterten „yellow ground" genannt werden – aber es gibt eine große Vielfalt. Früher hat man die Kimberlite einmal „Muttergesteine der Diamanten" genannt, was aber schon deshalb nicht stimmen kann, weil nicht alle Kimberlite Diamanten enthalten. Diamanten sind vielmehr Fremdbestandteile, die darin eigentlich nichts zu suchen haben: Die Kimberlite bilden sozusagen nur das Transportmedium für die Förderung der alten Gesteine aus der Tiefe. Sowohl in den ganz jungen Maaren als auch in den Kimberlit-Pipes ist die Explosivität auf das Zusammentreffen von heißer Gesteinsschmelze mit Grundwasser zurückzu-

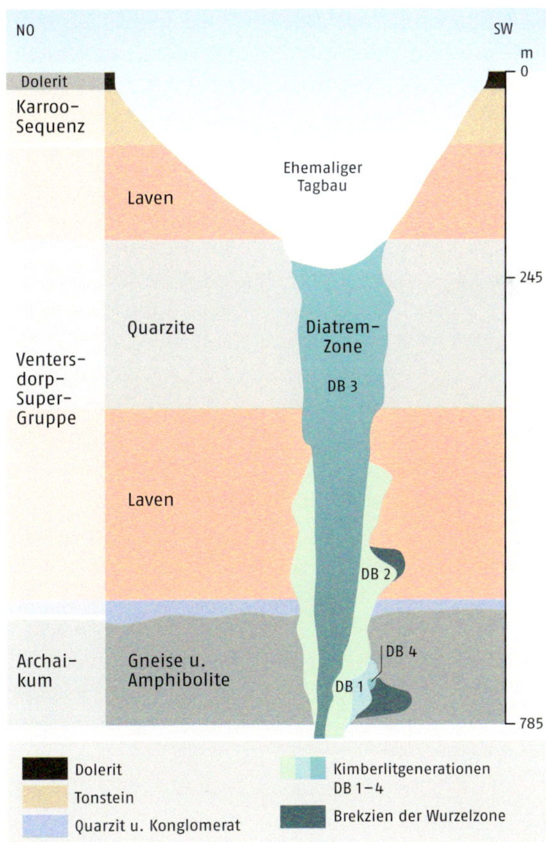

189 Das geologische Profil der De-Beers-Kimberlit-Pipe zeigt außer den durchschlagenen Gesteinsfolgen mehrere Kimberlit-Generationen (nach Clement et al. 1986, aus Pohl 1992).

Lit.: Diamanten
Clement et al. 1986, Mitchell 1989, Nisbet et al. 1994

Lit.: Edelsteine
Wehrmeister & Häger 2005

führen, die Fachleute sprechen dabei von phreatomagmatischen Prozessen, die auch für eine ganze Reihe anderer geologischer Erscheinungen verantwortlich sind.

Bis vor etwa 30 Jahren galten Kimberlite als die einzigen Diamanten führenden Gesteine der Erde. Das hat sich geändert, als man in Westaustralien auch in sog. Lamproiten auf Diamanten stieß, was das Land schlagartig zu einem wesentlichen Produzenten machte. Lamproite sind dunkle magmatische Gesteine vom Charakter des Erdmantels, die sehr kalium- und magnesiumreich sind.

Was bisher angesprochen wurde, sind – im Sinne von Rohstoff-Lagerstätten allgemein – Diamanten auf primärer Lagerstätte (obwohl sie sich in den Kimberliten ja eigentlich schon in sekundärer Position befinden). Es gibt aber die Möglichkeit, dass sie nochmals umgelagert worden sind und dann in Seifen vorkommen: Die Diamantenküste vor Namibia ist dafür ein schönes Beispiel, aber bei Weitem nicht das einzige. Diamant-Seifen enthalten immer besonders hohe Anteile an Schmucksteinen. In Namibia gibt es solche Vorkommen unterhalb und oberhalb des Meeresspiegels, die im Küstenbereich und in alten Flussterrassen des Oranje liegen.

Edelsteine werden neben ihren qualitativen Eigenschaften auch nach Gewicht gehandelt, hier kommt das Stichwort „Karat“ ins Spiel: Das Wort kommt von „kerátion“ (griech. = Horn), dem hörnchenförmigen Fruchtkern des Johannisbrotbaums, der 0,2 g wiegt und in früheren Zeiten von orientalischen Edelsteinhändlern zum Wiegen benutzt wurde. Diamanten können in Einzelfällen extrem hohe Gewichte haben: Der aus der Cullinan-Mine in Südafrika bekannte größte Stein wies ein Gewicht von über 3000 Karat auf, und erst 2009 ist dort ein weiterer von über 500 Karat gefunden worden – dieser hühnereigroße Diamant soll nach ersten Schätzungen 20 Millionen US-Dollar wert sein.

Diamanten kommen aber auch in Form so kleiner Kristalle vor, dass sie als Schmucksteine ungeeignet sind. Für uns Geologen sind sie allerdings immer ein Hinweis auf extrem hohe Drücke, man hat sie auch schon in Meteoritenkratern gefunden (z. B. im Nördlinger Ries, dort im Suevit, und in Popigai in Sibirien) und in besonders tief versenkten Gesteinskomplexen wie erst vor Kurzem im Erzgebirge. Die Kristalle sind dort zwar nur 0,005 – 0,05 mm groß, es handelt sich aber um die ersten Funde in ganz Mitteleuropa.

190 Drei verschiedene Granate: Almandin (dunkel), Spessartin (orange, nach dem Spessart) und Grossular (hellgrün, wie *Grossularia*, die Stachelbeere)
(Fotos: Dr. E. K.).

Granate

Nicht alle Granate sind rot, aber wir assoziieren in der Regel mit diesen Halbedelsteinen die Farbe „Granatrot“ oder, manchmal noch spezifischer, „Almandinrot“. Die Steine leuchten am schönsten bei Kerzenlicht, passen also gut zum Candle-Light-Dinner. Offensichtlich wurden sie schon von den Herrschern der alten Hochkulturen bis hin zu den Merowingern geschätzt, denn entsprechende Funde weisen immer wieder auf hochgestellte Persönlichkeiten.

Granate bestehen chemisch aus sehr gewöhnlichen Elementen, die in der Erdkruste alle häufig vorkommen: Silizium, Aluminium, Sauerstoff, Eisen, aber auch Mangan oder gar Chrom. Erst deren Kombination zu den Inselsilikaten, die Granate allesamt sind, ergibt dann die spezifischen Minerale mit ihren unterschiedlichen Farben.

Für ihre Bildung sind höhere Drücke erforderlich, worauf z. B. ihr Vorkommen im Eklogit (einem Gestein des Erdmantels) hinweist, außerdem findet man sie auch zusammen mit Diamanten in den Kimberliten. Aus den südafrikanischen Vorkommen entstand der irreführende Name „Kaprubin“, der kein Rubin ist. Granate haben besonders dicht gepackte Kristallgitter, weshalb man sie primär vorwiegend in metamorphen Gesteinen findet (besonders in Granat-Glimmerschiefern, vgl. Abb. 191), zu denen auch die meisten Granite gehören.

Bei deren Bildung – einschließlich der darin enthaltenen Granate – herrschten aber sehr unter-

Almandin („Gemeiner" Granat, rot, braun, fast schwarz)	$Fe^{2+}{}_3Al_2(SiO_4)_3$
Pyrop („Böhmischer" Granat, „Kaprubin", dunkelrot)	$Mg_3Al_2(SiO_4)_3$
Spessartin (feuerrot bis gelb, nach dem Spessart)	$Mn_3Al_2(SiO_4)_3$
Andradit (meist braun, auch grün oder schwarz)	$Ca_3Fe^{3+}{}_2(SiO_4)_3$
Grossular (hellgrün)	$Ca_3Al_2(SiO_4)_3$
Uwarowit (dunkles Smaragdgrün)	$Ca_3Cr_2(SiO_4)_3$

T 37 Granate, Auswahl (nach Ramdohr & Strunz 1978, Okrusch & Matthes 2009).

191 Granat-Glimmerschiefer. Die dunkelroten Granate mit ihrer charakteristischen Kristallform sind bei der Metamorphose im Gestein selbst gesprosst (Foto: Dr. E. K.).

schiedliche Bedingungen, die auch das Wachstum der Kristalle beeinflusst haben. Es gibt sie von Submillimetergröße an aufwärts und sogar solche von „Kindskopfgröße" (die uns einmal als Lockmittel für eine bevorstehende Exkursion in die Tauern in Österreich genannt wurden). Das Spektrum der Elemente, aus denen sie zusammengesetzt sind, zeigt auch, dass die meisten Granate ebenso gut aus primären magmatischen Schmelzen wie aus Sedimenten, etwa Mergeln, entstehen können. Für den roten Almandin muss aber, wie seine Formel zeigt, Eisen vorhanden sein: Dieses Element ist ja fast immer für rote Farben verantwortlich, wie das Eisenerz Hämatit oder die roten Blutkörperchen zeigen. Grüne Granate heißen Grossular oder Uwarowit: Grossular wurde nach der Farbe grüner Stachelbeeren *(Grossularia)* benannt, der sehr seltene Uwarowit dagegen nach einem russischen Grafen. Er ist der Einzige, der mit Chrom ein Element enthält, das für die Erdkruste eher ungewöhnlich ist – dazu passt, dass er in Serpentingesteinen vorkommt. Neben den in der Tabelle aufgelisteten Varietäten gibt es praktisch unendlich viele andere, die sich als Mischungsglieder dieser „einfachen" Endglieder verstehen lassen: Bei Änderung der chemischen Verhältnisse während des Wachstums bilden sich die in Granat-Kristallen häufigen Anwachsstreifen, die zum sog. Zonarbau führen. Granate gibt es auch als kontaktmetamorphe Bildungen in Mergeln und Kalken, wo ihre Kristalle schöne Kontraste zu den hellen Gesteinen bilden.

Die Formeln zeigen, dass immer ein zweiwertiges mit einem dreiwertigen Element zusammen im Verbund mit SiO_4 – das die Minerale als Inselsilikate ausweist – die Struktur bilden.

Außer in Metamorphiten kennt man Granate auch als Bestandteile von Sedimenten, bei höheren Konzentrationen spricht man von Granat-Seifen (die meistens auch andere schwere Minerale enthalten). Sie können in Flussablagerungen oder in Strandsanden angereichert werden, wenn in deren Einzugsgebieten Granate führende Gesteine anstehen. Daher findet man Granate z. B. in Bächen und Flüssen Böhmens, welche die ausgedehnten Gneis- und Granitmassive des Gebirges entwässern. Gute Schmucksteine kommen heute oft aus Sri Lanka.

Lit.: Granate

Okrusch & Matthes 2009, Ramdohr & Strunz 1978, Rothe 2010

192 Schurfschacht zur Gewinnung von Schmucksteinen. Ratnapura im südlichen zentralen Hochland von Sri Lanka (Foto von Peter Will).

Rubin und Saphir

Diese beiden als Edelsteine hochgeschätzten Minerale sind chemisch sehr einfach zusammengesetzt – es ist nämlich nichts anderes als Al_2O_3. Wenn sie nicht zu schön geformten, oft großen Kristallen ausgewachsen und rot oder blau gefärbt sind, dann sagen wir einfach Korund dazu und haben damit ein bekanntes Schleifmittel. Das Aluminium in der Formel gibt schon den Hinweis auf ein Al-haltiges Ausgangsgestein, aus dem Korund bzw. die entsprechenden Edelsteine entstanden sind, und zwar überwiegend durch Metamorphose. Rubin ist rot und „Rubinrot“ eine eigenständige Farbbezeichnung, Saphir dagegen ist blau. Ihre Färbung erhalten diese Steine durch Spuren von Fremdatomen im Kristallgitter: Im Rubin ist das Chrom und im Saphir Eisen und Titan. Fremdbestandteile können sogar ganze Minerale sein wie Rutil (TiO_2): Wenn dieser in Form feinster Nädelchen orientiert in die Edelsteine eingewachsen ist, verursacht er das sog. Asterisieren, das man im Sternsaphir bzw. Sternrubin beobachten kann. Kleinere Rubine werden als Lagersteine z. B. in Uhrwerken verwendet und für Rubin-Laser entsprechende Kristalle synthetisch gezüchtet. Die genannten Edelsteine findet man in guter Qualität heute vor allem in Sri Lanka, Birma und Thailand. In vollendeter Ausbildung sind große Rubine manchmal zehnmal so teuer wie entsprechende Diamanten.

193 Verlade-Anlage für saphirhaltige Gesteine: Saphir-Mine in Bo Phloi (deutsch: Dorf Edelstein) in der Provinz Kanchanaburi, Thailand.

194 Smaragd, einer der wertvollsten Edelsteine überhaupt.

Beryll, Smaragd und Aquamarin

Diese drei Steine müsste man eigentlich im Plural schreiben, denn es gibt jeweils mehrere, auch farblich unterschiedliche Varietäten dieses prinzipiell immer gleichen Minerals, die eigene Namen bekommen haben. Mineralogisch handelt es sich um Beryll ($Be_3Al_2[Si_6O_{18}]$), ein Ringsilikat, das sich auch in seiner Kristallform in sechseckigen Säulen ausprägt und aus übereinandergestapelten Sechserringen aus SiO_4-Tetraedern besteht.

Berylle sind typische Minerale der Restkristallisation, worauf schon das seltene Element Beryllium hinweist, das zu klein ist, um in normale gesteinsbildende Minerale eingebaut zu werden. Beryll findet man deshalb oft zusammen mit Turmalin, in dem das ebenfalls „unpassende“ Element Bor eingebaut ist. In Pegmatiten hat man gelegentlich schon meterlange, Zehnertonnen schwere Riesenkristalle gefunden, aber die wenigsten entsprechen in ihrer Qualität den Ansprüchen, die man an Edelsteine stellt, zu denen vor allem Aquamarin und Smaragd gehören.

Unter „Strahlern", wie sich die Mineraliensammler in den Alpen gerne selbst bezeichnen, ist das Habachtal in Österreich wegen seiner Smaragdfunde berühmt. Die intensiv grüne („smaragdgrüne") Farbe der dort gefundenen Steine geht auf Beimengungen von Chrom zurück. Blau gefärbter Beryll heißt Aquamarin, und es gibt auch gänzlich farblose, aus denen schon in der Antike Augengläser hergestellt wurden, was vom griechischen „beryllos" schließlich zu unserem Wort „Brille" geführt hat – von Kaiser Nero wird erzählt, dass er bereits eine solche Sehhilfe hatte.

Topas

Topas ist ein Mineral, das fast immer im Zusammenhang mit den Lagerstätten von Zinnstein steht; die bei deren Entstehung in den Granitkuppeln zirkulierenden heißen Dämpfe enthalten das Fluor, das dann in das Kristallgitter eintritt: $Al_2(F_2/SiO_4)$. Seine Begleiter in den Gesteinen sind oft Beryll, Turmalin und der seltenere Glimmer Zinnwaldit, dem man seine Herkunft schon am Namen ansieht. Topas-Kristalle findet man oft in den Randzonen von Zinngraniten, wo sie in Hohlräume hineingewachsen sind.

Ähnliches lässt sich am Topasfels des Schneckensteins im Vogtland beobachten, einem schlotförmigen Brekzienkörper, bei dem ältere Phyllite durch Quarz und Topas in der Randzone eines solchen Granits von entsprechenden heißen Lösungen durchtränkt wurden. Dies war im 18. Jahrhundert die bedeutendste Fundstelle ganz Europas, aus der auch Steine stammen, die sogar in die englische Königskrone eingefügt wurden.

Die Lokalität steht heute als Naturdenkmal unter strengem Schutz. Topase sind meist gelb gefärbt (was dann zu Nachahmungen aus Quarzvarietäten wie Citrin oder gar gebranntem Amethyst, der ebenfalls gelb ist, geführt hat), es gibt aber auch farblose Varietäten, die man bei entsprechendem Schliff mit Diamanten verwechseln kann. Topase werden heute hauptsächlich in Brasilien gefördert, wo sie neben einer Vielzahl anderer Rohstoffe vor allem im Staat Minas Gerais vorkommen. Andere Fundstellen liegen im Erongo-Granit und im Bereich der Kleinen Spitzkoppe in Namibia, in Simbabwe und im Ural.

Lit.: Topas, Turmalin
Okrusch & Matthes 2009, Ramdohr & Strunz 1978

195 Topas

196 Turmalin-Kristalle, $AB_9[(OH)_4/(BO_3)_3/Si_6O_{18}]$ können aufgrund von Spurenelementen sehr unterschiedlich gefärbt sein. A und B in der Formel stehen für wechselnde häufige Elemente (Na, Al, Fe, Mg etc.)

Turmalin

Wie der Beryll ist auch der Turmalin ein Ringsilikat, von dem es mehrere, unterschiedlich zusammengesetzte Varietäten gibt, die sich chemisch nur geringfügig voneinander unterscheiden. Wichtig ist, dass sie alle das Element Bor und OH-Moleküle, also Wasser, in ihren endlos langen Formeln enthalten und daneben eine vielfach wechselnde Palette anderer Elemente, die zu eigenen Namen geführt haben: Der häufigste ist der schwarze Schörl, der mit radialstrahlig angeordneten Kristallen die „Turmalinsonnen" in Graniten bildet.

Je nach ihrer chemischen Zusammensetzung können Turmaline nahezu sämtliche Farben annehmen oder diese sogar innerhalb eines einzelnen Kristalls zu einem Zonarbau variieren. Besonders auffällig sind Steine mit einem rosa Kernbereich und einer grünen Rinde, die treffend als „Wassermelonen“ bezeichnet werden.

Weitere volkstümliche Bezeichnungen gibt es für grünliche Kristalle von der italienischen Insel Elba, die schwarze Enden haben: „Mohrenköpfe“, oder grüne mit roten Köpfen: „Türkenköpfe“. Die Insel ist auch die Typlokalität für den Lithium enthaltenden Turmalin Elbait. Die unterschiedlich zusammengesetzten Turmaline bilden Mischkristalle, von denen man einige mit jeweils eigenen Namen versehen hat, obwohl das angesichts der vielen Kombinationsmöglichkeiten ein zweifelhaftes Unterfangen ist. Die Vorkommen, oft zusammen mit Beryll und in hellen Gesteinsgängen bzw. Pegmatiten, verweisen auch hier wieder darauf, dass sie Produkte der Restkristallisation sind.

Türkis

Türkis ist ein wasserhaltiges Aluminiumphosphat, das durch Kupfer seine blaue bis blaugrüne Farbe erhält ($CuAl_6[(OH)_2/PO_4]_4 \times 4\,H_2O$); weil er so schön ist, wird er auch Kallait genannt.

Seine Verwendung als Schmuckstein geht schon auf das fünfte Jahrtausend v. Chr. zurück – im Sinai im heutigen Ägypten wurde er bergmännisch durch Stollen abgebaut. In der Neuen Welt war Türkis den Vorläufern der Azteken bekannt, und die Tradition seiner Bearbeitung reicht von den Pueblo-Indianern bis zu den Navajos, deren auch heute wieder gefertigten Schmuck man mittlerweile überall kaufen kann. Südlich von Santa Fe in New Mexico (USA) gibt es einen Berg mit dem Namen Turquoise Hill (auch Mt. Chalchihuitl), wo Türkis zunächst von den Ureinwohnern händisch und später in großem Stil ausgebeutet wurde (woran das Schmuckunternehmen „Tiffany“ wesentlich beteiligt war). Das Material ist nicht immer homogen, sondern oft von Eisen- und Manganoxid-Äderchen durchzogen. Traubig-nierige Formen der in Klüften abgesetzten Minerale legen eine Entstehung aus Lösungen über eine Gel-Phase nahe.

Infolge der Verwandtschaft mit Kupfererzen gibt es eine Vielzahl von Vorkommen, zu denen u. a. die aus dem Iran, bei Samarkand in Turkestan, Turkmenistan, Tibet und der Mandschurei in Nordostchina gehören, und in Fortsetzung des bereits genannten Vorkommens in New Mexico gibt es in den USA noch ähnliche in Arizona, Colorado und Nevada.

197 Türkis, ein kupferhaltiges Phosphat, $CuAl_6[(OH)_2/PO_4]_4 \times 4\,H_2O$, das schon seit prähistorischer Zeit als Schmuckstein geschätzt und noch heute von den Zuni- und Navajo-Indianern abgebaut und verarbeitet wird.

Azurit und Malachit

Diese auffällig blau bzw. grün gefärbten Minerale sind beides Kupferkarbonate, die sich in ihren Formeln kaum voneinander unterscheiden: Azurit ist $Cu_3(OH/CO_3)_2$ und Malachit $Cu_2([OH]_2/CO_3)$.

Sicherlich haben ihre intensiven Farben dazu beigetragen, dass sie sehr früh entdeckt und wahrscheinlich schon in der Bronzezeit auf Kupfer verhüttet wurden. Kupferbergwerke am Sinai dürften auch den Malachit geliefert haben, der wohlhabenden Ägypterinnen als Augenschminke diente.

Als Stein bilden beide manchmal konzentrischschalige Strukturen aus, die eine Gel-Phase bei der Bildung wahrscheinlich machen, mit der Lupe erkennt man aber meist gut die oft sehr feinen Kristalle. Große, gut ausgebildete Kristalle sind aus vielen Kupfer-Lagerstätten bekannt (Tsumeb in Namibia, Südwestafrika, Arizona [USA], Chile). Beide Minerale sind fast immer in den oberflächennahen Bereichen von Lagerstätten der Kupfersulfide anzutreffen, wo sie mit ihren Farben auf die besseren Erze im Untergrund verweisen (vgl. „Kupfer“, Kap. 5).

Lapislazuli

Der schöne blaue Stein, den schon Marco Polo auf seinen Reisen um 1280 von den auch heute noch bedeutenden Fundorten am Hindukusch (heutiges Afghanistan) erwähnt, wurde früher nach einem so kostspieligen Verfahren zur blauen Malerfarbe Ultramarin verarbeitet, dass man sie mit Gold aufwog. Ihren unvergleichlich reinen Farbton und ihre

Leuchtkraft kann man vor allem an mittelalterlichen Madonnen-Bildern bewundern, die im 19. Jahrhundert dann synthetisch hergestellten Ultramarinfarben erreichen diese Qualitäten nicht. Mineralogisch handelt es sich beim Lapislazuli um einen sog. Feldspatvertreter (Lasurit $Na_8[S/AlSiO_4]_6$), dessen besonderes Merkmal ist, dass er sulfidisch gebundenen Schwefel in seinem Kristallgitter enthält. Lasurit ist als ein Mineral der Kontaktmetamorphose an Kalksteine geknüpft. Als Schmuckstein wird er vor allem wegen der intensiv blauen Farbe geschätzt, und in vielen Stücken kann man – besonders im angeschliffenen Zustand – winzige eingesprengte Pyrit-Kristalle sehen, die wie Gold glänzen.

198 Lapislazuli (Lasurstein). Schmuckstein, gelegentlich mit winzigen Einschlüssen von golden glänzendem Pyrit. Das Mineral wurde fein gepulvert auch als Malerfarbe verwendet (natürliches Ultramarin). Die seit uralter Zeit berühmtesten Fundorte liegen im Hindukusch (Badakschan [Afghanistan]).

Zirkon

Zirkon ist der schwerste aller dieser Steine, der in einem anderen Zusammenhang schon bei den Metallen besprochen wurde. Er hat einen dem Diamanten ähnlichen Glanz und vor allem eine vergleichbar hohe Lichtbrechung. Die Farben sind überwiegend braun und braunrot, können aber auch gelb, grau, grün und farblos sein. Edle Varietäten sind durchsichtig bis durchscheinend, von denen vor allem der gelbrote Hyazinth und der farblose bis blass-strohgelbe Jargon aus Sri Lanka als Schmucksteine beliebt sind.

Olivin

Der meist grün gefärbte Olivin ist ein so hundsgemeines und häufiges Mineral, dass es verwundern mag, ihn hier unter den Halbedelsteinen erwähnt zu finden. Olivin ist nämlich ein wesentlicher Bestandteil in den meisten Basalten, und Basalte gehören zu den häufigsten Gesteinen der Erde. Anhäufungen von Olivin bilden vor allem die Olivinknollen bzw. -bomben, die man in vielen jungvulkanischen Gebieten sammeln kann, z. B. in der Eifel oder auf der kanarischen Insel Lanzarote. Die Intensität der grünen Farbe hängt vom Mengenverhältnis zwischen Eisen und Magnesium im Kristallgitter ab – Olivine bilden Mischkristalle zwischen einem magnesiumreichen (Forsterit $Mg_2[SiO_4]$) und einem eisenreichen (Fayalit $Fe_2[SiO_4]$) Endglied, von denen das magnesiumreiche intensiver grün ist. Ein alter Name für Olivin ist Peridot, was sich bis heute in der Bezeichnung Peridotit für das ultrabasische Gestein erhalten hat. Zu Schmucksteinen verschliffen werden können nur große Kristalle, von denen jene auf der Vulkaninsel Zebirget am Roten Meer wegen ihrer Qualität schon seit Jahrtausenden ausgebeutet werden.

Hämatit

Halsketten aus zu Kugeln verrundetem Hämatit sind schwer und sehen überwiegend schwarz aus, sobald man eine dieser Kugeln aber auf unglasiertem Porzellan reibt, zeigt sich ein roter Strich, dessen Farbe durch Fe_2O_3 verursacht ist, das wir als wichtiges Eisenerz kennengelernt hatten – insofern ist Hämatit kein besonders wertvoller Schmuckstein. Die Goldschmiede benutzen ihn allerdings als Poliermaterial, das unter dem Namen „Pariser Rot“ oder „Englischrot“ bekannt ist, und als „Venezianischrot“ wurde feinstgemahlener Hämatit, mit Bindemitteln versehen, auch als Malerfarbe aufgetragen.

Achat, Karneol und Opal

Bei dieser Gruppe von Steinen im weiteren Sinne handelt es sich um chemisch einfache Substanzen, die alle aus „Kieselsäure“ bestehen, d. h. SiO_2, wel-

Lit.: Achat, Karneol und Opal
Landmesser 1998, Segnit et al.1970

che auch den Quarz und seine vielen Spielarten bildet. Im Gegensatz zum vollkristallinen Quarz begegnen uns hier aber meist Modifikationen der Kieselsäure, die das kristalline Stadium noch nicht ganz erreicht haben, sondern amorph (Opal) oder kryptokristallin (Chalcedon) ausgebildet sind, was in der Regel auf einen kolloidalen Ursprung des Materials hinweist. Ihre Farben erhalten die meisten dieser Substanzen durch spurenhaft beigemischte Fremdelemente: Wie nicht anders zu erwarten, ist auch hier Eisen für Rot verantwortlich.

Achate sind gebänderte Chalcedon-Aggregate, deren Farbbänderung auf der Zufuhr von Fremdstoffen beruht, die in die Kieselsäure eingeschlossen werden. Ihre Entstehung in vor allem durch vulkanische Gase verursachten Blasenhohlräumen ist noch immer nicht ganz zweifelsfrei geklärt, es deutet sich aber eine Bildung über kolloidale Zwischenphasen an, die sich punktförmig an den Wänden solcher Hohlräume festsetzen und von dort nach innen weiterwachsen. Auf den Boden fallende Partikel können dort allmählich Schichten aufbauen und die horizontalen Lagen der sog. Uruguay-Achate bilden. Viele der im Handel erhältlichen Achate sind künstlich gefärbt: Die faserige Struktur des Chalcedons ermöglicht nämlich besonders gut das Eindringen entsprechender Lösungen. Die in Schichten angeordneten Farbwechsel in Achaten machen sie auch zum Schneiden von Gemmen geeignet. Wegen der Härte wird Achat auch technisch für Lager, Walzen, Mühlen und Reibschalen genutzt.

Auch Karneol ist nichts anderes als SiO_2 in einem krypto- bis mikrokristallinen Zustand, bei dem feine, parallele Chalcedon-Kristalle ein dichtes Gefüge bilden; seine rote Farbe erhält er durch fein verteiltes Eisen in Form von Hämatit.

Die wertvollste Form unter diesen SiO_2-Modifikationen bilden aber die Schmuck-Opale, deren optischen Eigenschaften man erst in den 1970er-Jahren auf die Spur gekommen war: Das Licht wird darin an Lagen kugeliger SiO_2-Aggregate gebeugt, deren Größe die jeweilige Farbe steuert. Es handelt sich also um strukturell bedingte Farben, wie sie ähnlich etwa bei Schmetterlingsflügeln zustande kommen. Opale entstehen als Alterungsprodukte aus gelöster Kieselsäure, was nur unter basischen pH-Verhältnissen möglich ist, wie sie sich z. B. in abflusslosen Wannen von Trockengebieten der Erde entwickeln (deshalb gibt es besonders viele und schöne Opale in Australien, wo solche Bedingungen weit verbreitet sind. Berühmt sind die dortigen Fundorte Coober Pedy und Lightning Ridge, das für seinen Schwarzen Opal bekannt ist). Der orangerote Feueropal kommt dagegen meist aus Mexiko. Dabei wird die Kieselsäure vor allem aus den Feldspäten mobilisiert und kann später innerhalb der Sedimente aus der Lösung eintrocknen und Opale bilden: Opale sind also immer SiO_2 mit unterschiedlichen Mengen an Wasser.

199 Amazonit

Halbedelsteine als Abarten gewöhnlicher gesteinsbildender Minerale

Die nachstehend aufgrund ihrer besonderen, „edlen“ Ausbildung behandelten Schmucksteine entsprechen ganz normalen gesteinsbildenden Mineralen – das gilt vor allem für Quarz und Feldspäte, aber auch für Amphibol und Pyroxen.

Auf die Quarzvarietäten wird unten kurz eingegangen, während ich bezüglich der Feldspäte an dieser Stelle wenigstens den grünen, als Halbedelstein gehandelten Amazonit und den bläulich schimmernden Mondstein erwähnen möchte: Beide sind nichts anderes als Varietäten des Kalifeldspats, Amazonit erhält seine Farbe durch Spuren von Kupfer und beim Mondstein sind Interferenzen im Kristallgitter für das „milchige“ Erscheinungsbild verantwortlich. Nephrit bzw. Jadeit ($NaAl[Si_2O_6]$), die meist gemeinsam als „Jade“ gehandelt werden, stehen für besonders ausgebildete, dunkle Gemengteile basischer Gesteine. Jade besteht aus dicht verfilzten, grünen, oft durchscheinenden Aggregaten (Strahlstein), die sich gut schleifen lassen. Daraus wurden wegen der außerordentlichen Zähigkeit des Materials schon in der Jungsteinzeit Waffen – vor allem Beile – hergestellt, und bis heute spielt Jade in der chinesischen Schmuckfertigung eine Rolle; das Material kann bei gleichmäßiger Ausbildung sehr teuer sein. Fundorte sind vor allem aus Zentralasien bekannt. Aus neuseeländischem Nephrit sollen die Maori noch immer Werkzeuge und Götzenbilder fertigen.

Amethyst, Citrin und Rosenquarz

Im Gegensatz zu den feinst-(krypto-)kristallinen Phasen der Kieselsäure (SiO_2), die oben besprochen wurden, sind Amethyst, Citrin und Rosenquarz vollkristalline Materie. Im Prinzip handelt es sich in allen Fällen um Varietäten von Quarz, die sich im Wesentlichen nur anhand ihrer Farbe vom farblosen, durchsichtigen Bergkristall unterscheiden.

Amethyst bedeutet „unberauscht“ und soll vor Trunkenheit schützen (was aber bei Alkoholkontrollen trotz des Tragens solchen Schmucks nichts nützt …). Der violette Amethyst hat im Gegensatz zum Bergkristall nur kurze Prismenflächen, meist sind nur die Pyramidenflächen ausgebildet. Seine Farbe kommt durch Spuren von Eisen und Titan im Kristallgitter im Zusammenhang mit radioaktiver Strahlung zustande. Die oft riesigen, mit Amethysten dicht bestückten Kristalldrusen aus Lavagesteinen, die der Mineralienhandel heute anbietet, stammen meist aus Brasilien – die dortigen Massenfunde haben dem vor Jahrhunderten noch mit Diamant, Smaragd oder Rubin vergleichbaren Handelswert des Amethysts „das Gedinge verdorben“. Durch Brennen lässt sich Amethyst in (falschen) Citrin verwandeln, dessen natürlich entstandenes blassgelbes Äquivalent relativ teuer ist, was sich auch in der Bezeichnung „Goldtopas“ spiegelt (der also kein Topas ist). Rosenquarz bildet meist keine erkennbaren Kristalle aus, sondern derbe Massen. Seine blassrosa Farbe wird auf Beimengungen von Mangan, aber auch auf winzige Rutilnadeln zurückgeführt. Die Reihe der Steine aus Kieselsäure ließe sich mit Jaspis, Onyx, Heliotrop, Chrysopras oder Tiger- und Katzenauge weiter fortsetzen, aus Platzgründen sei der Leser hier auf die entsprechende Literatur verwiesen.

Bernstein

Bernstein als gealtertes Harz fossiler Nadelbäume ist brennbar, sodass man ihn auch bei den Energierohstoffen hätte mitbehandeln können – aber wer käme schon auf den Gedanken, sich an einem von Bernstein genährten Feuer zu wärmen? Obwohl dieser Gedanke eigentlich nicht weit hergeholt wäre, denn der Name leitet sich von „Brennstein“ ab. Das griechische Wort dafür ist „elektron“, was auf die beim Reiben des Materials mit einem Wolllappen verursachte statische elektrische Aufladung Bezug nimmt.

Lit.: Bernstein
Ganzelewski & Slotta 1996

Die Vorkommen sind begrenzt, wobei jene an der Ostseeküste die bekanntesten und bedeutendsten sind – hier wird der wegen seines leichten spezifischen Gewichts schwimmende Bernstein aus tonigen Schichten des Alttertiärs, der sog. Blauen Erde, ausgewaschen und immer wieder angespült. Das verfestigte Harz war durch Flüsse umgelagert und an der damaligen Küste zu einer Seifen-Lagerstätte angereichert worden, die heute von der Ostsee aufgearbeitet wird. Im Samland bei Königsberg können 1 – 10 kg Bernstein in einem Kubikmeter stecken – von dort kommt auch der bedeutendste Anteil der Weltförderung. Seit über 100 Jahren wird Bernstein in Palmnicken (an der Ostseeküste bei Königsberg) im Tagebau gewonnen, dessen Vorräte noch immer beträchtlich sind. Geologisch sind solche Küstenstriche also höffige Gebiete, entsprechende Ablagerungen kennt man aber auch aus dem Binnenland, wie die Vorkommen in tertiären Glimmersanden im Raum von

200 Bernstein vom klassischen Fundort Palmnicken an der Ostsee. Das Stück ist 9 × 6 cm groß (Foto: Dr. E. K.).

Bitterfeld zeigen (diese wurden von 1975–1993 sogar abgebaut, es gibt aber noch immer unverritzte Vorräte). Außerhalb des baltischen Raumes gibt es auch in vielen anderen Ländern kleinere Vorkommen, u. a. in der Dominikanischen Republik, in Mexiko, Myanmar und Japan. Von ästhetischem Reiz und für die Wissenschaft von Belang sind vor allem die in dem Harz eingeschlossenen Fossilien, aber Vorsicht: Nicht alles davon ist wirklich fossil. Vor Kurzem ist erstmals auch kreidezeitlicher Bernstein mit Fossilien aus Äthiopien bekannt geworden.

Bernstein war schon zu prähistorischer Zeit ein Schmuckstein, wie man an entsprechenden Grabbeigaben sehen kann, und wurde wohl auch schon in der Jungsteinzeit gehandelt. In großem Maßstab hat man ihn aber erst für das legendäre Bernsteinzimmer verarbeitet, das im 18. Jahrhundert als Geschenk Friedrich Wilhelms I. an den Zaren gegangen war und seit Ende des Zweiten Weltkriegs verschollen ist.

Literaturverzeichnis

A

Agricola, G. (1556): De Re Metallica Libri XII. (Zwölf Bücher vom Berg- und Hüttenwesen). 508 S. Basel (Frobel). 564 S. Berlin 1928 (VDI Nachdruck Fourier).

B

Bachmann, G. H., Ehling, B.-C., Eichner, R., Schwab, M. (2008): Geologie von Sachsen-Anhalt. Schweizerbart'sche Verlagsbuchhandlung, Stuttgart, 689 S.

Bäcker, H., Richter, H. (1973): Die rezent hydrothermal-sedimentäre Lagerstätte Atlantis-II-Tief im Roten Meer. Geol. Rundsch. 62 (3), 697–741.

Bardossy, G. (1963): Die Entwicklung der Bauxitgeologie seit 1950. Symposium sur les Bauxites I, Zagreb, 31–50.

Bardossy, G. (1982): Karst Bauxites. Elsevier, 441 S.

Bardossy, G., Aleva, G. J. J. (1990): Lateritic Bauxites. Developments in Economic Geology, 27. Elsevier Sci. Publ. 624 S.

Barnicoat, A. C., Henderson, I. H. C., Knipe, R. J., Yardley, B. W. D., Napier, R. W., Fox, N. P. C., Kenyon, A. K. Muntingh, D. J., Strydom, D., Winkler, K. S., Lawrence, S. R., Cornford, C. (1997): Hydrothermal gold mineralisation in the Witwatersrand basin. Nature 386, 820–824.

Baumann, L., Nikolskij, I. L., Wolf, M. (1979): Einführung in die Geologie und Erkundung von Lagerstätten. Glückauf-Verlag, Essen, 503 S.

Beck, R. (1909): Lehre von den Erzlagerstätten. Bd. 1, 3. Aufl., Gebr. Borntraeger, Berlin. 542 S.

Benda, L., Brandes, H. (1974): Die Kieselgur-Lagerstätten Niedersachsens I. Verbreitung, Alter und Genese. Geol. Jb. A 21, 3–85.

Bish, D. L., Ming, D. W. (Eds.) (2001): Natural zeolites: occurrence, properties, applications. Rev. Mineral. Geochem. 45. Mineral. Soc. America, 654 S.

Borg, G. (2006): Reichtum der Erde. Mineralische Bodenschätze sind Grundlage wirtschaftlichen Wohlstandes. In Wefer, G. (Hrsg.): expedition erde. Wissenswertes und Spannendes aus den Geowissenschaften, 2. Aufl. Bremen, 335 S.

Bottke, H. (1981): Lagerstättenkunde des Eisens: Geschichte, Genese, Typengliederung, wirtschaftliche Bedeutung. Glückauf-Verlag, Essen, 202 S.

Boudreau, A. E., McCallum, I. S. (1985): Evidence for mineral reactions and metasomatism by silica-undersaturated Cl-rich fluids in the main Pt-Pd zone, Stillwater Complex, Montana. Canad. Mineralogist 23, 296.

Boulter, C. A., Fotios, M. G., Phillips, G. N. (1987): The Golden Mile, Kalgoorlie: A Giant Gold Deposit Localized in Ductile Shear Zones by Structurally Induced Infiltration of an Auriferous Metamorphic Fluid. Econ. Geol. Vol. 82, 1661–1678.

Braitsch, O. (1962): Entstehung und Stoffbestand der Salzlagerstätten. Mineralogie und Petrographie in Einzeldarstellungen, Bd. III, Springer-Verlag, Berlin/Göttingen/Heidelberg, 232 S.

Breiter, K. (1987): Genetic types of tin deposits in the western part of the Krušné hory Mts. Folia Mus. Rer. Nat. Boh. Occid., Geologica 25, 1–58. Plzeu (tschechisch).

Breiter, K. (1998): Variskischer Granitmagmatismus und die zugehörigen Mineralisationen im westlichen Krušné hory (böhmischen Erzgebirge) und im Slavkovský les (Kaiserwald) (Exkursion G am 17. April 1978). Jber. Mitt. oberrhein. geol. Ver., N. F. 80, 145–166. Stuttgart.

Brimhall, G. (1991): The Genesis of Ores. Scientific American, May 1991, 48–55.

Broecker, Wallace S. (1974): Chemical Oceanography. Harcourt Brace Jovanovich, New York, 214 S.

Bubenicek, L. (1961): Recherches sur la Constitution et la Répartition des Minerais de fer dans l'Aalénien de Lorraine. Sciences de la Terre, VIII (1–2), Nancy, 5–204.

Buchholz, H. J. (1983): Fischerei- und Wirtschaftszonen im Südpazifik. Grenzen und Möglichkeiten der Veränderung politisch- und wirtschaftsgeographischer Strukturen durch neue Rechtsnormen. Erdkunde 37, 60–70, mit Beilage IV.

Bundesanstalt für Geowissenschaften und Rohstoffe (Hrsg. 2008): Bundesrepublik Deutschland. Rohstoffsituation 2007. Rohstoffwirtsch. Länderstudien, Band XXXVII. Hannover. 252 S.

C

Carlé, W. (1975): Die Mineral- und Thermalwässer von Mitteleuropa – Geologie, Chemismus, Genese. Wissenschaftliche Verlagsgesellschaft mbH, Stuttgart, 673 S. + Kartenband.

Cerny, I. (1964): Pb-Zn-Erzmobilisationen in Dolomitgesteinen der Draukalkalpen (Kärnten, Österreich). Schriftenrh. Erdwiss. Komm. Wien AW 6, 31–38.

Ceuleneer, G., Nicolas, A. (1985): Structures in podiform chromite from the Maqsad district (Sumail ophiolite, Oman). Mineralium Dep. 20, 177–184.

Cissarz, A. (1965): Einführung in die Allgemeine und Systematische Lagerstättenlehre. E. Schweizerbart'sche Verlagsbuchhandlung Stuttgart, 2. Aufl. 1968, 228 S.

Clarke, F. W. (1924): Data of Geochemistry. Bull. U. S. Geol. Surv., 770, 841 S.

Clement, C. R., Harris, J. W., Robinson, D. N., Hawthorne, J. B. (1986): The De Beers Kimberlite Pipe – A historic South African Diamond Mine. In: Anhaeusser, C. R., Maske, S. (Eds.): Mineral Deposits of Southern Africa, Vols. I & II, 2193–2214. Geol. Soc. S. Afr., Johannesburg.

Cronan, D. S. (1980): Underwater Minerals. Academic Press, London etc., 362 S.

Cronan, D. S. (Hrsg.) (2000): Handbook of Marine Mineral Deposits. CRC Press London.

D

Dzulynski, S., Sass-Gustkiewicz, M. (1985): Hydrothermal karst phenomena as a factor in the formation of Mississippi Valley type deposits. In: K. H. Wolf (Ed.): Handbook of Strata-Bound and Stratiform Ore Deposits, Vol. 13, 391–439. Elsevier.

F

Finlow-Bates, T. (1980): The chemical and physical controls on the genesis of submarine exhalative ore bodies and their implications for formulating exploration concepts. Geol. Jb. D 40, 131–168.

Finlow-Bates, T., Stumpfl, E. F. (1979): The copper and lead-zinc-silver orebodies of Mt. Isa mine, Queensland: products of one hydrothermal system. Ann. Soc. Géol. Belg. 102, 497–517.

Flick, H., Nesbor, H. D., Behnisch, R. (1990): Iron ore of the Lahn-Dill type formed by diagenetic seeping of pyroclastic sequences – a case study on the Schalstein section at Gänsberg (Weilburg). Geol. Rundsch. 79 (2), 401–415.
Förstner, U. (2008): Umweltschutztechnik. 7. Aufl. Springer, Berlin/Heidelberg, 475 S.
Forchhammer, G. (1865): On the composition of sea water in different parts of the ocean. Phil. Trans. 155, 203–262.
Forster, A., Strunz, H., Tennyson, Chr. (1967): Die Pegmatite des Oberpfälzer Waldes, insbesondere der Pegmatit von Hagendorf-Süd. Der Aufschluß, Sonderheft 16 (Oberpfalz), 137–198.
Friedensburg, F., Dorstewitz, G. (1976): Die Bergwirtschaft der Erde. Die Rohstoffwirtschaft der Länder und ihre Grundlagen. 7. Aufl., neu bearbeitet von G. Dorstewitz. Enke-Verlag, Stuttgart, 656 S.
Friedrich, G. et al. (Eds.) (1986): Geology and Metallogeny of Copper Deposits. Springer-Verlag, 620 S.
Frisch, W., Meschede, M. (2005): Plattentektonik. Kontinentverschiebung und Gebirgsbildung. Wissenschaftl. Buchgesellsch. und Primus Verlag, 196 S.
Füchtbauer, H. (Hrsg.) (1988, 4. Aufl. 2009): Sedimente und Sedimentgesteine. Sediment-Petrologie, Teil II. Schweizerbart'sche Verlagsbuchhandlung, Stuttgart, 1141 S.

G

Ganzelewski, M., Slotta, R. (1996): Bernstein. Tränen der Götter. Katalog der Ausstellung des Deutschen Bergbau-Museums Bochum. Veröffentlichungen aus dem Deutschen Bergbau-Museum Bochum Nr. 64, Bochum, 585 S.
Garrels, R. M., Christ, C. L. (1965): Solutions, Minerals, and Equilibria. Harper & Row, New York, 450 S.
Garrels, R. M., Mackenzie, F. T. (1971): Evolution of Sedimentary Rocks. W. W. Norton & Co, New York, 397 S.
Geletneky, J., Büchel, G. (2002): Die Ostthüringer Uranbergbauregion: Altlasten und deren Sanierung (Exkursion E1 am 4. und E2 am 6. April 2002). Jber. Mitt. oberrhein. geol. Ver. N. F. 84, 135–150.
Glasby, G. P. (1977): Marine manganese deposits. Elsevier, Amsterdam, 523 S.
Graybeal, F. T., Smith, D. M., Vikre, P. G. (1986): The geology of silver deposits. In: Wolff, K. H. (Ed.): Handbook of Strata-Bound and Stratiform Ore Deposits 14, Amsterdam, 1–184.
Groves, D. I. et al. (1986): Thermal erosion by komatiites at Kambalda, Western Australia and the genesis of nickel ores. Nature 319, No. 6049, 136–139.
Guilbert, J. M., Park, C. F. Jr. (1986): The Geology of Ore Deposits. W. H. Freeman & Company, New York, 985 S.
Gunzert, G. (1969): Altes und Neues Lager am Rammelsberg bei Goslar. Erzmetall 22/1, 1–52.

H

Hahne, C., Schmidt, R. (1982): Die Geologie des Niederrheinisch-Westfälischen Steinkohlengebietes. Glückauf-Verlag, Essen, 106 S.
Hänsgen, D., Lentz, S., Tzschaschel, S. (Hrsg.) (2010): Deutschlandatlas. Unser Land in 200 Thematischen Karten. WBG, Darmstadt, 240 S.
Heling, D. (1988): Ton- und Siltsteine. In Füchtbauer, H. (Hrsg.): Sedimente und Sedimentgesteine, 185–231.
Herzig, P. (2006): Erzfabriken in der Tiefsee. Heiße Quellen am Meeresboden. In Wefer, G. (Hrsg.): expedition erde. Wissenswertes und Spannendes aus den Geowissenschaften, 2. Aufl., Bremen, 335 S.
Höll, R., Eichhorn, R. (2000): Tungsten mineralisation and metamorphic remobilisation in the Felbertal scheelite deposit, Central Alps, Austria. In: Spry, P. G., Marshall, B., Vokes, F. M. (Eds.): Metamorphosed and metamorphogenic ore deposits. Rev. Econom. Geol. 11, 310 pp.
Hölting, B. (1996): Hydrogeologie. Einführung in die Allgemeine und Angewandte Hydrogeologie. 5. Aufl. Enke Verlag, Stuttgart, 441 S.
Hofmeister, W., Haneke, J. (1996): Mineralisationen im Saar-Nahe-Becken. Exkursion D1 am 11. und D2 am 12. April 1996). Jber. Mitt. oberrhein. geol. Ver., N.F. 78, 41–55.
Holmes, A. (1965): Principles of Physical Geology. 2nd Ed., The Ronald Press Company, New York, 1288 pp.
Hood, A., Castaño, J. R. (1974): Organic metamorphism: Its relationship to petroleum generation and application to studies of authigenic minerals. United Nations ESCAP, CCOP Tech. Bull., 8, 85–118.
Houghton, R. L., Rothe, P., Galehouse, J. S. (1979): Distribution and Chemistry of Phillipsite, Clinoptilolite, and associated Zeolites at DSDP Sites 382, 385, and 386 in the Western North Atlantic. Initial Reports of the Deep Sea Drilling Project, Vol. XLIII, 463–483, Washington, D. C.
Hüttner, R. (1977): in: Erläuterungen zur Geologischen Karte des Rieses 1:50 000. Geologica Bavarica 76, 191 S.
Hutchinson, C. S. (1983): Economic Deposits and their tectonic setting. The Macmillan Press Ltd. 365 S.

K

Käß, W., Käß, H. (Hrsg.) (2008): Deutsches Bäderbuch. E. Schweizerbart'sche Verlagsbuchhandlung, 2. Aufl., Stuttgart, 1232 S.
Kappler, A. (2008): Deposition of banded iron formations by anoxygenic phototropic Fe(II)-oxidizing bacteria. Geology 33 (11), 865–868.
Kayser, E. (1923): Lehrbuch der Allgemeinen Geologie. I. Bd.: Physiographische Geologie und Äussere Dynamik. 7. + 8. Aufl., Verlag von Ferdinand Enke, Stuttgart, 740 S.
Kent, P. (1980): Minerals from the Marine Environment. Edward Arnold Publ. London, 88 S.
Kirnbauer, T. (Hrsg. 1998): Geologie und hydrothermale Mineralisationen im rechtsrheinischen Schiefergebirge. Nassauischer Verein f. Naturkde., Sonderbd. 1, Wiesbaden, 328 S.
Kirsch, H. (o. J.): Technische Mineralogie. Vogel-Verlag, Würzburg, 211 S.
Kobayashi, J. (1971): Relation between the „Itai-Itai" disease and the pollution of river water by cadmium from a mine. Advances in Water Pollution Research, Proc. 5th Intern. Conf., San Francisco and Hawaii 1970, Vol. 1, I 25, 1–7.
Kolbe, H. (1970): Zur Entstehung und Charakteristik mesozoischer, marin-sedimentärer Eisenerze im östlichen Niedersachsen. Clausthaler H. Lagerstättenkde., 9, 161–184. Berlin, Stuttgart.
Krahn, L., Friedrich, G. (1991): Buntmetallvererzung und Blei-Isotopie im Linksrheinischen Schiefergebirge. Erzmetall 44 (1), 23–29.
Kraume, E., mit Beiträgen von Dahlgrün, F., Ramdohr, P., Wilke, A. (1955): Die Erzlager des Rammelsberges bei Goslar. Monogr. Dt. Blei-Zink-Erzlagerst. 4., Beih. Geol. Jb. 18, Hannover, 394 S.
Krauskopf, K. B. (1967): Introduction to Geochemistry. Internat. Student Ed., McGraw-Hill Book Company, New York etc., 721 S.
Krejci-Graf, K. (1955): Erdöl. Naturgeschichte eines Rohstoffes. Springer-Verlag, Berlin/Göttingen/Heidelberg. 165 S.

Krüger, H.-W. (1982): Trinkwasser – ein Lebensmittel in Gefahr. Ullstein Sachbuch 34107, Ullstein Verlag Frabkfurt/M., Berlin, 318 S.
Krumbiegel, G. & Krumbiegel, B. (1981): Fossilien der Erdgeschichte. Ferdinand Enke Verlag, Stuttgart, 406 S.
Krusch, P. (1907): Die Untersuchung und Bewertung von Erzlagerstätten. Ferdinand Enke Verlag, Stuttgart, 517 S.
Kudrass, H.-R. (1984): The Distribution and Reserves of Phosphorite on the Central Chatham Rise (SONNE-17 Cruise 1981). Geol. Jb. D 65, 179–194.
Kulick, J., Meisl, S., Theuerjahr, A.-K. (1997): Die Goldlagerstätte des Eisenberges südwestlich von Korbach. Geol. Abh. Hessen, 102, 139 S.

L

Lässl, L. (um 1554/1556): Schwazer Bergbuch. Codex Vindobonensis 10.852. Faksimileausgabe 1956.
Landmesser, M. (1998): „Mobility by Metastability" in Sedimentary and Agate Petrology: Applications. Chem. Erde 58, 1–22.
Laube, G.C. (1876): Geologie des Böhmischen Erzgebirges. Arch. Naturw. Landesdurchforsch. Böhm. Praha.
Lepper, C. (1980): Die Goldwäscherei am Rhein. Geschichte und Technik, Münzen und Medaillen aus Rheingold. Geschichtsblätter Kreis Bergstrasse, Sonderbd. 3, Heppenheim, 205 S.
Levorsen, A.I. (1967): Geology of Petroleum. W.H. Freeman and Company, San Francisco, 724 S.
Ließmann, W. (1997): Historischer Bergbau im Harz. 2. Aufl., Springer-Verlag Berlin/Heidelberg/New York, 337 S.
Lorblanchet, M. (1997): Höhlenmalerei. Jan Thorbecke Verlag, Sigmaringen, 340 S.
Lotze, F. (1957): Steinsalz und Kalisalze. 2. Ausg., Bd. 1, Gebr. Borntraeger, Berlin, 466 S.
Lukas, H.G. (1997): Zusammenhänge zwischen „Naturgeologie", „Baustoffgeologie" und weiteren Disziplinen, aufgezeigt an zwei Regionen Frankens. Jber. Mitt. oberrhein. geol. Ver., N.F. 79, 125–181.

M

Mason, B., Moore, C.B. (1985): Grundzüge der Geochemie. Ferdinand Enke Verlag, Stuttgart, 340 S.
Matthess, G. (1966): Zur Geologie des Ölschiefervorkommens von Messel bei Darmstadt. Abh. hess. L.-Amt Bodenforsch. 51, 87 S.
Matthess, G., Ubell, K. (1983): Lehrbuch der Hydrogeologie. Band 1 Allgemeine Hydrogeologie – Grundwasserhaushalt. Gebr. Borntraeger, Berlin/Stuttgart, 438 S.
Maucher, A. (1962): Die Lagerstätten des Urans. Friedr. Vieweg & Sohn, Braunschweig, 162 S.
Meadows, D. (1972): Die Grenzen des Wachstums. Deutsche Verlags-Anstalt, Stuttgart, 180 S.
Mero, J.L. (1965): The mineral resources of the sea. Elsevier, Amsterdam, 312 S.
Mitchell, R.H. (1989): Kimberlites. Mineralogy, Geochemistry, and Petrology. Plenum Press, New York/London, 442 S.
Metz, R. (1989): Westlicher Hotzenwald, Geologie und Lagerstätten. Jber. Mitt. oberrhein. geol, Ver., N.F. 71, 51–84.
Mlakar, I., Drovenik, M. (1971): Structural and genetic particularities of the Idrija mercury ore deposit. Geol. razprave in poročila 14, 67–126, Ljubljana.
Mohr, K. (1978): Geologie und Minerallagerstätten des Harzes. E. Schweizerbart'sche Verlagsbuchhandlung, Stuttgart, 387 S.
Müller, F. (1991): Gesteinskunde. Lehrbuch und Nachschlagewerk über Gesteine für Hochbau, Innenarchitektur, Kunst und Restauration. 3. Aufl., Ebner Verlag, Ulm, 252 S.
Müller, G. (1988): Salzgesteine (Evaporite). In: Füchtbauer, H. (Hrsg.): Sedimente und Sedimentgesteine, 435–500, E. Schweizerbart'sche Verlagsbuchhandlung, Stuttgart.
Mumpton, F.A. (Ed. 1981): Mineralogy and geology of natural zeolites. Reviews in Mineralogy 4, 225 S.
Murray, J., Renard, A.F. (1891): Deep Sea Deposits, Scientific Results of the Exploration Voyage of H.M.S. CHALLENGER, 1872–1876. *CHALLENGER* Reports. Longsmans, London.

N

Neumüller, O.-A. (1979): Römpps Chemie-Lexikon. Franckh'sche Verlagshandlung, W. Keller & Co., Stuttgart, 8. Aufl., 6 Bde.
Nicolas, A. (1995): Die ozeanischen Rücken, Gebirge unter dem Meer. Springer Verlag, Berlin/Heidelberg, 200 S.
Nisbet, E.G., Mattey, D.P., Lowry, D. (1994): Can diamonds be dead bacteria? Nature 367, 694.

O

Ochsenius, C. (1877): Die Bildung der Steinsalzlager und ihrer Mutterlaugensalze. C.E.M. Pfeffer, Halle, 172 S.
Okrusch, M., Matthes, S. (2009): Mineralogie. Eine Einführung in die spezielle Mineralogie, Petrologie und Lagerstättenkunde. 8. Aufl., Springer-Verlag Berlin/Heidelberg/New York, 658 S.

P

Patijn, R.J.H. (1964): Die Entstehung von Erdgas infolge der Nachinkohlung im Nordosten der Niederlande. Erdöl u. Kohle, Erdgas, Petrochemie 17, 2–9.
Pettijohn, F.J., Potter, P.E., Siever, R. (1973): Sand and Sandstone. Springer-Verlag, New York/Heidelberg/Berlin, 618 S.
Pohl, W. (1990): Genesis of magnesite deposits – models and trends. Geol. Rundsch. 79 (2), 291–299.
Pohl, W. (1992): W. und W.E. Petrascheck's Lagerstättenlehre. Eine Einführung in die Wissenschaft von den mineralischen Bodenschätzen. 4. Aufl., E. Schweizerbart'sche Verlagsbuchhandlung, Stuttgart, 504 S.
Pohl, W. (2005): W. und W.E. Petrascheck's Lagerstättenlehre. Mineralische und Energie-Rohstoffe. Eine Einführung zur Entstehung und nachhaltigen Nutzung von Lagerstätten. 5. neubearb. Aufl., E. Schweizerbart'sche Verlagsbuchhandlung, Stuttgart, 527 S.
Prochaska, W.(1989): Geologische und geochemische Untersuchungen an der Talklagerstätte Lassing (Steiermark). Arch. f. Lagerstättenforsch. Geol. B.-A. 10, Wien, 99–114.

R

Ramdohr, P., Strunz, H. (Hrsg.) (1978): Klockmann's Lehrbuch der Mineralogie. 16. Aufl., Ferdinand Enke Verlag, Stuttgart, 876 S.
Reinsch, D. (1991): Natursteinkunde. Eine Einführung für Bauingenieure, Architekten, Denkmalpfleger und Steinmetze. Ferdinand Enke Verlag, Stuttgart, 315 S.
Richardson, J.G. (Ed.) (1985): Managing the Ocean. Resources, Research, Law. Lomond Publ. Inc., Mt. Airy, Maryland, 407 S.
Richter-Bernburg, G. (1968): Salzlagerstätten. In: Bentz, A., Martini, H.J. (Hrsg.): Lehrbuch der Angewandten Geologie, 2 (1), Ferdinand Enke Verlag, Stuttgart, 918–1061.

Römpp's Chemie Lexikon (siehe Neumüller).
Roloff, P. (Hrsg.) (1999): Mansfeld. Die Geschichte des Berg- und Hüttenwesens. Veröff. Dt. Bergbau-Museum Bochum, 80. Bochum/Eisleben, 614 S.
Rothe, P. (1971): Sedimentpetrographische und geochemische Untersuchungen an Tiefsee-Sedimenten aus der Umgebung der Kanarischen und Kapverdischen Inseln. Ein Beitrag zur Sedimentbildung im Bereich vulkanischer Archipele. Habilschr. Fakultät Geowiss. Univ. Heidelberg.
Rothe, P. (1985): Marine Geology: Mineral Resources of the Sea. In: Richardson, J.G. (Ed.): Managing the Ocean. Resources, Research, Law. S. 17–28. Lomond Publ. Mt. Airy, Maryland.
Rothe, P. (2009a): Erdgeschichte. Spurensuche im Gestein. Wissenschaftl. Buchges. und Primus Verlag, 2. Aufl., Darmstadt, 248 S.
Rothe, P. (2009b): Die Geologie Deutschlands. 48 Landschaften im Porträt. Wissenschaftl. Buchges. und Primus Verlag, 3. Aufl., 240 S.
Rothe, P. (2009c): Die Erde. Alles über Erdgeschichte, Plattentektonik, Vulkane, Erdbeben, Gesteine und Fossilien. Wissenschaftl. Buchges. und Primus Verlag, 2. Aufl., 176 S.
Rothe, P. (2010): Gesteine. Entstehung – Zerstörung – Umbildung. Wissenschaftl. Buchges. und Primus Verlag, 3. Aufl., Darmstadt, 192 S.

S

Salomon, W. (1927): Die Erbohrung der Heidelberger Radium-Sol-Therme und ihre geologischen Verhältnisse. Abh. Heidelberger Akad. Wissenschaften, 14, 105 S.
Sand, L.B., Mumpton, F.A. (1978): Natural Zeolites. Pergamon Press, Oxford/New York/Toronto/Sydney/Paris/Frankfurt, 546 S.
Sass-Gustiewicz, M. (1996): Internal sediments as a key to understanding the hydrothermal karst origin of the Upper Silesian Zn-Pb ore deposits. Econom. Geol. Spec. Publ. 4, 171–181.
Sawkins, F.J. (1990): Metal deposits in relation to plate tectonics. 2. Aufl., Springer-Verlag Berlin/Heidelberg/New York/London/Tokyo/Hong Kong, 461 S.
Scheffer, F., Schachtschabel, P. (1973): Lehrbuch der Bodenkunde. Ferdinand Enke Verlag, Stuttgart, 448 S.
Schidlowski, M., Wiggering, H. (1988): Die Erdatmosphäre im Präkambrium. Die Geowiss. 7 (88), 212–217.
Schmidt, F.P. et al. (1986): Results of recent exploration for copper-silver deposits in the Kupferschiefer of West Germany. In Friedrich, G. et al. (Eds.): Geology and Metallogeny of Copper Deposits. Springer, 620 S.
Schmincke, H.-U. (2010): Vulkanismus. Wiss. Buchgesellsch. u. Primus Verlag, 264 S.
Schneider, H.-J., Walther, H.W. (1988): Erzlagerstätten in Sedimenten. In: Füchtbauer, H. (Hrsg.): Sedimente und Sedimentgesteine. E. Schweizerbart'sche Verlagsbuchhandlung, Stuttgart, 569–681.
Schneider, G. (Ed. 2008): The Roadside Geology of Namibia. Samml. Geol. Führer, 97, 2. Ed., Gebr. Borntraeger, Berlin-Stuttgart, 294 S.
Schneiderhöhn, H. (1962): Erzlagerstätten. Kurzvorlesungen zur Einführung und Wiederholung. 4. Aufl. Gustav Fischer Verlag, Stuttgart 371 S.
Schönenberg, R. (1979): Geographie der Lagerstätten. Wissenschaftl. Buchgesellsch., Darmstadt, 179 S.
Schwarz, T. (1997): Lateritic bauxite in central Germany and implications for Miocene paleoclimate. Palaeogeogr. Palaeoclimatol. Palaeocol. 129, 37–50.
Schwazer Bergbuch (1556) : Von dem hoch- und weitberühmten Bergwerk am Falkenstein zu Schwaz in der fürstlichen Grafschaft Tirol und anderen zugehörigen Bergwerken (siehe Lässl).
Segnit, E.R., Anderson, C.A., Jones, J.B. (1970): A scanning Microscope Study of the Morphology of Opal. Search 1 (6), 349–351.
Seibold, E. (1974): Der Meeresboden. Ergebnisse und Probleme der Meeresgeologie. Springer-Verlag, Berlin/Heidelberg/New York, 183 S.
Seifert, W.K., Moldowan, J.M. (1986): Use of biological markers in petroleum exploration. In: Johns, R.B. (Ed.): Methods in Geochemistry and Geophysics 24, 261–290. Elsevier, Amsterdam.
Siemroth, J. (1991): Die klassische Antimon-Lagerstätte Wolfsberg im Harz und ihre Mineralien. Lapis 16, 17–41.
Siegesmund, S., Snethlage, R. (Hrsg.) (2008): Denkmalgesteine. Festschrift Wolf-Dieter Grimm. Schriftenreihe der DGG, H. 59. E. Schweizerbart'sche Verlagsbuchhandlung, Stuttgart, 324 S.
Siever, R. (1989): Sand. Ein Archiv der Erdgeschichte. Spektrum der Wiss., Spektrum Bibliothek 22, Heidelberg, 254 S.
Sillitoe, R.H. (1977): A Plate Tectonic Model for the Origin of Porphyry Copper Deposits. In: Wright, J.B. (Hrsg.): Mineral Deposits, Continental Drift and Plate Tectonics. Benchmark Papers in Geology 44, 105–115., Dowden, Hutchinson & Ross, Stroudsburg/Pennsylvania.
Simon, Th. (1995): Salz und Salzgewinnung im nördlichen Baden-Württemberg. Geologie – Technik – Geschichte. Forschungen aus Württembergisch Franken 42. Thorbecke-Verlag, Sigmaringen, 440 + 1 S.
Skinner, B.J. (1976): Earth Resources. 2. Ed., Prentice Hall, Englewood Cliffs, New Jersey, 152 S.
Smed, P., Ehlers, J. (2002): Steine aus dem Norden. 2. Aufl. Gebr. Borntraeger, Berlin/Stuttgart, 194 S.
Smirnov, V.I. (1970): Geologie der Lagerstätten mineralischer Rohstoffe. VEB Deutscher Verlag für Grundstoffindustrie. 563 S.
Sommerlatte, H.W. A. (1960): Die Lagerstätten des Copperbelt in Zambia. Schriften Ges. deutsch. Metallhütten- u. Bergleute: Kupferlagerstätten der Welt, ihre Genese und wirtschaftl. Bedeutung, H. 18, 30–35.
Sperling, H., Walcher, E. (1990): Die Blei-Zink-Erzlagerstätte Rammelsberg. Geol. Jb. D 91, 3–153.
Stettner, G. (1959): Die Lagerstätte des Specksteins von Göpfersgrün-Thiersheim im Fichtelgebirge. Geol. Bavarica 42, 72 S.
Stoffers, P., Hannington, M., Wright, I., Herzig, P., de Ronde, C. (1999): Elemental mercury at submarine vents in the Bay of Plenty, Taupo volcanic zone, New Zealand. Geology 27, 931–934.
Stoppel, D., Gundlach, H., Heberling, E., Heinrich, G., Hüser, M., Kallies, H.-B., Schäfer, R. (1983): Schwer- und Flussspatlagerstätten des Südwestharzes. Geol. Jb. D 54, 269 S.
Stumpfl, E.F., Ballhaus, C.G. (1986): Stratiform platinum deposits: New data and concepts. Fortschr. Miner. 64 (2), 205–214.
Suess, E. (2002): Gashydrat – Eine Verbindung aus Methan und Wasser. Nova Acta Leopoldina N.F. 85, 123–146, 323.
Suess, E., Bohrmann, G., Greinert, J., Lausch, E. (1999): Brennendes Eis – Methanhydrat am Meeresgrund. Spektrum d. Wiss. 6, 62–73.
Suess, E., Bohrmann, G.: Brennendes Eis. Vorkommen, Dynamik und Umwelteinflüsse von Gashydraten. In: Wefer, G. (2006): expedition erde, 2. Aufl., 152–161, Bremen.

T

Teichmüller, M., Teichmüller, R. (1968): Geological aspects of coal metamorphism. In Murchison, D., Westoll, T. S. (Eds.): Coal and Coal-Bearing Strata. Oliver & Boyd, Edinburgh/London, 233–267, 347–379.

Thielmann, M. (1999): Firmenchronik 1899 – 1999. 100 Jahre Westerwälder Thonindustrie Breitscheid. Geiger-Verlag, Horb am Neckar, 80 S.

Tischendorf, G. (Hrsg.)(1989): Silicic magmatism and metallogenesis of the Erzgebirge. Akad. Wiss. DDR, Veröff. Zentralinst. Phys. Erde 107, 316 S.

Tissot, B. P., Welte, D. H. (1984): Petroleum Formation and Occurrence. 2. Aufl., Springer-Verlag, Berlin/Heidelberg/New York, 699 S.

Turekian, K. K., Wedepohl, K. H. (1961): Distribution of the elements in some major units of the Earth's crust. Bull. Geol. Soc. Amer. 72, 175–191.

V

Valeton, I. (1972): Bauxites. Developments in Soil Sciences , Elsevier Publ. Comp., Amsterdam, London, New York, 226 S.

Valeton, I. (1988): Sedimentäre Phosphatgesteine. In: Füchtbauer (Hrsg.): Sedimente und Sedimentgesteine, 543–567, E. Schweizerbart'sche Verlagsbuchhandlung, Stuttgart.

Valjashko, M. G. (1958): Die wichtigsten geochemischen Parameter für die Bildung der Kalisalzlagerstätten. Freiberger Forsch.hefte, A 123, 197–233.

Varentsov, I. M. (1964): Sedimentary manganese ores. Elsevier, 119 S.

Varentsov, I. M. (1996): Manganese Ores of Supergene Zone: Geochemistry of Formation. Kluwer Acad. Publ., Dordrecht/Boston/London. 342 S.

W

Wagenbreth, O., Steiner, W. (1982): Geologische Streifzüge – Landschaft und Erdgeschichte zwischen Kap Arkona und Fichtelberg. VEB Deutscher Verlag für Grundstoffindustrie, Leipzig, 204 S.

Wagner, W. (2004): Moselschiefer – Untertagegewinnung, Fertigung, Schieferdeckerkunst, Akzente im Landschaftsbild (Exkursion D am 15. April 2004). Jber. Mitt. oberrhein. geol. Ver., N.F., 109–123.

Walter, R. (2007): Geologie von Mitteleuropa. 7. Aufl. E. Schweizerbart'sche Verlagsbuchhandlung, Stuttgart, 511 S.

Walter, R. (2010): Aachen und nördliche Umgebung. Samml. geol. Führer. 101, Gebr. Borntraeger, Berlin/Stuttgart, 214 S.

Walther, H. W., Dill, H. G. (1992): Bodenschätze Mitteleuropas – Ein Überblick. In: Walter, R. : Geologie von Mitteleuropa. E. Schweizerbart'sche Verlagsbuchhandlung, Stuttgart, 410–466.

Wedepohl, K. H. (1967): Geochemie. Sammlung Göschen Bd. 1224/1224a/1224b. Walter de Gruyter & Co., Berlin, 221 S.

Wedepohl, K. H. (Hrsg. seit 1969): Handbook of Geochemistry. Loseblatt-Sammlung, 5 Bde. Springer-Verlag, Berlin/Heidelberg/New York.

Wehrmeister, U., Häger, T. (2005): Edelsteine erkennen. Eigenschaften und Behandlung. Rühle-Diebener-Verlag, Ludwigsburg, 192 S.

Weisgerber, G., Slotta, R., Weiner, J. (1980): 5000 Jahre Feuersteinbergbau. Die Suche nach dem Stahl der Steinzeit. Veröff. aus dem Deutschen Bergbau-Museum Bochum, Nr. 22, 669 S.

Wimmenauer, W. (1985): Petrographie der magmatischen und metamorphen Gesteine. Ferdinand Enke Verlag, Stuttgart, 382 S.

Wimmenauer, W. et al. (2003): Erläuterungen zur Geologischen Karte von Baden-Württemberg 1:25 000, Blatt Kaiserstuhl, 5. Aufl., Freiburg i. Br., 280 S.

Wright, J. B. (Ed. 1977): Mineral Deposits, Continental Drift and Plate Tectonics. Benchmark Papers in Geology 44. Dowden, Hutchinson & Ross, Stroudsburg, Pennsylvania, 418 S.

Wolf, M. (1988): Torf und Kohle. In: Füchtbauer, H. (Hrsg.): Sedimente und Sedimentgesteine. E. Schweizerbart'sche Verlagsbuchhandlung, Stuttgart, 683–730.

Woodall, R. (1965): Structure of the Kalgoorlie Goldfield. Commonwealth Mining Metall. Cong. 8th, Melbourne 1965, vol. I, 71–79.

Register

T

Bildnachweis

S. 33, Abb. 15: © osiris59 – Fotolia.com; S. 40, Abb. 25: © dave51 – Fotolia.com; S. 42, Abb. 26: © picture-alliance/dpa/dpaweb; S. 57, Abb. 41: Siderit: © picture-alliance/Klett GmbH, Hämatit/Roteisen: © picture-alliance/dpa, Pyrit: (oben und unten) © Peter Rothe, (Mitte) © Klaus Bischof – Fotolia.com, Hämatit/Glaskopf: © picture-alliance/OKAPIA, Goethit: ©Eurico Zimbres; S. 59, Abb. 45: © picture-alliance/dpa/Euroluftbild.de; S. 62, Abb. 53: © picture-alliance/OKAPIA; S. 84, Abb. 74: © picture-alliance/Uwe Gerig; S. 85, Abb. 77: © Lee Prince – Fotolia.com; S. 86, Abb. 78: ©Philipp Ochtendung – Fotolia.com; S. 90, Abb. 84: © Jens Klingebiel – Fotolia.com; S. 94, Abb. 87: © Géry Parent; S. 104, Abb. 99: © Spektrum Akademischer Verlag; S. 110, Abb. 108 a): © picture-alliance/Klett GmbH, 108 b): © picture-alliance/Klett GmbH, 108 c): © Tor Svensson; S. 111, Abb. 109: © John Chapman; S. 118, Abb. 117: © Géry Parent; S. 119, Abb. 119 (links): Géry Parent; S. 125, Abb. 122: © picture-alliance/Woodfall/Photoshot; S. 132, Abb. 128 a): © Géry Parent, 128 b): © picture-alliance/Klett GmbH; S. 134, Abb. 130: ©picture-alliance/Klett GmbH; S. 135, Abb. 131a: ©Géry Parent, Abb. 131b: ©Didier Descouens, Abb. 131 c: © Ra'ike; S. 150, Abb. 145: © National Oceanic and Atmospheric Administration der USA (NOAA); S. 152, Abb. 147 (l. & r.): © Otto Durst – fotolia.com; S. 159, Abb. 156: © Didier Descouens; S. 165, Abb. 165: © Reiner Flassig; S. 167, Abb. 168: © Roll-Stone; S. 169, Abb. 171: © Martina Berg – Fotolia.com; S. 169, Abb. 172: © Markus Kauf – Fotolia.com; S. 171, Abb. 173: © picture-alliance/ZB; S. 171, Abb. 174: © picture-alliance/ZB; S. 172, Abb. 175: © picture-alliance/ZB; S. 174, Abb. 178: © Carsten Meyer – Fotolia.com; S. 175, Abb. 179: © Nino Barbieri; S. 184, Abb. 187: © picture-alliance/ZB; S. 190, Abb. 193: © picture-alliance/dpa; S. 190, Abb. 194: © FotoGem – Fotolia.com; S. 191, Abb. 195: © Aram Dulyan; S. 191, Abb. 196: © Edith Ochs – Fotolia.com; S. 192, Abb. 197: © DLVV – Fotolia.com; S. 193, Abb. 198: © Sinnawin – Fotolia.com